EUROPA-FACHBUCHREIHE
für Bauberufe

Prüfungsvorbereitung aktuell –
DACHDECKERHANDWERK

Zwischen- und Abschlussprüfung für Dachdeckerinnen/Dachdecker

3. überarbeitete Auflage

Lektorat: Peter Peschel

VERLAG EUROPA-LEHRMITTEL · Nourney, Vollmer GmbH & Co. KG
Düsseldorfer Straße 23 · 42781 Haan-Gruiten

Europa-Nr.: 43213

Prüfungsvorbereitung aktuell –

DACHDECKERHANDWERK

Autoren:

Peschel, Peter	Oberstudiendirektor a. D.	Göttingen
Mazarin, Stefanie	Studienrätin, Dachdeckermeisterin	Hardegsen
Reinert, Rafael	Studienrat	Northeim
Schulzig, Sven	Oberstudienrat	Kassel

Für die Zusammenarbeit mit den Autoren aus der Erstauflage von 2002 danken wir Frau Heike Beder (Schwerin), Herrn Thomas Kirchhof (Kall/Eifel), Herrn Hans-Joachim Reinecke (Braunschweig) und Herrn Udo Zwer (Schwerin).

Leiter des Arbeitskreises: Sven Schulzig

Lektorat: Peter Peschel

Bildbearbeitung:
Verlag Europa-Lehrmittel, Abt. Bildbearbeitung, 73760 Ostfildern

3. überarbeitete Auflage

Druck 5 4 3 2 1
Alle Drucke derselben Auflage sind parallel einsetzbar, da sie bis auf die Korrektur von Druckfehlern identisch sind.

ISBN 978-3-8085-4681-9

Umschlag: braunwerbeagentur, 42477 Radevormwald
Umschlagmotiv: Lager- und Bürogebäude – Firma Kucera, Link-Architekten, 74731 Walldürn
Satz: Punkt für Punkt GmbH · Mediendesign, 40549 Düsseldorf
Druck: AZ Druck und Datentechnik GmbH, 87437 Kempten

Vorwort

PRÜFUNGSVORBEREITUNG AKTUELL

Prüfungsvorbereitung aktuell – DACHDECKERHANDWERK umfasst prüfungskonforme, stets aktualisierte Prüfungsaufgaben, die eine zielstrebige und systematische Vorbereitung auf Klassenarbeiten, Zwischenprüfung und Abschlussprüfung ermöglichen.

Zielgruppe

Auszubildende im Beruf

- Dachdecker/Dachdeckerin

Inhalte

Auszubildende können mit den Aufgaben und angebotenen Lösungen ihren Leistungsstand selbst überprüfen. Die Aufgaben gliedern sich wie folgt:

- Gebundene Aufgaben mit vorgegebenen Lösungen
- Ungebundene Aufgaben zur freien Beantwortung und Einübung des Lösungsweges
- Lernfeldorientierte Aufgaben für ausgesuchte Bereiche der Grundstufe
- Handlungsorientierte Aufgaben in Form von Projekten

Die Aufgaben sind für die Bereiche

Lernfeldübergreifende Grundlagen, Lernfeldaufgaben der Grundstufe, Zwischenprüfung, Abschlussprüfung sowie Wirtschafts- und Sozialkunde durchnummeriert. Der Schwierigkeitsgrad der Aufgaben ist nach den Ausbildungsstufen gegliedert. Die Kopfleiste und die Randfarben erleichtern die genaue Zuordnung.

Alle Aufgaben der lernfeldübergreifenden Grundlagen sind auch für die Zwischen- und Abschlussprüfung verwendbar.

Insbesondere die lernfeld- und handlungsorientierten Aufgaben verknüpfen die arbeitsorganisatorischen, technologischen, mathematischen und zeichnerischen Inhalte und sind auf die Neuordnung der Abschlussprüfung orientiert.

Die Lösungsseiten am Ende des Buches sind durch einen roten Randstreifen gekennzeichnet.

Neu

Für die 3. überbearbeitete Auflage wurden die Aufgaben komplett gesichtet und überarbeitet. Die übersichtliche Neueinteilung aller Aufgabentypen nach Grund- und Fachstufen sowie der jeweiligen Schwerpunkte ermöglicht einen schnellen Einstieg in das Arbeiten mit dem Prüfungsbuch.

Anregungen

Verlag und Autoren wünschen den Benutzern des Prüfungsbuchs Prüfungsvorbereitung aktuell – DACHDECKERHANDWERK viel Erfolg beim Gebrauch und sind für Hinweise und Anregungen stets dankbar. Sie können dafür unsere Adresse lektorat@europa-lehrmittel.de nutzen.

Herbst 2024

Peter Peschel

Struktur der Berufsausbildung in der Bauwirtschaft (Stufenausbildung)

Quelle: Verordnung über die Berufsausbildung in Hochbauberufen (HochbauBAusbV, 2023) und Verordnung über die Berufsausbildung in Tiefbauberufen (TiefbauBAusbV 2023)

* Diese Ausbildungsberufe sind für die Industrie staatlich anerkannt. Zum Teil bilden auch Ausbildungsbetriebe des Handwerks in diesen Berufen aus.

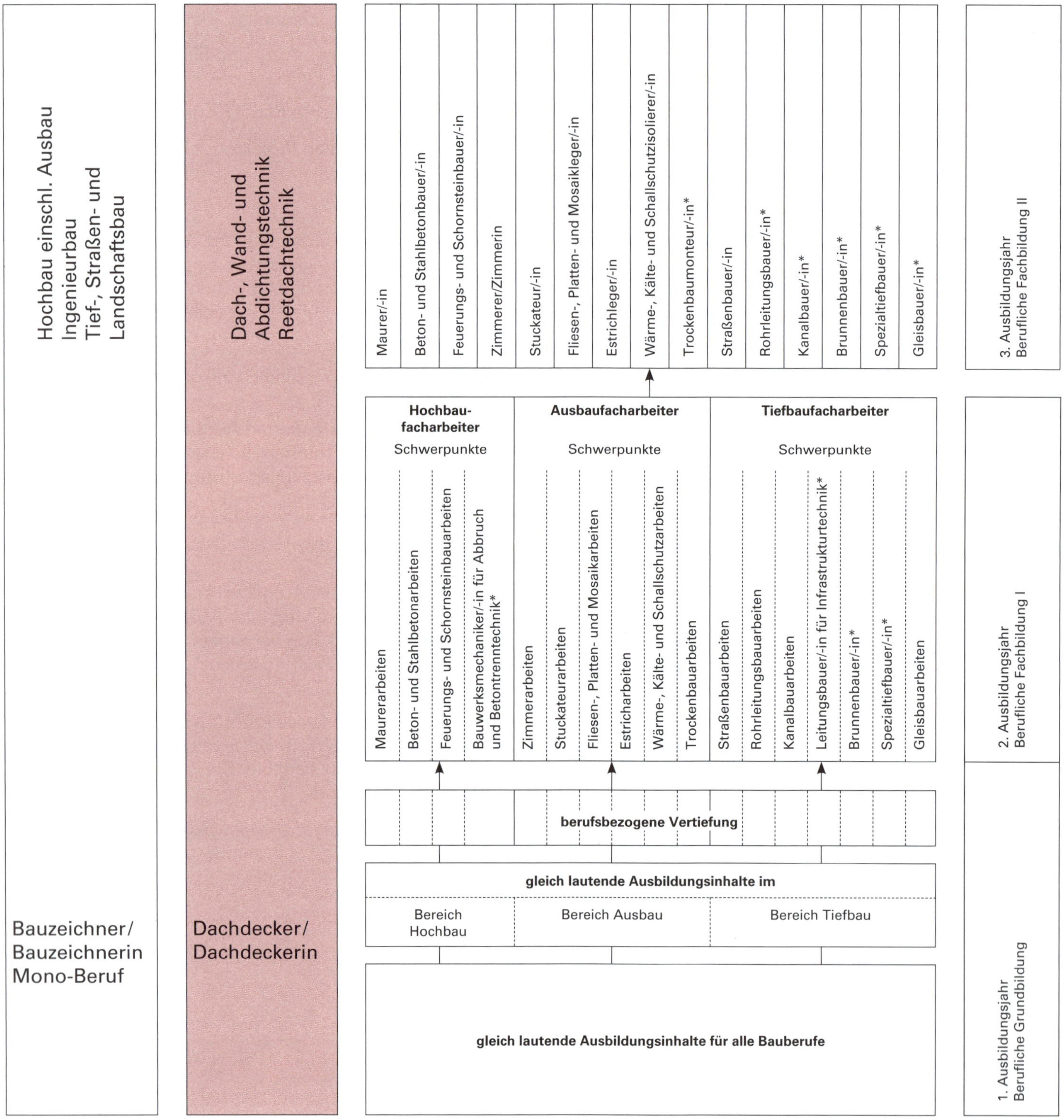

Aufbau Prüfungsvorbereitung aktuell – Dachdeckerhandwerk

PRÜFUNGSVORBEREITUNG AKTUELL

Das Buch **Prüfungsvorbereitung aktuell – DACHDECKERHANDWERK** orientiert sich an den Lernfeldern der Rahmenlehrpläne (vom 29.01.2016) und den Ausbildungsverordnungen der jeweiligen Ausbildungsberufe.

	Dachdecker/Dachdeckerin
Grundbildung	1. Baustelle einrichten
	2. Dachflächen mit Dachziegeln und Dachsteinen decken
	3. Einschalige Baukörper mauern
	4. Stahlbetonbauteile herstellen
	5. Holzkonstruktionen herstellen
	6. Bauteile beschichten und bekleiden
Fachbildung Fachstufe I	7. Anlagen zum Ableiten von Niederschlagswasser
	8. Dächer mit Dachziegeln und Dachsteineindeckungen herstellen
	9. Dächer mit Schiefer-/Faserzement-Dachplatten und Schindeln decken
	10. Dachflächen abdichten
	11. Außenwandflächen bekleiden
Fachbildung Fachstufe II	12. Geneigte Dächer mit Metallen decken
	13. Details am geneigten Dach herstellen
	14. Details an Dächern mit Abdichtungen herstellen und Bauwerke abdichten
	15. An- und Abschlüsse an Wänden herstellen
	16. Energiesammler, Blitzschutzanlagen und Einbauteile montieren
	17. Dach- und Wandflächen instand halten

Der inhaltliche Aufbau gliedert lernfeldübergreifende Grundlagen, Lernfelder der Grundstufe, Lernfelder der Fachstufe I und Fachstufe II sowie Aufgaben für das Prüfungsfach Wirtschaft und Sozialkunde.

Die Aufgaben sind in gut überschaubaren Feldern angeordnet durchnummeriert. Bei den Auswahl-Antwort-Aufgaben ist jeweils nur eine Antwort richtig. Negative Fragestellungen sind durch Rotdruck der Begriffe „nicht“ bzw. „kein“ besonders gekennzeichnet.

Bei den ungebundenen Aufgaben ist der Lösungsumfang durch das freie Feld bei normaler Schriftgröße ungefähr vorgegeben.

Hinweise zur Erarbeitung von Lösungen – insbesondere für handlungsorientierte Aufgaben – finden Sie im Tabellenbuch Bautechnik, im Fachbuch, bei den Institutionen der Baufachverbände und in den einschlägigen Normen.

Prüfungsvorbereitung aktuell – DACHDECKERHANDWERK

PRÜFUNGSVORBEREITUNG AKTUELL
✓ gebundene Aufgaben
✓ ungebundene Aufgaben
✓ Lernfeldaufgaben
✓ Projektaufgaben
✓ handlungsorientierte Aufgaben

Grundbildung

Arbeitssicherheit

001

Wie groß muss der Sicherheitsabstand bei Arbeiten in der Nähe von Hochspannungsleitungen mit unbekannter Spannung sein?

① 1 m
② 2 m
③ 3 m
④ 4 m
⑤ 5 m

002

An welcher Stelle müssen die Unfallverhütungsvorschriften (UVV) auf der Baustelle vorhanden sein?

① Am Firmensitz oder in der nächstgelegenen Firmenniederlassung
② Im Büro des Bauleiters
③ An allen Baustelleneinfahrten und Zugängen zur Baustelle
④ An einer für jeden Beschäftigten zugänglichen und sichtbaren Stelle
⑤ An einem sicher verschlossenen Aufbewahrungsort auf der Baustelle

003

Welche Aussage über die persönliche Schutzausrüstung auf Baustellen ist falsch?

① Sicherheitsschuhe müssen immer getragen werden
② Schutzhelme müssen immer getragen werden
③ Besonders bei Maschinenarbeit muss enganliegende Kleidung getragen werden
④ Wenn Gefahr durch Funken, Spritzer oder ätzende Flüssigkeit besteht, muss eine Schutzbrille getragen werden
⑤ Wenn mit verdünnter Säure gearbeitet wird, müssen Gummihandschuhe und Gummischürze getragen werden

004

Welche Aussage über Alkoholgenuss auf der Baustelle ist zutreffend?

① Alkoholgenuss ist nur in ebenso geringen Mengen zulässig wie im Straßenverkehr
② Alkoholgenuss ist grundsätzlich verboten
③ Alkoholgenuss ist nur in der Mittagspause erlaubt
④ Alkoholgenuss ist bei Arbeiten über 1,7 m Höhe nicht erlaubt
⑤ Alkoholgenuss ist nur bei Arbeiten zu ebener Erde erlaubt

005

Welche Folgen hat es für einen Arbeiter, wenn er bei einem Arbeitsunfall Verletzungen erleidet, die nur durch das Fehlen der persönlichen Schutzausrüstung entstanden sind?

① Er wird von der Berufsgenossenschaft verwarnt
② Die Berufsgenossenschaft zahlt kein Schmerzensgeld
③ Die Berufsgenossenschaft kommt nur für 80 % der Heilkosten auf
④ Die Berufsgenossenschaft kommt nur für die Hälfte der Heilkosten auf
⑤ Die Berufsgenossenschaft übernimmt keine Leistungen

006

Wer darf kleine Reparaturen an Elektrogeräten auf der Baustelle durchführen?

① Nur ein entsprechend ausgebildeter Elektrofachmann
② Jeder gelernte Bauhandwerker
③ Ein Elektrofachmann oder der Bauleiter
④ Ein Mitarbeiter des Technischen Überwachungsvereins (TÜV)
⑤ Jeder Arbeiter auf der Baustelle

007

Was ist die Bauberufsgenossenschaft?

① Eine staatliche Behörde
② Die gesetzliche Unfallversicherung
③ Eine Unternehmensform der Bauindustrie in der ehemaligen DDR
④ Ein Bauunternehmen mit genossenschaftlicher Unternehmensform
⑤ Eine Überwachungseinrichtung für Baustellen

008

Was ist das Gewerbeaufsichtsamt?

① Ein gewerbliches Bauunternehmen
② Die gesetzliche Unfallversicherung
③ Ein privates Aufsichtsunternehmen
④ Eine staatliche Behörde
⑤ Ein Überwachungsverein für Gewerbebetriebe

Lösungen ab Seite 228

009

Wer ist für den vorschriftsmäßigen Zustand der Maschinen und Einrichtungen im Betrieb verantwortlich?

① Der Unternehmer
② Der Lieferant
③ Der Betriebsrat
④ Der jeweilige Benutzer
⑤ Die Berufsgenossenschaft

010

Welche Aussage über Gerüste ist falsch?

① Die Betriebssicherheit von Gerüsten muss überwacht werden
② Gerüste dürfen vor der Fertigstellung nicht benutzt werden
③ Von Gerüsten darf nicht abgesprungen werden
④ Bei Arbeiten auf Gerüsten müssen Rettungsgurte angelegt werden
⑤ Arbeitsgerüste dürfen nicht überlastet werden

011

Welche Aussage über elektrische Geräte ist falsch?

① Elektrische Maschinen und Geräte müssen mit einem Prüfzeichen versehen sein
② Elektrische Maschinen und Geräte müssen von Baustromverteilern aus mit Strom versorgt werden
③ Schadhafte elektrische Geräte dürfen nur benutzt werden, wenn keine spannungsführenden Teile zugänglich sind
④ Schadhafte elektrische Geräte dürfen nicht benutzt werden
⑤ Leuchten auf Baustellen müssen mindestens regengeschützt sein

012

Welche Aussage über den Umgang mit Gefahrstoffen auf Baustellen ist zutreffend?

① Umgang mit Gefahrstoffen dürfen nur Personen mit abgeschlossener Berufsausbildung haben
② Umgang mit Gefahrstoffen dürfen nur Personen mit spezieller Ausbildung und abschließender Prüfung haben
③ Der Arbeitgeber hat eine Betriebsanweisung über den Umgang mit Gefahrstoffen in verständlicher Form zu erstellen, also in der Sprache der Beschäftigten
④ Die Betriebsanweisung über den Umgang mit Gefahrstoffen muss in deutscher Sprache verfasst sein
⑤ Eine spezielle Unterweisung der Beschäftigten mit den Gefahrstoffen ist nicht erforderlich, wenn eine vorschriftsmäßige Betriebsanweisung vorliegt

013

Welche Ursache hat das Klemmen der Handkreissäge im Schnitt?

① Das Sägeblatt ist stumpf
② Der Spaltkeil verursacht das Klemmen
③ Der Schrank des Sägeblattes ist zu gering
④ Das Holz ist zu trocken
⑤ Der Spanauswurfschacht ist verdreckt

014

Für welche Arbeit wird ein Kröpfeisen benutzt?

① Zum Schärfen von Meißeln
② Zum Aufstielen von Vorschlaghämmern
③ Zum Reinigen von Mischertrommeln
④ Zum Befestigen von Abstandshaltern
⑤ Zum Biegen von Betonstahl

015

Welche Aussage zur Unfallverhütung ist richtig?

① Die Tiefbauberufsgenossenschaft ist nicht der Träger der gesetzlichen Unfallversicherung
② Leichtsinn ist kein Mut, Vorsicht keine Angst
③ Persönliche Schutzausrüstungen sind nicht erforderlich
④ Ein Blutalkoholgehalt von unter 0,8 Promille ist auf Baustellen erlaubt
⑤ Betriebs- und Schutzeinrichtungen müssen vorhanden sein, aber nicht benutzt werden

016

Welche Aussage zur Sicherheit am Bau ist falsch?

① Schadhafte Leitern dürfen nur bis zu einer Höhe von 1,75 m eingesetzt werden
② Angebrochene Holme und Wangen dürfen nicht geflickt werden
③ An Baukreissägen muss der gesamte Zahnkranz des Sägeblattes bis auf die Schneidstelle verdeckt sein
④ Zur Vermeidung von Unfällen ist ein Unfallort sofort abzusperren
⑤ Rettungsmaßnahmen müssen unter Inkaufnahme der Arbeitseinstellung unterstützt werden

Lösungen ab Seite 228

017

Welche Höhe *h* müssen die Leiterholme einer Anlegeleiter über den Leiteraustritt mindestens hinausragen, um die Unfallverhütungsvorschriften einzuhalten und damit einen sicheren Austritt zu gewährleisten?

① 0,50 m
② 0,70 m
③ 1,00 m
④ 1,20 m
⑤ 1,50 m

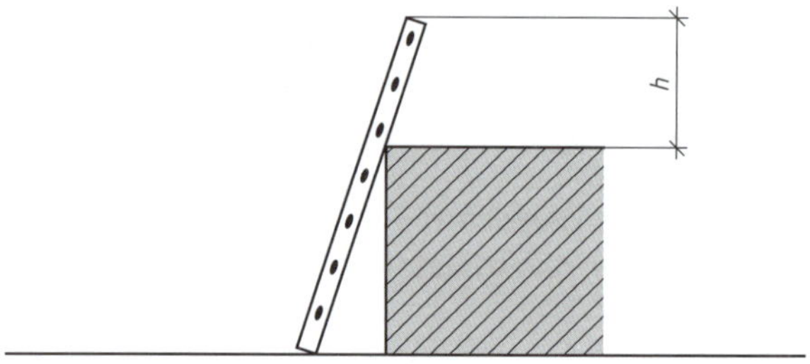

018

Ab welcher Höhe *h* müssen Gerüste über festem Boden seitliche Absturzsicherungen erhalten?

① ab 1,50 m
② ab 2,00 m
③ ab 2,50 m
④ ab 3,00 m
⑤ ab 4,00 m

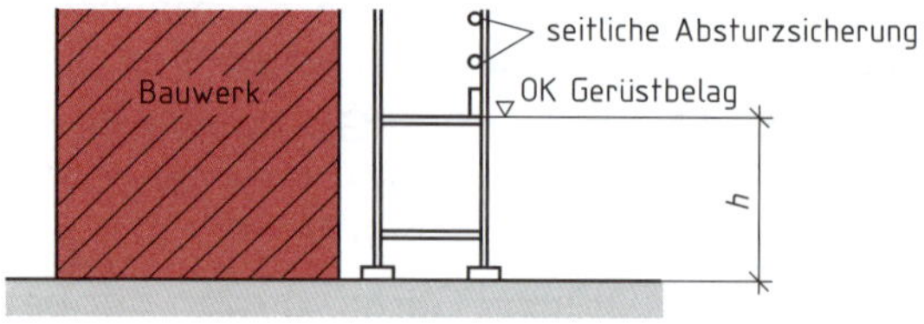

019

Ab welcher Höhe sind an exponierten Arbeitsplätzen Absturzsicherungen durch Seitenschutz bzw. Absperrungen vorzusehen?

020

Ab welcher Höhe *h* muss eine seitliche Absturzsicherung an Treppenläufen angebracht sein?

① 0,80 m
② 1,00 m
③ 1,20 m
④ 1,50 m
⑤ 2,00 m

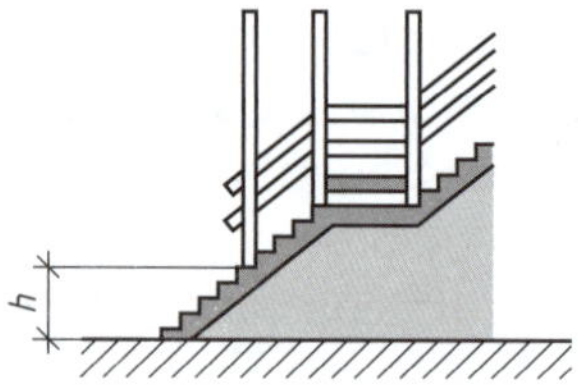

021

Ab welcher Arbeitsplatzhöhe *h* auf Dächern müssen Fanggerüste angebracht werden?

① 3 m
② 4 m
③ 5 m
④ 8 m
⑤ 10 m

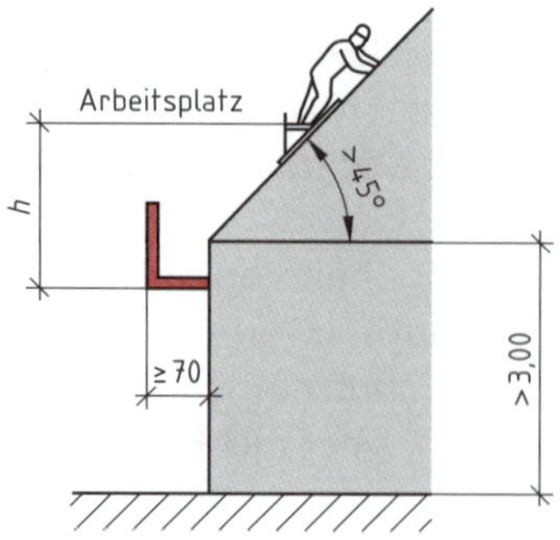

022

Wie hoch über dem Gerüstbelag muss bei einem Arbeitsgerüst die Oberkante des Seitenschutzes liegen?

① 1,20 m ± 5 cm
② 1,00 m ± 5 cm
③ 0,90 m ± 5 cm
④ 0,80 m ± 5 cm
⑤ 0,75 m ± 5 cm

023

Welche der genannten Sicherungen einer Aussparung für eine Treppenöffnung entspricht den Unfallverhütungsvorschriften?

① Abdeckung mit einer Q-Matte
② Abdeckung mit lose liegenden Schalbrettern
③ Aufstellen von Gerüstblöcken mit Flatterband dazwischen
④ Umwehrung mit einem standfesten Geländer und Bordbrett
⑤ Beschilderung mit der Aufschrift: Vorsicht Öffnung!

024

Wofür wird ein Rotationslaser benutzt?

① Zum Flächennivellement
② Zum Verlegen von Kanalisationsleitungen
③ Zum Auffinden von unter Putz verlegten Leitungen
④ Zum Schneiden harter Materialien, z. B. Klinker
⑤ Zum Bohren in Stahlbeton

025

Welche Aufgabe hat ein Fanggerüst?

① Es ist ein begehbares Montagegerüst
② Es ist ein Leergerüst für Schalarbeiten
③ Es ist ein begehbares Arbeitsgerüst
④ Es ist ein Schutzgerüst zur Absturzsicherung
⑤ Es ist ein Gerüst zur Lagerung von Baustoffen

026

Benennen Sie die Teile der abgebildeten Baukreissäge!

A: ______________

B: ______________

C: ______________

D: ______________

E: ______________

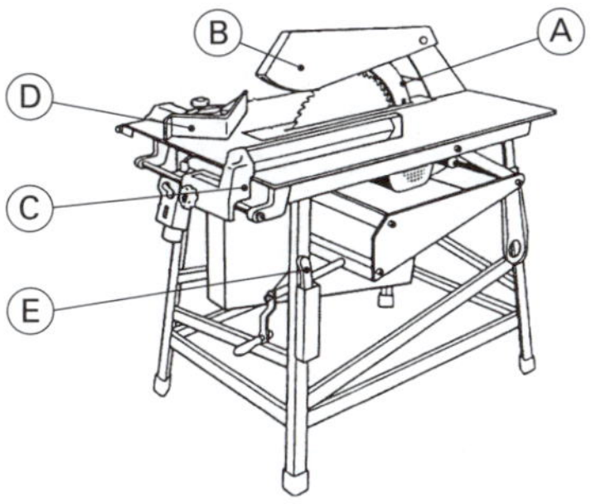

027

Nennen Sie Bestandteile der persönlichen Schutzausrüstung auf Baustellen!

028

Welche allgemeinen Grundregeln sind hinsichtlich der Vermeidung von Arbeitsunfällen zu beachten?

029

Welche Einrichtungen zur Ersten Hilfe müssen auf Baustellen vorhanden sein?

Lösungen ab Seite 228

Arbeitssicherheit

030

Benennen Sie die Teile des dargestellten Gerüstes!?

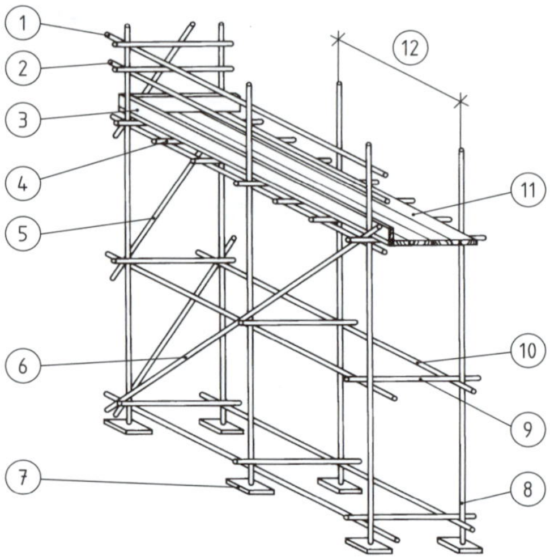

031

Welche Vorschriften sind beim Einsatz von Anlegeleitern einzuhalten?

032

Welche Sicherheitsvorschriften gelten für die Arbeit auf fahrbaren Hebebühnen?

033

Welche Arten von Gerüsten werden unterschieden?

034

Welche Vorschriften müssen bei Arbeiten auf Gerüsten beachtet werden?

035

Sicherheit und Gesundheit bei der täglichen Arbeit sind von großer Bedeutung.
Nennen Sie weitere Themen, die als Standardberufsbildpositionen für den Ausbildungsberuf benannt werden.

036 ... 100 keine Aufgaben

Lösungen ab Seite 228

Mauerwerk

101

Welche Bedeutung hat die Zahl 5 beim hydraulischen Kalk HL 5?

① Schüttdichte in kg/dm^3
② Schüttdichte in kg/m^3
③ Druckfestigkeit in N/mm^2 nach 7 Tagen
④ Druckfestigkeit in N/mm^2 nach 28 Tagen
⑤ Rohdichte in kg/dm^3

102

Welcher Normalmauermörtel gehört zum Mischungsverhältnis 1 : 1 : 6 nach DIN?

① NM I
② NM II
③ NM II a
④ NM III
⑤ NM III a

103

Wann beginnt und endet das Erstarren von Normzementen?

	Erstarrungsbeginn (in h)	Erstarrungsende (in h)
①	2	10
②	0,5	5
③	3	4
④	1	12
⑤	2	5

104

Welches Bindemittel eignet sich nicht für Mauermörtel?

① Zement
② Kalkhydrat
③ Gips
④ Hydraulischer Kalk
⑤ Anhydritbinder

105

Was bedeutet die Zusatzkennzeichnung R bei der Zementart Portlandzement CEM I 32,5 R – HS?

① Für Fertigteile aus Beton bevorzugt
② Hoher Sulfatwiderstand
③ Höhere Anfangsfestigkeit (Rapid)
④ Niedrige Hydratationswärme
⑤ Niedriger wirksamer Alkaligehalt

106

Wie wird Dünnbettmörtel (DM) in der Regel hergestellt?

① Als Baustellenmörtel
② Als Werk-Vormörtel
③ Als Wert-Trockenmörtel
④ Als Werk-Frischmörtel
⑤ Es gibt kein Dünnbettmörtel

107

Welchen Korndurchmesser darf die Gesteinskörnung (Sand) von Mörtel höchstens haben?

① 1 mm
② 2 mm
③ 8 mm
④ 4 mm
⑤ 16 mm

108

Welche Putzmörtelgruppe (P) hat die Abkürzung CS II/CS III (vormals P II)?

① Gipsmörtel
② Kalkmörtel
③ Kalkzementmörtel
④ Anhydritmörtel
⑤ Zementmörtel

109

Wie dick muss im Allgemeinen mindestens ein Außenputz sein?

① 30 mm
② 25 mm
③ 20 mm
④ 15 mm
⑤ 10 mm

110

Welche Putzregel ist richtig?

① Der Putzgrund darf gefroren sein
② Glatter Putzgrund ist aufzurauen
③ Der Putzgrund darf verschmutzt sein
④ Die einzelnen Putzlagen müssen ungleichmäßig dick aufgebracht werden
⑤ Der Oberputz muss eine höhere Festigkeit als der Unterputz erreichen

Lösungen ab Seite 229

111

Welches Mauerziegelformat ist hier abgebildet?

① NF
② DF
③ 5 DF
④ 2 DF
⑤ 3 DF

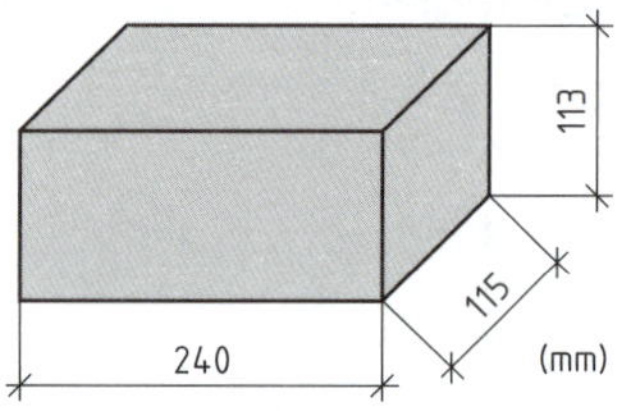

112

Zum Mauern einer tragenden Wand werden Mauerziegel im Format NF verarbeitet. Welche Abmessungen in cm haben diese Ziegel?

① 24 x 17,5 x 11,3
② 24 x 30 x 11,3
③ 24 x 11,5 x 7,1
④ 24 x 11,5 x 5,2
⑤ 24 x 30 x 23,8

113

Was bedeutet die Zahl 12 bei der Bezeichnung des Mauerziegels DIN 20000-401 – VMz12 – 1.6 – NF?

① Zugfestigkeit in N/mm^2
② Masse in kg
③ Druckfestigkeit in N/mm^2
④ Rohdichte in kg/dm^3
⑤ Schubfestigkeit in N/mm^2

114

Was bedeutet die Zahl 1,8 bei der Bezeichnung des Mauerziegels DIN 20000-401 – VMz12 – 1.6 – NF?

① Zugfestigkeit in N/mm^2
② Masse in kg
③ Druckfestigkeit in N/mm^2
④ Rohdichte in kg/dm^3
⑤ Schubfestigkeit in N/mm^2

115

Welcher Stein ist ein gebrannter Mauerstein?

① Kalksandstein
② Mauerziegel
③ Hüttenstein
④ Leichtbetonstein
⑤ Porenbetonstein

116

Welcher Stein ist ein ungebrannter Mauerstein?

① Porenbetonstein
② Mauerziegel
③ Hochlochklinker
④ Leichthochlochziegel
⑤ Vollklinker

117

Welcher Mauerziegel ist hier dargestellt?

① HLzA
② HLzB
③ HLzW
④ Mz
⑤ KK

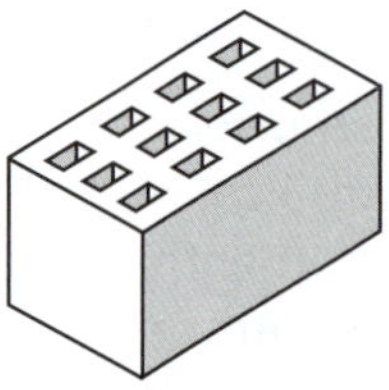

118

Für welches Steinformat reicht ein Überbindemaß ü von mindestens 4,5 cm nicht aus?

① 2 DF
② 3 DF
③ DF
④ NF
⑤ 10 DF

119

Die Grundeinheit der Maßordnung im Mauerwerksbau ist 1 am. Welches Maß wird dadurch gekennzeichnet?

① 1 cm
② 10 cm
③ 11,5 cm
④ 12,5 cm
⑤ 24 cm

120

Welcher Regelverband ist hier abgebildet?

① Läuferverband
② Kreuzverband
③ Binderverband
④ Blockverband
⑤ Kopfverband

Lösungen ab Seite 229

Mauerwerk 121 ... 130

121

Welche Schicht aus NF-Steinen ist hier dargestellt?

① Binderschicht
② Rollschicht
③ Kopfschicht
④ Schränkschicht
⑤ Läuferschicht

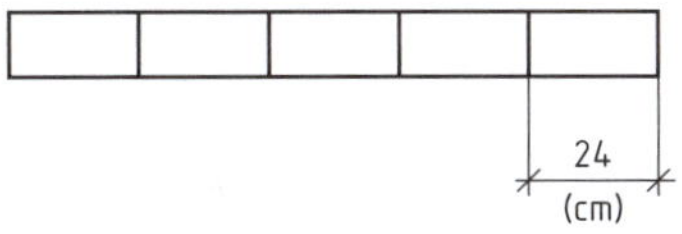

122

Welche Höhe hat ein Pfeiler aus 18 NF-Mauerwerksschichten?

① 1,68 m
② 1,70 m
③ 1,25 m
④ 1,50 m
⑤ 1,80 m

123

Wie dick sind Lagerfugen bei Mauerwerk aus 2 DF-Mauerziegeln?

① 1,0 cm
② 1,1 cm
③ 1,2 cm
④ 1,3 cm
⑤ 1,5 cm

124

Wie dick sind Stoßfugen bei Mauerwerk aus NF-Mauerziegeln?

① 1,3 cm
② 1,2 cm
③ 1,0 cm
④ 1,1 cm
⑤ 1,4 cm

125

Um das Aufsteigen von Bodenfeuchtigkeit im Mauerwerk zu verhindern, wird eine waagerechte Abdichtung eingebaut. Aus welchem Material besteht diese?

① Korkplatte
② Faserzementplatte
③ Gipskarton-Bauplatte
④ Glaswollematte
⑤ Bitumendachbahn R 500

126

Welcher Baustoff hat bei gleicher Dicke die größte Wärmedämmung?

① Mauer-Vollziegel
② Porenbetonstein
③ Kalksandstein
④ Betonstein
⑤ Klinker

127

Viele mittel- und großformatige Mauersteine werden mit Löchern und Kammern hergestellt. Welches ist der wichtigste Grund für diese Hohlräume?

① Verbesserte Schalldämmung
② Verbesserte Wärmedämmfähigkeit
③ Materialeinsparung
④ Verbesserter Haftverbund zwischen Mauerstein und Mörtel
⑤ Griffhilfe beim Mauern

128

Welcher künstliche Mauerstein hat die beste Wärmedämmung?

① HLzA 20 – 2,0 – 5 DF
② Mz 12 –1,8 – 5 DF
③ KS L 20 – 1,4 – 5 DF
④ HLzW 8 – 0,8 – 5 DF
⑤ V 6 – 1,0 – 5 DF

129

Für zwei Gebäudeteile aus NF-Mauerwerk sollen 78,20 m^2 Mauerwerk, 24 cm dick, sowie 51,60 m^2 Mauerwerk, 11,5 cm dick, hergestellt werden. Wie viel Liter Mauermörtel werden insgesamt benötigt?

① 6269 Liter
② 6443 Liter
③ 4512 Liter
④ 6262 Liter
⑤ 6442 Liter

130

Für zwei Gebäudeteile aus NF-Mauerwerk sollen 3,14 m^3 Mauerwerk, 36,5 cm dick, sowie 2,68 m^3 Mauerwerk, 24 cm dick, hergestellt werden. Wie viel Liter Mauermörtel werden insgesamt benötigt?

① 1580 Liter
② 1420 Liter
③ 1565 Liter
④ 1423 Liter
⑤ 1582 Liter

Lösungen ab Seite 229

131

Wie viel NF-Steine werden für die abgebildete 24 cm dicke Mauerwerkswand gebraucht?

① 1124 Steine
② 1238 Steine
③ 1200 Steine
④ 1120 Steine
⑤ 1176 Steine

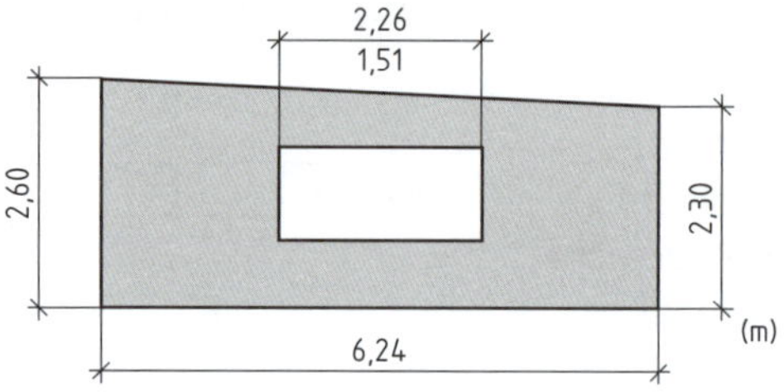

132

Wie viel Liter Mauermörtel werden für die Mauerwerkswand aus der Aufgabe 131 verwendet?

① 610 Liter
② 612 Liter
③ 794 Liter
④ 763 Liter
⑤ 748 Liter

133

Die im Bild dargestellte 17,5 cm starke Giebelmauer soll aus 3DF-Steinen hergestellt werden. Wie groß ist der Stein- und Mörtelbedarf?

① 500 Steine/400 l
② 502 Steine/426 l
③ 517 Steine/467 l
④ 1003 Steine/902 l
⑤ 447 Steine/398 l

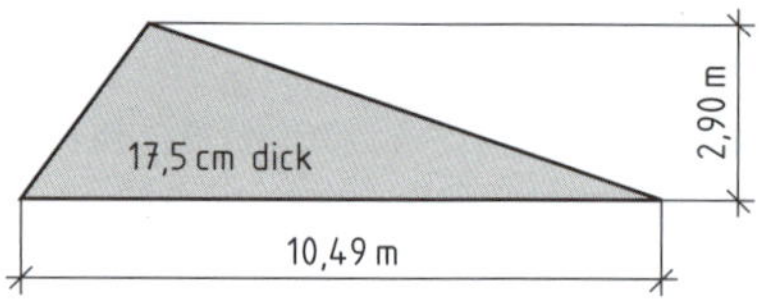

134

Wie viel NF-Steine werden für den dargestellten 2,00 m hohen Pfeiler unter Berücksichtigung der Dreiviertelsteine in jeder zweiten Schicht benötigt?

① 43 Steine
② 63 Steine
③ 68 Steine
④ 45 Steine
⑤ 72 Steine

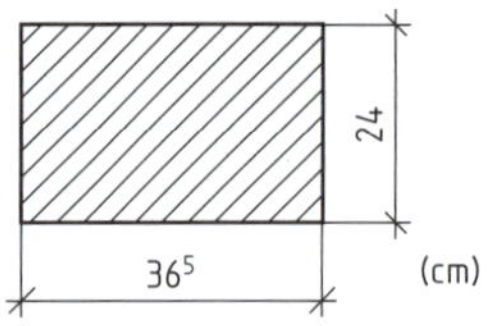

135

Wie viel Liter Mauermörtel werden für den Pfeiler aus der Aufgabe 134 verbraucht?

① 53 Liter
② 48 Liter
③ 56 Liter
④ 52 Liter
⑤ 60 Liter

136

Nennen Sie drei unterschiedliche Bindemittel mit je einer Verwendungsmöglichkeit.

137

Benennen Sie den Unterschied in der Anwendung zwischen Luftkalken und hydraulischen Kalken?

138

Geben Sie drei Zementarten mit ihren Benennungen und Kurzzeichen an, die in der Bauwirtschaft verwendet werden.

139

Erläutern Sie den Unterschied bei der Erhärtung von Luftkalken und hydraulischen Kalken.

Lösungen ab Seite 229

140

Was versteht man unter Normalmauermörtel?

141

Welche Mörtelarten unterscheidet man nach ihrem Anwendungsbereich?

142

Welche 4 Verbandsregeln sind für ein fachgerechtes Mauerwerk einzuhalten?

143

Wie wird das Baunennmaß einer 2,50 m langen eingebauten Mauer aus NF-Steinen bestimmt?

144

Was versteht man unter Werkmauermörtel?

145

Was versteht man unter „Mörtelausbeute"?

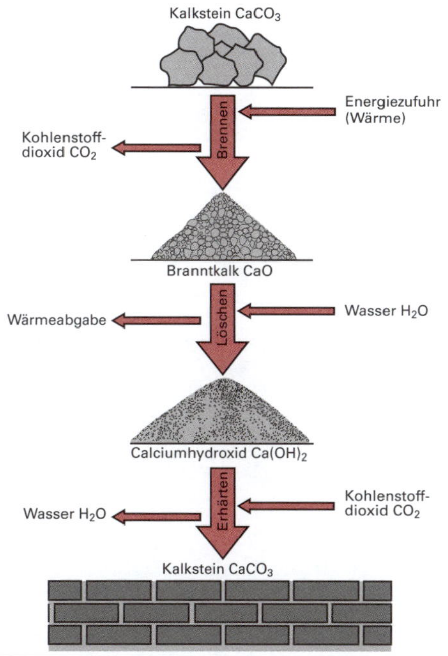

146

Erläutern Sie den „Kreislauf des Kalkes". Verwenden Sie die Begriffe Brennen, Löschen, Erhärten.

Mauerwerk | 147 ... 151

147

Für welche Baumaßnahmen wird Kalkzementmörtel verwendet?

148

Beschreiben Sie die Herstellung von Mauerziegeln in Stichworten.

149

Beschreiben Sie die Herstellung von Kalksandsteinen in Stichworten.

150

Aus welchen Bestandteilen bestehen Porenbetonsteine?

151

Welche Aufgaben haben die Mörtelfugen im Mauerwerk zu erfüllen?

152 ... 200 keine Aufgaben

Lösungen ab Seite 230

Beton und Stahlbeton 201 ... 210

201

Welcher der Rohstoffe wird zur Zementherstellung hauptsächlich verwendet?

① Gipsstein
② Kalkstein
③ Bimsstein
④ Natürliches Anhydrit
⑤ Sandstein

202

Mit welchem Bindemittel darf Zement auf der Baustelle nicht gemischt werden?

① Weißkalk
② Dolomitkalk
③ Hydraulischer Kalk
④ Gips
⑤ Putz- und Mauerbinder

203

Was bedeutet »Konsistenz« von Frischbeton?

① Abriebfestigkeit
② Druckfestigkeit
③ Wasseraufnahmefähigkeit
④ Steifigkeit
⑤ Qualität

204

Was bedeutet das »R« hinter der Festigkeitsklasse von Zement?

① Normalerhärtender Zement
② Regelfestigkeit nach 2 Tagen
③ Richtfestigkeit nach 7 Tagen
④ Schnellerhärtender Zement (rapid)
⑤ Regenunempfindlich

205

Welche Eigenschaft trifft für einen Portlandzement CEM I 52,5 R nicht zu?

① Schnelle Anfangserhärtung
② Hohe Druckfestigkeit
③ Hoher Sulfatwiderstand
④ Guter Rostschutz
⑤ Starke Wärmeentwicklung

206

Welches Material ist Hauptbestandteil des Portlandzements?

① Zementklinker
② Hüttensand
③ Natürliches Puzzolan
④ Kieselsäurereiche Flugasche
⑤ Gebrannter Schiefer

207

Je größer die Trockenrohdichte des Betons, umso

① höher seine Wärmedämmung
② höher seine Festigkeit
③ geringer seine Festigkeit
④ höher seine Trittschalldämmung
⑤ geringer seine Luftschalldämmung

208

Was bedeutet in der Betonbezeichnung C25/30 die Zahl 30?

① Rohdichte in 3,0 kg/dm^3
② Größtkorn 30 mm
③ Wasserzementwert 0,30
④ Mindestdruckfestigkeit von Würfeln 30 N/mm^2
⑤ Mindestzementgehalt 300 kg/m^3

209

In welcher Konsistenz wird Frischbeton im Regelfall für Stahlbeton verarbeitet?

① F1 – steif
② F2 – plastisch
③ F3 – weich
④ F4 – sehr weich
⑤ F5 – fließfähig

210

Was ist ein Baustellenbeton?

① Ein Beton, der auf der Baustelle verarbeitet wird
② Ein auf der Baustelle zusammengestellter und gemischter Beton
③ Beton, der auf die Baustelle geliefert wird
④ Der für die Einrichtung einer Baustelle nötige Beton
⑤ Auf der Baustelle gibt es nur Baustellenbeton

Lösungen ab Seite 231

211

Wozu dient der „Siebversuch"?

① Zum Säubern des Korngemisches
② Zur Prüfung der Kornfestigkeit
③ Zum Aussieben von Feinstsand
④ Zum Entfernen der Eigenfeuchte der Gesteinskörnung
⑤ Zur Ermittlung der Kornzusammensetzung

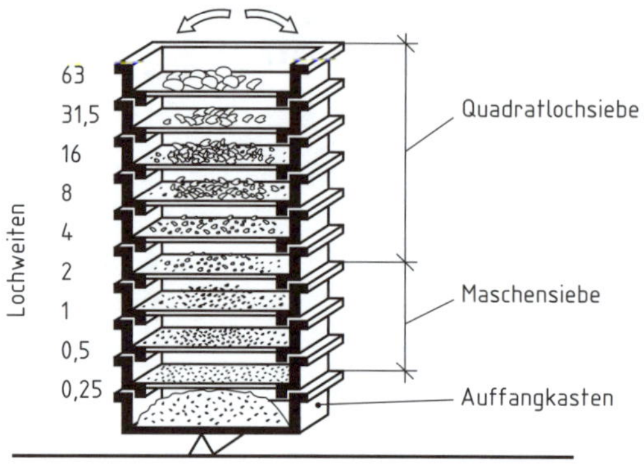

212

Welche Gesteinskörnung ist künstlich hergestellt?

① Brechsand
② Blähton
③ Sand
④ Kies
⑤ Splitt

213

Wird Beton mit einem zu hohen Wasserzementwert hergestellt, so

① erhöht sich seine Rohdichte
② wird er witterungsunempfindlicher
③ wird die geforderte Betonfestigkeit nicht erreicht
④ wird die Druckfestigkeit erhöht
⑤ verbessert sich der Rostschutz der Bewehrung

214

Welche Aussage über eine Gesteinskörnung aus großen, groben Körnern ist nicht richtig?

① Viel Bindemittel zum Ausfüllen der Hohlräume ist erforderlich
② Er lässt sich schlecht verarbeiten
③ Hohe Betondruckfestigkeiten können erreicht werden
④ Es werden nur geringe Druckfestigkeiten erreicht
⑤ Er begünstigt Schwindrissbildung im erhärtenden Beton

215

Welches Zugabewasser ist ohne besondere Prüfung für die Betonherstellung geeignet?

① Wasser aus einem Fluss
② Meerwasser
③ Wasser aus öffentlichen Trinkwasserversorgungsleitungen
④ Regenwasser
⑤ Wasser aus einem Tümpel ohne Zu- und Ablauf

216

Wie ermittelt man die richtige Anmachwassermenge einer Betonmischung?

① Anmachwasser = Zugabewasser
② Zugabewasser – Eigenfeuchte der Gesteinskörnung = Anmachwasser
③ Eigenfeuchte der Gesteinskörnung = Anmachwasser
④ Anmachwasser = Zugabewasser + Eigenfeuchte der Gesteinskörnung
⑤ Eigenfeuchte der Gesteinskörnung – Zugabewasser = Anmachwasser

217

Wovon ist der seitliche Schalungsdruck, den der Frischbeton ausübt, nicht abhängig?

① Höhe der Schalung
② Dicke des Bauteils
③ Frischbetonrohdichte
④ Betoniergeschwindigkeit
⑤ Verdichtungsart

218

Wird der Beton (beim Einbringen in die Schalung) aus mehr als 1 m Höhe geschüttet, so

① braucht man ihn nicht zu verdichten
② erreicht man eine gute Verbindung mit der Bewehrung
③ entmischt er sich
④ muss ihm Wasser zugegeben werden
⑤ bindet der Zement zu schnell ab

219

Welche Arbeitsweise mit dem Innenrüttler (Rüttelflasche) ist richtig?

① Zügig eintauchen, langsam herausziehen
② Langsam eintauchen, schnell herausziehen
③ An die Bewehrung halten
④ Mehrere Minuten an die Innenseite der Schalung halten
⑤ Im Frischbeton umherziehen

220

Wann werden Schalungsrüttler (Außenrüttler) eingesetzt?

① Wenn der Beton bereits erstarrt
② Bei geringen Temperaturen
③ Bei Betonkonsistenz F1/C1
④ Beim Betonieren dicker Bauteile
⑤ Beim Betonieren dünner Wände

221

Welche Auswirkung hat eine ungenügende Betonverdichtung?

① Der Beton ist nicht richtig gemischt
② Der Beton erreicht nicht die geforderte Festigkeit
③ Der Zement bindet nur unvollständig ab
④ Der Erstarrungsbeginn des Betons verzögert sich
⑤ Die Festigkeit wird erst viele Tage später erreicht

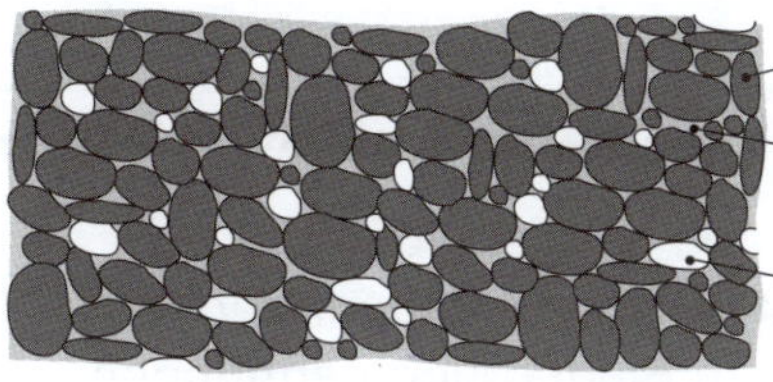

222

Wie kann der Frischbeton gut erhärten?

① Schnelle Austrocknung durch Sonne
② Wegwischen des austretenden Wassers
③ Zügige Windtrocknung
④ Abdecken mit Folie bei Wind und/oder Sonnenschein
⑤ Schnelles Ausschalen begünstigt die Belüftung

223

Welche Maßnahme ist zu ergreifen, wenn während des Betonerhärtens Frost einwirkt?

① Das Bauteil muss abgerissen werden
② Man verlängert die Ausschalfrist um die Dauer des Frostes
③ Es muss Tausalz zugegeben werden
④ Es kann früher ausgeschalt werden
⑤ Frost hat keinen Einfluss auf die Hydratation

224

Welche Temperatur darf der Frischbeton bei heißer Witterung nicht überschreiten?

① 30 °C
② 45 °C
③ 60 °C
④ 75 °C
⑤ 90 °C

225

Welchen Zweck hat das Aufbringen von Schalöl auf die Schaltafeln?

① Das Ausschalen wird erleichtert
② Die Schaltafeln werden sauber
③ Die Lücken zwischen den Schalbrettern werden geschlossen
④ Das Betonieren wird einfacher
⑤ Der Beton wird besser verdichtet

Lösungen ab Seite 231

226

Worauf ist bei der Herstellung von Brettschalungen zu achten?

① Nur imprägniertes Holz verwenden
② Die „rechte Seite" (Kernseite) soll zum Beton zeigen
③ Die „linke" Brettseite soll zum Beton zeigen
④ Abwechselnd „rechte" und „linke" Brettseite zeigen zum Beton
⑤ Die Brettdicke soll 40 mm sein

227

Wie sind die Laschen einer hohen Stützenschalung anzubringen?

① 50 cm Abstand
② 60 cm Abstand
③ 80 cm Abstand
④ Oben kleinere Abstände als unten
⑤ Unten kleinere Abstände als oben

228

Welche Schalungsstütze ist nicht zulässig?

① Stahlrohrstütze
② Rundholzstütze Ø 10 cm
③ Rundholzstütze Ø 12 cm
④ Kantholzstütze in halber Höhe gestoßen
⑤ Rundholzstütze im oberen Drittel gestoßen und mit Laschen gesichert

229

Welche Aussage über den Verbundbaustoff Stahlbeton ist nicht richtig?

① Beton und Stahl haften gut aneinander
② Beton nimmt die Druckkräfte und Stahl die Zugkräfte auf
③ Die Wärmeausdehnung von Beton und Stahl ist fast gleich
④ Beton nimmt die Zugkräfte und Stahl die Druckkräfte auf
⑤ Beton schützt den Stahl vor Rost

230

Welche Spannungen treten in einem belasteten Stahlbetonbalken auf?

① Keine, die Lasten werden abgeleitet
② Oben und unten Biegezugspannungen
③ Oben und unten Biegedruckspannungen
④ Oben Biegezug- und unten Biegedruckspannungen
⑤ Oben Biegedruck- und unten Biegezugspannungen

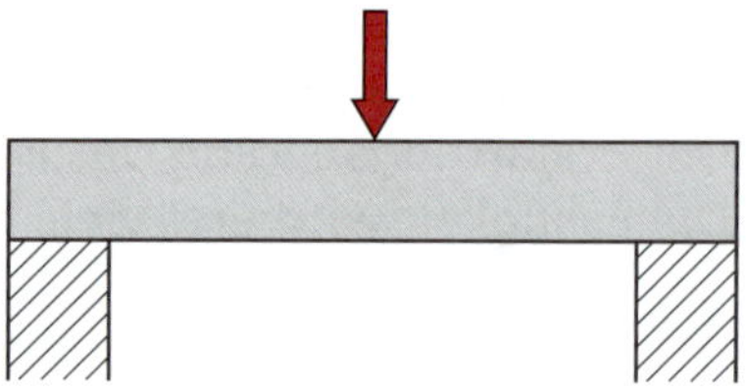

231

Wovon hängt die Dicke der Betondeckung im Stahlbetonbau nicht ab?

① Umwelteinflüsse
② Durchmesser der Stahleinlagen
③ Güte der Stahleinlagen
④ Zuschlaggröße
⑤ Betonfestigkeitsklasse

232

Betonstabstahl-Kurzname: B500A. Was gibt die Zahl 500 an?

① Zugfestigkeit in N/mm²
② Druckfestigkeit in N/mm²
③ Streckgrenze in N/mm²
④ Dehnung in %
⑤ Querschnittsfläche in mm²

233

Wie werden Betonstahlmatten eingebaut?

① Die Lage der Stähle ist beliebig
② Die Verteiler liegen immer unten
③ Die Verteiler liegen immer am Betonrand
④ Die Tragstäbe liegen immer am Betonrand
⑤ Die Tragstäbe liegen immer oben

234

Welche statische Aufgabe haben die Bügel in einem Stahlbetonbalken?

① Sie verankern die Bewehrung im Beton
② Die nehmen Biegedruckspannungen auf
③ Die nehmen Biegezugspannungen auf
④ Sie nehmen Schubspannungen auf
⑤ Sie haben keine statische Aufgabe

Lösungen ab Seite 231

Beton und Stahlbeton 235 ... 242

235

Für welches Bauteil ist der dargestellte Bewehrungskorb geeignet?

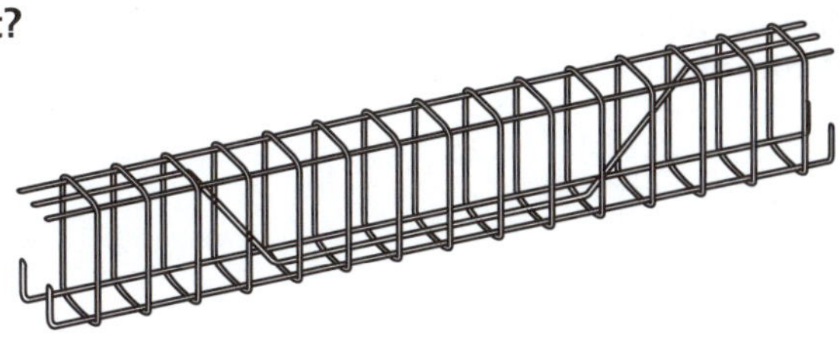

① Stahlbetonbalken
② Bewehrte Einzelfundamente
③ Stahlbetonstützwände
④ Stahlbetonstützen
⑤ Stahlbetonrundstützen

236

Wie groß muss der Abstand zwischen zwei Bewehrungsstäben mindestens sein?

① 1,0 cm
② 1,5 cm
③ Wie der Stabdurchmesser
④ Wie der größere Stabdurchmesser, mindestens aber 2,0 cm
⑤ 2,5 cm

237

Wie stellt man bei Betonstählen Aufbiegungen und Winkelhaken her?

① Mit dem Hammer umschlagen
② Über Biegerollen biegen
③ Erhitzen und schmieden
④ Biegen mit der Flechterzange
⑤ Anschweißen

238

Was bedeutet die Lagermatten-Kennzeichnung R 257A?

① Rechteckige Stababstände 150 mm × 250 mm, Querschnitt der Längsstäbe 257 mm² pro Meter
② Rechteckige Matte mit 257 Feldern
③ Regelzugfestigkeit 257 N/mm²
④ Rippenstahlmatte, Stababstände 257 mm
⑤ Rastermaß der Matte 257 mm × 257 mm

239

Was ist Beton?

240

Was ist Stahlbeton?

241

Nennen Sie drei Vorteile von Beton.

242

Nennen Sie drei Nachteile von Beton.

Lösungen ab Seite 231

243

Wovon ist die Konsistenz des Frischbetons abhängig?

244

Was sind die Hauptbestandteile jeder Schalung?

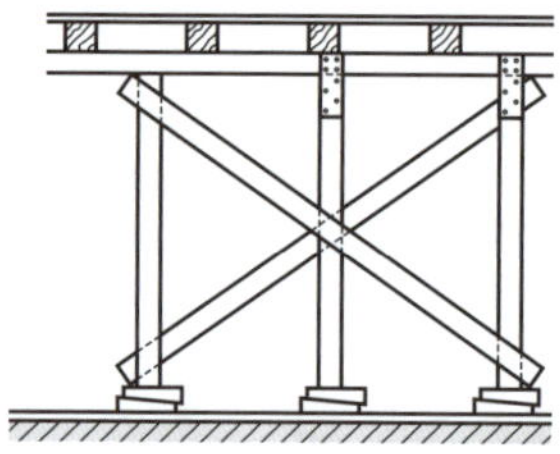

245

Wie wird Baustellenbeton fachgerecht hergestellt?

246

Welche (vier von fünf) Regeln müssen beim Betoneinbringen beachtet werden?

247

Welche Aufgaben hat die Betonschalung?

248

Vor welchen Einwirkungen muss frisch eingebrachter Beton bis zum Erhärten geschützt werden?

249

Was ist eine Lagermatte?

250

R-Matten haben Tragstäbe und Verteilerstäbe. Was sind ihre Aufgaben?

251

Welche Aufgaben haben Betonstähle?

252

Benennen Sie das abgebildete Teil, das die Schalung zusammenhält!

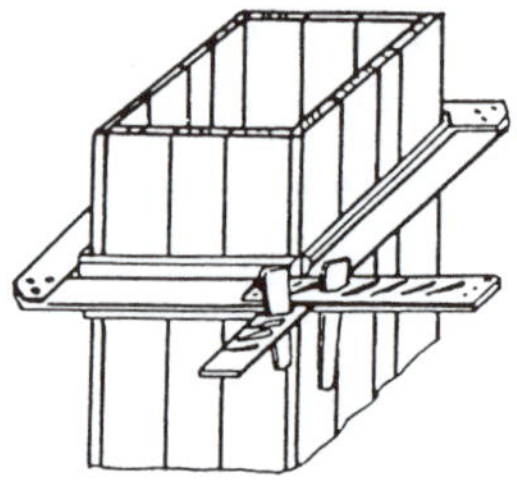

253 ... 300 keine Aufgaben

Lösungen ab Seite 231

301

Welche Behauptung über die Eigenschaften von Holz ist richtig?

① Holz kann quellen und schwinden
② Holz kann nur quellen
③ Holz kann nur schwinden
④ Holz ist nicht hygroskopisch
⑤ Holz nimmt keine Feuchtigkeit auf

302

In welcher Richtung ist bei Vollholz das geringste Schwindmaß zu verzeichnen?

① Quer zur Faser
② Längs zur Faser
③ In Richtung der Jahresringe (tangential)
④ In Richtung der Markstrahlen (radial)
⑤ Quer zu den Jahresringen

303

Was versteht man unter dem „Arbeiten des Holzes“?

① Insektenbefall am Schnittholz
② Bildung von Zellen im Baum
③ Beginn des Wachstums im Frühjahr
④ Formänderung durch Aufnahme und Abgabe von Feuchtigkeit
⑤ Elastizität beim Biegen des Holzes

304

Welche Aussage zum konstruktiven, handwerklichen Holzschutz ist falsch?

① Hirnholz muss im Außenbereich zur Wetterseite zeigen
② Eingebautes Holz ist vor Feuchtigkeit zu schützen
③ Holzstützen müssen einen bestimmten Abstand zum Erdboden haben
④ Hölzer sollen umlüftet oder hinterlüftet eingebaut werden
⑤ Sperrschichten schützen das Holz vor aufsteigender Feuchte

305

Was versteht man unter Bausperrholz nach DIN 636-2?

① Sperrholz mit Stäbchen-, Stab- oder Streifen-Mittellage
② Sperrholz für den Feuchtebereich
③ Spanplatten, die als Flachpressplatten hergestellt werden
④ Spanplatten, die als Strangpressplatten hergestellt werden
⑤ Holzfaserplatten

306

Welches der aufgeführten Bauschnitthölzer entspricht der Sortierklasse S 7?

① Bauschnittholz mit üblicher Tragfähigkeit
② Bauschnittholz mit überdurchschnittlicher Tragfähigkeit
③ Bauschnittholz mit geringer Tragfähigkeit
④ Bauschnittholz nur für untergeordnete Bauteile
⑤ Bauschnittholz nur für den Innenbereich

307

Welches Bauholz ist im Bild dargestellt?

① Eine unbesäumte Bohle
② Eine besäumte Bohle
③ Ein unbesäumtes Brett
④ Ein Furnier
⑤ Eine Schwarte

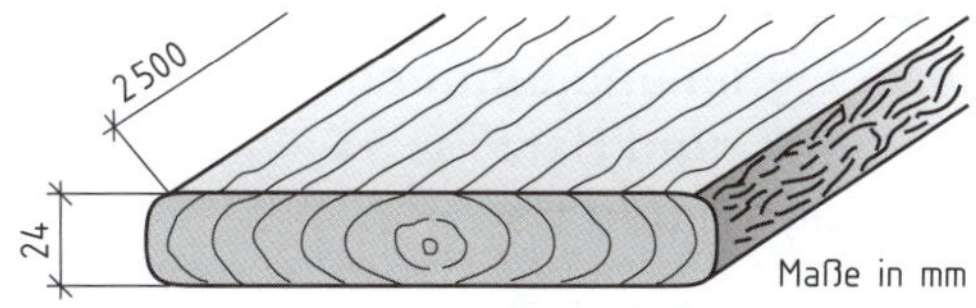

308

Welche Behauptung über das Verhalten des Holzes gegenüber Feuchtigkeit ist richtig?

① Holz kann Feuchtigkeit aufnehmen und abgeben
② Holz kann nur Feuchtigkeit aufnehmen
③ Holz arbeitet nicht
④ Holz kann nur Feuchtigkeit abgeben
⑤ Holz ist nicht hygroskopisch

309

In welcher Richtung schwindet Vollholz am meisten?

① Quer zu den Jahresringen
② Längs zur Faser
③ Radial in Richtung der Markstrahlen
④ Tangential in Richtung der Jahresringe
⑤ Quer zur Faser

Lösungen ab Seite 232

Holz und Holzbauteile | 310 ... 319

310

Welche Eigenschaft weist Holz nicht auf?

① Gute Wärmedämmung
② Hohe Festigkeit längs zur Faser
③ Quellen und Schwinden
④ Gute Bearbeitbarkeit
⑤ Hohe Wärmeleitfähigkeit

311

Welche Eigenschaft trifft auf Holz nicht zu?

① Nicht brennbar
② Wärmedämmend
③ Hygroskopisch
④ Gute Bearbeitbarkeit
⑤ Anfällig für pflanzliche und tierische Schädlinge

312

Welche holzzerstörende Krankheit ist beim verarbeiteten Holz die gefährlichste?

① Rotfäule (Warzenschwamm)
② Bläue
③ Astfäule
④ Weißfäule
⑤ Braunfäule (echter Hausschwamm)

313

Wie nennt man die Umwandlung von Wasser und Kohlendioxid mit Hilfe von Sonnenlicht in Traubenzucker und Stärke?

① Kapillarität
② Fotosynthese
③ Adhäsion
④ Diffusion
⑤ Kambium

314

Was bildet der Baum mit Hilfe des Blattgrüns direkt aus Kohlendioxid und Wasser?

① Zellulose
② Zweige
③ Blätter
④ Traubenzucker
⑤ Holz

315

Wie soll Bauschnittholz gelagert werden?

① Im Freien direkt auf dem Boden
② In Trockenkammern bei 105 °C
③ In Lagerschuppen ohne Längswände
④ In geschlossenen klimatisierten Räumen
⑤ In feuchten, warmen Räumen

316

In welcher Antwort sind nur im Holz enthaltene Kohlenwasserstoffverbindungen aufgeführt?

① Zellulose, Lignin und Harz
② Zellulose, Teer und Harz
③ Zellulose, Lignin und Bitumen
④ Zellulose, PVC und Harz
⑤ Bitumen, Lignin und Harz

317

Welcher Stoff gehört nicht zu den lebensnotwendigen Aufbaustoffen von Bäumen?

① Wasser
② Kohlendioxid
③ In Wasser gelöste Mineralien
④ Sonnenlicht
⑤ Erdöl

318

Wie heißt die Wachstumsschicht des Holzes?

① Mark
② Bastschicht
③ Kambium
④ Borke
⑤ Markstrahlen

319

Wann sollte Holz gefällt werden?

① Im Winter
② Im Frühjahr
③ Im Sommer
④ Im Spätsommer
⑤ Im Herbst

Lösungen ab Seite 232

Holz und Holzbauteile

320 ... 329

320

Welche Eigenschaft trifft auf Holz mit einer Feuchte $\mu > 30\,\%$ (über dem Fasersättigungspunkt) zu?

① Gute Bearbeitbarkeit
② Gute Transportfähigkeit
③ Kein Quellen oder Schwinden des Holzes
④ Geringe Wärmeleitfähigkeit
⑤ Kein Schädlingsbefall

321

Was versteht man unter Kernholz?

① Helles, im Frühjahr und Sommer gewachsenes Holz
② Dunkles, im Spätsommer und Herbst gewachsenes Holz
③ Außenliegendes, helles und wasserführendes Holz
④ Bauholz
⑤ Innenliegendes, dunkles und nicht wasserführendes Holz

322

In welcher Auswahlantwort sind nur Kernholzbäume aufgeführt?

① Kiefer, Eiche, Lärche
② Kiefer, Eiche, Buche
③ Fichte, Eiche, Lärche
④ Kiefer, Tanne, Buche
⑤ Fichte, Tanne, Lärche

323

Welche Aufgabe hat die Bastschicht?

① Transport von Nährstoffen in senkrechter Richtung
② Transport von Nährstoffen in waagerechter Richtung
③ Bildung einer dünnen festen Schutzschicht
④ Wachstumsschicht des Baumes
⑤ Keine

324

Holz ist hygroskopisch. Was wird unter dieser Aussage verstanden?

① Die Abhängigkeit der Holzfeuchte von der Luftfeuchte
② Die gute Bearbeitbarkeit von Holz
③ Die Schönheit des Holzes
④ Eine geringe Wärmeleitfähigkeit des Holzes
⑤ Das unterschiedliche Verhalten von Holz je nach Richtung

325

Bis zu welchem Feuchtigkeitsgehalt μ kann Holz natürlich getrocknet werden?

① Bis zum Fasersättigungspunkt, μ ist etwa 30 %
② Halbtrocken, μ liegt zwischen 20 % und 30 %
③ Trocken, μ liegt unter 20 %
④ Bis etwa 15 %
⑤ Bis etwa 6 %

326

Woraus wird Bauholz hauptsächlich gewonnen?

① Aus Erzen
② Aus Wurzeln
③ Aus dem Boden
④ Aus Baumstämmen
⑤ Aus Blättern und Zweigen

327

Wovor muss Holz nicht geschützt werden?

① Wasser
② Feuer
③ Insekten
④ Metallen
⑤ Pilzen

328

In welchem Holz wird die Tragfähigkeit von Nägeln mit der Zeit stark verringert?

① In Brettschichtholz
② In Laubhölzern
③ In Nadelhölzern
④ Im frischen Bauholz
⑤ Im trockenen Bauholz

329

Welches Einbringungsverfahren wird beim chemischen Holzschutz nicht verwendet?

① Streichen
② Einpflanzen
③ Sprühen
④ Spritzen
⑤ Tauchen

Lösungen ab Seite 232

330

Welches der genannten Holzschutzmittel dürfen nicht mehr verwendet werden?

① B-Salze (Borverbindungen)
② CF-Salze (Alkalifluoride und Bichromate)
③ CK-Salze (z. B. Kupfersalze)
④ Bindemittelfreie Präparate (organische Fungizide und Insektizide)
⑤ Teerölpäparate

331

Wie wird der Feuchtigkeitsgehalt μ von Holz bestimmt?

① Überhaupt nicht, da der Feuchtigkeitsgehalt μ unwichtig ist
② Er wird durch Inaugenscheinnahme geschätzt
③ Über das Gewicht vor und nach einer Trocknung bei 105 °C (Darrprobe)
④ Über die Branddauer bei einer Verbrennungsprobe
⑤ Über die aufgenommene Wassermenge bei einer Saugprobe

332

Welchem Kurzzeichen ist eine falsche Wirksamkeit und Verwendung zugeordnet worden?

① Iv = vorbeugend gegen Insekten
② Ib = Bekämpfung von Insekten
③ P = gegen Pollen
④ M = Bekämpfung von Schwamm im Mauerwerk
⑤ F = geeignet für Feuerschutzbehandlung

333

Welchem Kurzzeichen ist eine falsche Wirksamkeit und Verwendung zugeordnet worden?

① Iv = vorbeugend gegen Insekten
② Ib = Bekämpfung von Insekten
③ W = geeignet für der Witterung ausgesetztes Holz
④ M = Bekämpfung von Schwamm im Mauerwerk
⑤ E = gegen Eintagsfliegen

334

Welcher Holzwuchsfehler wird im Bild dargestellt?

① Drehwuchs
② Exzentrischer Wuchs
③ Überwallung
④ Maserwuchs
⑤ Frostleiste

335

Welcher Holzwuchsfehler wird im Bild dargestellt?

① Drehwuchs
② Exzentrischer Wuchs
③ Luft- oder Trockenrisse
④ Maserwuchs
⑤ Frostleiste

336

Wie wird das im Bild mit Ⓐ bezeichnete Bauteil einer Fachwerkwand fachgerecht benannt?

① Schwelle
② Riegel
③ Pfosten
④ Strebe
⑤ Rähm

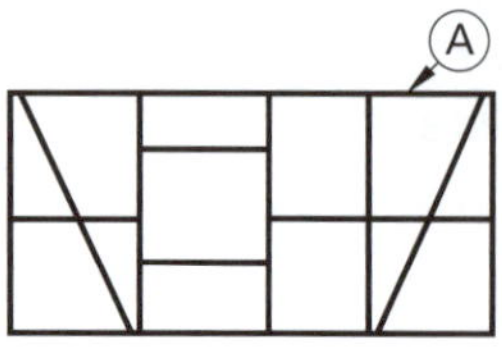

Lösungen ab Seite 232

337

Wie wird das im Bild mit Ⓑ bezeichnete Bauteil einer Holzbalkendecke fachgerecht benannt?

① Ganzbalken oder Hauptbalken
② Stichbalken
③ Wechsel
④ Füllholz
⑤ Streichbalken

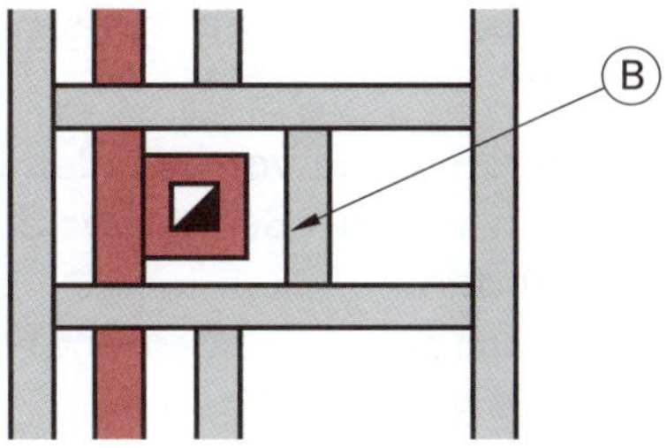

338

Wie wird die zimmermannsmäßige Holzverbindung im Bild bezeichnet?

① Schräges Blatt
② Einfaches Blatt mit Zapfen
③ Hakenblatt
④ Hakenblatt mit Zapfen
⑤ Druckblatt

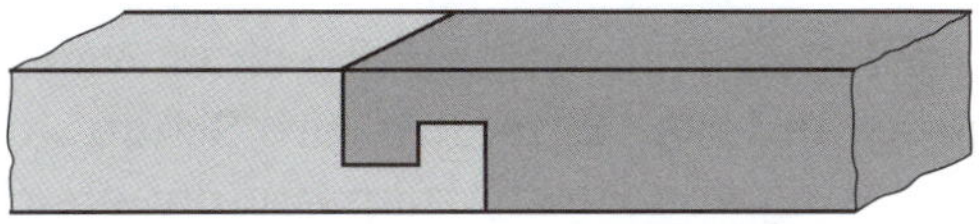

339

Welche Holzverbindung wird im Bild dargestellt?

① Verzapfung
② Stirnversatz
③ Doppelter Versatz
④ Fersenversatz
⑤ Aufschiebling

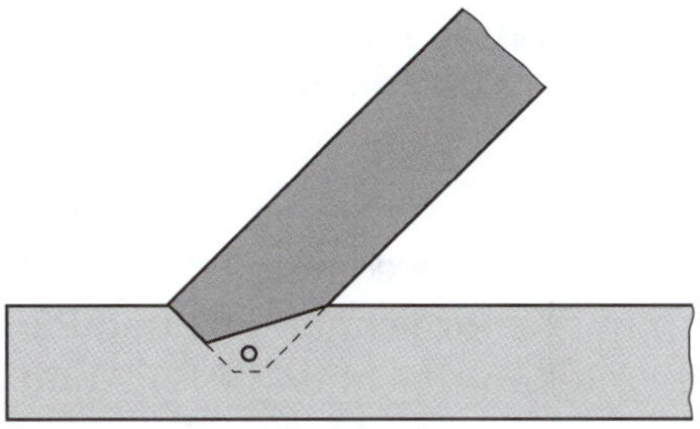

340

Welches Insekt gehört nicht zu den tierischen Holzschädlingen?

① Pochkäfer
② Holzwespen
③ Hausbockkäfer
④ Marienkäfer
⑤ Borkenkäfer

341

Welcher Pilz gilt als der gefährlichste pflanzliche Holzschädling?

① Bläuepilz
② Echter Hausschwamm
③ Rotfäule
④ Weißfäule
⑤ Balkenblättling

342

Welche Maßnahme ist zur Abwehr von pflanzlichen Holzschädlingen geeignet?

① Abdecken gegen Sonnenlichteinfall
② Feuchthalten
③ Sperren gegen Frischluftzufuhr
④ Trocknen mit Heißluft
⑤ Feuchtwarmes Reizklima

343

Wie sind die Reste von Holzschutzmitteln zu entsorgen?

① Im Mülleimer
② Im Boden vergraben
③ Als Sondermüll zur Mülldeponie bringen
④ In der Toilette wegspülen
⑤ Verbrennen

Lösungen ab Seite 233

Holz und Holzbauteile

344

Welche Maßnahme zum konstruktiven Holzschutz ist falsch?

① Holzverkleidung von Wänden hinterlüften
② Holzstützen zum Schutz vor Bodenfeuchtigkeit aufständern
③ Nur frisches Holz mit einem Feuchtegehalt von $\mu > 30\,\%$ verarbeiten
④ Zwischen Mauerwerk und Holzbauteilen Feuchtigkeitssperren anordnen
⑤ Ausbildung von Tropfnasen

345

Welche Maßnahme zum konstruktiven Holzschutz ist falsch?

① Holzbauteile hinterlüften
② Holz mit Feuchtigkeitssperren schützen
③ Nur trockenes Holz mit einem Feuchtegehalt von $\mu < 20\,\%$ einbauen
④ Holzbauteile satt ummörteln
⑤ Hirnholz im Außenbereich gegen Feuchtigkeit abdecken

346

Welche konstruktive Holzschutzmaßnahme wird hier im Bild abgebildet?

① Hinterlüftete Holzverkleidung einer Wand
② Aufgeständerte Holzstütze zum Schutz vor Bodenfeuchtigkeit
③ Abdeckung von Hirnholz im Außenbereich
④ Feuchtigkeitssperre zwischen Mauerwerk und einem Holzbalken
⑤ Ausbildung einer Tropfnase

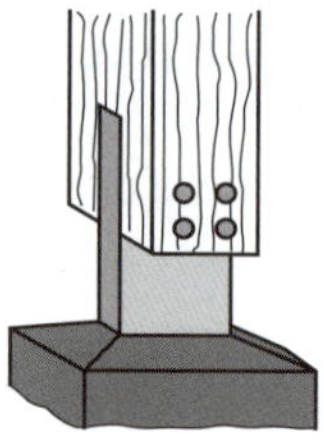

347

Welche Spanplatten können für tragende Zwecke nach DIN EN 312 im Feuchtbereich verwendet werden?

① Platten mit Kennzeichnung P5 und P7
② Platten mit Kennzeichnung P4 und P6
③ Platten mit Kennzeichnung P1 und P2
④ Platten mit Kennzeichnung P1, P2 und P3
⑤ Platten mit Kennzeichnung P3

348

Mit welchem Feuchtigkeitsgehalt μ wird Bauholz für den Rohbau in der Regel verarbeitet?

① Als Frischholz mit $\mu > 30\,\%$
② Halbtrocken, μ liegt zwischen 20 % und 30 %
③ Trocken, $\mu < 20\,\%$
④ Darrtrocken, $\mu = 0\,\%$
⑤ Künstlich getrocknet, $\mu < 15\,\%$

349

Wie wird der im Bild mit Ⓐ gekennzeichnete Teil im Querschnitt eines Holzstammes bezeichnet?

① Jahresring
② Borke
③ Markstrahl
④ Kambium
⑤ Mark

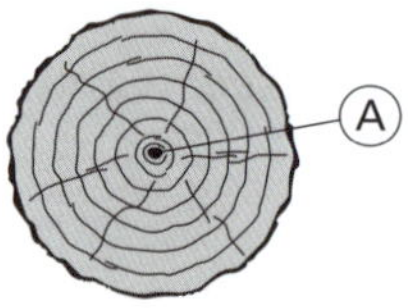

350

Was versteht man unter Tracheiden?

① Leitzellen für den Transport von Nährstoffen im Baum
② Stützzellen für die Festigkeit des Baumes
③ Speicherzellen in Bäumen
④ Zellen, die Leitungsaufgaben und Stützaufgaben bei Nadelbäumen wahrnehmen
⑤ Tracheiden sind Holzschädlinge

351

Was versteht man unter Assimilation?

① Die Nahrungsaufnahme des Baumes mit seinen Wurzeln
② Die Aufnahme von Kohlendioxid über die Blätter
③ Die Herstellung von Blattgrün (Chlorophyll)
④ Die Umwandlung der aufgenommenen Nährstoffe in Traubenzucker und Stärke
⑤ Die Entstehung eines Jahresringes aus Frühholz

Lösungen ab Seite 233

352

Welcher chemische Prozess läuft beim Faulen von Holz ab?

① Eine Hydratation
② Eine langsame Oxidation
③ Eine langsame Reduktion
④ Eine Karbonatisierung
⑤ Fotosynthese

353

Welches Bauholz gehört nicht zum Schnittholz?

① Dachlatten
② Rundholz
③ Kantholz
④ Bretter
⑤ Bohlen

354

Welcher Schnitt durch einen Baumstamm ist im Bild abgebildet?

① Querschnitt oder Hirnschnitt
② Sehnenschnitt oder Fladerschnitt
③ Aufschnitt
④ Radialschnitt oder Spiegelschnitt
⑤ Keiner der Schnitte

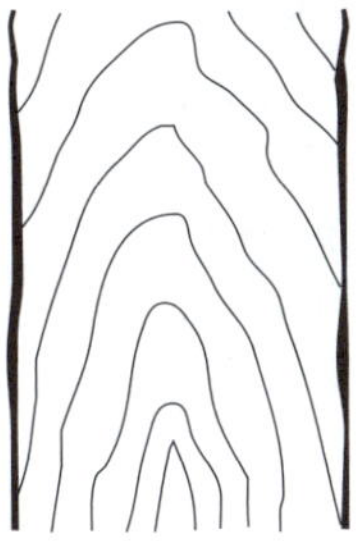

355

Welches Querschnittsmaß gehört zu den Balken?

① 16 cm/18 mm
② 40 mm/60 mm
③ 6 cm/6 cm
④ 10 cm/20 cm
⑤ 24 mm/48 mm

356

Welche Schnitthölzer haben das Querschnittsmaß 24 mm/48 mm?

① Balken
② Kanthölzer
③ Bohlen
④ Bretter
⑤ Dachlatten

357

Welche Mindestdicke nach DIN 4071 weisen Bohlen auf?

① 24 mm
② 32 mm
③ 44 mm
④ 50 mm
⑤ 60 mm

358

Welche Bauschnitthölzer gehören zur Sortierklasse S13?

① Bauschnitthölzer mit überdurchschnittlicher Tragfähigkeit
② Bauschnitthölzer mit üblicher Tragfähigkeit
③ Bauschnitthölzer mit geringer Tragfähigkeit
④ Bauschnitthölzer für untergeordnete Bauteile
⑤ Bauschnitthölzer für den Innenbereich

359

Welches Bauholz ist im Bild dargestellt?

① Eine unbesäumte Bohle
② Eine besäumte Bohle
③ Ein besäumtes Brett
④ Ein zweiseitig besäumtes Rundholz
⑤ Eine Schwarte

Lösungen ab Seite 233

360

Welches Bauholz ist im Bild dargestellt?

① Eine unbesäumte Bohle
② Eine besäumte Bohle
③ Ein unbesäumtes Brett
④ Ein Furnier
⑤ Eine Schwarte

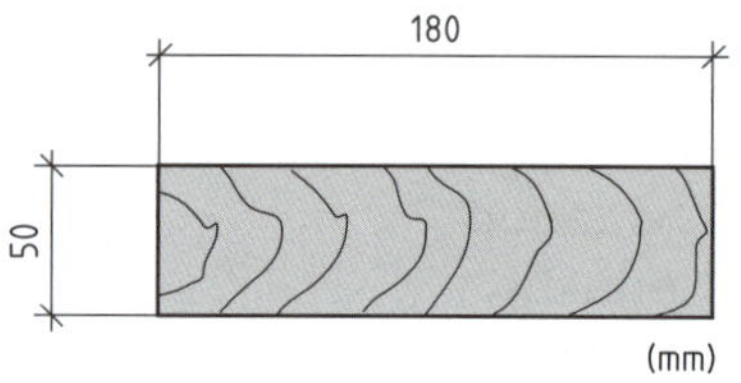

361

Welche der aufgeführten Sortierklassen entspricht der Festigkeitsklasse C 30M (Holzart Douglasie)?

① S 7
② S 10 K
③ LS 10
④ S 13 K
⑤ keine

362

Welche Mindestbreite besitzen Bretter?

① 40 mm
② 60 mm
③ 80 mm
④ 100 mm
⑤ 120 mm

363

Wie wird das im Bild mit Ⓐ gekennzeichnete Brett vom Schnitt am Stamm her genannt?

① Schwarte
② Seitenbrett
③ Mittelbrett
④ Herzbrett
⑤ Besäumtes Brett

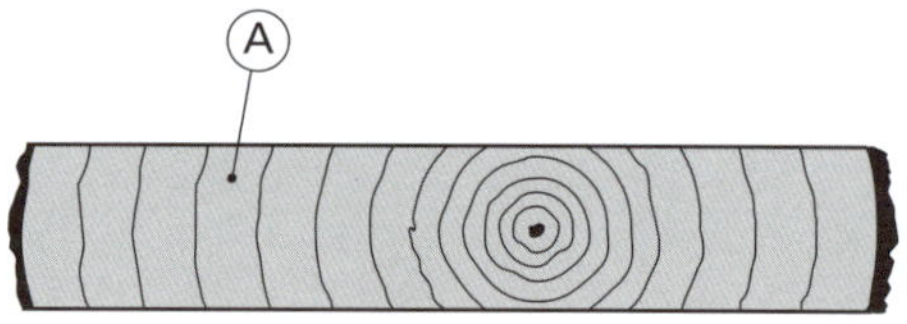

364

Welches Merkmal gehört nicht zu den Sortierkriterien nach DIN 4074?

① Insektenfraß
② Äste
③ Jahresringbreite
④ Anzahl der Jahresringe
⑤ Verfärbungen

365

Welches Merkmal gehört nicht zu den Sortierkriterien nach DIN 4074?

① Mistelbefall
② Baumkante
③ Baumart
④ Faserneigung
⑤ Risse

366

Welche Baumart wird für Bauholz am häufigsten verwendet?

① Eiche
② Kiefer
③ Tanne
④ Buche
⑤ Fichte

367

Welche Sortierklasse entspricht Nadelholz mit der Güteklasse II (NH GK II – neu C24)?

① Visuelle Sortierung S 7
② Visuelle Sortierung S 10
③ Visuelle Sortierung S 13
④ Maschinelle Sortierung MS 13
⑤ Maschinelle Sortierung MS 17

Lösungen ab Seite 233

368

Welcher Baustoff gehört nicht zu den Holzwerkstoffen?

① Spanplatte
② Furniersperrholzplatte
③ Holzfaserplatte
④ Holzwolleleichtbauplatte
⑤ Glasplatte

369

Welches Bauholz zählt zu den Halbfertigerzeugnissen?

① Besäumte Bretter
② Unbesäumte Bohlen
③ Kanthölzer
④ Dachlatten
⑤ Gespundete Bretter

370

Wie sind Furniersperrholzplatten (FU) aufgebaut?

① Aus mindestens 2 Furnieren, die kreuzweise verleimt sind
② Aus mindestens 3 verleimten Furnieren
③ Aus mindestens 3 Furnieren, die kreuzweise verleimt sind
④ Aus mindestens 4 verleimten Furnieren
⑤ Aus mindestens 4 Furnieren, die kreuzweise verleimt sind

371

Welche Eigenschaft trifft auf Bausperrholz zu?

① Es ist wesentlich leichter als Vollholz
② Es ist wesentlich schwerer als Vollholz
③ Es besitzt eine wesentlich bessere Wärmedämmung als Vollholz
④ Es besitzt eine wesentlich bessere Schalldämmung als Vollholz
⑤ Es quillt und schwindet wesentlich geringer als Vollholz

372

Was versteht man unter Furnieren?

① Miteinander verleimte Bretter
② Miteinander verleimte Holzleisten
③ Miteinander verleimte Holzspäne
④ Miteinander verleimte Holzfasern
⑤ 0,5 mm bis 8 mm dicke Holzblätter, die vom Vollholz abgesägt, abgemessert oder abgeschält werden

373

Welchen Vorteil haben Spanplatten gegenüber Vollholz?

① Sie haben eine wesentlich höhere Festigkeit
② Sie lassen sich wesentlich besser bearbeiten
③ Sie sind teurer als Vollholz
④ Auch minderwertiges Holz kann verarbeitet werden
⑤ Sie sind umweltfreundlicher als Vollholz

374

Wie werden die Furniere genannt, die die äußerste Lage von Stabsperrholzplatten (ST) bilden?

① Deckfurniere
② Messerfurniere
③ Schälfurniere
④ Sägefurniere
⑤ Absperrfurniere

375

Bei welchen Platten aus Holzwerkstoffen wird auch Bitumen als Bindemittel verwendet?

① Spanplatten
② Bausperrholzplatten
③ Holzfaserplatten
④ Holzwolleleichtbauplatten
⑤ OSB-Platten

376

Welche zimmermannsmäßige Holzverbindung verwendet man für Eckverbindungen?

① Scherzapfen
② Stumpfer Stoß
③ Stirnversatz
④ Verkämmung
⑤ Fersenversatz

377

In welcher Antwort sind nur zimmermannsmäßige Holzverbindungen aufgeführt?

① Verkämmung, Überlattung, Verleimung
② Versatz, Verbolzung, Scherzapfen
③ Vernagelung, Eckblatt, Schlitz und Zapfen
④ Schlitz und Zapfen, Überblattung, Verschraubung
⑤ Scherzapfen, Stirnversatz, Eckblatt

Lösungen ab Seite 233

Holz und Holzbauteile

378

Welche zimmermannsmäßige Holzverbindung verwendet man für Längsverbindungen?

① Stirnversatz
② Gerades Blatt
③ Scherzapfen
④ Eckblatt
⑤ Verkämmung

379

Welche zimmermannsmäßige Holzverbindung verwendet man für Kreuzungen von zwei Hölzern?

① Gerades Blatt
② Scherzapfen
③ Eckblatt
④ Stirnversatz
⑤ Verkämmung

380

Welche zimmermannsmäßige Holzverbindung verwendet man für Abzweigungen?

① Schräges Blatt
② Eckblatt
③ Verkämmung
④ Stirnversatz
⑤ Scherzapfen

381

Welches Verbindungsmittel ergibt eine lösbare Holzverbindung?

① Holzschrauben
② Drahtstifte
③ Phenolharzleim
④ Klammern
⑤ Weißleim

382

Welche zimmermannsmäßige Holzverbindung ist im Bild unter Ⓒ abgebildet?

① Stirnversatz
② Verkämmung
③ Schlitz und Zapfen
④ Gerades Blatt
⑤ Stumpfer Stoß

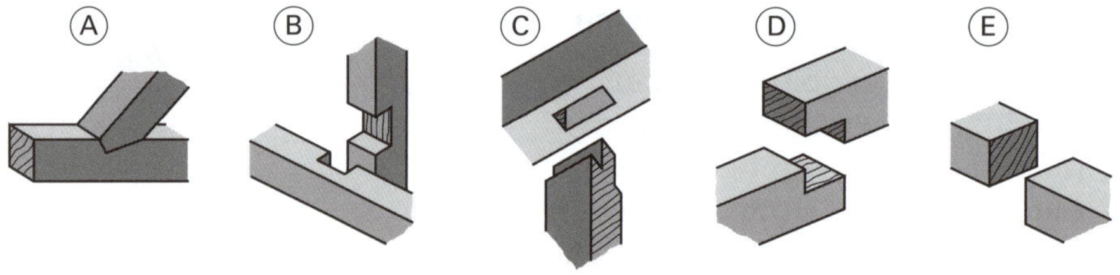

383

Welches metallische Holzverbindungsmittel ist im Bild unter Ⓓ abgebildet?

① Drahtstift
② Klammer
③ Holzschraube
④ Schraubenbolzen
⑤ Dübel besonderer Bauart

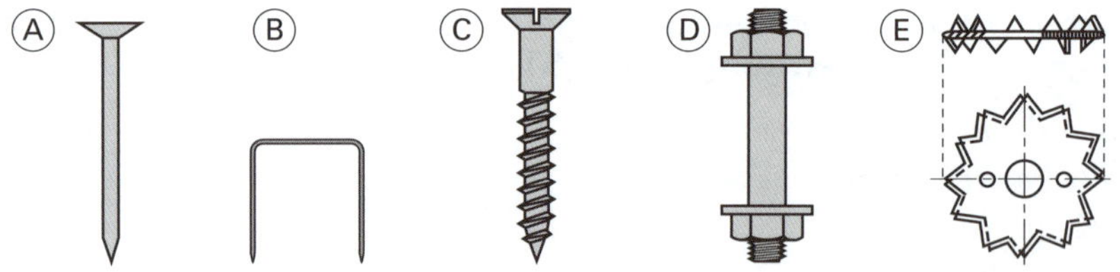

384

Wie viel Nägel sind für eine tragende Nagelverbindung, die auf Abscheren belastet wird, nach DIN 1052/DIN EN 1995-1-1/NA mindestens erforderlich?

① 2
② 3
③ 4
④ 5
⑤ 6

385

Wie viel Schrauben mit einem Durchmesser $d < 10$ mm sind für eine tragende Schraubenverbindung nach DIN 1052/DIN EN 1995-1-1/NA mindestens nötig?

① 2
② 3
③ 4
④ 5
⑤ 6

Lösungen ab Seite 233

386

Welche Mindestholzdicke muss ein Holzbauteil aus Kiefernholz für eine tragende Nagelverbindung nach DIN 1052/DIN EN 1995-1-1/NA aufweisen?

① 20 mm
② 24 mm
③ 28 mm
④ 30 mm
⑤ 40 mm

387

In einer Holzbauzeichnung ist an einer Nagelverbindung 22 Na 3,4/90 zu lesen. Was ist mit der Zahl 3,4 gemeint?

① Nagellänge = 34 cm
② Nagellänge = 34 mm
③ Durchmesser des Nagelschaftes = 34 mm
④ Durchmesser des Nagelschaftes = 3,4 mm
⑤ Durchmesser des Nagelkopfes = 3,4 mm

388

Welche Abbildung im Bild zeigt eine zweischnittige Nagelverbindung?

① A
② B
③ C
④ D
⑤ E

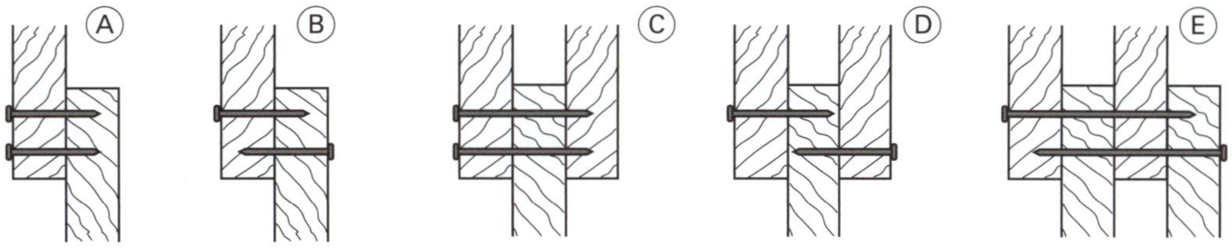

389

Welche Abbildung im Bild zeigt eine Holzschraube mit Linsenkopf?

① A
② B
③ C
④ D
⑤ keine der Abbildungen

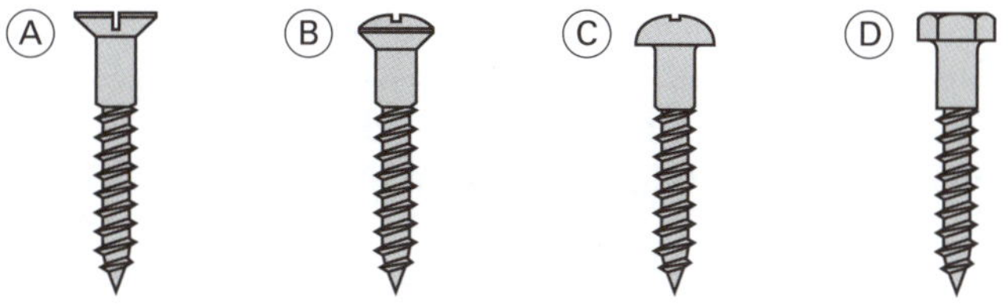

390

An einer Nagelverbindung ist 26 Na 4,2/110, vb zu lesen. Was bedeutet vb?

① verbindlich: genau die angegebenen Nägel müssen genommen werden
② unverbindlich: man darf andere Nägel nehmen
③ vorgebohrt: damit die Nägel leichter eingeschlagen werden können
④ vorgebohrt: die Tragkraft eines Nagels pro Scherfläche erhöht sich
⑤ hier darf zur Arbeitserleichterung nicht vorgebohrt werden

391

Womit lässt sich die Gefahr des Spaltens von Holz bei einer Nagelverbindung nicht herabsetzen?

① Stauchen (Abstumpfen) der Nagelspitze
② Einhalten von vorgeschriebenen Randabständen
③ Einhalten von vorgeschriebenen Abständen der Nägel untereinander
④ Versetzen der Nägel zur Nagelrissachse mithilfe einer Nagelschablone
⑤ Maschinelles Einschlagen der Nägel

392

Wodurch kommt die Festigkeit einer Leimfuge zustande?

① Adhäsion
② Kapillarität
③ Kohäsion
④ Durch eine chemische Reaktion mit dem Holz
⑤ Adhäsion und Kohäsion

393

Welcher Baustoff wird aus Vollholz durch Verleimung hergestellt?

① Brettschichtholz (BSH)
② Spanplatten
③ Holzwolleleichtbauplatten
④ Hartfaserplatten
⑤ Gespundete Bretter

394

Welche der Abbildungen im Bild zeigt eine Spundung?

① A
② B
③ C
④ D
⑤ E

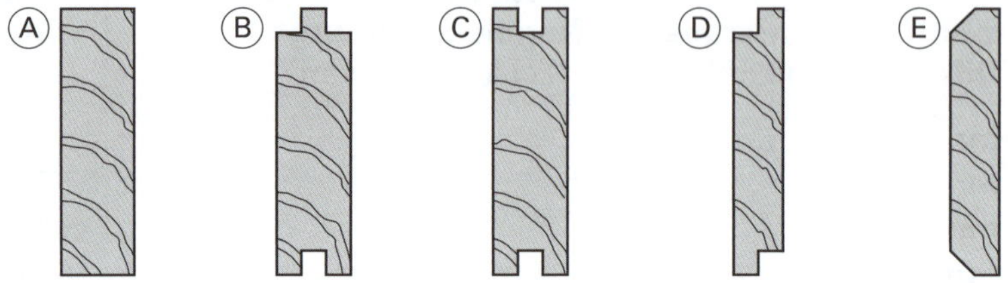

395

Welche der Abbildungen im Bild zeigt einen Drahtstift mit Senkkopf?

① A
② B
③ C
④ D
⑤ E

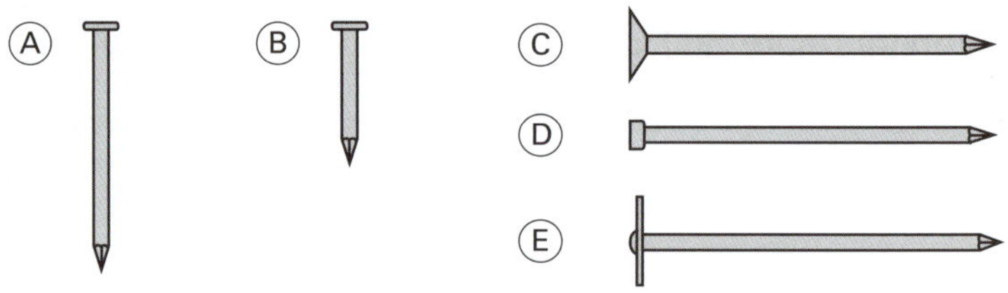

396

In welcher Antwort sind nur Leime aus natürlichen Grundstoffen aufgeführt?

① Glutinleim, Kaseinleim, Stärkeleim
② Melaminharzleim, Stärkeleim, Kaseinleim
③ Stärkeleim, Kaseinleim, Harnstoffharzleim
④ Kaseinleim, Resorcinharzleim, Stärkeleim
⑤ Polyvinylacetatleim (Weißleim), Stärkeleim, Kaseinleim

397

Erklären Sie die Entstehung von Holz unter Verwendung der Begriffe Fotosynthese und Assimilation. Verwenden Sie ein Extra-DIN-A4-Blatt.

398

Beschriften Sie den Stammquerschnitt eines Baumes.

① ____________ ⑥ ____________
② ____________ ⑦ ____________
③ ____________ ⑧ ____________
④ ____________ ⑨ ____________
⑤ ____________

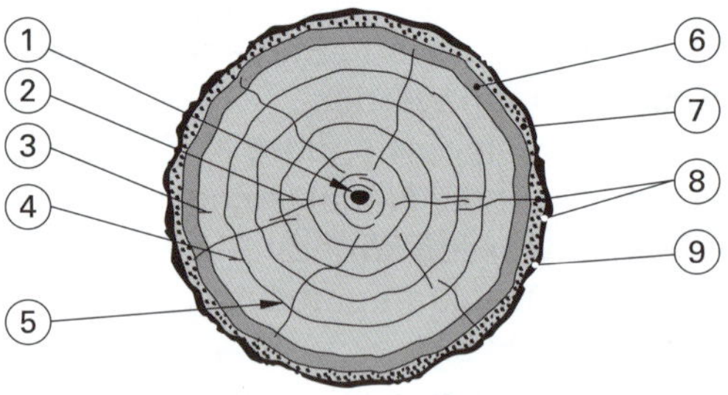

399

Skizzieren und benennen Sie vier verschiedene zimmermannsmäßige Holzverbindungen.

400 keine Aufgabe

Lösungen ab Seite 233

Lernfeldübergreifende Grundlagen

Messen am Dach — 401 ... 410

401

Worauf bezieht sich bei Höhenangaben die Angabe NHN (vormals NN)?

① Auf die Höhe des Meeresspiegels bei mittlerem Wasserstand in Cuxhaven
② Auf die Höhe des Meeresspiegels bei mittlerem Wasserstand in Amsterdam
③ Auf die Höhe des Festpunktes, bei dem man mit dem Nivellieren beginnt
④ Auf die Höhe des Festpunktes, bei dem man mit dem Nivellieren endet
⑤ Auf eine in Paris international festgelegte Höhe

402

Welche Aufgabe hat eine Libelle bei Vermessungsgeräten?

① Sie dient zum senkrechten oder waagerechten Ausrichten von Vermessungsinstrumenten und Vermessungsgeräten
② Sie erleichtert die Ablesung beim Blick durch das Nivelliergerät
③ Sie dient zur Markierung von Höhenpunkten an Gebäuden
④ Sie ermöglicht eine sichere Stellung der Nivellierlatte beim Umstellen des Nivelliergerätes
⑤ Sie ermöglicht das Abstecken rechter Winkel

403

Welches Instrument kann für Höhenmessungen benutzt werden?

① Winkelspiegel
② Fluchtstab
③ Nivelliergerät
④ Lot
⑤ Dosenlibelle

404

Welches Instrument kann nicht für Höhenmessungen benutzt werden?

① Theodolit
② Schlauchwaage
③ Nivelliergerät
④ Laserwasserwaage
⑤ Winkelspiegel

405

Welches Zahlenverhältnisse dient zum Abstecken eines rechten Winkels auf der Baustelle?

① 1 : 2 : 3
② 2 : 3 : 4
③ 3 : 4 : 5
④ 4 : 5 : 6
⑤ 2 : 4 : 6

406

Bei welchen Arbeiten kann man das abgebildete Gerät einsetzen?

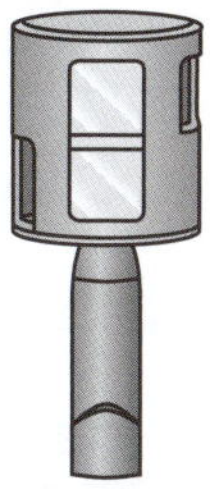

① Ausrichten der Nivellierlatte
② Festlegen von Höhenfestpunkten
③ Ausrichten von Fluchtstäben
④ Ablesen von Entfernungen
⑤ Abstecken rechter Winkel

407

Wozu braucht man das abgebildete Lattendreieck auf der Baustelle?

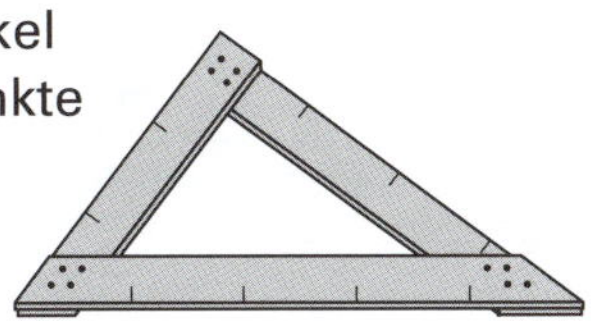

① Zum Anlegen rechter Winkel
② Als Schutz für Hilfsfestpunkte
③ Als Absteifung
④ Als Schnurgerüst
⑤ Als Visiereinrichtung

408

Das Bild zeigt den Blick durch ein Nivelliergerät auf die Messlatte. Welche Ablesung ist richtig?

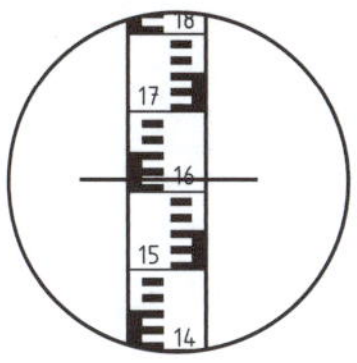

① 1,605 m
② 1,615 m
③ 0,165 m
④ 1,565 m
⑤ 1,060 m

409

Wozu wird ein Anschlagwinkel benutzt?

① Zum Anreißen von 90°-Winkeln
② Zum Anbringen von Firmenschildern
③ Beim Messen von Entfernungen
④ Zum Befestigen von Blechformteilen
⑤ Dachdecker benutzen keine Anschlagwinkel

410

Welche Winkel können mit einem Alpha-Winkel angerissen werden?

① 90°-Winkel
② 30°- und 60°-Winkel
③ 15°-, 30°-, 45°-, 60°-, 75°- und 90°-Winkel
④ Alle Winkel zwischen 0° und 90°
⑤ Keine Winkel

Lösungen ab Seite 234

Messen am Dach

411

Welche drei Geräte werden auf der Baustelle für Längenmessungen eingesetzt?

412

Welche sechs Geräte werden auf der Baustelle für Höhenmessungen eingesetzt?

413

Was versteht man unter Nivellieren?

414

Welche Möglichkeiten gibt es, rechte Winkel auf der Baustelle anzulegen?

415

Welche vier Fehler müssen bei Längenmessungen mit dem Bandmaß vermieden werden?

416

Was ist bei der Aufstellung eines Nivelliergerätes zu beachten?

417 ... 500 keine Aufgaben

Lösungen ab Seite 234

501

Welche Dachform wird im Bild dargestellt?

① Mansarddach
② Satteldach
③ Krüppelwalmdach
④ Walmdach
⑤ Sheddach

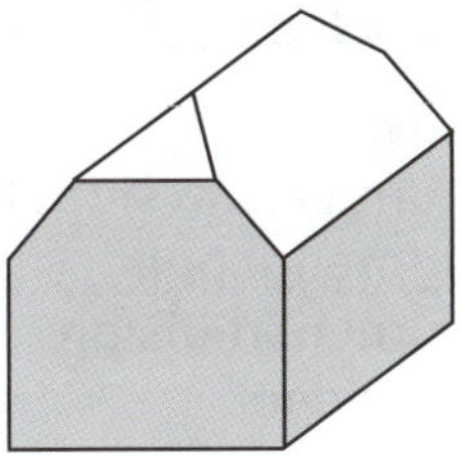

502

Welche Dachform wird im Bild dargestellt?

① Mansarddach
② Satteldach
③ Zeltdach
④ Pultdach
⑤ Sheddach

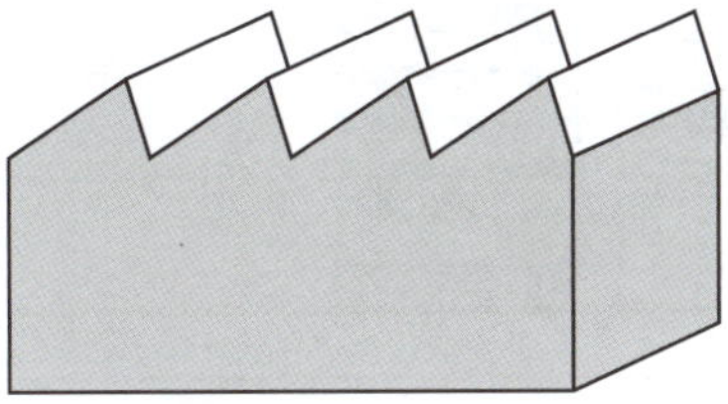

503

Welche Dachform wird im Bild dargestellt?

① Flachdach
② Satteldach
③ Pultdach
④ Mansarddach
⑤ Sheddach

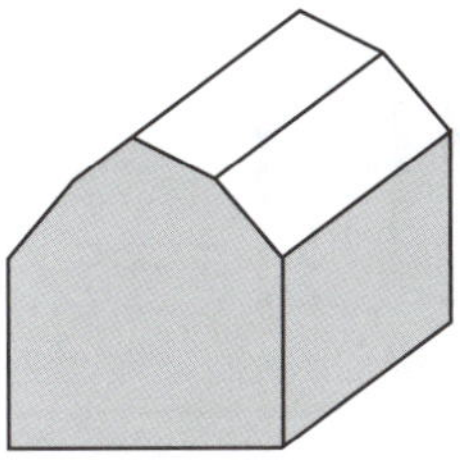

504

Wie wird das mit Ⓐ gekennzeichnete Dachteil im Bild genannt?

① First
② Traufe
③ Walm
④ Grat
⑤ Kehle

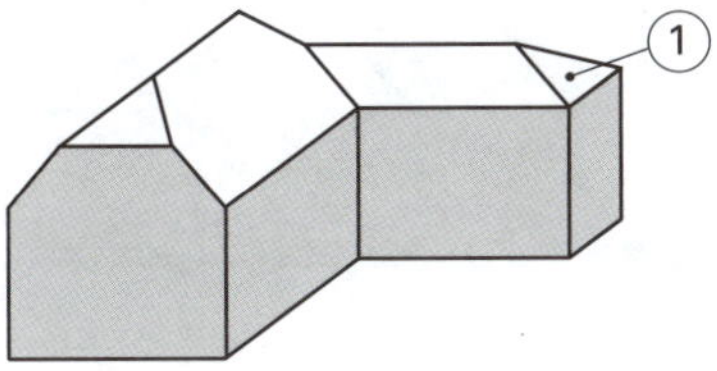

505

Wie wird das mit Ⓑ gekennzeichnete Dachteil im Bild genannt?

① Ortgang
② Verfallung
③ Anfallspunkt
④ Giebel
⑤ Krüppelwalm

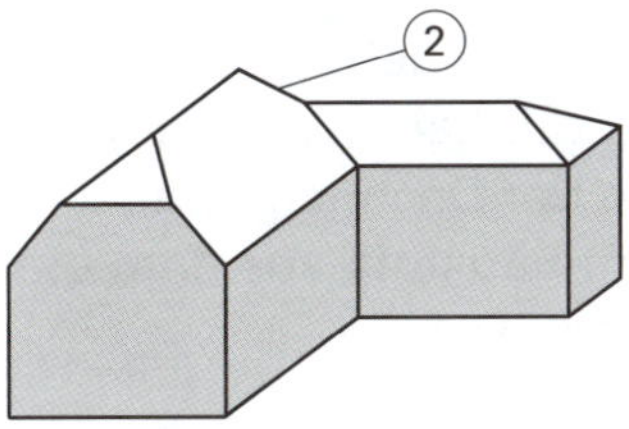

Beschreiben Sie, bei welchen Dacharbeiten Sie bereits mitgearbeitet haben. Unterscheiden Sie nach Dachformen, Dachgerüsten und Dachmaterialien.

506

Bis zu welcher Dachneigung wird die Dachhaut als Abdichtung ausgeführt?

① 3°
② 5°
③ 10°
④ 15°
⑤ 25°

507

Welcher Baustoff kommt als Abdichtung für das Flachdach eines Wohnhauses in Frage?

① PE-Folie
② Bitumenschweißbahn
③ Bitumenpappe
④ Bitumenemulsion
⑤ Dachziegel

508

Welche Deckungsart wird im Bild dargestellt?

① Deckung mit Hohlpfannen
② Mönch-Nonnen-Deckung
③ Deckung mit Flachdachpfannen
④ Deutsche Deckung
⑤ Biberschwanz-Doppeldeckung

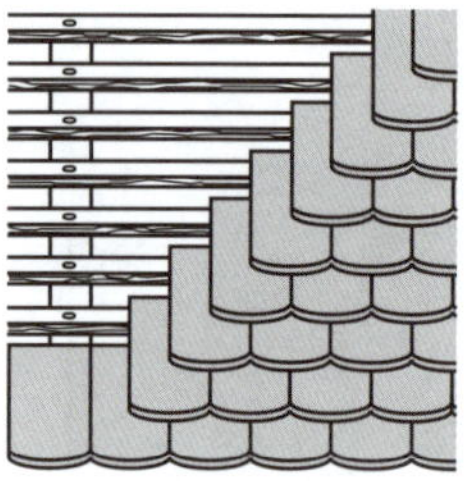

509

Welcher Dachziegel wird im Bild dargestellt?

① Hohlpfanne
② Flachdachpfanne
③ Mönch und Nonne
④ Falzziegel
⑤ Biberschwanzziegel

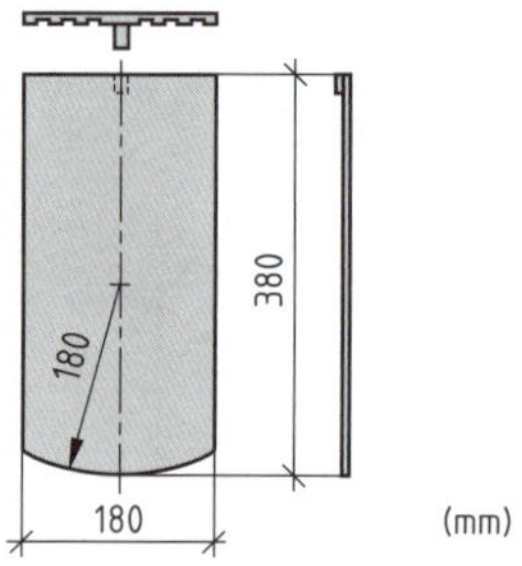

510

Welche Platte für die Dachdeckung ist im Bild zu sehen?

① Betondachstein (Frankfurter Pfanne)
② Rechteckplatte aus Faserzement
③ Faserzement-Wellplatte
④ Platte aus Naturschiefer für die Deutsche Deckung
⑤ Hohlpfanne

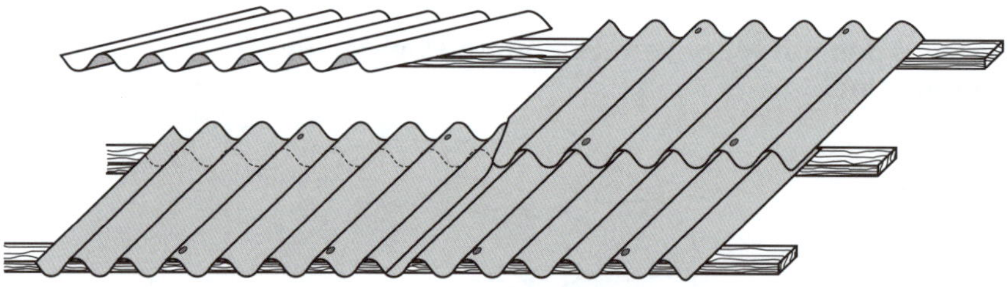

511

In welcher Auswahlantwort sind nur Baustoffe für die Dachdeckung aufgeführt?

① Betondachsteine, Schiefer, Bitumen-Dachbahn
② Dachziegel, Faserzement-Dachplatten, Polymerbitumenbahnen
③ Profilbleche, Polymer bitumenbahnen, Faserzement- Welltafeln
④ Schiefer, Dachziegel, Faserzement-Welltafeln
⑤ Betondachsteine, Dachziegel, Bitumenbahnen

512

Wovon hängt die Höhenüberdeckung bei allen Platten und Ziegeln für die Dachdeckung in erster Linie ab?

① Vom Lattenabstand
② Von der Länge der Ziegel und Platten
③ Von der Dachneigung
④ Vom Baustoff, aus dem die Ziegel und Platten bestehen
⑤ Vom Dachdecker

Lösungen ab Seite 235

Dach und Dachteile

513 ... 520

513

Ein Dach mit 16° Dachneigung soll eingedeckt werden. Welche Dachplatte oder welcher Dachziegel kommt für die Eindeckung in Frage?

① Hohlpfanne
② Flachdachpfanne mit Unterdach
③ Betondachstein (Frankfurter Pfanne)
④ Biberschwanz (Doppeldeckung)
⑤ Naturschiefer mit Deutscher Deckung

514

Welche Aufgabe muss eine Dachdeckung aus Ziegeln oder Betondachsteinen nicht erfüllen?

① Schutz vor Niederschlägen
② Wetterbeständigkeit
③ Frostbeständigkeit
④ Wärmeschutz
⑤ Brandschutz

515

Welche Deckart wird im Bild dargestellt?

① Biberschwanz-Doppeldeckung
② Deutsche Deckung
③ Deckung mit Flachdachpfannen
④ Doppeldeckung
⑤ Deckung mit Hohlpfannen

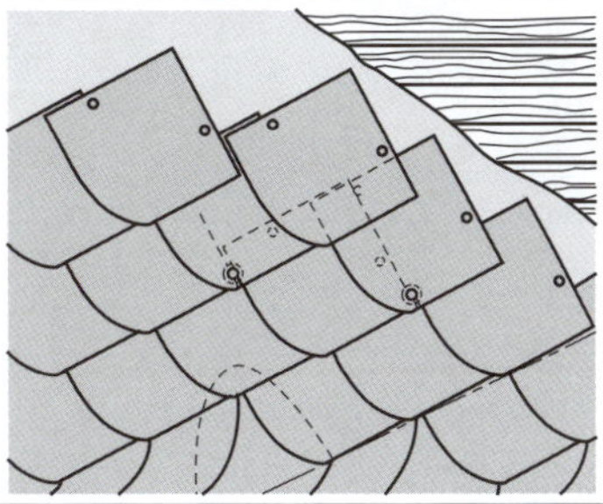

516

Welche Gaube wird im Bild dargestellt?

① Fledermausgaube
② Schleppgaube
③ Rundgaube
④ Trapezgaube
⑤ Dachhäuschen

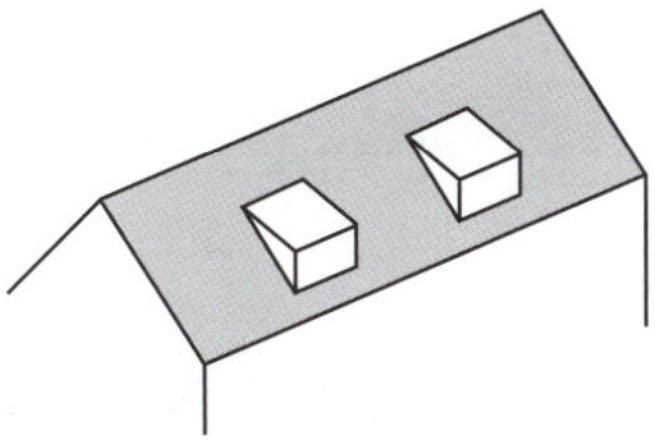

517

Welche Dachöffnung wird im Bild dargestellt?

① Fledermausgaube
② Schleppgaube
③ Rundgaube
④ Trapezgaube
⑤ Dachhäuschen

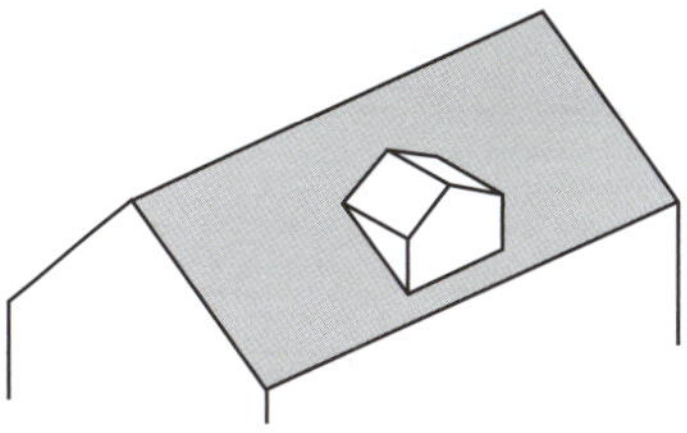

518

Welche Gaube wird im Bild dargestellt?

① Fledermausgaube
② Spitzgaube
③ Rundgaube
④ Schleppgaube
⑤ Dachhäuschen

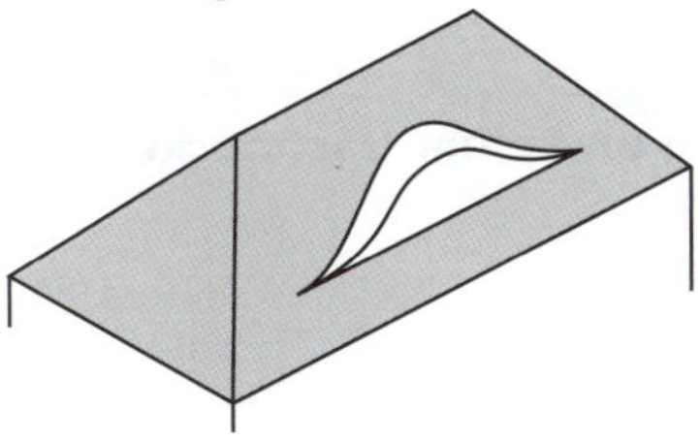

519

Welcher Dachziegel wird im Bild dargestellt?

① Flachdachpfanne
② Hohlpfanne
③ Mönch und Nonne
④ Biberschwanzziegel
⑤ Falzziegel

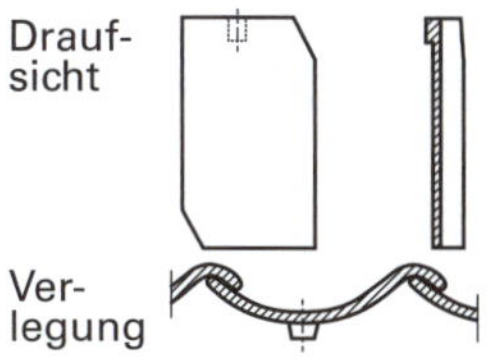

520

Welches Material ergibt eine „weiche Dacheindeckung" und ist damit brandgefährdet?

① Falzziegel
② Titanzink
③ Reet
④ Betondachstein
⑤ Faserzement-Wellplatten

Lösungen ab Seite 235

Dach und Dachteile

521

Nennen Sie fünf verschiedene Baustoffe für die Dachdeckung.

522

Skizzieren Sie fünf verschiedene Dachformen.

523

Ordnen Sie die Begriffe First, Traufe, Kehle, Grat, Krüppelwalm, Walm, Ortgang, Anfallspunkt und Verfallung den Nummern 1 bis 9 im Bild zu.

① ____________ ⑥ ____________

② ____________ ⑦ ____________

③ ____________ ⑧ ____________

④ ____________ ⑨ ____________

⑤ ____________

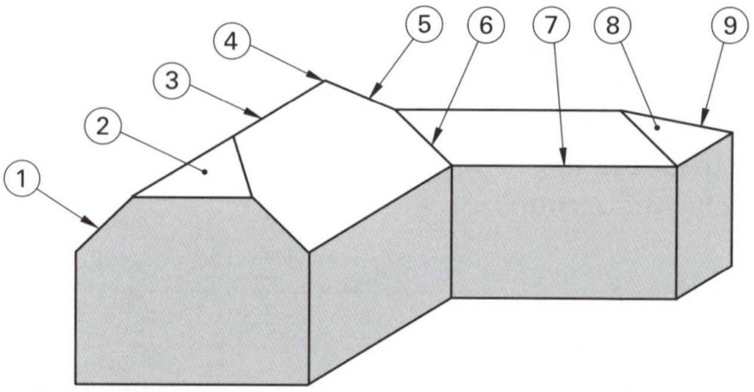

524

Beschreiben Sie den Unterschied zwischen einer Abdichtung und einer Dachdeckung der Dachhaut.

525

Wie wird der Lattabstand bei der Dachdeckung gemessen?

526 ... 600 keine Aufgaben

Lösungen ab Seite 235

Baumetalle und Kunststoffe

601

Aus welchen Rohstoffen wird Roheisen gewonnen?

① Eisenerz, Kalkstein, Koks
② Eisenerz, Ton, Koks
③ Eisenerz, Sand, Koks
④ Eisenerz, Kalkstein, Ton
⑤ Roheisen kommt in der Natur vor

602

Woraus wird Stahl hergestellt?

① Graues Roheisen
② Weißes Roheisen
③ Hochofenschlacke
④ Gusseisen
⑤ Armierungseisen

603

Welches Produkt aus dem Hochofen wird zu Gusseisen weiterverarbeitet?

① Hochofenschlacke
② Weißes Roheisen
③ Gichtgas
④ Graues Roheisen
⑤ Keines der Produkte

604

Wofür verwendet man Temperguss?

① Beschlagteile, Rohrverbindungen, Schlösser
② Beschlagteile, Rohrverbindungen, Schachtabdeckungen
③ Beschlagteile, Betonstähle, Schlösser
④ IPB-Träger, Betonstähle, Schlösser
⑤ IPB-Träger, Betonstähle, Schachtabdeckungen

605

Welches Bauteil entsteht aus Gusseisen?

① Bodeneinläufe
② IPB-Träger
③ Schloss und Schlüssel
④ Betonstahlmatte
⑤ Dachrinne

606

Welche Definition trifft auf Stahl zu?

① ein nichtrostendes Edelmetall
② kaltverformbarer Eisenwerkstoff mit einem Kohlenstoffgehalt < 2 %
③ warmverformbarer Eisenwerkstoff mit einem Kohlenstoffgehalt < 2 %
④ warmverformbarer Eisenwerkstoff mit einem Kohlenstoffgehalt zwischen 3 % und 5 %
⑤ nicht verformbarer Eisenwerkstoff mit einem Kohlenstoffgehalt < 2 %

607

Was ist eine Legierung?

① Verfahren zur Stahlherstellung
② Leitung eines Stahlwerkes
③ Eine Mischung verschiedener Metalle
④ Methode zur Bearbeitung von Metallen
⑤ Verfahren zur Herstellung von Gusseisen

608

Welche Behauptung trifft auf Baustähle zu?

① Baustähle sind unlegierte Massenstähle
② Baustähle sind hochlegierte Massenstähle
③ Baustähle sind nicht rostende Edelstähle
④ Baustähle haben eine geringe Festigkeit
⑤ Baustähle werden nicht zu Betonstählen weiterverarbeitet

609

Welches Produkt gehört nicht zu den Handelsformen von Baustählen?

① IPB-Träger
② Kanaldielen
③ Trapezbleche
④ Messingschrauben
⑤ Halfeneisen (C-Profile)

610

In welcher Antwort sind nur Nichteisenmetalle aufgeführt?

① Zink, Stahl, Aluminium
② Blei, Stahl, Aluminium
③ Zink, Stahl, Kupfer
④ Zink, Blei, Aluminium
⑤ Blei, Stahl, Kupfer

Lösungen ab Seite 236

611

Welche Eigenschaft trifft auf Aluminium nicht zu?

① weich
② beständig gegenüber Kalkmörtel und Zementmörtel
③ gut bearbeitbar
④ sehr witterungsbeständig
⑤ dehnbar

612

Für welches Bauprodukt ist Aluminium nicht geeignet?

① Fensterrahmen
② Dacheindeckungen
③ Fassadenprofile
④ Tragende Wände
⑤ Dampfsperren

613

Welche Eigenschaft trifft auf Kupfer nicht zu?

① sehr korrosionsbeständig
② beständig gegenüber Kalkmörtel und Zementmörtel
③ schwer formbar
④ weich
⑤ gute elektrische Leitfähigkeit

614

Wofür eignet sich Kupfer nicht?

① als Wärmedämmung
② als Dacheindeckung
③ als Verwahrung
④ als Dachrinne
⑤ als Rohrleitung

615

Welche Eigenschaft trifft auf Zink nicht zu?

① nicht beständig gegenüber Kalkmörtel und Zement mörtel
② gut formbar bei 100 °C bis 150 °C
③ witterungsbeständig
④ unbeständig gegenüber Säuren und Laugen
⑤ geringe Wärmeausdehnung

616

Wofür lässt sich Zink im Bau nicht einsetzen?

① für Dacheindeckungen
② für Verwahrungen
③ für Abwasserrohre
④ als Rostschutz für Stahlteile (Verzinkungen)
⑤ für Dachrinnen

617

Welche Handelsform von Baustahl ist im Querschnitt im Bild dargestellt?

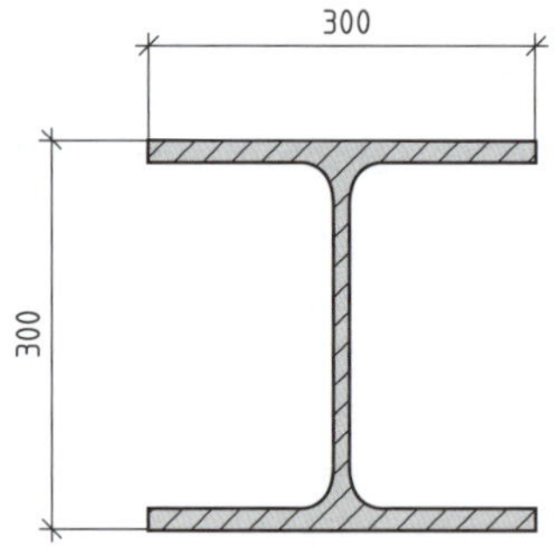

① Stabstahl
② Kanaldiele
③ Trapezblech
④ IPE-Träger
⑤ IPB-Träger

618

Welche Handelsform von Baustahl ist im Querschnitt im Bild dargestellt?

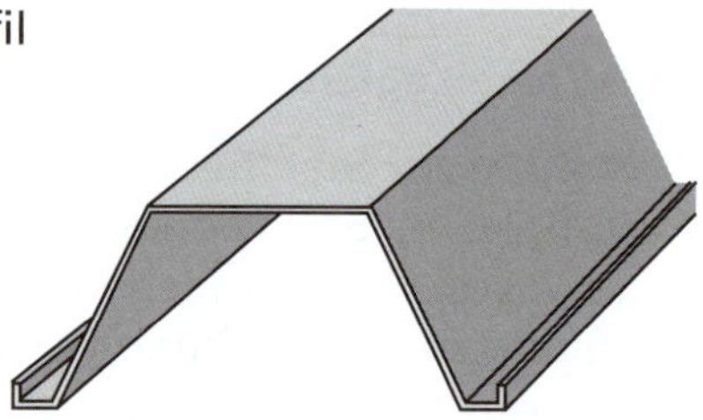

① Spundwandprofil
② Kanaldiele
③ Trapezblech
④ Stabstahl
⑤ Walzdraht

619

Welche Handelsform von Baustahl ist im Querschnitt im Bild dargestellt?

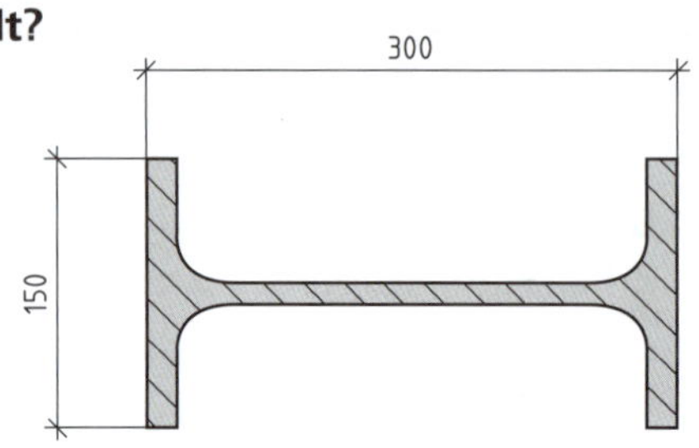

① Stabstahl
② Kanaldiele
③ U-Profil
④ IPE-Träger
⑤ IPB-Träger

620

Welche Handelsform von Baustahl ist im Querschnitt im Bild dargestellt?

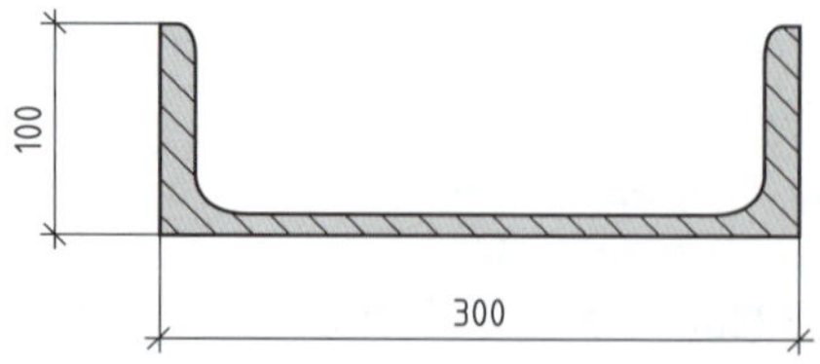

① Stabstahl
② U-Profil
③ Trapezblech
④ IPE-Träger
⑤ IPB-Träger

Lösungen ab Seite 236

621

Welche Eigenschaft trifft auf Blei nicht zu?

① besonders umweltfreundlich
② sehr weich
③ sehr dicht
④ unbeständig gegenüber Kalkmörtel und Zementmörtel
⑤ mit dem Messer schneidbar

622

Für welche Bauteile darf Blei nicht verwendet werden?

① für Dacheindeckungen
② für Verwahrungen
③ für Sperrschichten
④ Trinkwasserrohre
⑤ für Abdeckungen von Gesimsen und Mauern

623

Was versteht man unter der Korrosion von Metallen?

① Bildung einer Edelschutzschicht bei Kupfer (Patina)
② besondere Metall-Legierung
③ Verfahren zur Metallgewinnung
④ bestimmte Art der Metallverarbeitung
⑤ Zerstörung von Metallen

624

Alle Baumetalle reagieren mit dem Sauerstoff der Luft und bilden eine Oxidschicht aus. Wie heißt diese Oxidschicht bei den Eisenwerkstoffen?

① Rost
② Patina
③ Mennige
④ Messing
⑤ Grünspan

625

Unter welchen Bedingungen findet die chemische Korrosion, das Rosten, bei Eisenwerkstoffen statt?

① trockene Umgebung und Anwesenheit von Sauerstoff
② trockene Umgebung und Anwesenheit von Kohlendioxid
③ feuchte Umgebung und Anwesenheit von Kohlendioxid
④ feuchte Umgebung und Anwesenheit von Sauerstoff
⑤ im Vakuum

626

Unter welchen Bedingungen findet eine Kontaktkorrosion statt?

① Berührung zweier verschiedener Metalle
② Berührung zweier verschiedener Metalle und Anwesenheit eines Elektrolyten
③ Anwesenheit eines Elektrolyten und eines Metalles
④ Berührung zweier verschiedener Metalle und Anwesenheit von Sauerstoff
⑤ Berührung zweier verschiedener Metalle und Anwesenheit von Kohlendioxid

627

Aus welchem Grundbaustoff bestehen fast alle Kunststoffe?

① Sauerstoff
② Stickstoff
③ Kohlenstoff
④ Silizium
⑤ Eisen

628

Welches Kurzzeichen steht für Polyethylen?

① PVC
② PS
③ PUR
④ PE
⑤ PA

629

Aus welchem Rohstoff wird Bitumen gewonnen?

① Steinkohle
② Braunkohle
③ Holz
④ Erdöl
⑤ Erz

630

Wo wird Bitumen nicht verwendet?

① zur Herstellung von Gußasphaltestrich
② zur Herstellung von Dachbahnen
③ zur Herstellung von Wärmedämmstoffen
④ im Straßenbau
⑤ zum Abdichten von Kelleraußenwänden

Baumetalle und Kunststoffe

631 ... 639

631

Welche Eigenschaften treffen nur auf Thermoplaste (Plastomere) zu?

① erwärmt nicht verformbar, nicht schweißbar
② gummielastisch bei Raumtemperatur, aufschäumbar
③ Zersetzung bei Erwärmung, in Lösungsmitteln löslich
④ bei Erwärmung verformbar, schweißbar
⑤ sehr große Dichte, hohe Festigkeit

632

Welche Eigenschaften treffen nur auf Duroplaste (Duromere) zu?

① Duroplaste sind elastisch-weich bis hart
② Die Makromoleküle (Riesenmoleküle) der Duroplaste sind engmaschig vernetzt
③ Die Makromoleküle (Riesenmoleküle) der Duroplaste sind weitmaschig vernetzt
④ Die Makromoleküle der Duroplaste sind fadenförmig und untereinander verfilzt
⑤ Duroplaste sind gummielastisch

633

Was versteht man unter Bitumenemulsion?

① Bitumen, das ein leichtflüchtiges Lösungsmittel wie Benzin enthält
② Bitumen, das schwerflüchtige Fluxöle (aus Mineralöl) enthält
③ Bitumenpappen
④ Bitumen in Dachbahnen
⑤ Bitumen, das mit Hilfe eines Emulgators in Wasser fein verteilt vorliegt

634

Was versteht man unter Asphalt?

① Gemisch aus Kalk + mineralischem Zuschlag
② Gemisch aus Zement + mineralischem Zuschlag
③ Gemisch aus Teer + mineralischem Zuschlag
④ Gemisch aus Bitumen + mineralischem Zuschlag
⑤ Gemisch aus Gips + mineralischem Zuschlag

635

Was versteht man unter einer Dispersion?

① Die Zusammenhangskräfte in einem Körper
② Die Anhangskräfte zwischen zwei Körpern
③ Eine chemische Reaktion
④ Ein Herstellungsverfahren für Kunststoffe
⑤ Ein Stoffgemenge: ein Stoff ist in einem anderen Stoff fein verteilt

636

Wodurch unterscheiden sich Gussasphalte und Asphaltbeton?

① Asphaltbeton hat eine andere Zusammensetzung als Gussasphalt
② Asphaltbeton hat keine Hohlräume
③ Gussasphalt hat keine Hohlräume
④ Gussasphalt enthält Teerpech

637

Aus welchem Rohstoff werden Kunststoffe hauptsächlich hergestellt?

638

Beschreiben Sie kurz die Herstellung von Roheisen.

639

Geben Sie vier Bauprodukte an, in denen Hochofenschlacke als Rohstoff weiterverarbeitet wird.

640 ... 700 keine Aufgaben

Lösungen ab Seite 236

701

Wie groß ist die Länge *l* des Gebäudes?

① 14,15 m
② 12,35 m
③ 14,10 m
④ 12,40 m
⑤ 12,34 m

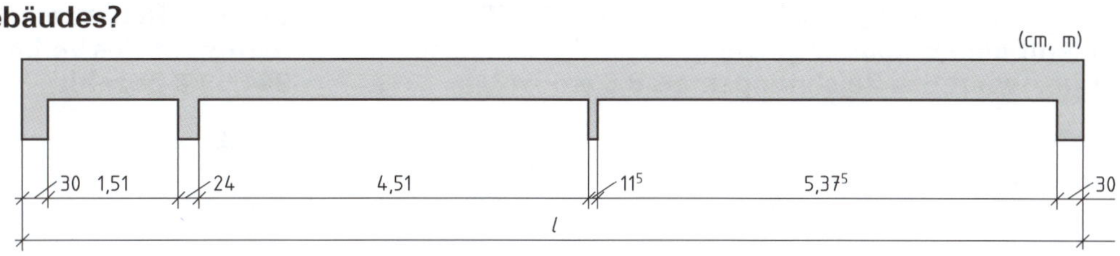

702

Welches Ergebnis hat die Kettenrechnung?

$(188 - 7 + 73) : (14 - 6) + 3 \cdot 4 - 9{,}25 =$

① 26,7
② 33,6
③ 29,4
④ 31,2
⑤ 34,5

703

Wie groß ist der Produktwert von folgenden Faktoren?

$14{,}37 \cdot 0{,}348 \cdot 0{,}0041 \cdot 17{,}46 \cdot 23{,}71 =$

① 8,38
② 0,51
③ 6,74
④ 8,49
⑤ 9,53

704

Wie groß ist der Quotientenwert?

$34{,}87 : 12{,}80 : 0{,}623 : 9{,}12 : 0{,}098 =$

① 3,14
② 4,72
③ 5,16
④ 4,89
⑤ 5,15

705

Welches Ergebnis hat diese Divisionsaufgabe?

$\left(\frac{4}{7} : \frac{8}{21}\right) : \left(\frac{5}{6} : \frac{10}{3}\right) =$

① 5/6
② 1/10
③ 6
④ 2/3
⑤ 4

706

Wie groß ist der positive Wurzelwert?

$\sqrt{(48 - 14 + 9) + 18 - 4 \cdot 3} =$

① 5
② 7
③ 9
④ 3
⑤ 1

707

Welches Ergebnis hat diese Kettenrechnung?

$(4{,}1)^2 + (5{,}8)^2 - (3{,}6)^2 =$

① 37,49
② 36,42
③ 20,30
④ 42,00
⑤ 42,63

708

**Ein Dachdeckerteam aus 4 Dachdeckern erhält eine Prämie von 368,20 €.
Wieviel Prämie erhält jeder Dachdecker, wenn an jeden bereits 18,41 € gezahlt wurden?**

① 71,12 €
② 14,68 €
③ 15,19 €
④ 71,15 €
⑤ 73,64 €

709

Welches Ergebnis hat die Bruchrechnung?

$\frac{2}{5} + 2\frac{2}{3} - \frac{1}{4} : \frac{1}{2} =$

① $\frac{3}{4}$
② $3\frac{19}{30}$
③ $\frac{74}{30}$
④ $2\frac{17}{30}$
⑤ $\frac{16}{30}$

Lösungen ab Seite 237

710

In einer Ausführungszeichnung Maßstab 1 : 50 – m, cm fehlt eine Bemaßung. Wie groß ist die wirkliche Länge, wenn das Zeichnungsmaß 8,6 cm ist?

① 3,36 m
② 4,30 m
③ 2,16 m
④ 17,20 m
⑤ 17,15 m

711

Wie viel Rabatt erhält man für ein Baugerät, wenn man statt des Verkaufspreises von 994,24 € nur 944,53 € bezahlt?

① 8%
② 2%
③ 3%
④ 5%
⑤ 4%

712

Die Dachfläche eines Hauses beträgt 236,00 m². Wie viel Bretter mit den Abmaßen von 0,14 m/3,20 m sind für eine Dachschalung notwendig, wenn mit 15 % Verschnitt gerechnet wird?

① 568 St
② 642 St
③ 512 St
④ 606 St
⑤ 619 St

713

Eine Terrasse hat ein Gefälle von 2 %. Wie groß ist das entsprechende Neigungsverhältnis?

① 1 : 40
② 1 : 50
③ 1 : 60
④ 1 : 70
⑤ 1 : 80

714

Welches Neigungsverhältnis hat das skizzierte Pultdach?

① 1 : 5
② 1 : 6
③ 1 : 4
④ 1 : 7
⑤ 1 : 3

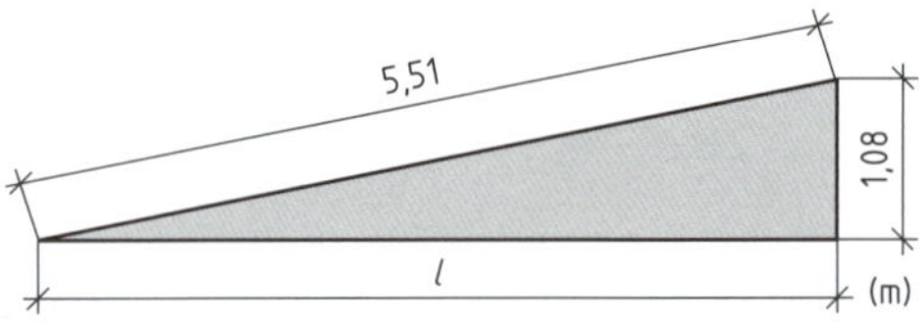

715

Eine Böschung hat einen Neigungswinkel von 60°. Das Neigungsverhältnis beträgt

① 1,732 : 1
② 1 : 1
③ 1 : 0,5
④ 1,732 : 1,5
⑤ 0,5 : 1

716

Welchen Umfang *U* hat die skizzierte Fläche?

① 40,83 m
② 40,99 m
③ 35,12 m
④ 40,80 m
⑤ 41,12 m

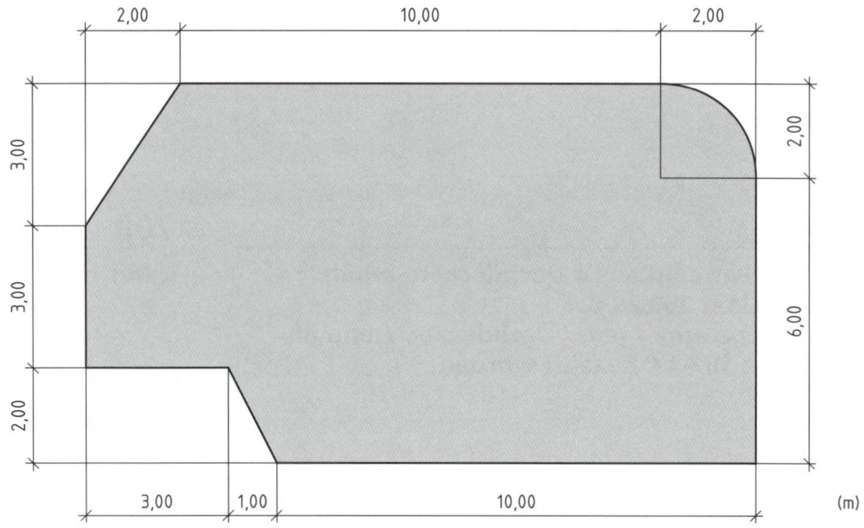

717

Wie lang ist der skizzierte beidseitig aufgebogene Tragstab, wenn der Biegewinkel für die Aufbiegungen 45° beträgt?

① 4,51 m
② 4,85 m
③ 3,96 m
④ 3,98 m
⑤ 4,14 m

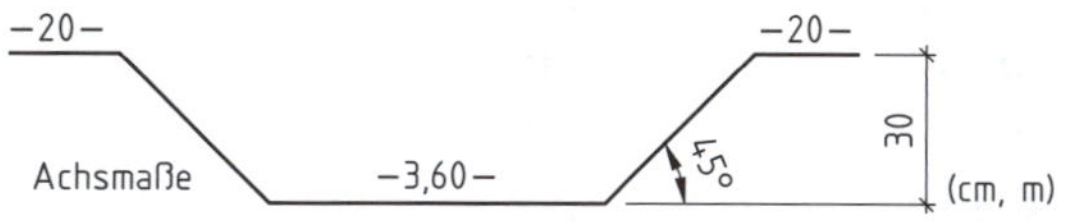

718

Wie groß ist die Bogenlänge *b* des nebenstehenden Kreisausschnittes?

① 2,560 m
② 2,213 m
③ 2,573 m
④ 2,180 m
⑤ 2,670 m

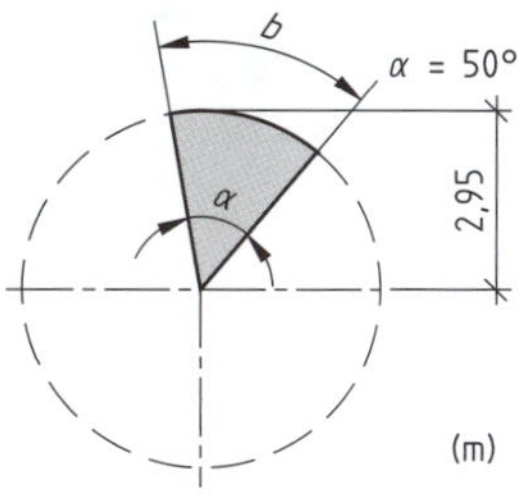

719

Wie groß ist die Sparrenlänge *l* des skizzierten Pultdaches?

① 7,40 m
② 6,91 m
③ 7,21 m
④ 7,51 m
⑤ 6,80 m

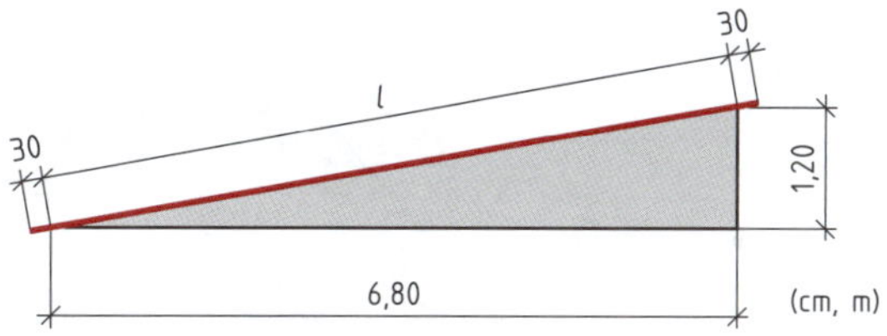

720

Die Fläche eines Kreises beträgt 8,34 m². Wie groß ist der Durchmesser?

① 8,34 m
② 3,14 m
③ 1,84 m
④ 3,26 m
⑤ 4,17 m

721

Ein Baum hat einen Umfang von 68 cm. Welchen Durchmesser hat der Stamm?

① 14,13 cm
② 21,65 cm
③ 12,47 cm
④ 20,19 cm
⑤ 20,06 cm

722

Welche Länge *l* ergibt sich aus:
l = 37,1 cm – 114 mm + 3,864 m – 0,0018 km

① 1,980 m
② 3,712 m
③ 2,321 m
④ 2,340 m
⑤ 1,982 m

723

In der Bauzeichnung mit dem Maßstab M 1 : 100 – m, cm – sind in einer Maßkette folgende Maße ein getragen: 1,24; 2,01; 74; 88^5 ; 36^5 . Wie groß ist die Gesamtlänge in m?

① 6,38 m
② 5,24 m
③ 4,12 m
④ 3,49 m
⑤ 4,99 m

724

Welche Länge ergibt sich für den Diagonalstab *D* und den Obergurt O_1 der abgebildeten Laderampe?

① D = 3,874 m O_1 = 3,847 m
② D = 3,499 m O_1 = 3,517 m
③ D = 3,499 m O_1 = 3,847 m
④ D = 3,499 m O_1 = 3,532 m
⑤ D = 3,874 m O_1 = 3,532 m

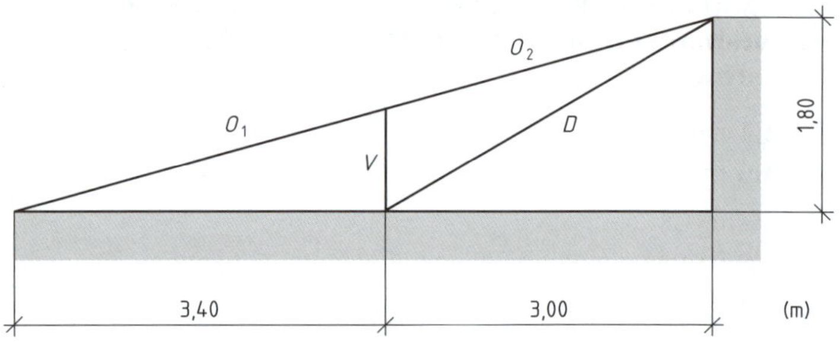

725

Wie groß ist die Putzfläche des skizzierten Giebels?

① 30,00 m²
② 25,26 m²
③ 20,29 m²
④ 48,00 m²
⑤ 25,19 m²

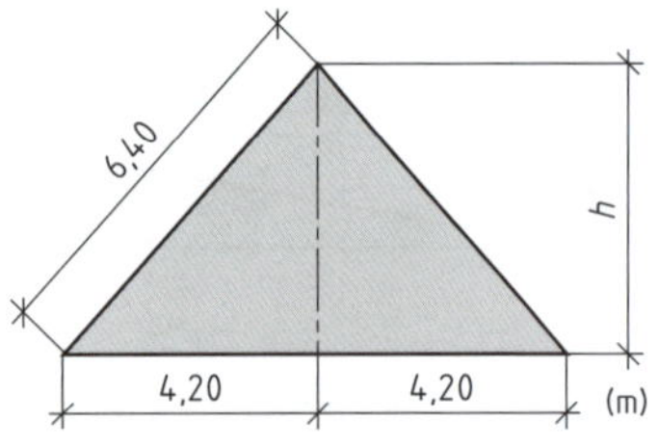

726

Von dem im Grundriss skizzierten Wasserbecken ist der Beckenrand zu verfliesen. Wie groß ist die Fläche des Beckenrandes?

① 4,80 m²
② 2,54 m²
③ 2,05 m²
④ 3,20 m²
⑤ 5,18 m²

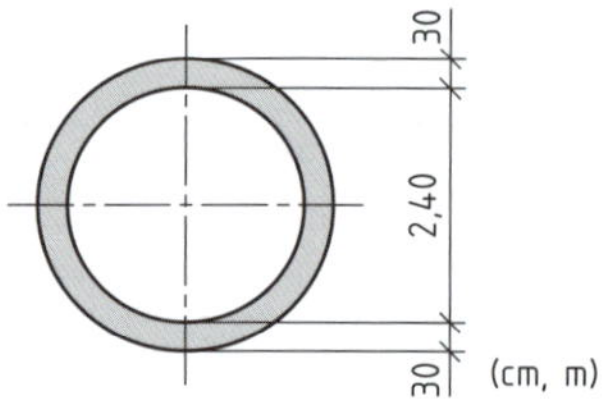

727

Die dargestellte rechteckige Fläche soll mit einem WSS verkleidet werden. Wie groß ist die rechteckige Fläche *A*?

① 42,10 m²
② 30,00 m²
③ 42,95 m²
④ 28,12 m²
⑤ 31,36 m²

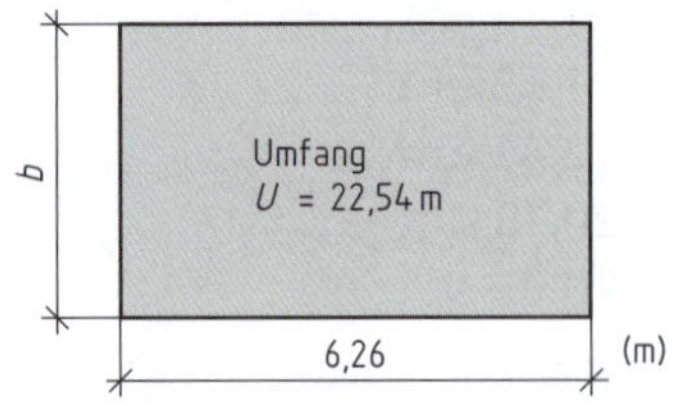

728

Wie groß ist eine Kreisfläche *A*, wenn ihr Umfang *U* = 20,00 m beträgt?

① 21,48 m²
② 10,18 m²
③ 37,12 m²
④ 31,85 m²
⑤ 21,86 m²

729

Welchen Flächeninhalt *A* hat die abgebildete Wand einer Garage?

① 16,12 m²
② 12,93 m²
③ 15,00 m²
④ 19,31 m²
⑤ 17,50 m²

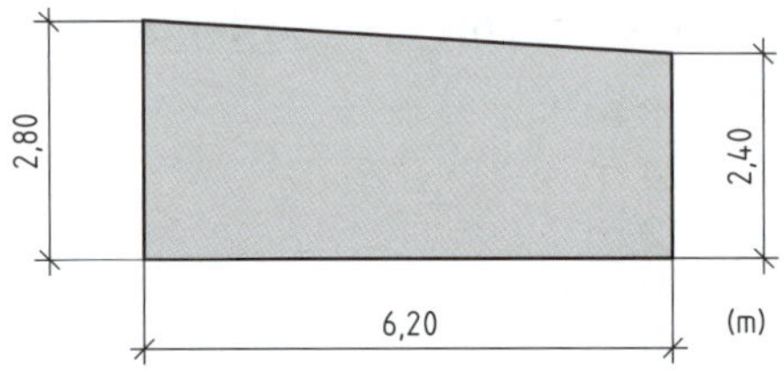

730

Wie groß ist der Flächeninhalt *A* der dargestellten Rundbogentür?

① 2,05 m²
② 2,14 m²
③ 2,10 m²
④ 1,98 m²
⑤ 1,95 m²

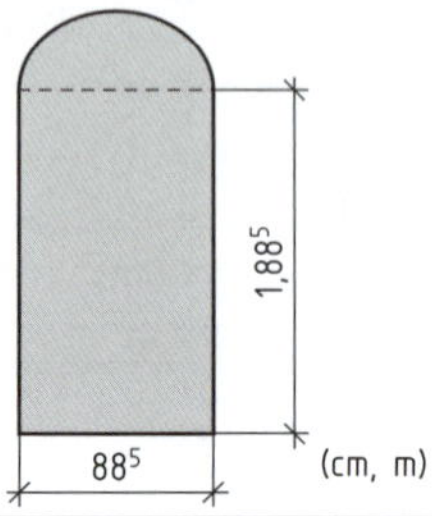

Lösungen ab Seite 237

731

Welchen Rauminhalt V in cm³ hat ein NF-Mauerziegel?

① 1200 cm³
② 240 cm³
③ 1000 cm³
④ 1960 cm³
⑤ 2400 cm³

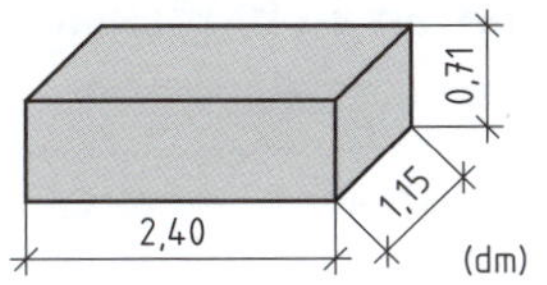

732

Wie groß ist das Volumen V der 1,50 m hohen gemauerten Wandecke?

① 1,20 m³
② 1,08 m³
③ 2,04 m³
④ 1,56 m³
⑤ 2,00 m³

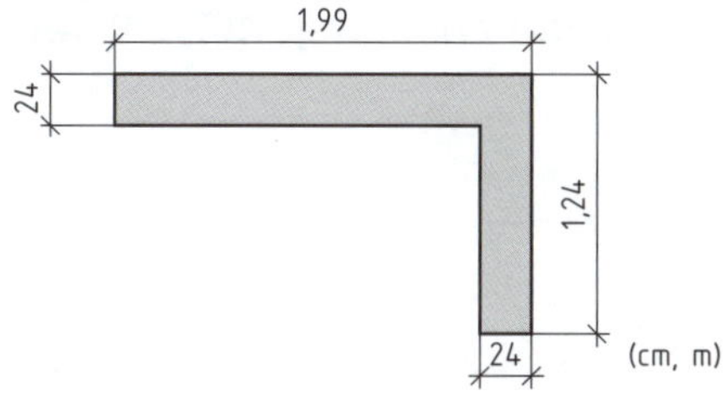

733

Das skizzierte Betonteil hat ein Volumen von 18,68 m³. Wie groß ist seine Höhe h?

① 2,82 m
② 1,14 m
③ 2,86 m
④ 1,50 m
⑤ 1,47 m

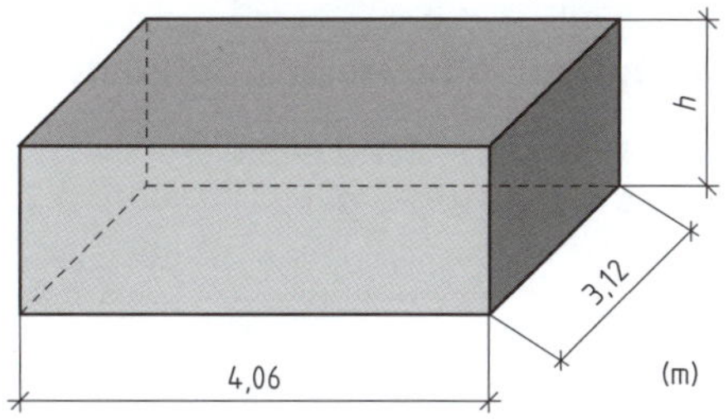

734

Berechnen Sie die fehlenden Einzellängen l_1 und l_2 des Gebäudes in m!

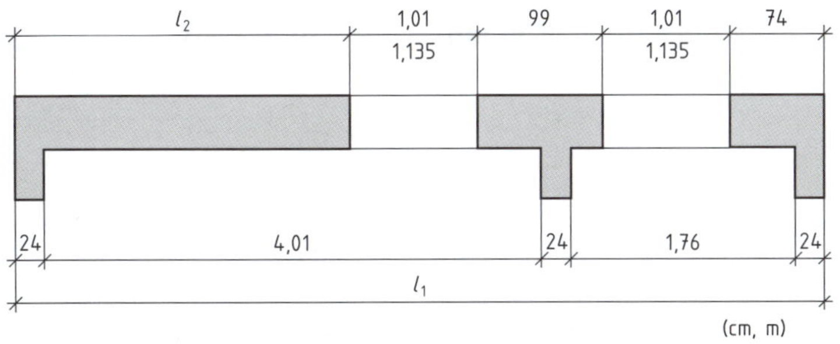

735

Die nachfolgende Stahlliste ist zu vervollständigen:

Pos.	Anz.	Ø (mm)	Einzel-länge	Gesamt-länge (m)	Längen-masse (kg/m)	Einzel-masse (kg)
1	2	6	0,82		0,222	
2	4	12	2,24		0,888	
3	3	20	1,16		2,470	
4	12	8	2,06		0,395	
Gesamtmasse (kg)						

736

Nachfolgende Tabelle ist zu ergänzen:

Aufgabe	a)	b)
Verhältnis	1 : 50	
Prozent		
Länge		8,00 m
Höhe	12 cm	14 cm

737

Der Stundenlohn eines Gesellen soll um 3,6 % erhöht werden. Wie hoch ist der zukünftige Stundenlohn, wenn der ehemalige 10,12 € betrug?

738

Für 1 m^2 Plattenbelag werden 33 Platten 15 cm/20 cm benötigt. Wie viel Platten sind für 28,60 m^2 notwendig, wenn für Bruch und Verhau 3% Platten zu berücksichtigen sind?

739

Die Gleichungen sind nach x umzustellen:

1) $18 - 4x + 3x = x - 2 + 2 + 3x$
2) $6 \cdot 2 : 3 - 2 - 3x = x - 2$

740

Die Formeln sind nach *A* umzustellen:

1) $b = \frac{2 \cdot A}{(l_1 + l_2)}$ 2) $d = \sqrt{\frac{4 \cdot A}{\pi}}$

741

3 Dachdecker benötigen für das Herstellen eines Werkstückes 8 Stunden. Wie lange brauchen dazu 2 Dachdecker bei gleichem Arbeitstempo?

742

In einem Lageplan 1 : 500 – m soll das skizzierte Bauwerk eingetragen werden. Welche Zeichnungsmaße ergeben sich aus den wirklichen Maßen?

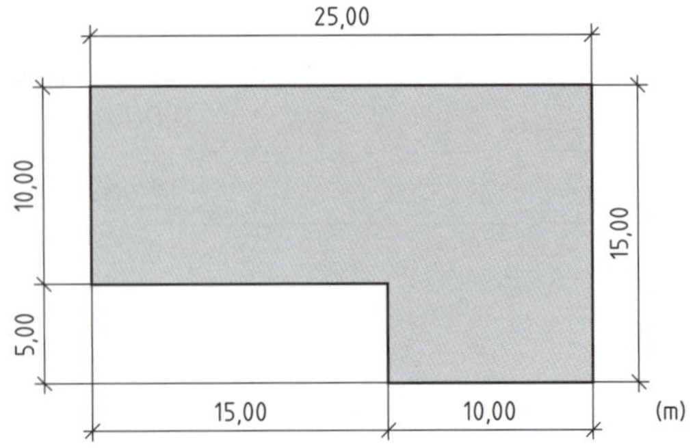

743

Das Dachraumvolumen *V* eines 14,20 m langen Satteldaches ist zu berechnen.

① 265,02 m³
② 108,46 m³
③ 257,94 m³
④ 260,20 m³
⑤ 218,10 m³

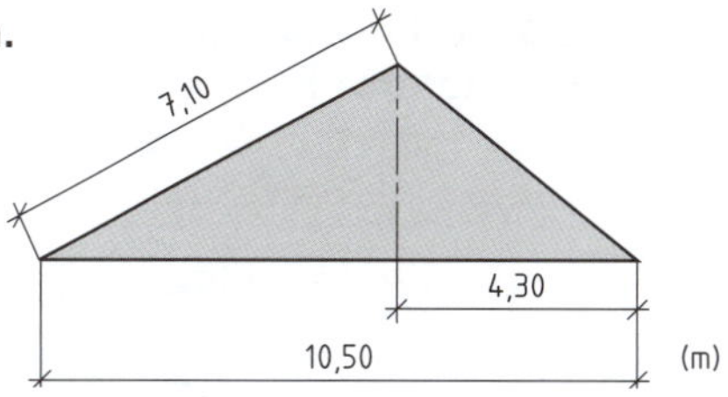

744

Ein Zeltdach mit rechteckiger Grundfläche 8,60 m/6,40 m ist 3,50 m hoch. Welches Volumen *V* hat der Dachraum?

① 50,00 m³
② 62,83 m³
③ 70,12 m³
④ 64,21 m³
⑤ 40,00 m³

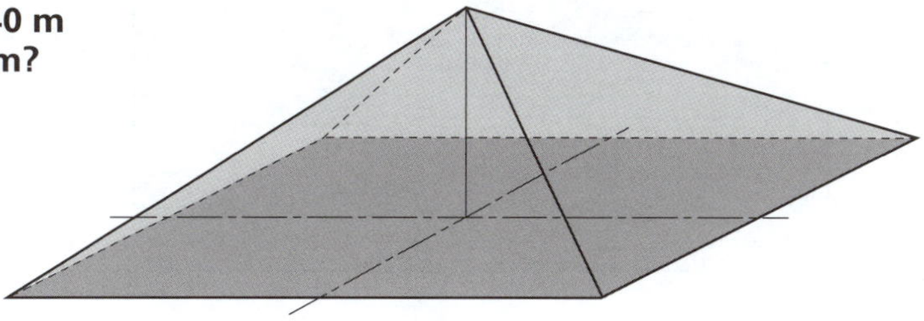

745

Ein kegelförmiger Sandhaufen hat einen Umfang von 4,02 m und eine Höhe von 80 cm. Welches Volumen *V* hat der Sandhaufen?

① 0,21 m³
② 0,34 m³
③ 0,18 m³
④ 0,20 m³
⑤ 0,36 m³

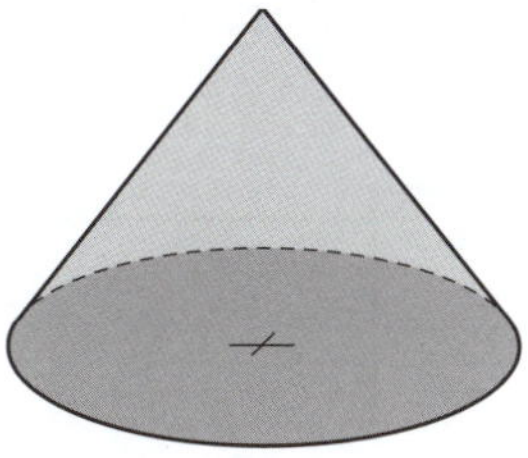

746

Wie groß ist die Mantelfläche des skizzierten kegelstumpfförmigen Fundamentes?

① 5,62 m²
② 4,47 m²
③ 5,20 m²
④ 6,74 m²
⑤ 5,34 m²

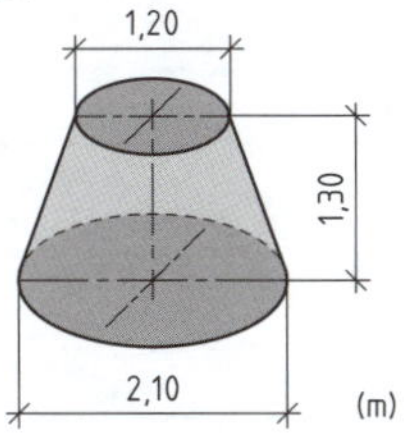

747

Wie groß ist das Volumen *V* des dargestellten kreisförmigen Fundaments?

① 1,34 m³
② 1,46 m³
③ 1,14 m³
④ 1,30 m³
⑤ 1,47 m³

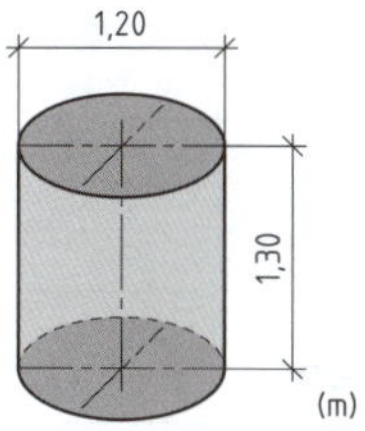

748

Welchen Umfang *U* hat die skizzierte Deckenfläche?

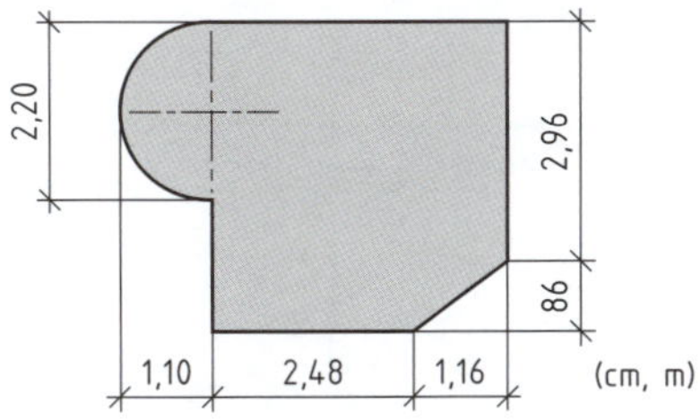

Lösungen ab Seite 237

749

Wie groß ist die skizzierte Fläche *A* des Hausgiebels? Tür und Fensteröffnungen sind abzuziehen.

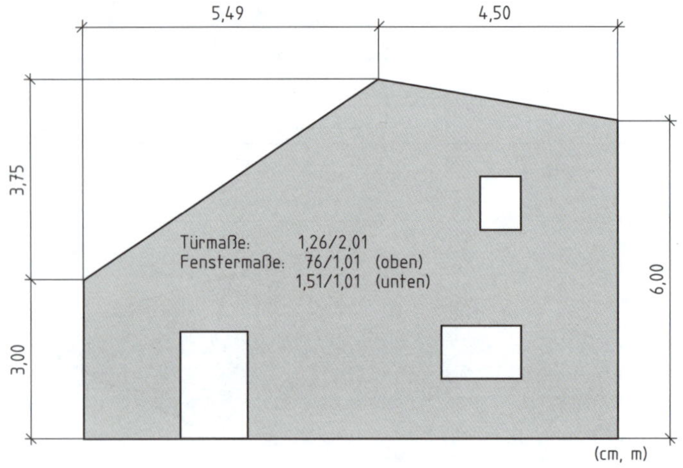

750

Wie groß ist die dargestellte Fläche *A*?

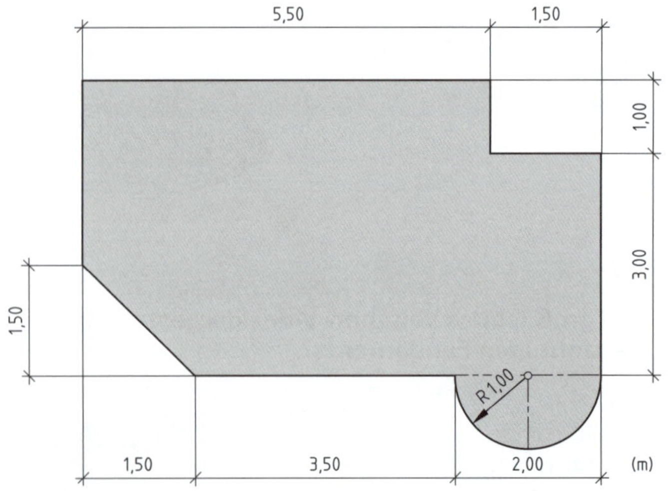

751

Wie groß ist die Putzfläche der Hausfassade, wenn die Fenster- und Türöffnungen abgezogen werden?

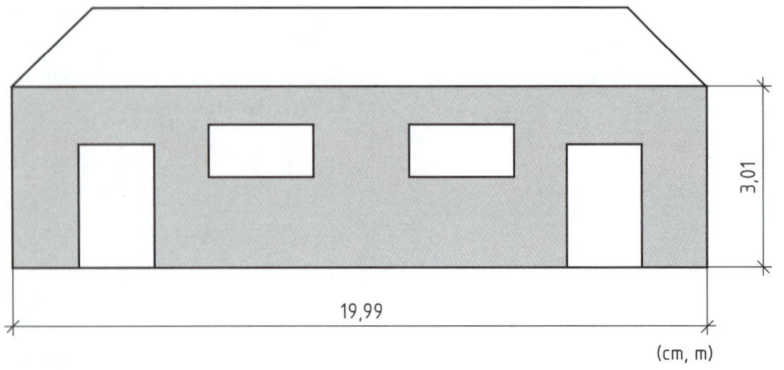

Türmaße: 1,26 m/2,01 m
Fenstermaße: 1,51 m/67,6 cm

752

Eine Dachgiebelfläche soll mit einer Holzschalung verkleidet werden.
Wie groß ist der Bedarf an Holzschalung in m², wenn ein Verschnitt von 25 % zu berücksichtigen ist?

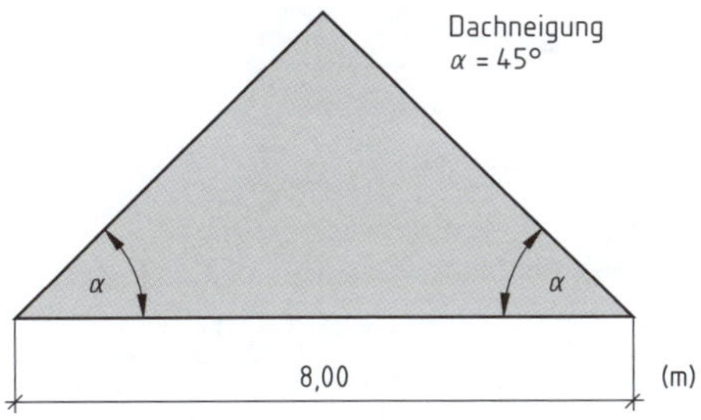

753

Wie groß ist das notwendige Festbetonvolumen des skizzierten Streifenfundaments?
Die Fundamenttiefe beträgt 60 cm.

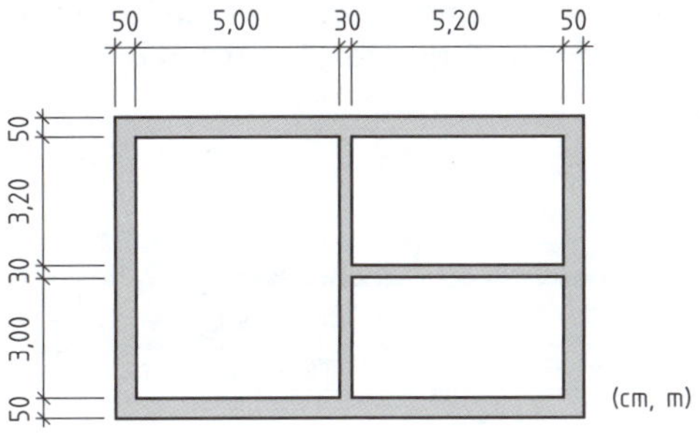

754

Die Dachfläche *M* des Zeltdaches ist zu bestimmen.

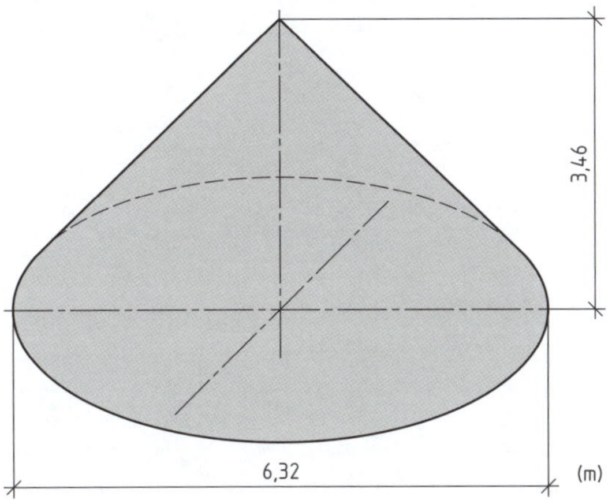

755

Wie groß ist das Volumen *V* der 25,40 m langen Stützmauer?

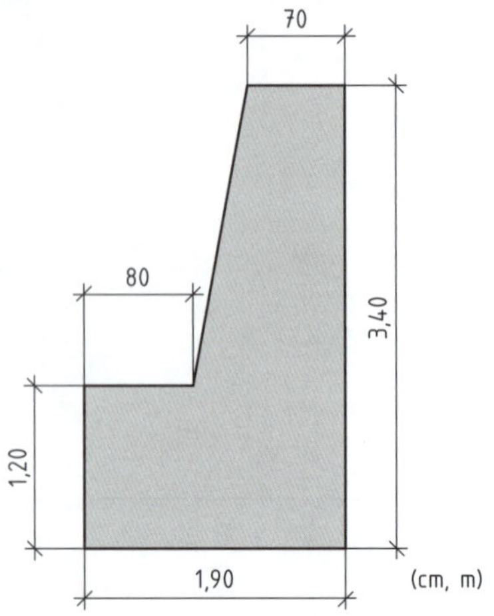

756

Für das skizzierte System Träger auf zwei Stützen aus Nadelholz MS 10 ist die Auflagerkraft B_V zu berechnen.

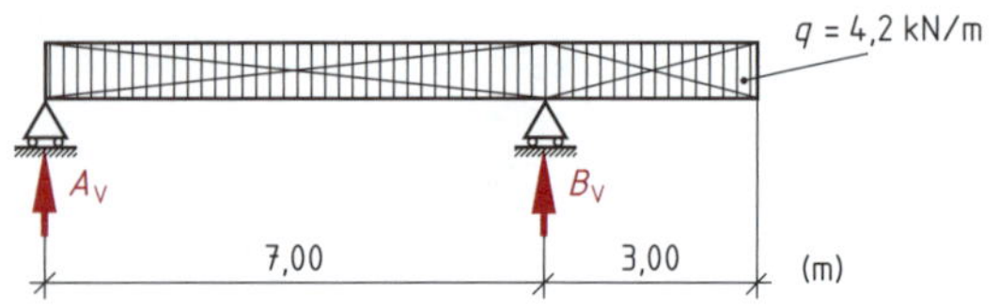

757

Ein Träger wird durch die Einzellast F_1 = 4 kN belastet. Wie groß sind die Auflagerkräfte F_A und F_B?

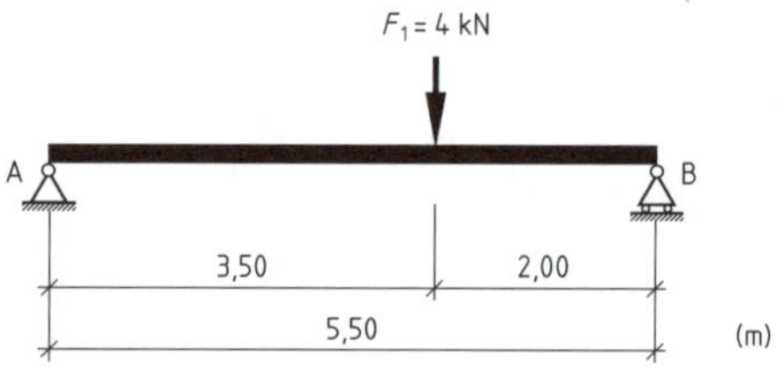

758 ... 800 keine Aufgaben

Lösungen ab Seite 240

Fachzeichnen

801

Welche Aussage über ein Zeichenpapier im Format DIN-A4 ist richtig?

① Es ist viermal so groß wie DIN A1
② Es ist doppelt so groß wie DIN A2
③ Es ist doppelt so groß wie DIN A3
④ Es ist halb so groß wie DIN A3
⑤ Es ist halb so groß wie DIN A2

802

Welche Abmessungen (Breite x Höhe in mm) hat ein DIN-A4-Blatt?

① 210 x 297
② 297 x 420
③ 210 x 300
④ 200 x 300
⑤ 197 x 310

803

Auf welches handliche Format werden große Bauzeichnungen gefaltet?

① DIN A0
② DIN A1
③ DIN A2
④ DIN A3
⑤ DIN A4

804

Welches Zeichnungsformat wird für Bauzeichnungen nicht verwendet?

① DIN A0
② DIN A1
③ DIN A3
④ DIN A4
⑤ DIN A6

805

In welchem Maßstab kann man ein Bauteil auf der Bauzeichnung am besten erkennen?

① 1 : 5
② 1 : 10
③ 1 : 20
④ 1 : 50
⑤ 1 : 100

806

In welchem Maßstab werden Ausführungszeichnungen (Ansichten, Grundrisse, Schnitte) hergestellt?

① 1 : 5
② 1 : 10
③ 1 : 50
④ 1 : 100
⑤ 1 : 500

807

Welcher Maßstab ist für Detailzeichnungen geeignet?

① 1 : 10
② 1 : 50
③ 1 : 100
④ 1 : 500
⑤ 1 : 1000

808

Was ist kein üblicher Maßstab für Bauzeichnungen?

① 1 : 10
② 1 : 50
③ 1 : 100
④ 1 : 250
⑤ 1 : 500

809

Ein 9,50 m langes Gebäude ist auf der Bauzeichnung 19 cm lang. In welchem Maßstab ist es dargestellt?

① 1 : 20
② 1 : 50
③ 1 : 100
④ 1 : 200
⑤ 1 : 500

810

In einer Vorentwurfszeichnung (M 1 : 200 – m, cm) beträgt der Abstand zweier Säulen 4,2 cm. Wie groß ist der Abstand wirklich?

① 0,84 m
② 2,10 m
③ 8,40 m
④ 21,00 m
⑤ 84,00 m

Lösungen ab Seite 240

811

Wie werden Kanten geschnittener Bauteile in Bauzeichnungen dargestellt?

① Durch eine mittelbreite Strichlinie

② Durch eine breite Strichpunktlinie

③ Durch eine schmale Volllinie

④ Durch eine mittelbreite Volllinie

⑤ Durch eine breite Volllinie

812

Was darf man in Bauzeichnungen mit Volllinien nicht darstellen?

① Verdeckte Kanten

② Sichtbare Kanten

③ Maßhilfslinien

④ Begrenzung von Schnittflächen

⑤ Maßlinien

813

Wo wird in Bauzeichnungen eine breite Strichpunktlinie eingesetzt?

① Bei verdeckten Kanten

② Zur Begrenzung von Flächen geschnittener Bauteile

③ Bei sichtbaren Kanten

④ Für Maßhilfslinien

⑤ Zur Kennzeichnung der Schnittebene

814

Wie wird die gekennzeichnete Linie x bezeichnet?

① Hinweislinie

② Maßeintragungslinie

③ Maßhilfslinie

④ Maßlinie

⑤ Maßlinienbegrenzung

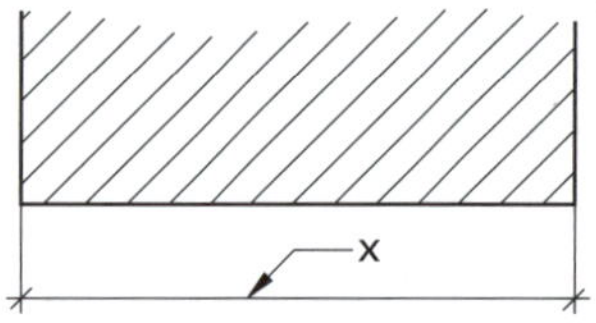

815

Wie wird die gekennzeichnete Linie x bezeichnet?

① Maßlinienbegrenzung

② Maßlinie

③ Maßhilfslinie

④ Maßzuordnungslinie

⑤ Maßkantenlinie

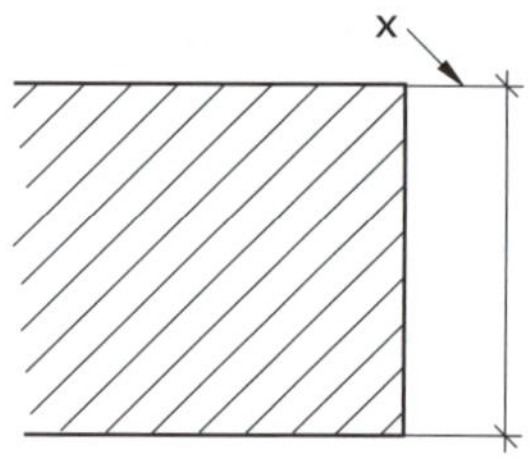

816

Welche Maßzahl steht richtig?

①
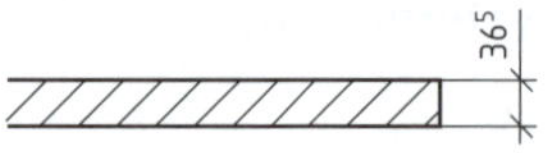

②
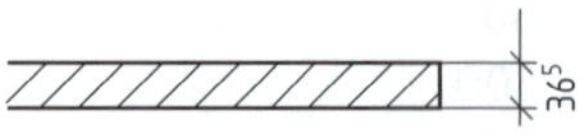

③
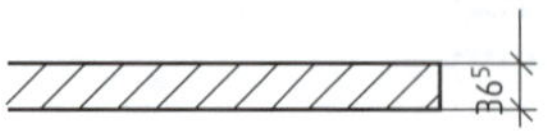

④
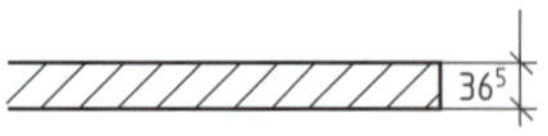

⑤
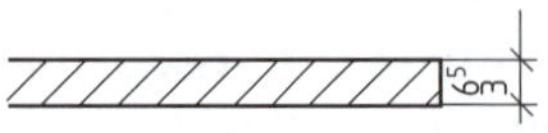

817

Wie hoch ist die Brüstung?

① 2,765 m

② 1,20 m

③ 0,24 m

④ 1,125 m

⑤ 1,135 m

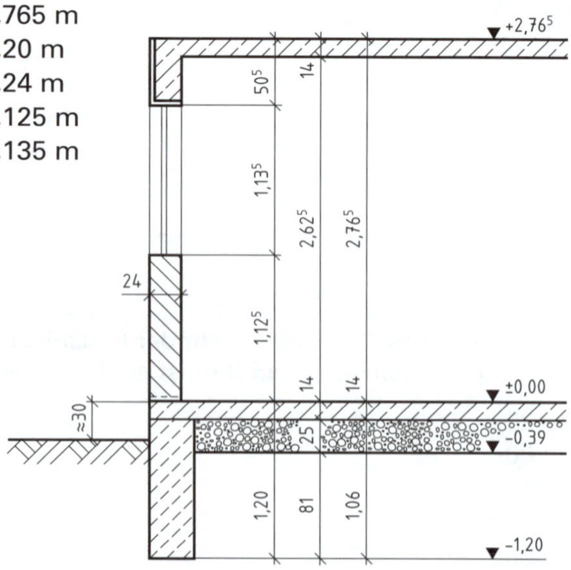

818

Welche lichte Breite hat die Tür zum WC-Duschraum?

① 0,885 m
② 0,76 m
③ 1,125 m
④ 2,135 m
⑤ 1,135 m

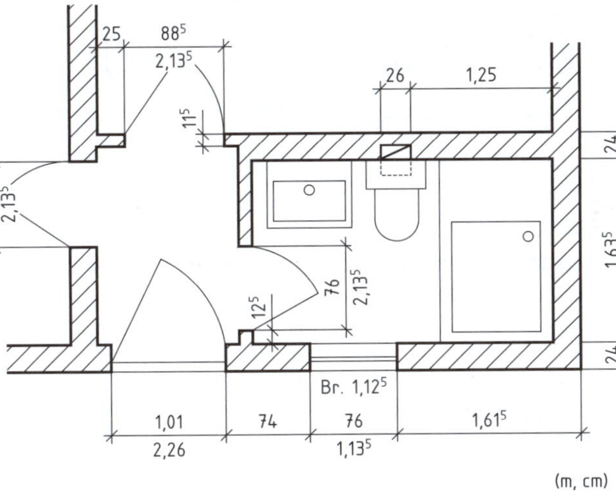

819

Welche Aussage über die Höhenangaben ist richtig?

① Die Oberkante des Rohfußbodens liegt auf ± 0,00
② Die Oberkante der Fensterbrüstung liegt 87,5 cm über dem Rohfußboden
③ Die Unterkante des Fenstersturzes liegt 2,385 m über dem Rohfußboden
④ Die lichte Höhe der Fensteröffnung beträgt 2,385 m
⑤ Die Oberkante der Fensterbrüstung liegt 95,5 cm über dem Rohfußboden

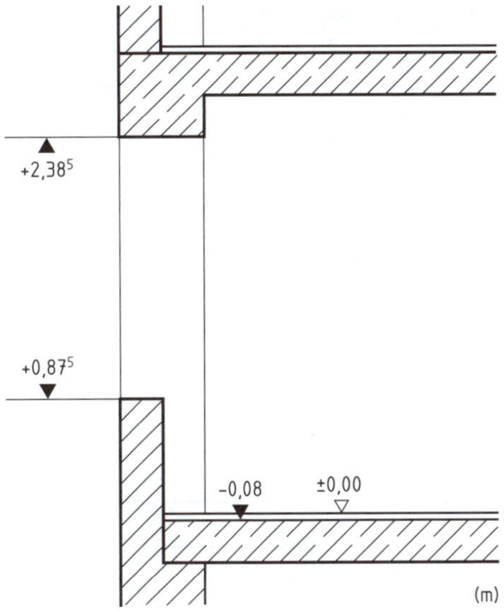

820

Welche Innenmaße (Länge/Breite) hat der Vorraum?

① 1,10 m/0,50 m
② 2,01 m/1,51 m
③ 2,01 m/1,625 m
④ 2,01 m/1,65 m
⑤ 2,125 m/1,65 m

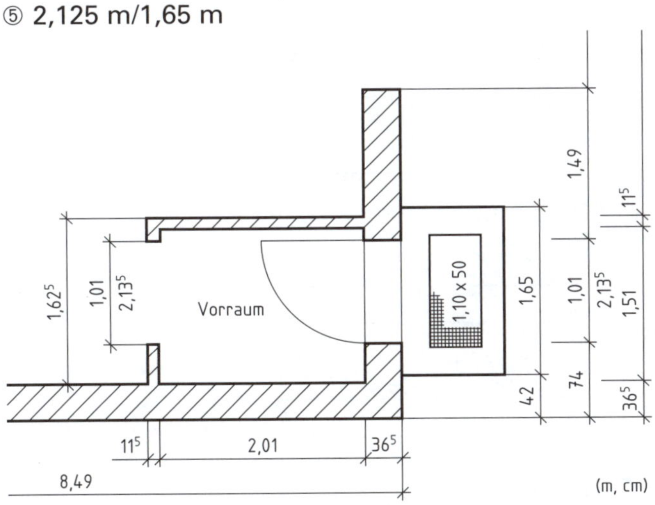

821

Welche lichte Höhe hat das Fenster?

① 0,55 m
② 1,01 m
③ 1,45 m
④ 1,51 m
⑤ 2,135 m

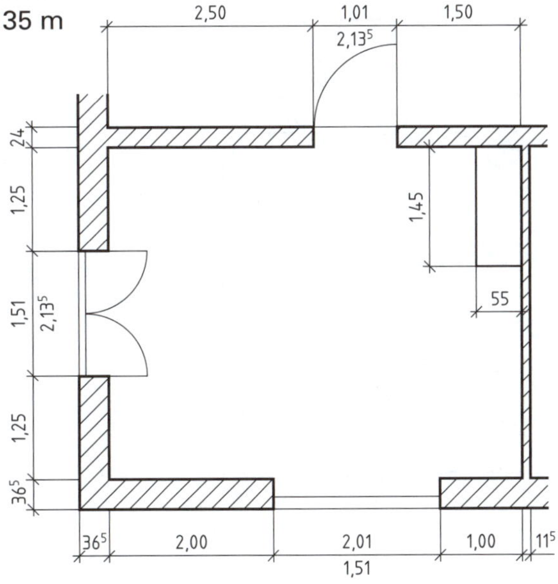

822

Was ist die folgende Darstellung in einer Ausführungszeichnung?

① Ein Maßpfeil
② Eine Maßtoleranzangabe
③ Eine Höhenangabe (Rohbaumaß)
④ Eine Höhenangabe (Fertigbaumaß)
⑤ Hinweis auf eine Schnittführung

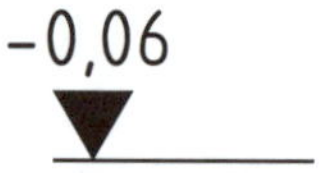

823

Welcher Baustoff bzw. welches Bauteil ist im Schnitt dargestellt?

① Mauerwerk aus künstlichen Steinen
② Mauerwerk aus natürlichen Steinen
③ Unbewehrter Beton
④ Bewehrter Beton
⑤ Dämmstoff zur Wärme- und Schalldämmung

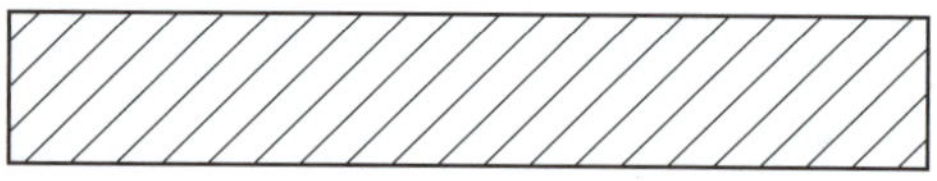

824

Wie hoch ist die Brüstung?

① 0,75 m ③ 1,01 m ⑤ 1,135 m
② 0,875 m ④ 1,26 m

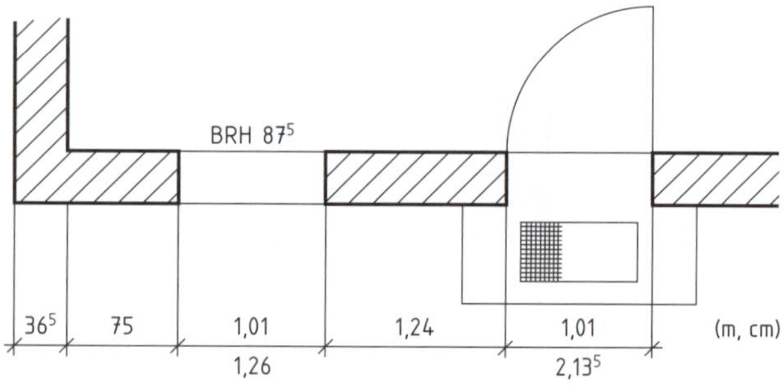

825

Was bedeutet die Abkürzung UG in der Schnittdarstellung eines Hauses?

① Unterkante
② Umgebungs-Höhe
③ Untergrund-Lage
④ Unterer Grundriss
⑤ Untergeschoss

826

Mit welcher Schraffur wird eine Stahlbetondecke im Schnitt dargestellt?

① 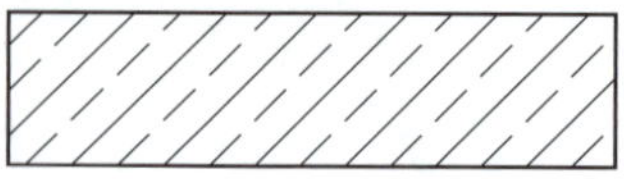

② 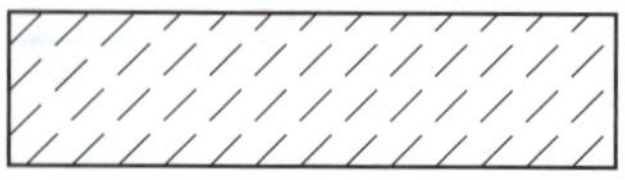

③ 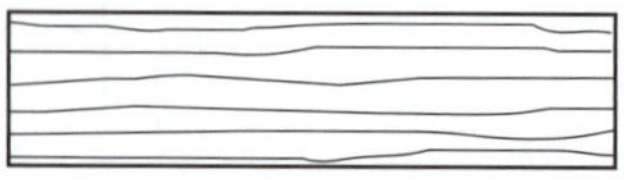

④ 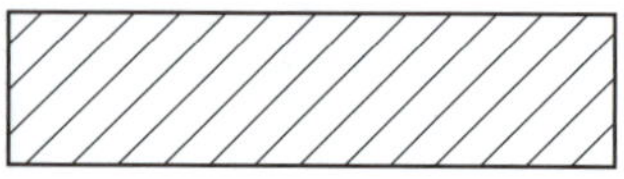

⑤ 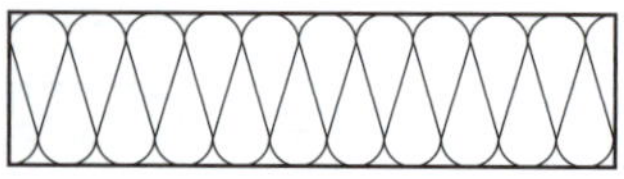

827

Wie werden Mörtel und Putz im Schnitt gekennzeichnet?

① 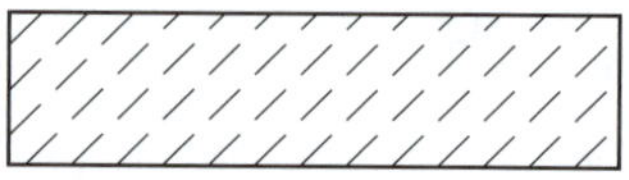

② 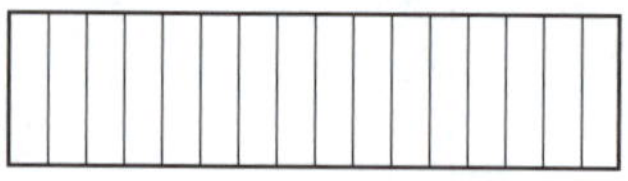

③ 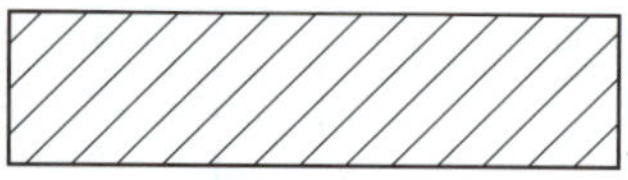

④ 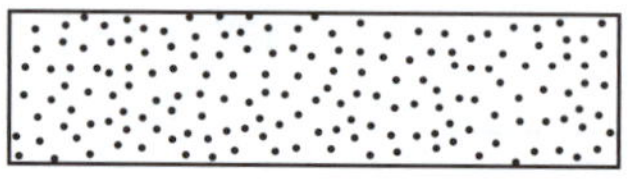

⑤ 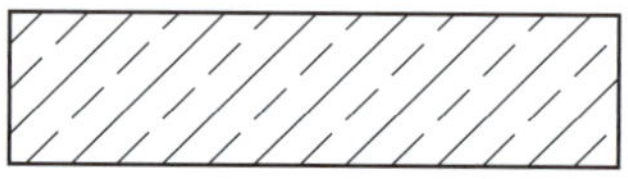

Lösungen ab Seite 240

828

Was bedeutet der Pfeil mit dem Hinweis 1,5 %?

① Das Gefälle zum Ablauf beträgt 1,5 %
② Die Rauhigkeit des Materials beträgt 1,5 %
③ In den Ablauf darf 1,5 %iges Wasser entsorgt werden
④ Die Unebenheit darf nicht mehr als 1,5 % betragen
⑤ Gefälle von 1,5 m/m

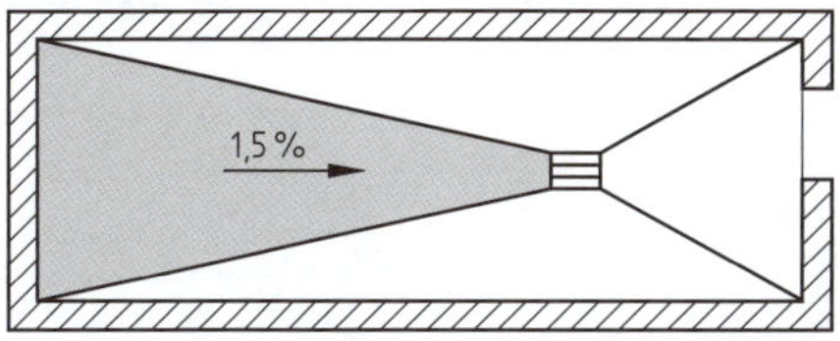

Grundriss

829

Welcher Schnitt A – A durch die Wand ist richtig?

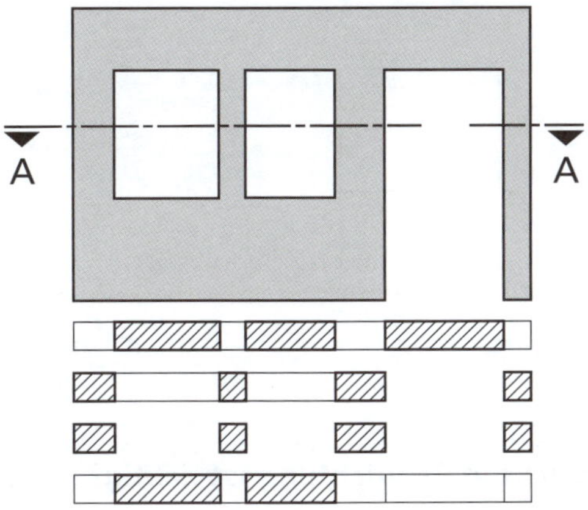

① ② ③ ④

830

Welcher Schnitt B – B durch die Giebelwand ist richtig?

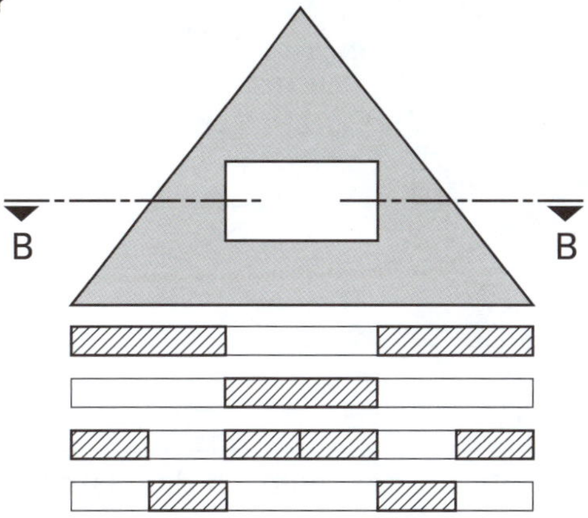

① ② ③ ④

831

Welche Draufsicht hat der in Vorderansicht und Seitenansicht (von links) dargestellte Körper?

① ② ③ ④ ⑤

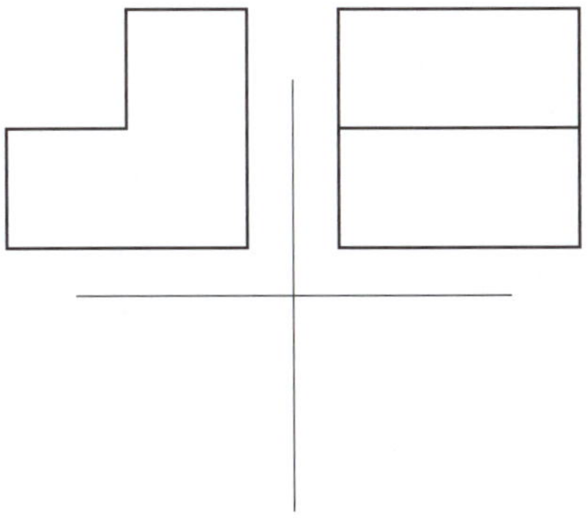

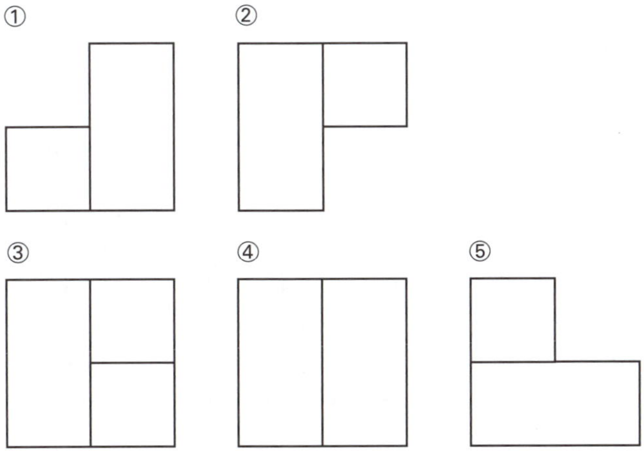

832

Welche Seitenansicht (von links) hat der in Vorderansicht und Draufsicht dargestellte Körper?

① ② ③ ④ ⑤

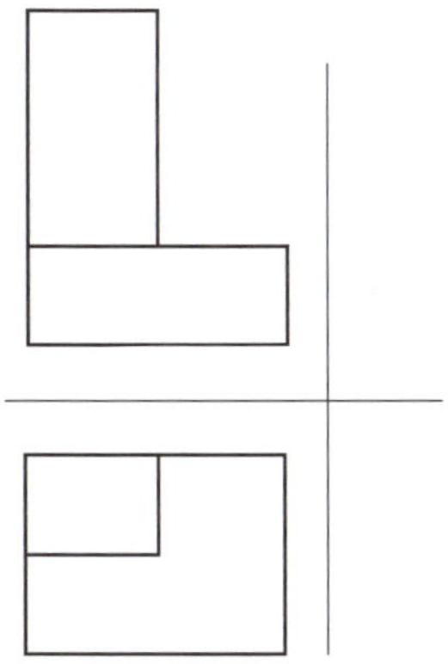

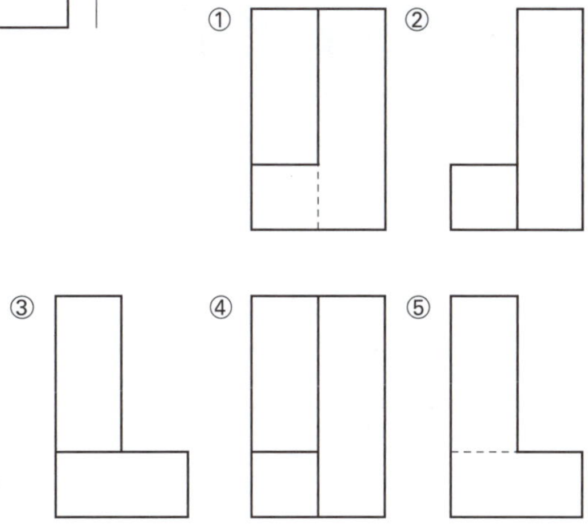

833

Welche Ansicht in Pfeilrichtung ist richtig?

①
②
③
④
⑤

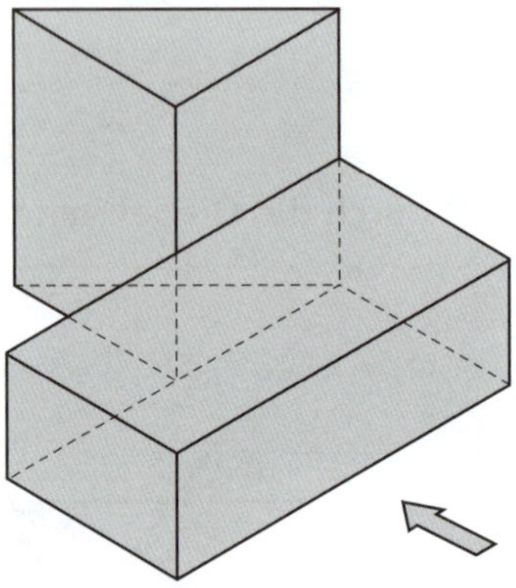

①

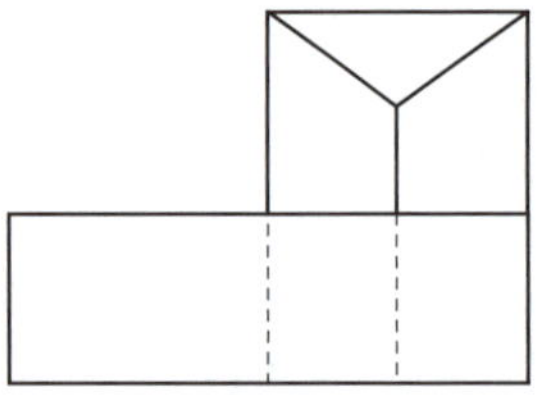

②

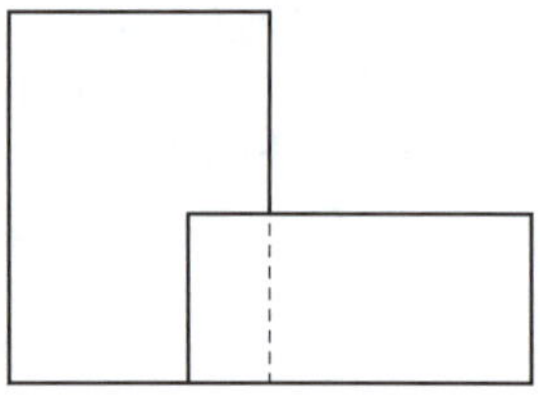

③

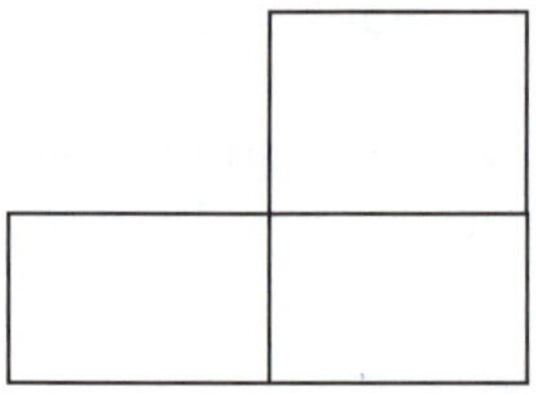

④

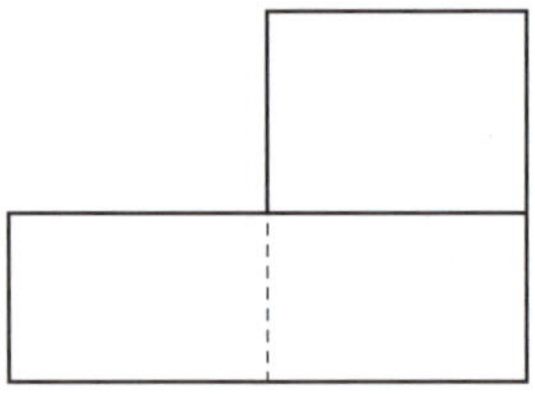

⑤

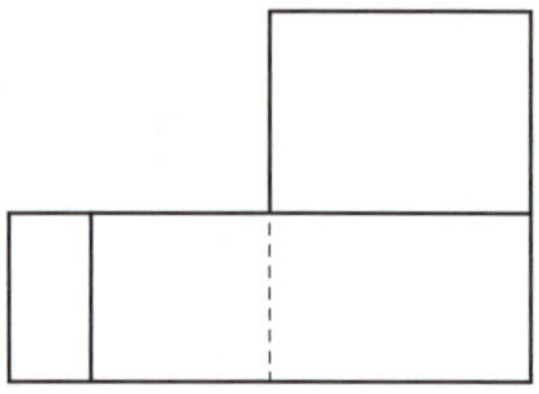

834

Welche Draufsicht des räumlich dargestellten Körpers ist richtig?

①
②
③
④
⑤

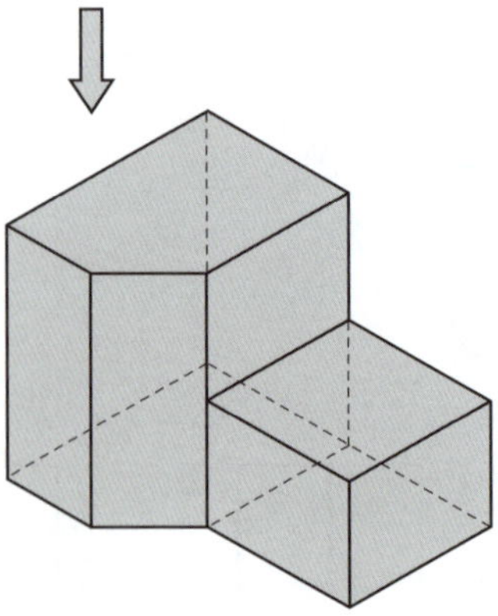

①

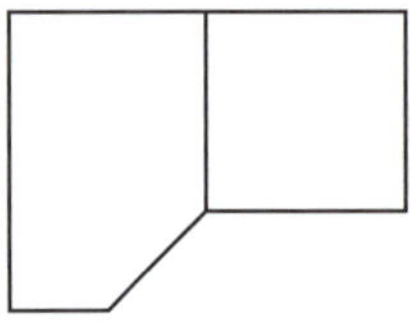

②

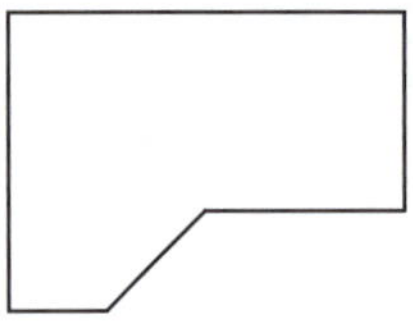

③

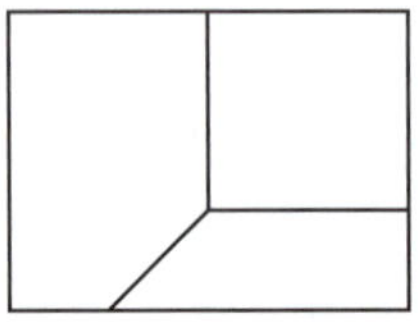

④

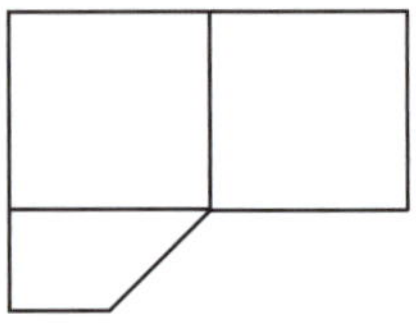

⑤

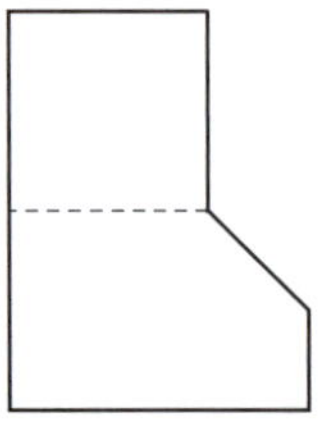

835

Welche Ansicht in Pfeilrichtung ist richtig?

①
②
③
④
⑤

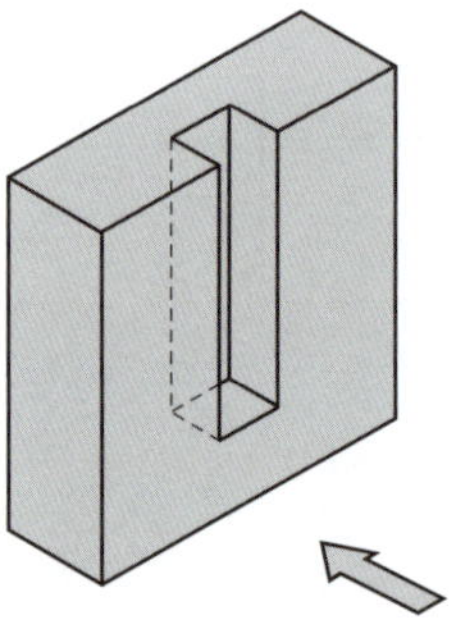

①

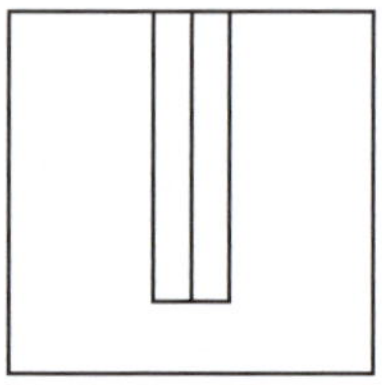

②

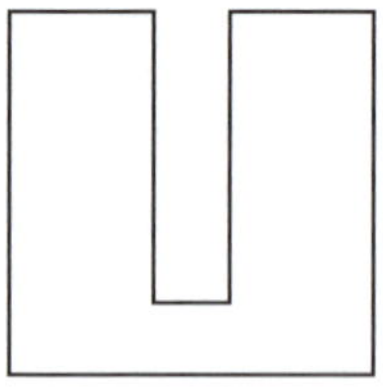

③

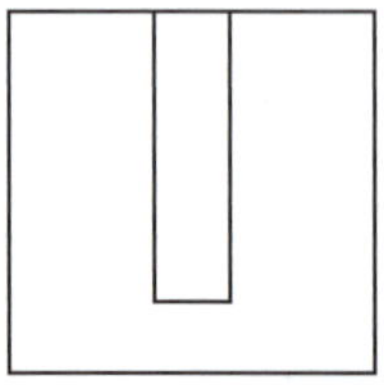

④

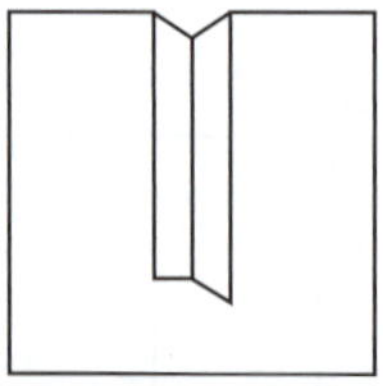

⑤

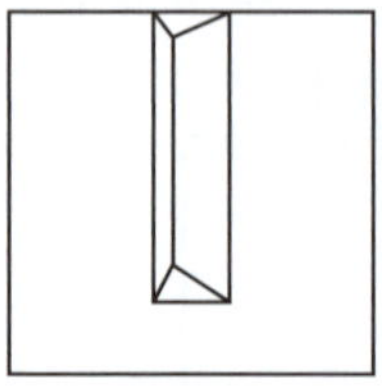

Lösungen ab Seite 240

836

Welche Informationen erhält man aus dieser Fensterbemaßung?

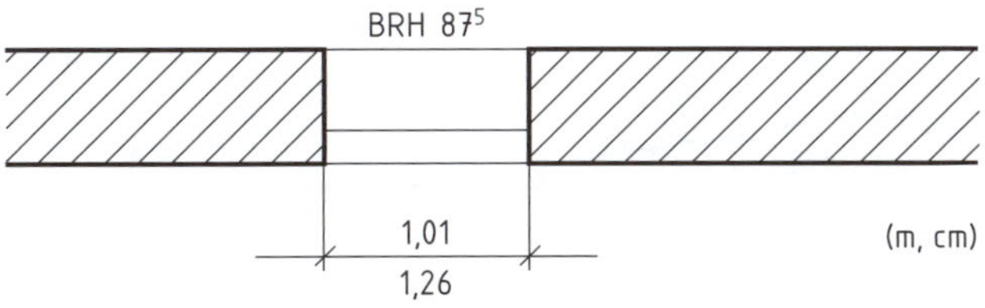

837

Welche Länge (in m, cm, mm) beschreiben die Maßeintragungen?

Maß-eintragung	m	cm	mm
11^{5}			
3,41			
$6{,}52^{5}$			

838

Wie wird ein Körper in isometrischer Projektion dargestellt? Das Konstruktionsverfahren ist zu beschreiben.

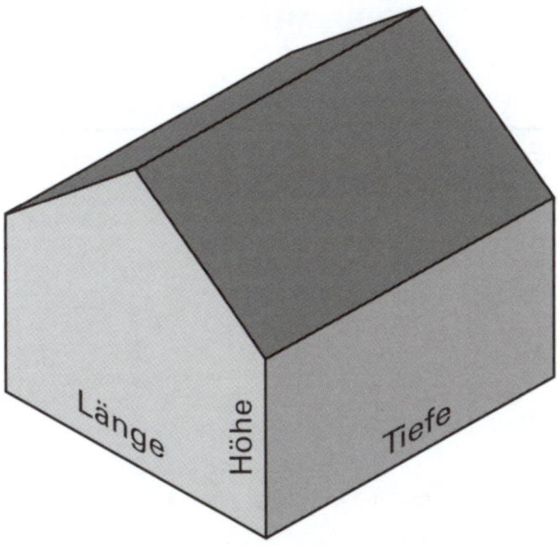

839

Stellen Sie einen Quader von 6 cm Höhe, 4 cm Länge und 3 cm Tiefe in isometrischer Projektion dar.

Lösung auf Seite 247

840

Zur Geraden g ist eine Parallele durch P zu zeichnen.

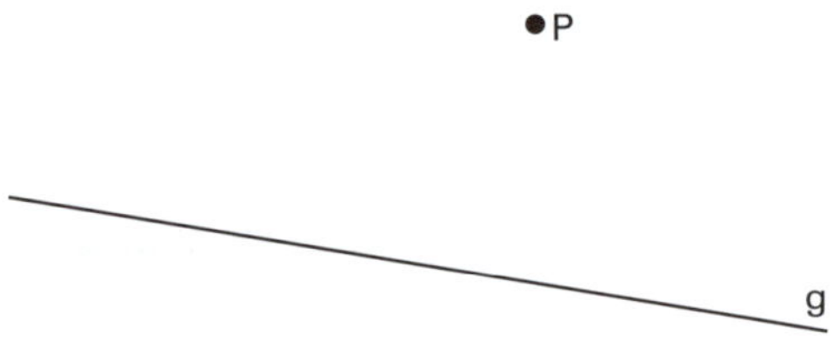

841

Die Strecke $\overline{AB}$ soll durch eine Zirkelkonstruktion halbiert werden.

842

Auf dem Punkt P einer Strecke ist durch eine Zirkelkonstruktion eine Senkrechte zu errichten.

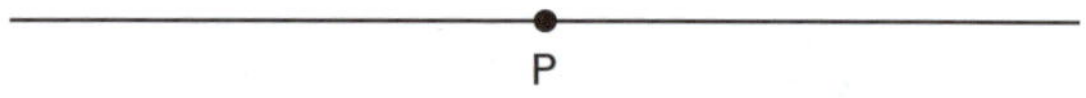

843

Der gegebene Winkel α soll durch eine Zirkelkonstruktion halbiert werden.

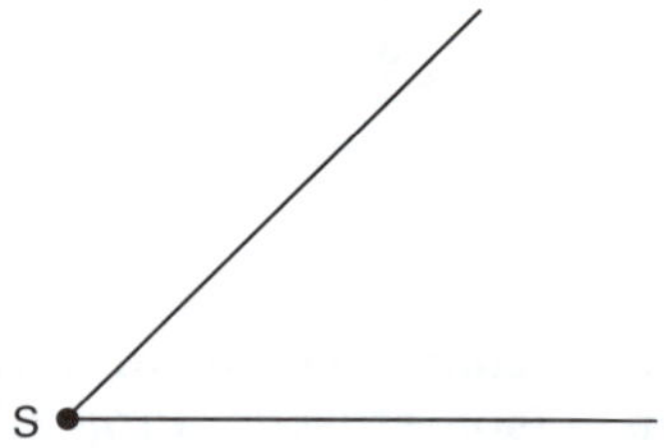

844

In den gegebenen Kreis (r = 1,5 cm) ist ein regelmäßiges Sechseck einzuzeichnen.

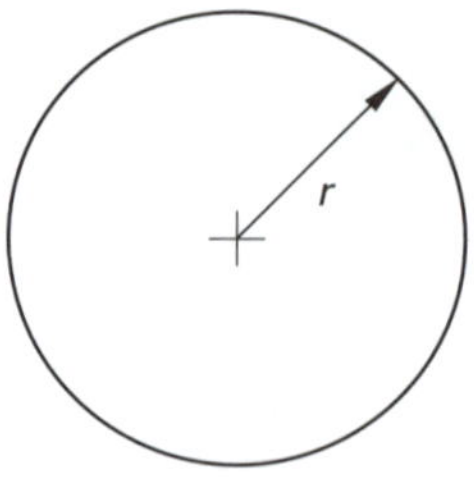

845 ... 1100 keine Aufgaben

Lösungen ab Seite 241

Prüfungsvorbereitung aktuell – DACHDECKERHANDWERK

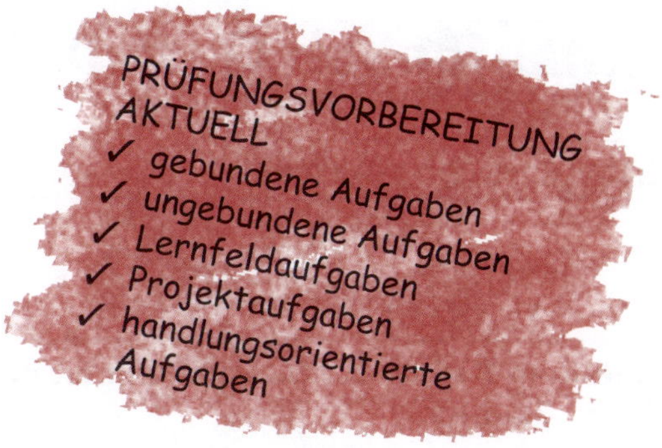

Lernfelder der Grundbildung

LF 1 Baustelle einrichten — 1101 ... 1110

1101

Ein Beteiligter am Bau ist der Bauherr. Wer ist in der Regel kein Bauherr?

① Privatpersonen
② Gewerbebetriebe
③ Fachingenieure
④ Gemeinden, Städte, Länder

1102

Die Bauaufsicht gewährleistet eine planmäßige und sichere Ausführung des Bauwerks. Was kontrollieren die Bauämter?

① die Lieferscheine
② die Arbeitszeit
③ die Einhaltung der technischen Vorschriften
④ das Bautagebuch

1103

Der Bauzeitenplan regelt

① den Arbeitsbeginn
② den Tariflohn
③ das Zusammenwirken der Bauberufe auf der Baustelle
④ die Einhaltung des Jugendschutzgesetzes

1104

Was regelt die DIN 18338 in der VOB nicht?

① Angaben zur Baustelle
② Angaben zur Ausführung von Dachabdichtungen
③ die Arbeitsvorbereitung
④ Angaben zur Dachdeckung mit Reet oder Stroh

1105

Welches Gefahrenzeichen ist grundsätzlich bei einer Baustelle aufzustellen?

131

①

123

③

276

②

274

④

1106

Zu den Fördergeräten auf der Baustelle zählen (zwei Antworten richtig)

① Hochbaukrane (TDK)
② Schnelleinsatzkrane
③ Schubkarren
④ mobile Fahrzeugkrane
⑤ Seilwinde

1107

Zur Einrichtung auf der Baustelle gehören (drei Antworten richtig) ...

① Sanitärcontainer mit Waschraum und WC
② Tagesunterkünfte für Arbeitskräfte
③ Verpflegungskiosk
④ Magazine für Werkzeuge und Geräte
⑤ Parkplätze für Arbeitskräfte
⑥ Ortsnahe öffentliche Verkehrsmittel

1108

Was muss der Fahrer beim Transport von Materialien auf dem PKW nicht beachten.

① Der Fahrer ist für eine ordnungsgemäße Ladungssicherung verantwortlich.
② Der Fahrer muss die KFZ-Steuer bezahlen.
③ Das Fahrzeug muss eine gültige TÜV Plakette besitzen.
④ Das Fahrzeug muss sich in einem verkehrssicheren Zustand befinden.

1109

Welche Arbeiten gehören nicht zur Arbeitsvorbereitung?

① Auswahl des optimalen Arbeitsverfahrens
② Planung des Arbeitsablaufes
③ Festsetzung des Akkordlohnes
④ Aufstellung der Baustellenausstattung

1110

Welcher Arbeitsschritt gehört nicht zur Durchführung eines Projektes?

① Projektvorbereitung
② Projektbearbeitung
③ Projekte zum Patent anmelden
④ Projekte präsentieren

Lösungen ab Seite 242

LF 1 Baustelle einrichten

1111

Woraus besteht die persönliche Schutzausrüstung (PSA)?

1112

Welche Grundsätze sind bei der Planung der Verkehrssicherheit von Baustellen zu beachten?

1113

Auf der Baustelle werden Lager- und Werkflächen unterschieden. Wozu werden Werkflächen genutzt?

1114

Wie muss ein Schutzschalter auf seine Funktion regelmäßig überprüft werden?

1115

Was soll mit einer Gefährungsbeurteilung erreicht werden?

1116

Welche Bestandteile der persönlichen Schutzausrüstung müssen beim Arbeiten mit einer Kettensäge getragen werden?

1117

Die Streckenteilung der Strecke $\overline{AB}$ in 6 Teile ist zu konstruieren.

1118

Die Streckenhalbierung für die Strecke $\overline{AB}$ ist zu beschreiben.

1119

Wie wird auf der Baustelle eine Rechtwinkelmessung durchgeführt?

1120

Das Dach einer Industriehalle mit einer Länge von 30,20 m bestehend aus 3 Sheds ist zu zeichnen. Der Neigungswinkel beträgt 35°

Lösungen ab Seite 242

LF 1 Baustelle einrichten

1121

Der Bauherr möchte eine Detailzeichnung zur Dachrinnenausbildung vor Ort erhalten. Welcher Maßstab ist geeignet?

① 1 : 100
② 1 : 5
③ 1 : 1/3
④ 5 : 1

1122

Bei der Sanierung eines Mansarddaches wird die Wärmedämmung eingebaut. Die Bauzeichnung ist im Maßstab 1 : 50 – m, cm gefertigt. Die Wärmedämmung ist mit 2 mm dargestellt. Wie groß ist die wirkliche Breite?

① 2 mm
② 50 mm
③ 100 mm
④ ≥ 25 cm

1123

Bei der Sanierung eines Mansarddaches wird die Wärmedämmung eingebaut.

a) Wieviel m² beträgt die zu dämmende Dachfläche, bei einer Dachlänge *l* = 10,00 m

b) Wie groß ist die Putzfläche der beiden Giebel für den Wärmedämmputz?

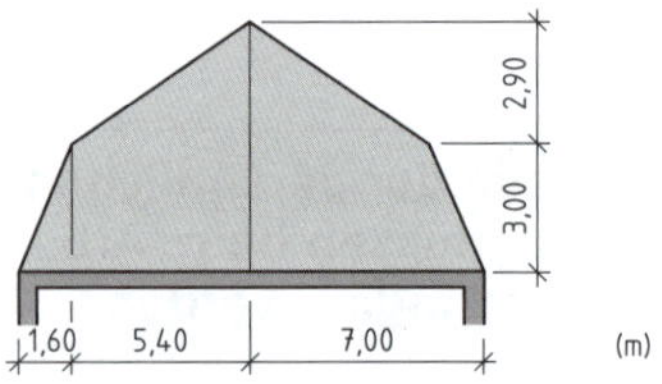

1124

Für ein Dach mit unterschiedlichen Trauf- und Firsthöhen werden die Dachdeckerarbeiten ausgeführt. Die Dachlänge beträgt *l* = 10,00 m

a) Wie groß ist die gesamte Dachfläche einschließlich der senkrechten Fläche des Dachversatzes?

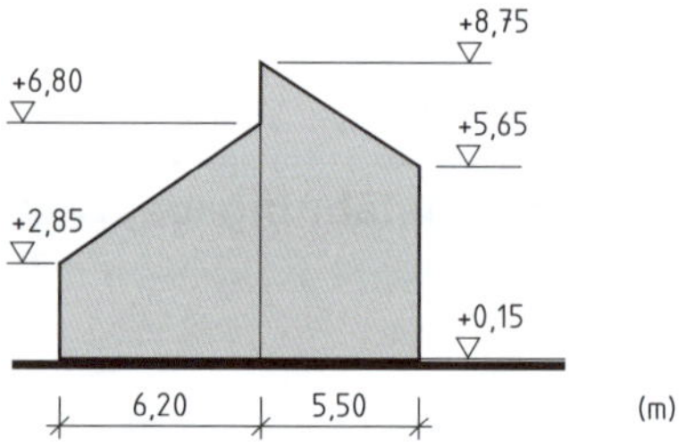

1125

Unfallverhütungsvorschriften sind von den Berufsgenossenschaften erlassene Regeln für die Unfallverhütung in der Praxis. Welche Bestimmungen sind in der „UVV Bauarbeiten“ (auch als DGUV Vorschrift 38 bezeichnet) erfasst?

1126 ... 1200 keine Aufgaben

Lösungen ab Seite 242

LF 2 Dachflächen mit Dachziegeln und Dachsteinen decken | 1201 ... 1208

1201

Wie wird die oberste, meist waagerechte Linie am Dach genannt?

① Grat
② Traufe
③ Ortgang
④ First

1202

Wie heißt die seitliche Dachbegrenzung?

① First
② Traufe
③ Ortgang
④ Grat

1203

Die geneigte Dachlinie, die beim Zusammenstoßen zweier Dachflächen über einer Gebäudeecke entsteht wird ... genannt.

① Grat
② Grundfläche
③ Kehle
④ Ortgang

1204

Wenn zwei Dachflächen sich in der Gebäudeinnenecke schneiden, entsteht ...

① der First
② der Grat
③ der Ortgang
④ die Kehle

1205

Wie wird eine Dachfläche, die durch zwei Grate und eine Traufe begrenzt ist genannt?

① Hauptdachfläche
② Krüppelwalm
③ Grundfläche
④ Walmdachfläche

1206

Die Linie, die zwei unterschiedlich hohe Firste verbindet wird ... genannt.

① Kehle
② Verfallgrat
③ Anfallspunkt
④ Ortgang

1207

Welche Aussage trifft für den Begriff „Mindestdachneigung" zu?

① Ist die Dachneigung, die ohne zusätzliche Maßnahmen unterschritten werden darf.
② Ist die Dachneigung, die auf keinen Fall unterschritten werden darf.
③ Ist die sogenannte Regeldachneigung.
④ Ist die Dachneigung, die keine Regensicherheit garantiert.

1208

Was wird unter dem Begriff „Regeldachneigung" verstanden?

① Die Regeldachneigung ist die Dachneigung, die auf keinen Fall unterschritten werden darf.
② Die Regeldachneigung ist die Dachneigung die unterschritten werden muss.
③ Die Regeldachneigung ist die maximale Dachneigung.
④ Die Regeldachneigung ist die Dachneigung, die bei Verwendung zusätzlicher Maßnahmen zur Erhöhung der Regensicherheit unterschritten werden darf.

Lösungen ab Seite 244

1209

Welcher Rohstoff gehört nicht zur Dachziegelherstellung?

① Quarzsand
② Lehm
③ Ton
④ Zement

1210

Die Regeldachneigung der verschiedenen Dachziegelmodelle ist abhängig von ...

① der Verfalzungsart und der Lage der Verfalzung
② der Art der Farbgebung
③ der Dachneigung
④ der Witterung

1211

Wie werden die zwei Ausführungsarten bei der Hohlpfanne genannt?

① Draufschnitt und Abschnitt
② Querschnitt und Längsschnitt
③ Langschnitt und Kurzschnitt
④ Rechteck und Senkrecht

1212

Welcher Dachziegel wird von links nach rechts gedeckt?

① der Biberschwanzziegel
② die Hohlpfanne
③ der Reformziegel
④ der Krempziegel

1213

Dachziegelherstellung: Welche Reihenfolge des Herstellungsprozesses ist richtig?

① Rohstoffabbau, Beton-Mischanlage, Formgebung, Härtekammer, Farbgebung, Brennvorgang, Verpackung
② Rohstoffabbau, Rohstoffaufbereitung, Formgebung, Brennvorgang, Engobierung, Trocknung, Verpackung
③ Rohstoffabbau, Rohstoffaufbereitung, Formgebung, Trocknung, Engobierung, Brennvorgang, Verpackung
④ Rohstoffabbau, Rohstoffaufbereitung, Formgebung, Engobierung, Härtekammer, Brennvorgang, Verpackung

1214

Welche Aussage trifft für den Begriff „Dachziegel" zu?

① Dachziegel härten während des Herstellungsprozesses aus.
② Dachziegel werden aus Feinbeton hergestellt.
③ Dachziegel haben keine Querverfalzungen.
④ Dachziegel unterscheiden sich nach Herstellungsart, Größe, Art ihrer Falzungen und Ziegelfarbe.

1215

Welche Aussage über die Hohlpfanne ist falsch?

① Der Eckschnitt der Kurzschnittpfanne ist kürzer als der Eckschnitt der Langpfanne.
② Der Eckschnitt aller Hohlpfannen ist bei allen Hohlpfanndeckungen ausschlaggebend für die Höhenüberdeckung.
③ Der Eckschnitt gibt die Deckrichtung vor.
④ Der Eckschnitt bestimmt die Höhenüberdeckung bei der Vorschnittdeckung.

Lösungen ab Seite 244

LF 2 Dachflächen mit Dachziegeln und Dachsteinen decken | 1216 ... 1221

1216

Welche Nachteile haben verfalzte Dachziegel mit nach oben gerichteter Deckfuge?

① Die nach oben gerichteten Deckfugen haben keinerlei Nachteile.
② Wasser könnte von oben in den Seitenfalz eindringen da meist der Wasserfalz auf gleicher Höhe wie die wasserführende Dachziegelfläche liegt.
③ Die Regensicherheit von nach oben gerichteten Deckfugen ist höher, wie die zur Seite gerichteter Deckfugen.
④ Nach oben gerichtete Deckfugen haben mehrere Falze.

1217

Woraus werden Dachsteine hergestellt?

① Feldspat, Quarz und Glimmer
② Lehm, Ton, Sand und Farbpigmente
③ Wasser, Farbpigmente, Zement und Sand/Recyclat
④ Zement, Ton, Sand/Recyclat und Wasser

1218

Farbgebung von Dachsteinen: Welches Verfahren ist bei Dachsteinen nicht möglich?

① Granulierung
② Kunststoffbeschichtung
③ Durchfärbung
④ Engobierung

1219

Eine der folgenden Aussagen ist falsch!

① Je steiler ein Dach ist, desto größer ist die Lattweite und desto größer ist der Materialbedarf des Dachdeckungsmaterials.
② Je steiler ein Dach geneigt ist, desto geringer kann die Höhenüberdeckung der Deckelemente gewählt werden.
③ Je steiler ein Dach ist, desto größer ist die Lattweite und desto geringer ist der Materialbedarf des Dachdeckungsmaterials.
④ Je steiler ein Dach ist, desto schneller fließt das Wasser vom First zu Traufe.

1220

Dächer sollen Gebäude vor Wasser von außen schützen. Zwischen welchen Deckungsarten wird dabei unterschieden?

① ableitende Deckungen und abdichtende Deckungen
② Abdeckungen und Aufdeckungen
③ Unterdeckungen und Überdeckungen
④ durchlässige Deckungen und undurchlässige Deckungen

1221

Welche Aussage trifft für eine ableitende Deckung zu?

① Dachneigung größer als 5°
② Dachneigung größer 0°
③ Deckelemente sind luft- und wasserdicht verbunden
④ Deckelemente sind schuppenförmig überdeckt

Lösungen ab Seite 244

LF 2 Dachflächen mit Dachziegeln und Dachsteinen decken — 1222 ... 1227

1222

Warum müssen Deckelemente bei flacher Dachneigung eine größere Höhenüberdeckung haben als bei steileren Dachneigungen?

① Da das Niederschlagswasser schneller abläuft, könnte es schneller unter die Höhenüberdeckung der Deckelemente getrieben werden.
② Schneller Wasserfluss bedeutet immer eine größere Höhenüberdeckung.
③ Da das Niederschlagswasser langsamer abläuft, könnte es schneller unter die Höhenüberdeckung der Deckelemente getrieben werden.
④ Die Höhenüberdeckung hat mit der Dachneigung nichts zu tun.

1223

Wie wird die äußere Hülle der Dachkonstruktion genannt?

① Tragwerk
② Unterkonstruktion
③ Dachhaut
④ Belüftungsebene

1224

Welche Bauteile gehören zum Aufbau der Dachkonstruktion?

① Unterdach und Umkehrdach
② Dachhaut und Unterkonstruktion
③ Aufdach und Unterdach
④ Unterkonstruktion und Unterdach

1225

Der konstruktive Aufbau eines Daches wird kurz auch ... genannt.

① Unterdach
② Deckunterlage
③ Unterkonstruktion
④ Vordeckung

1226

Was gehört nicht zur Unterkonstruktion des Daches?

① die tragende Schichten
② die Funktionsschichten
③ die Bauelemente des Daches
④ die Eindeckung des Daches

1227

Welche Aussage über Unterkonstruktionen ist falsch?

① Deckunterlagen nehmen die Deckung oder die Abdichtung auf. Sie können aus Vollholzschalung, Dachlatten und Holzwerkstoffplatten hergestellt werden.
② Schalungen werden zum Schutz vor Wasseraufnahme vor der Eindeckung mit einer Vordeckung versehen.
③ Behelfs- bzw. Notabdeckungen bieten keinen dauerhaften Schutz, sie bieten nur einen vorübergehenden Witterungsschutz des Gebäudes.
④ Behelfs- bzw. Notabdeckungen bieten einen dauerhaften Schutz vor Witterungseinflüssen. Sie können bedenkenlos als Ersatz der Dacheindeckung verwendet werden.

Lösungen ab Seite 244

1228

Welche Aussage über Zusatzmaßnahmen zur Verbesserung der Regensicherheit ist richtig?

① Zusatzmaßnahmen zur Verbesserung der Regensicherheit sind generell unnötig.
② Zusatzmaßnahmen zur Verbesserung der Regensicherheit sind viel zu aufwendig und erhöhen nur die Baukosten.
③ Zusatzmaßnahmen zur Verbesserung der Regensicherheit erhöhen die Regensicherheit eines Daches bei geringer Dachneigung oder bei besonderer klimatischer Beanspruchung.
④ Zusatzmaßnahmen zur Verbesserung der Regensicherheit brauchen nicht beachtet werden.

1229

Welche Zusatzmaßnahmen gehören zur Verbesserung der Regensicherheit?

① Unterbretter, Unterdeckungen und Überdeckungen
② Unterspannungen, Unterdeckungen und Unterdeckplatten
③ Überspannungen, Unterdeckungen und Aufdeckungen
④ Unterspannungen, Überdeckungen und Aufdeckungen

1230

Die Deckunterlage von Dacheindeckungen mit Dachziegeln oder -steinen besteht in der Regel aus ...

① Konterlattung und Schalung
② Traglattung und Schalung
③ Konterlattung und Traglattung
④ Konterlattung und Holzwerkstoffplatten

1231

Welche Funktion hat die Konterlattung?

① Die Konterlattung hat die Aufgabe, die Schalung aufzunehmen.
② Die Konterlattung hat keinerlei Funktion.
③ Die Konterlattung wird waagerecht auf die Traglattung aufgeschraubt oder genagelt und trägt das Deckmaterial.
④ Die senkrechte Konterlattung leitet in einem durch ihr geschaffenen Lüftungsraum (Hinterlüftung) Feuchte nach außen ab.

1232

Das Lattmaß wird von ...

① der Unterkante bis zur Oberkante zweier Dachlatten gemessen.
② der Oberkante bis zur Unterkante zweier Dachlatten gemessen.
③ der Oberkante bis zur Oberkante zweier Dachlatten gemessen.
④ der Unterkante bis zur Unterkante zweier Dachlatten gemessen.

Lösungen ab Seite 244

1233

Welche Bezeichnungen haben die dargestellten Dachformen?

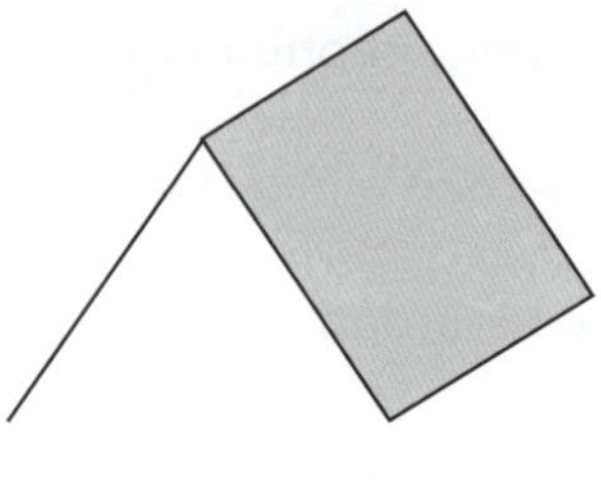

a) ______________________

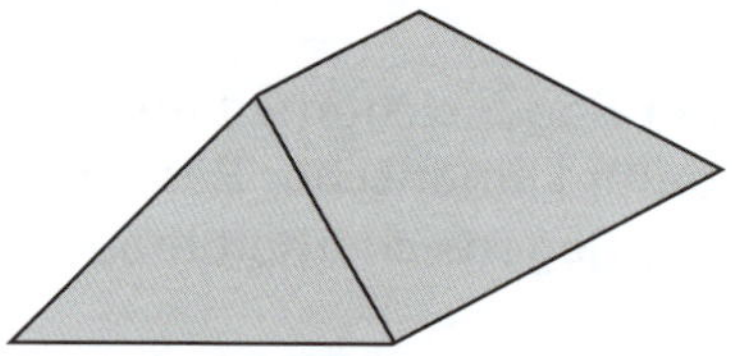

b) ______________________

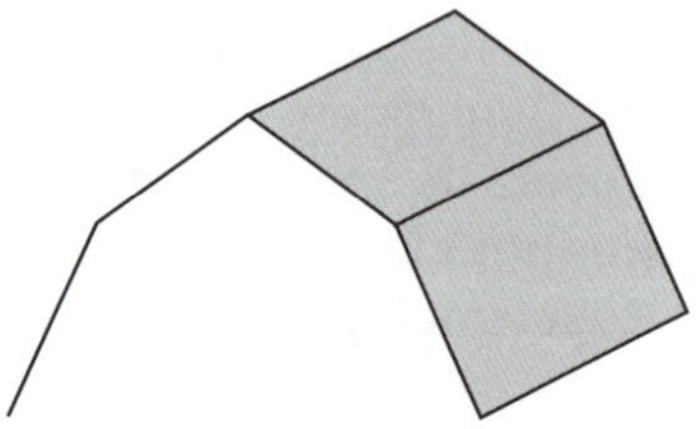

c) ______________________

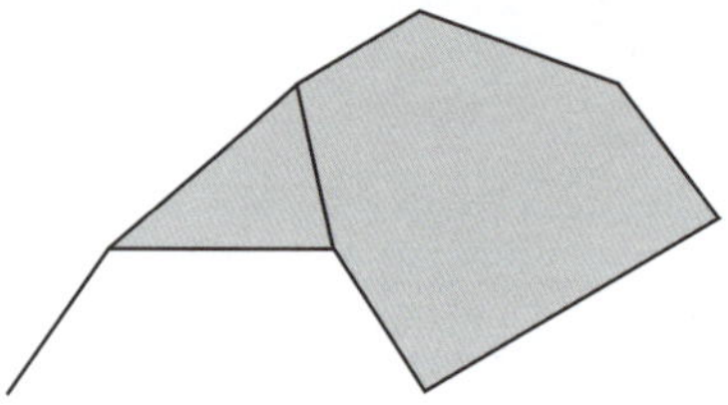

d) ______________________

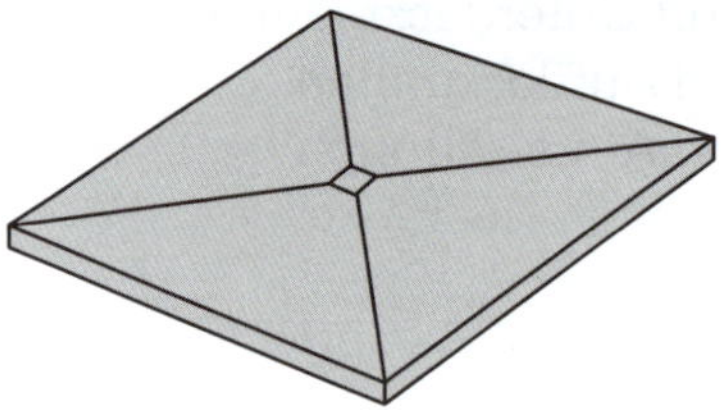

e) ______________________

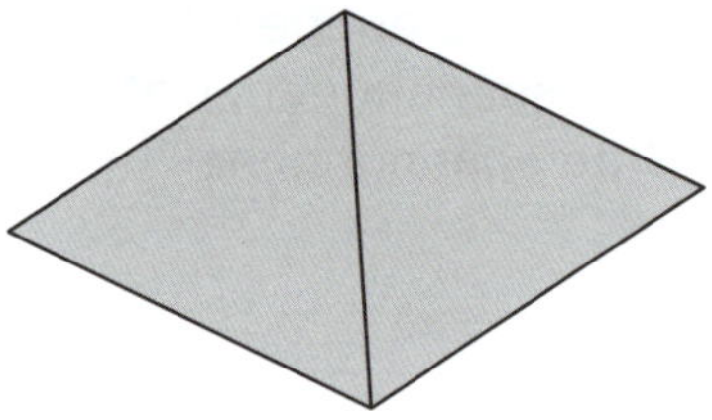

f) ______________________

1234

Wie heißen die dargestellten Dachgauben?

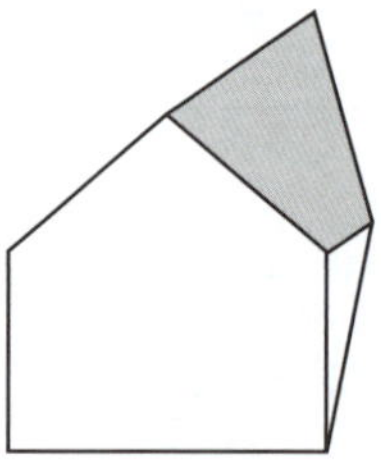

a) ______________________

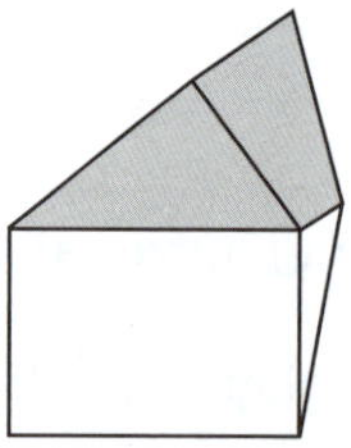

b) ______________________

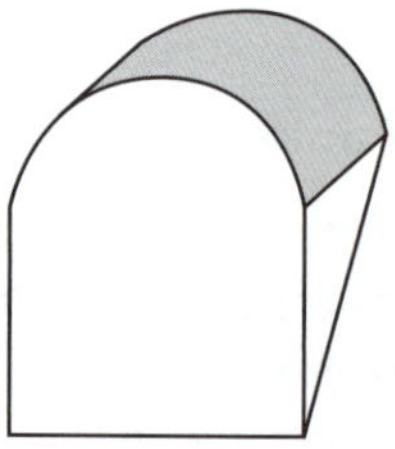

c) ______________________

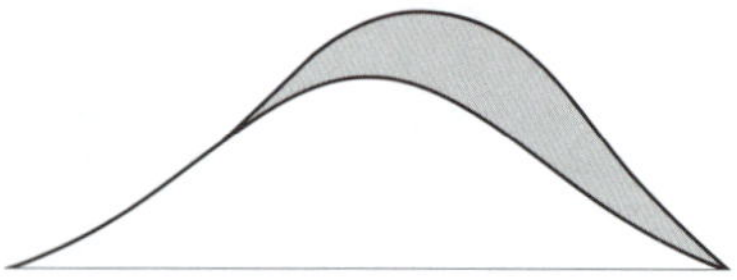

d) ______________________

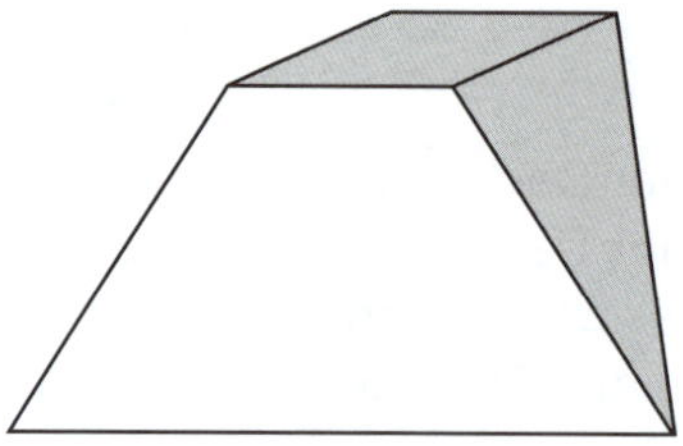

e) ______________________

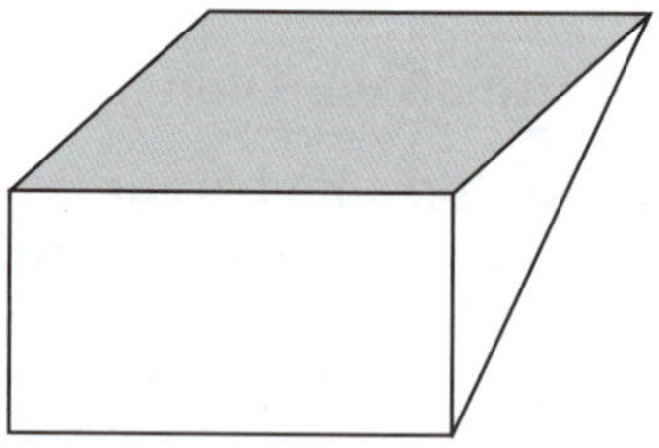

f) ______________________

LF 2 Dachflächen mit Dachziegeln und Dachsteinen decken | 1235 ... 1238

1235

Die fehlenden Begriffe sind zu ergänzen!

a) Die oberste, meist waagerechte Dachlinie nennt man ______________ .

b) Der ______________ ist eine geneigte Dachlinie, die beim Zusammenstoß zweier Dachflächen über einer Gebäudeaußenecke entsteht.

c) Zwei unterschiedlich hohe Firste werden durch den ______________ verbunden.

d) Eine dreieckige Dachfläche, die durch zwei Grate und eine Traufe begrenzt ist, nennt man ______________ .

e) Die seitliche Dachbegrenzung nennt man ______________ .

1236

Die gekennzeichneten Dachteile sind zu benennen!

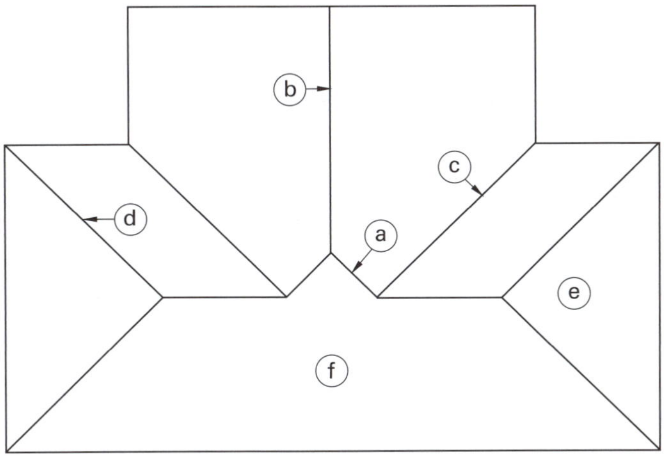

ⓐ

ⓑ

ⓒ

ⓓ

ⓔ

ⓕ

1237

Die drei Oberbegriffe zur Erhöhung der Regensicherheit sind zu nennen!

1238

Woraus werden Dachziegel hergestellt?

Lösungen ab Seite 244

1239

Zu berechnen sind:

a) die Sparrenlänge s (in m)
b) die Dachneigung α (in Grad)

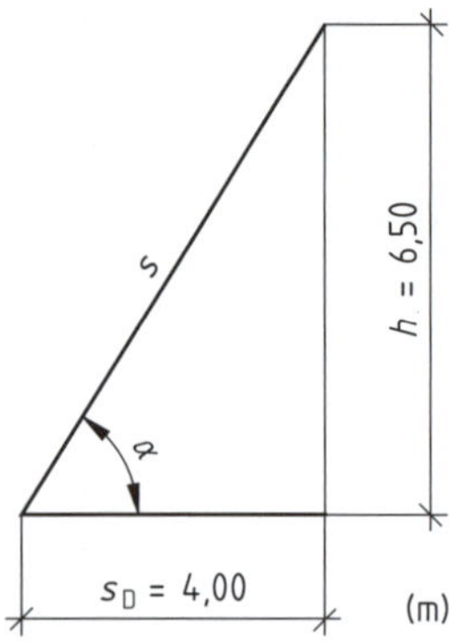

a)

b)

1240

Dachziegel müssen bestimmte Anforderungen erfüllen. Drei Qualitätsmerkmale sind zu nennen!

1241

a) Wie werden die Teile des dargestellten Dachziegels benannt?

①

②

③

④

⑤

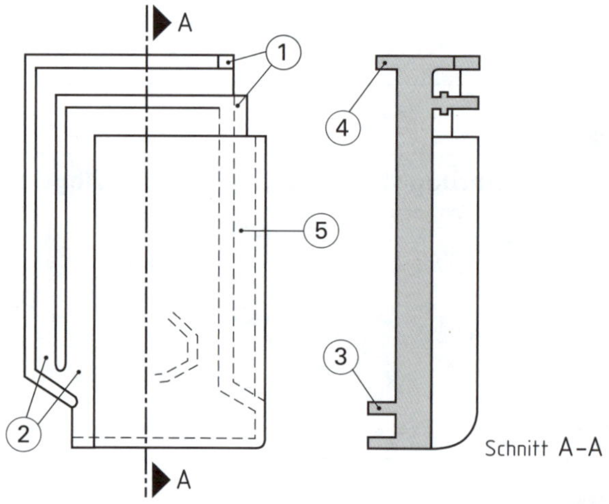

b) Wie nennt man den dargestellten Dachziegel?

c) Wie nennt man das Verfahren, bei dem diese Ziegelart hergestellt wird?

d) Wie nennt man die Verfalzung des abgebildeten Ziegels?

LF 2 Dachflächen mit Dachziegeln und Dachsteinen decken — 1242 … 1244

1242

In der Abbildung sind drei verschiedene Dachziegel im Schnitt dargestellt. Bei welchem Dachziegel ist die Regeldachneigung am geringsten?

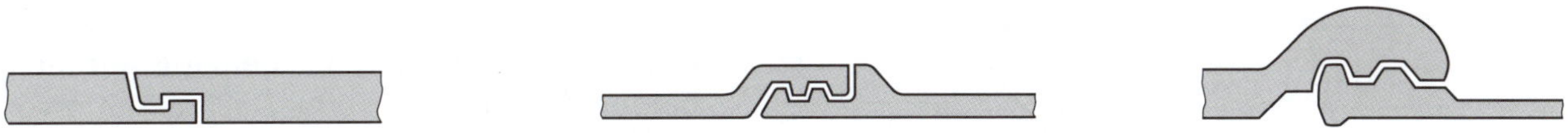

① ② ③

Begründung für die Auswahl:

1243

Wie können Dachsteine hergestellt werden (kurze Beschreibung)?

1244

Dachsteine können nach der Lage des Wasserfalzes unterschieden werden.

a) Welche drei Dachsteinarten werden danach unterschieden?

b) Welche Regeldachneigung haben die drei Dachsteinarten?

1245

Gegeben ist der Grundriss des abgebildeten Walmdaches mit zwei Satteldachanbauten.

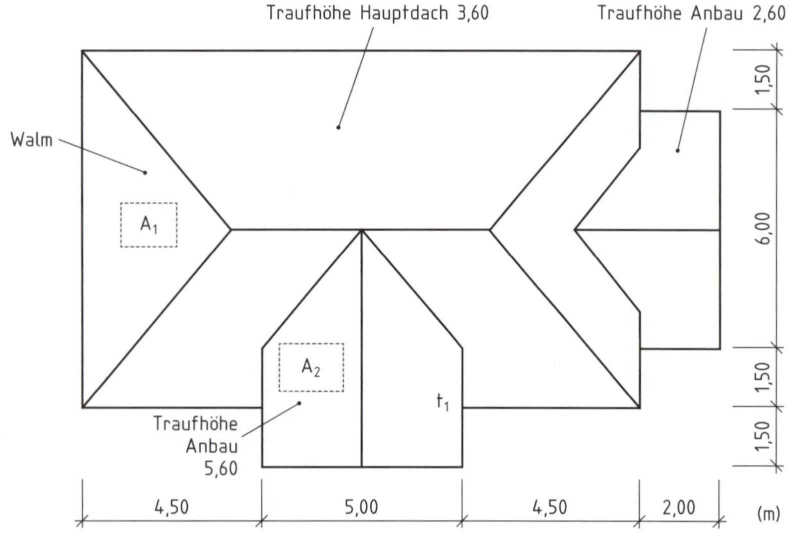

Alle Dachflächen sind 45° geneigt, nur die beiden Walme haben eine Dachneigung von 50°.
Die Firste liegen jeweils mittig zu den Traufen.
Auf einem DIN-A4-Zeichenblatt ist die Drei-Tafel-Projektion des Gebäudes im Maßstab 1:200 –m zu konstruieren und zu bemaßen!

1246

Von dem abgebildeten Dach in Aufgabe 1245 sind zu berechnen:

a) die Sparrenlänge s_1 (in m) des Hauptdaches
b die Sparrenlänge s_2 (in m) des Walmes
c) die Trauflänge t_1 (in m) des Anbaus

Lösungen ab Seite 246

LF 2 Dachflächen mit Dachziegeln und Dachsteinen decken | 1247 ... 1250

1247

Von dem abgebildeten Dach in Aufgabe 1245 sind zu berechnen:

a) die Walmdachfläche A_1 (in m^2)
b) die Anbaudachfläche A_2 (in m^2)

1248

Welcher Unterschied besteht zwischen einer regensicheren Unterdeckung und einem wasserdichten Unterdach?

1249

Welche Anforderungen sollte ein qualitätsgerecht hergestellter Dachstein erfüllen? Drei Qualitätsmerkmale sind zu nennen!

1250

Welche Vorteile hat ein ringverfalzter Dachziegel gegenüber seitlich verfalzten oder unverfalzten Dachziegeln?

1251 ... 1300 keine Aufgaben

1301

Wie groß ist die Überlappung beim schleppenden Verband?

① Nur $^{1}/_{4}$ Steinlänge
② Nur $^{1}/_{3}$ Steinlänge
③ $^{1}/_{3}$ oder $^{1}/_{4}$ Steinlänge
④ Nur $^{1}/_{2}$ Steinlänge

1302

Welche Mauerregel ist falsch?

① Schichten waagerecht mauern
② Mischmauerwerk vermeiden
③ Lagerfugendicke 2,0 cm
④ Stoßfugendicke 1,0 cm
⑤ Vollfugig mauern

1303

Welche Mauerwerkskonstruktion ist hier dargestellt?

① Mauerecke
② Mauerstoß
③ Mauerkreuzung
④ Vorlage
⑤ Anschlag

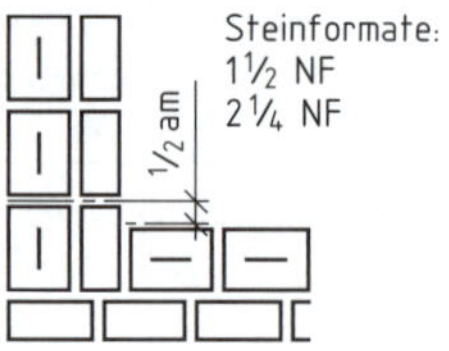

1304

Was für Mauerwerk ist hier abgebildet?

① Mauerecke
② Mauerstoß
③ Mauerkreuzung
④ Vorlage
⑤ Anschlag

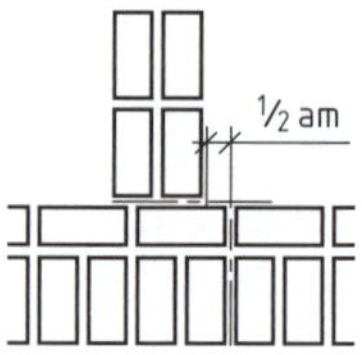

1305

Was für Mauerwerk ist nebenstehend skizziert?

① Mauerecke
② Mauerstoß
③ Mauerkreuzung
④ Vorlage

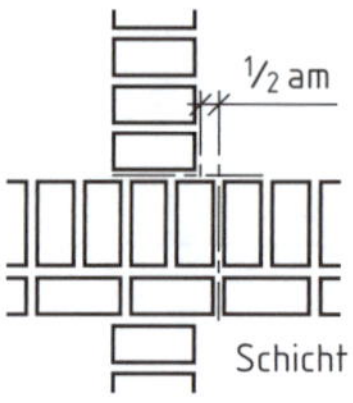

1306

Bei welcher Mauerwerkskonstruktion ist das Nennmaß als Außenmaß zu berechnen?

① Pfeiler
② Vorlage
③ Mauervorsprung
④ Türöffnung

1307

Welche Steinformate gehören zu der Gruppe der Kleinformate?

① DF bis DF8
② DIN 20000-401 – Mz20 – 1,8 – 2DF[2]
③ DF, NF, 2DF, 3DF
④ 8DF bis 20DF
⑤ DF, NF, 2DF

1308

Was für ein Schornstein ist hier abgebildet?

① Abgasschornstein
② Rauchgasschornstein
③ Belüftungsschacht
④ Entlüftungsschacht

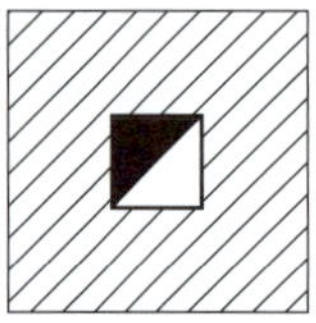

1309

Es sind zwei Schichten eines rechtwinkligen Mauerstoßes (24 cm und 30 cm dicke Wände) mit großformatigen Mauersteinen zu skizzieren.

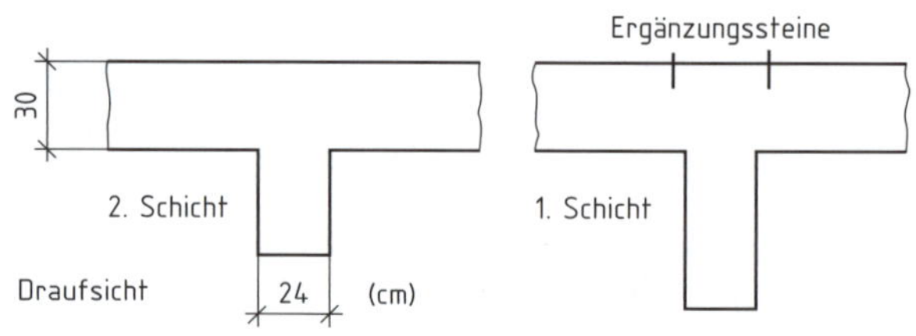

1310

Wie heißt die abgebildete Mauerschicht?

① Binderschicht
② Läuferschicht
③ Rollschicht
④ Grenadierschicht

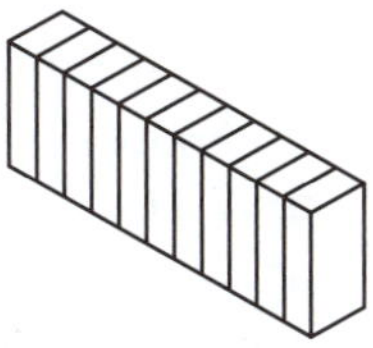

1311

Welchen Vorzugsverband zeigt das Bild?

① Kreuzverband
② Blockverband
③ Läuferverband
④ Binderverband

1312

Welcher Teilstein ist hier abgebildet?

① ganzer Stein
② dreiviertel Stein
③ halber Stein
④ viertel Stein

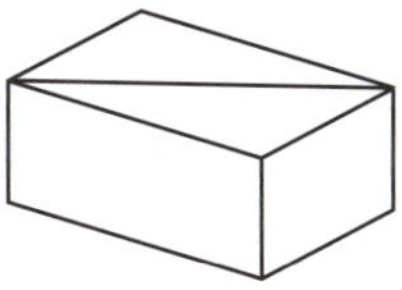

1313

Wie wird die mit a gekennzeichnete Fuge fachgerecht bezeichnet?

① Lagerfuge
② Stoßfuge
③ Längsfuge
④ Schnittfuge

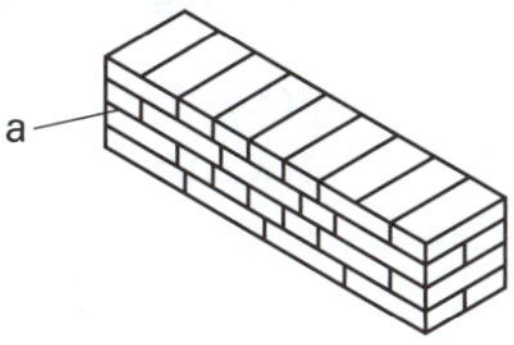

1314

In welchen Breiten und Höhen werden Stahlbetonrippendecken hergestellt? Jeweils 2 Maße sind anzugeben.

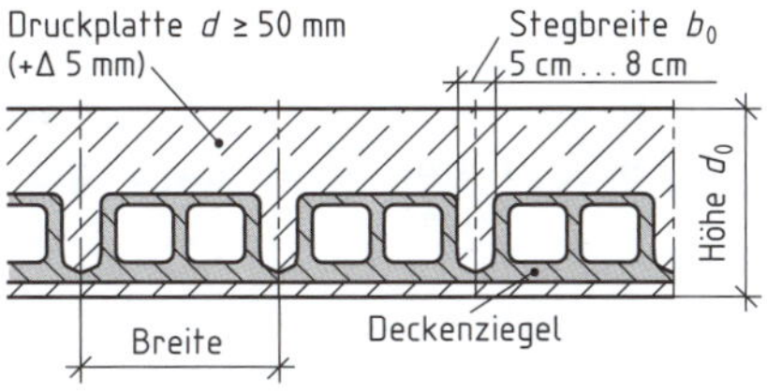

1315

Aus welchen 3 Einzelteilen besteht der skizzierte hinterlüftete dreischalige Schornstein aus Formsteinen?

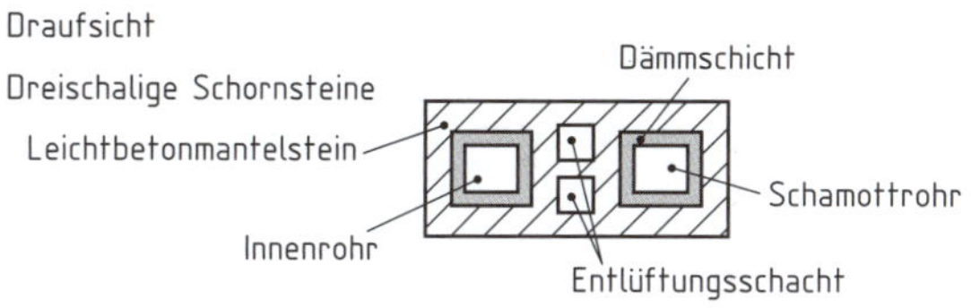

1316

In welchen Deckenkonstruktionen werden Deckenziegel verwendet?

1317

Welche 3 Vorteile haben Rippendecken aus Deckenziegeln?

Lösungen ab Seite 248

1318

Welche Höhe muss das Fenster nach dem Zeichnungsausschnitt erhalten?

① 1,00 m
② 2,385 m
③ 1,385 m
④ 1,76 m
⑤ 1,375 m

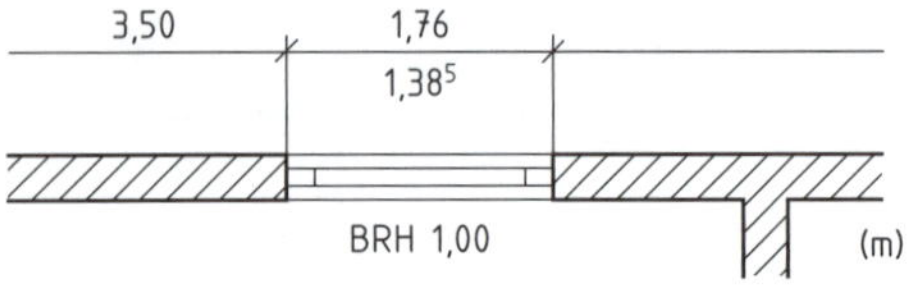

1319

Welche Abmessungen x hat die zu mauernde Öffnung für den Schornstein in der Skizze?

① 25 cm/25 cm
② 24 cm/24 cm
③ 26 cm/26 cm
④ 24 cm/26 cm
⑤ 26 cm/24 cm

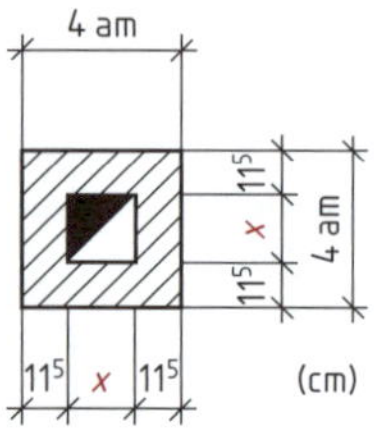

1320

Welche Aussage zu dem skizzierten Teilabschnitt ist richtig?

① Die Oberkante des Rohfußbodens beträgt 2,75 m
② Die Oberkante des Fertigfußbodens beträgt 2,75 m
③ Die Oberkante der Fensterbrüstung liegt 1,25 m über dem Rohfußboden
④ Die Oberkante der Fensterbrüstung liegt 1,25 m über dem Fertigfußboden
⑤ Die Unterkante des Fenstersturzes liegt 2,385 m über dem Fertigfußboden

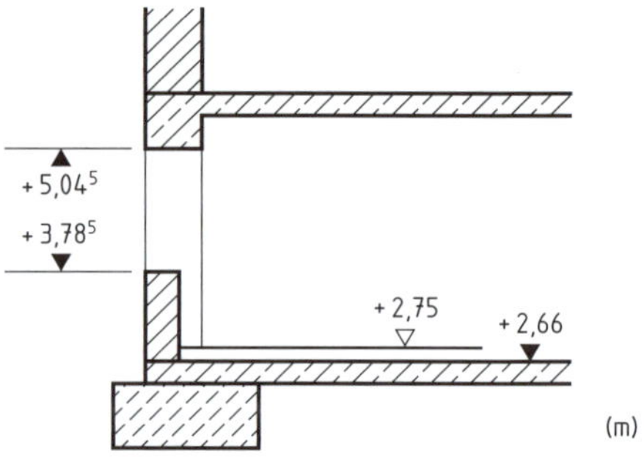

1321

Für einen zweizügigen Schornstein sind die ersten beiden NF-Mauerschichten einzuzeichnen.

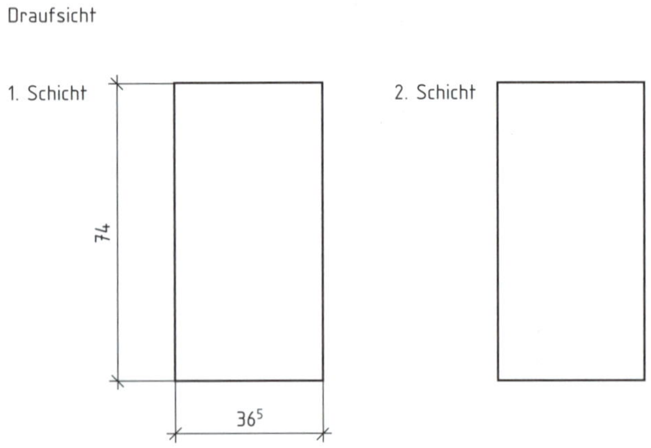

1322

Welche Abstände von der Schornsteinmündung über Dach gelten bei einer Dachneigung $\alpha > 20°$?

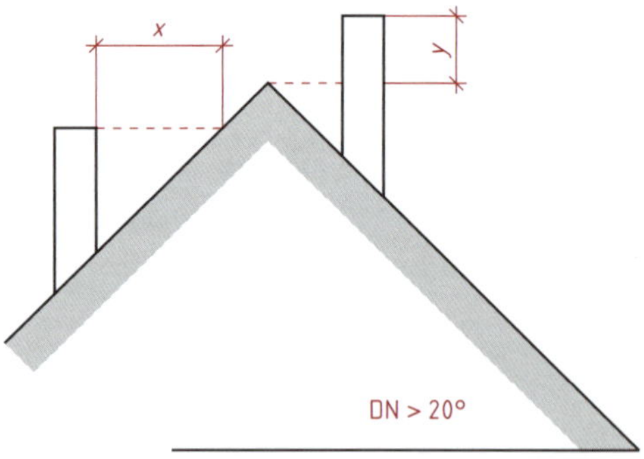

1323

Es gibt zwei grundsätzliche Projektionsarten für die Darstellung von Bauteilen und Bauwerken. Wie werden die beiden Projektionsarten genannt?

① Dreitafelprojekte und Isometrie
② Dimetrie und Isometrie
③ Zentralprojektion und Vogelperspektive
④ Parallelprojektion und Zentralprojektion
⑤ Dimetrie und Parallelprojektion

1324

Welche grundsätzliche Projektionsart ist im Bild zu sehen?

① Vogelperspektive
② Parallelprojektion
③ Froschperspektive
④ Eckperspektive
⑤ Zentralprojektion

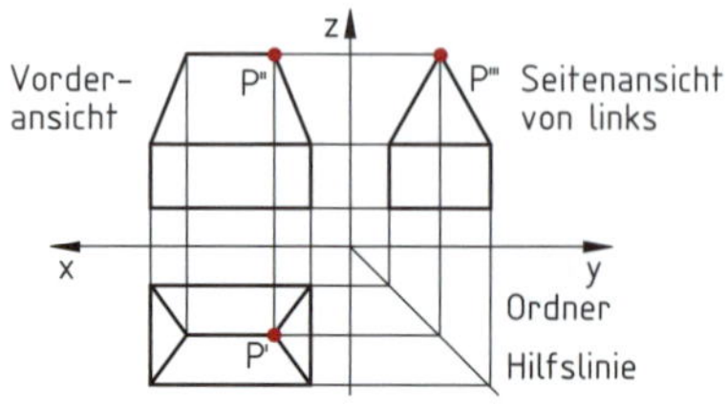

LF 3 Einschalige Baukörper mauern

1325 ... 1328

1325

Zu welcher Seitenansicht von links gehören die Vorderansicht und die Draufsicht?

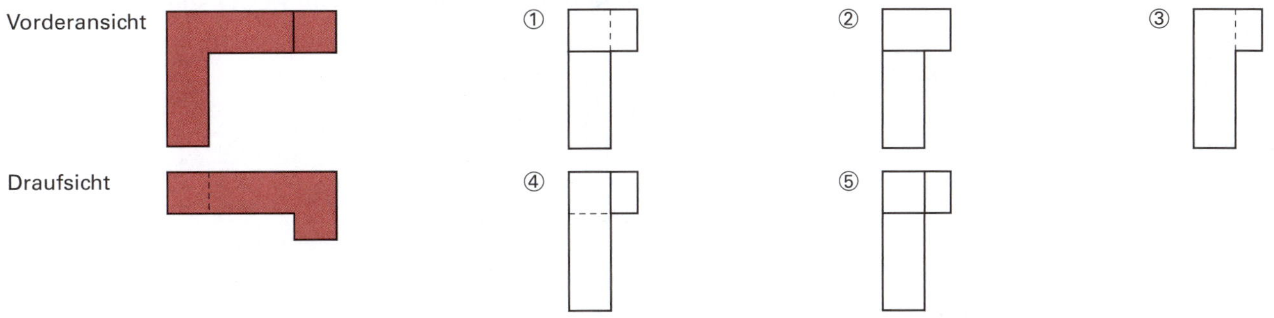

1326

Welche Draufsicht gehört zu dem abgebildeten Körper?

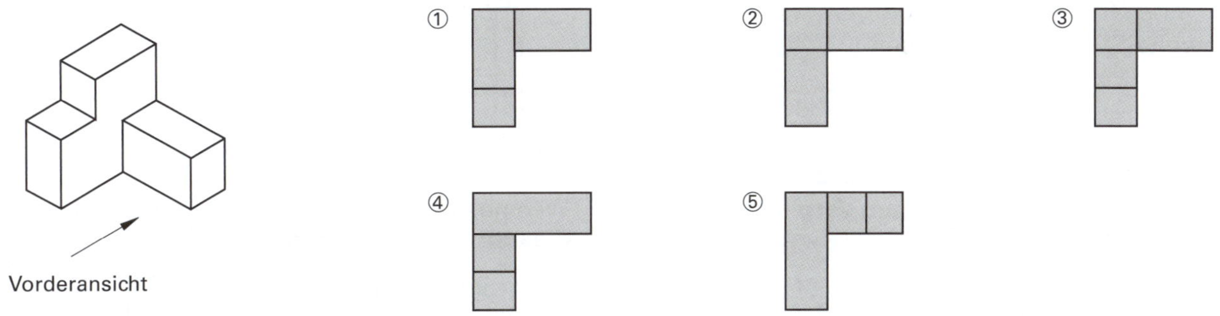

1327

Welche Vorderansicht gehört zu dem dargestellten Haus?

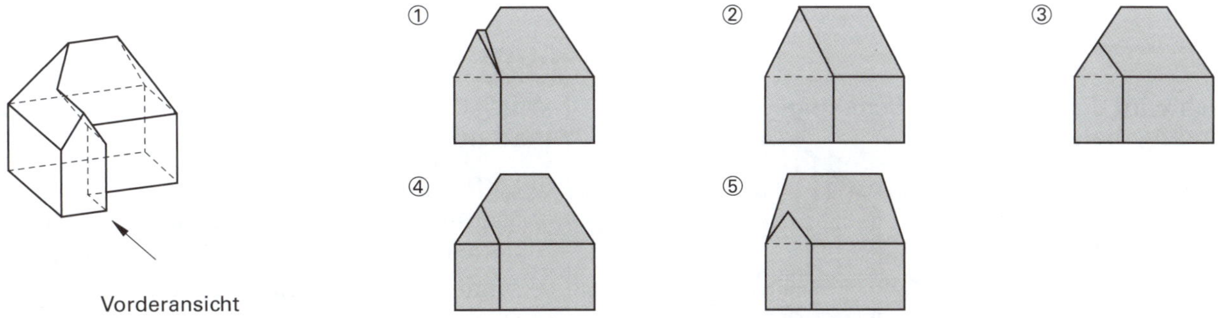

1328

Welche Draufsicht gehört zu dem Körper?

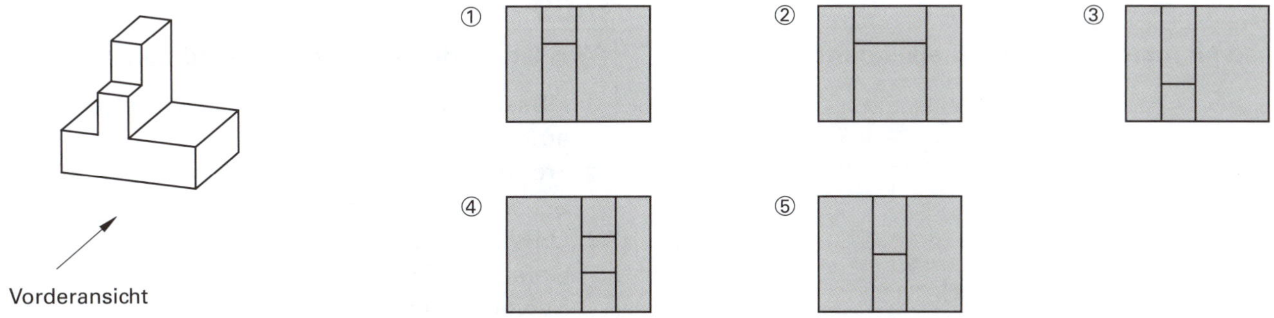

1329 ... 1400 keine Aufgaben

Lösungen ab Seite 248

1401

Welches Material eignet sich nicht für die Schalhaut?

① Brettschalung
② Platten aus Holz bzw. Holzwerkstoffen
③ Gipskartonplatten
④ Stahlschalung

1402

Nach dem Ausschalen von Platten und Balken bis 8 m Stützweite gilt:

① Notstützen in Feldmitte stehen lassen
② Pro laufenden Meter eine Notstütze anordnen
③ Pro m^2 eine Notstütze anordnen
④ Jede zweite Stütze stehen lassen

1403

Wie werden die Elemente einer Balkenschalung fachgerecht bezeichnet?

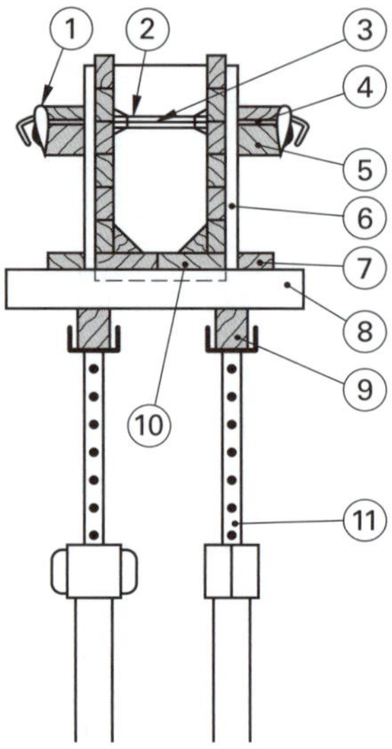

1404

Wo hat die systemlose Schalung im Vergleich zur Systemschalung einen Vorteil?

① Einsatzhäufigkeit
② Anpassungsfähigkeit an Bauteilformen
③ Lebensdauer
④ Montieren, Abbauen und Umsetzen

1405

Welches Bewehrungselement erkennt man an diesem eckigen Schild?

① Betonstabstahl
② Lagermatte
③ Zeichnungsmatte
④ Listenmatte

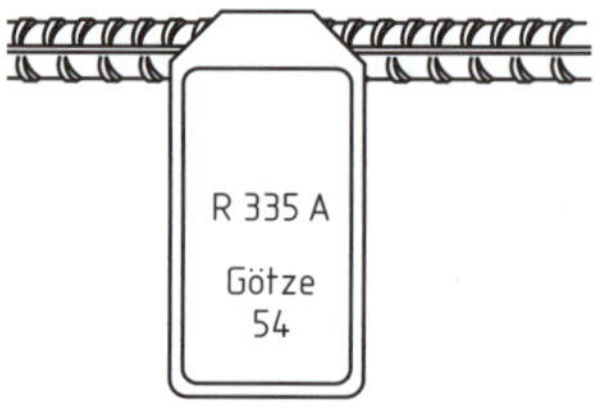

1406

Wodurch wird die dargestellte Schalung zusammengehalten?

① Ringanker
② Säulenkranz aus Holz
③ Schalungsanker
④ Säulenzwinge aus Stahl

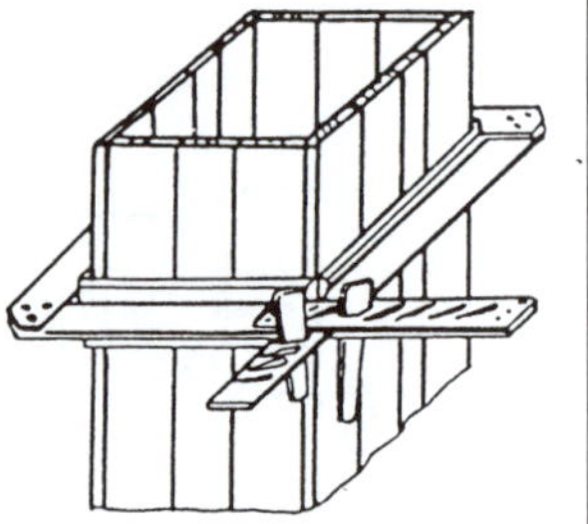

1407

Was ist falsch beim Anliefern von Betonstahlmatten?

① Lieferschein kontrollieren
② Mattenpaket mit Stahlschlaufen an vier Stellen befestigen und mit dem Kran abladen
③ Matten auf Kanthölzern lagern
④ Große Matten unten, kleine Matten oben im Stapel lagern

1408

Woran kann man Listenmatten erkennen?

1409

Was ist bei der Trennmittelbehandlung nicht richtig?

① Flüssige Mittel möglichst mit Sprühgeräten auftragen
② Trennmittel dünn und gleichmäßig auf die Schalhaut auftragen
③ Unfallverhütungsvorschriften und Gefahrstoffverordnung beachten
④ Bewehrung allseitig intensiv mit Trennmitteln reinigen

Lösungen ab Seite 249

1410

Wie groß ist die Schnittlänge *l* für den geraden Tragstahl mit Rechtwinkelhaken?

(Teilmaße in mm)

Hinweis: Der Hakenzuschlag ist mit Hilfe eines Tabellenbuches zu ermitteln.

1411

Die Schnittlänge *l* für den beidseitig aufgebogenen Tragstab mit Rechtwinkelhaken ist zu bestimmen.

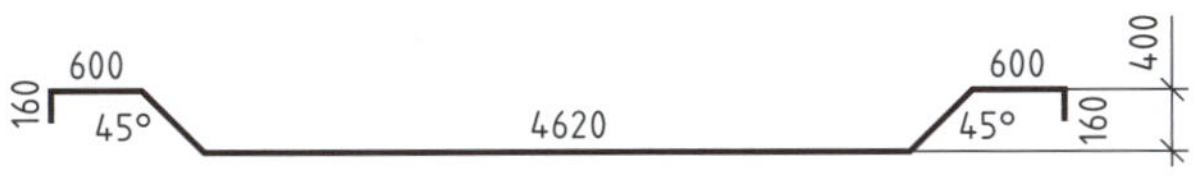

Einbauhöhe 40 cm

(Teilmaße in mm)

1412

Für den im Balkenschnitt dargestellten Bügel ist die Schnittlänge zu ermitteln.

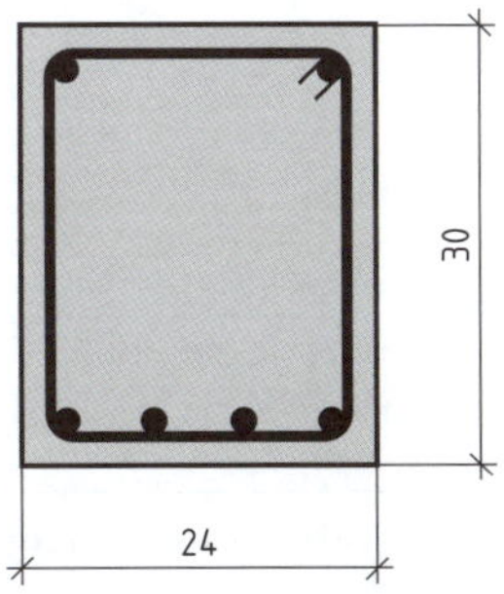

Betonstahl Ø 8
Betondeckung c_{nom} = 3,0 cm

(Bauteilmaße in cm)

1413

Ein Stahlbetonbalken ist 30 cm breit. Die Betondeckung beträgt 2,0 cm, die Bügel haben einen Ø 10 mm. Wie groß wird der Abstand a_s zwischen den 5 einzubauenden Stählen (Ø 16 mm)?

① 2,0 cm
② 2,4 cm
③ 3,7 cm
④ 4,0 cm

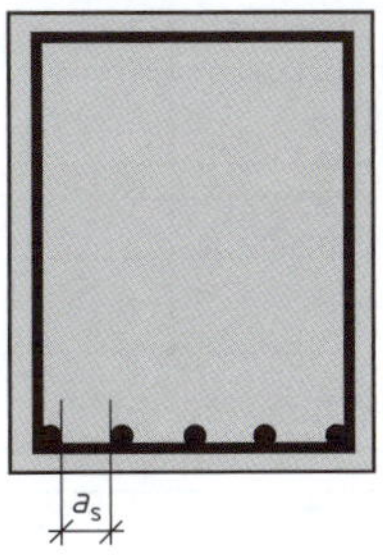

1414

Ein Stahlbetonunterzug ist auszuführen. Die fehlenden Maße sind zu ermitteln, die Betonstahl-Gewichtsliste auszufüllen und die Masse an Betonstahl zu berechnen.

Stahlbetonunterzug b/d = 24 cm/50 cm

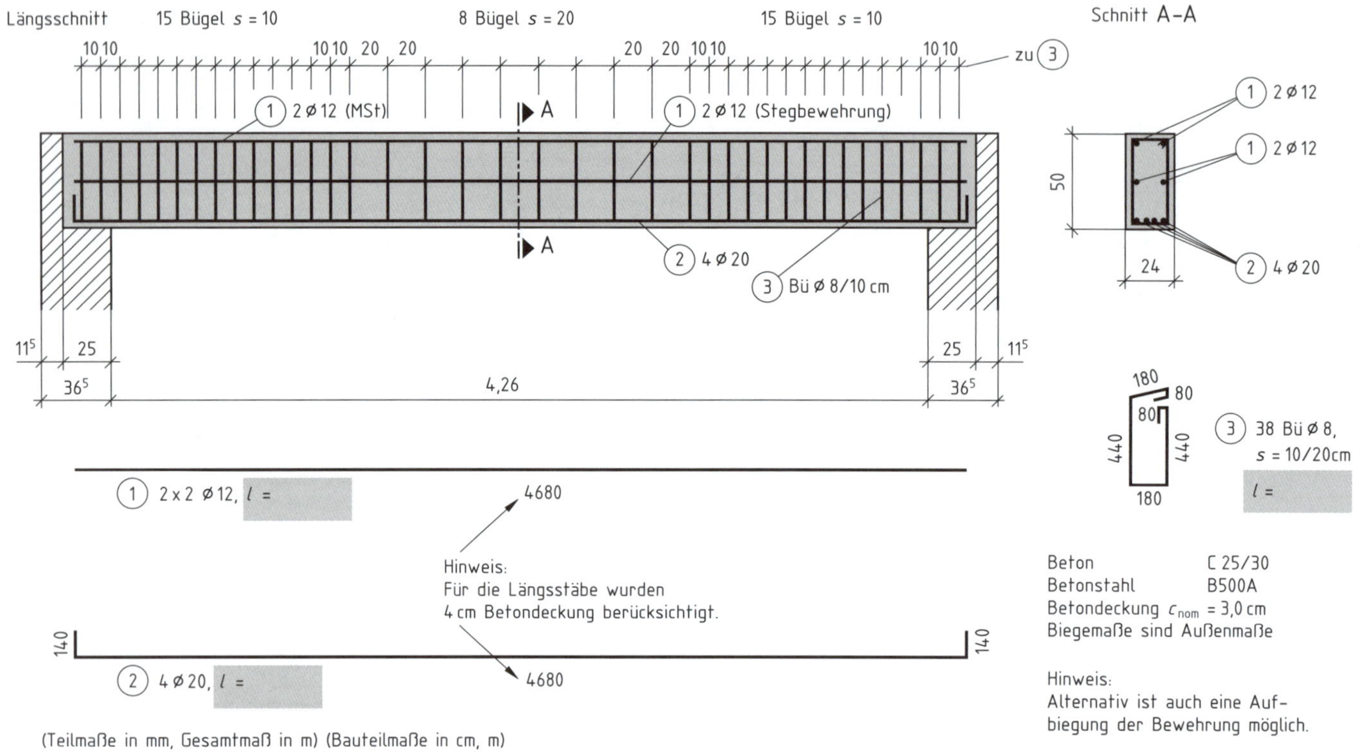

Betonstahl-Gewichtsliste — **Betonstahlsorte B500A** — **Bauteil: Stahlbetonunterzug**

Pos. Nr.	Anzahl	d_s mm	Einzel-länge m	Gesamt-länge m	Gewichtsermittlung in kg für d_s = 8 mm mit 0,395 kg/m	d_s = 10 mm mit 0,617 kg/m	d_s = 12 mm mit 0,888 kg/m	d_s = 14 mm mit 1,21 kg/m	d_s = 16 mm mit 1,58 kg/m	d_s = 16 mm mit 2,47 kg/m	
Gewicht je Durchmesser [kg]											
Gesamtgewicht [kg]											

1415 ... 1500 keine Aufgaben

Lösungen ab Seite 250

1501

Welche Holzdachkonstruktionen sind dargestellt?

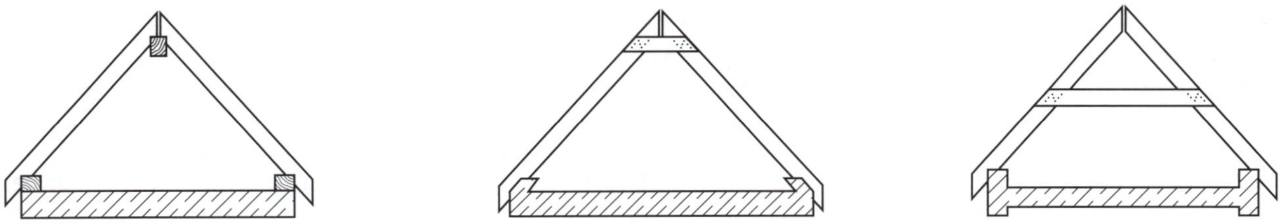

a) ______________ b) ______________ c) ______________

1502

Benennen Sie die Teile der Pfettendachkonstruktion!

a) ______________

b) ______________

c) ______________

d) ______________

e) ______________

f) ______________

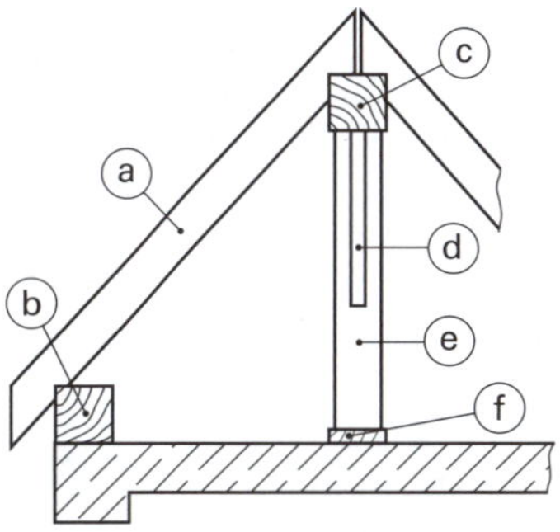

1503

Benennen Sie die Teile der Sparrendachkonstruktion!

a) ______________

b) ______________

c) ______________

d) ______________

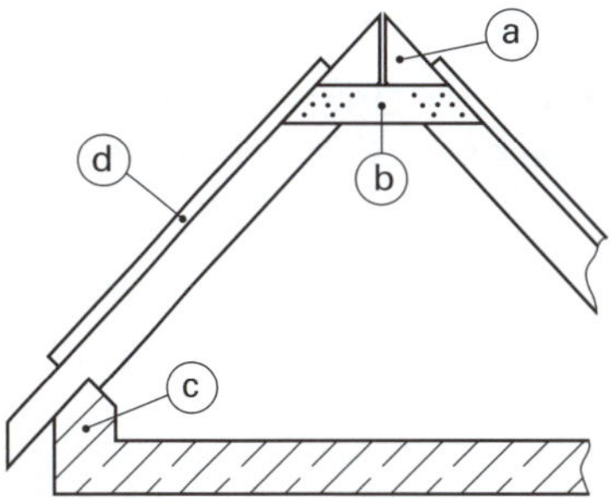

1504

Welche Aussagen treffen für Pfettendächer nicht zu?

① Der Dachraum wird in der Nutzung nicht eingeschränkt
② Beliebige Dachneigung
③ Beliebiger Gebäudegrundriss
④ Prinzip des „Trägers auf zwei Stützen"

1505

Welche Aussagen treffen für Sparrendächer zu?

① Fuß- und Firstpunkt müssen Gelenkkräfte übertragen
② Beliebiger Gebäudegrundriss
③ Pfosten unterstützen die Sparrenpaare
④ Kehlbalken sind generell anzuordnen

Lösungen ab Seite 251

LF 5 Holzkonstruktionen herstellen — 1506 ... 1514

1506

Welchem Konstruktionsprinzip unterliegen alle Holzdachkonstruktionen?

① Träger auf zwei Stützen
② Dreigelenkbinder
③ Verschiebliches Viereck
④ Unverschiebliches Dreieck

1507

Wie wird die Längssteifigkeit eines Sparrendaches erzeugt?

1508

Wie wird die Längssteifigkeit eines Pfettendaches erzeugt?

1509

Welcher Unterschied besteht zwischen einem einfach stehenden Dachstuhl und einem zweifach stehenden Dachstuhl?

1510

Worauf werden die Sparrenpaare im Sparrendach beansprucht?

① auf Druck ② auf Zug ③ auf Knicken ④ auf Beulen

1511

Wie erfolgt die Queraussteifung eines Pfettendaches? Skizzieren Sie!

1512

Wie erfolgt die Queraussteifung eines Sparrendaches? Skizzieren Sie!

1513

Welche Vorteile bietet der Einsatz von Dachbindersystemen?

1514

Warum gelten für alle Holzteile einer Holzdachkonstruktion besondere Maßnahmen des Holzschutzes?

Lösungen ab Seite 251

LF 5 Holzkonstruktionen herstellen | 1515 ... 1521

1515

Welche Eigenschaften sollte Holz, das für Dachkonstruktionen verwendet wird, möglichst haben?

① astfrei ② trocken ③ biegsam ④ große Härte

1516

Welche Holzarten eignen sich für die Verwendung von Holzdachkonstruktionen?

1517

Warum sollen Pfosten möglichst quadratische Abmessungen haben?

1518

Warum haben Sparren rechteckige Querschnitte?

1519

Was bedeutet die Kennzeichnung S10?

1520

Welcher Unterschied besteht zwischen einer ingenieurmäßigen Holzverbindung und einer zimmermannsmäßigen Holzverbindung?

1521

Welche Vorteile besitzen ingenieurmäßige Holzverbindungen?

Lösungen ab Seite 252

1522

Welche Richtung haben die Kräfte im Pfettendach?

① senkrecht
② waagerecht
③ diagonal
④ keine Richtung

1523

Welche Richtung haben die Kräfte im Sparrendach?

① senkrecht und waagerecht
② nur waagerecht
③ diagonal
④ keine Richtung

1524

Warum ist bei geringer Dachneigung ein Sparrendach statisch meist ungünstiger?

1525

In die Abbildung des Sparrendaches sind die Richtungen folgender Kräfte einzuzeichnen:

a) Schneelasten b) senkrechte Auflagerkräfte
c) Horizontalkräfte

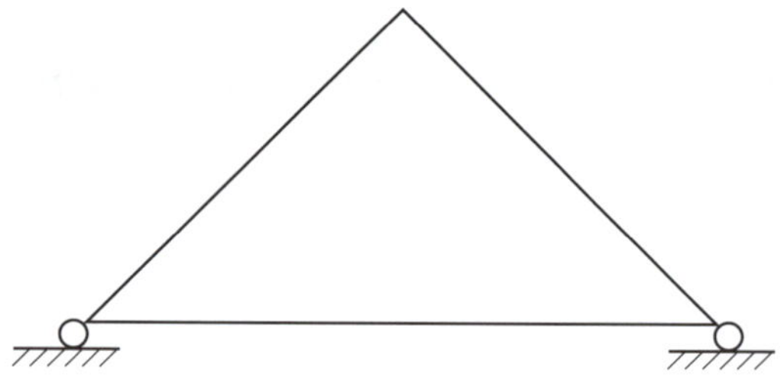

1526

Zeichnerisch ist die Horizontalkraft (in kN) und die Vertikalkraft (in kN) am Fußpunkt eines Sparrendaches zu ermitteln!
(Kräftemaßstab: 5 kN = 1 cm)

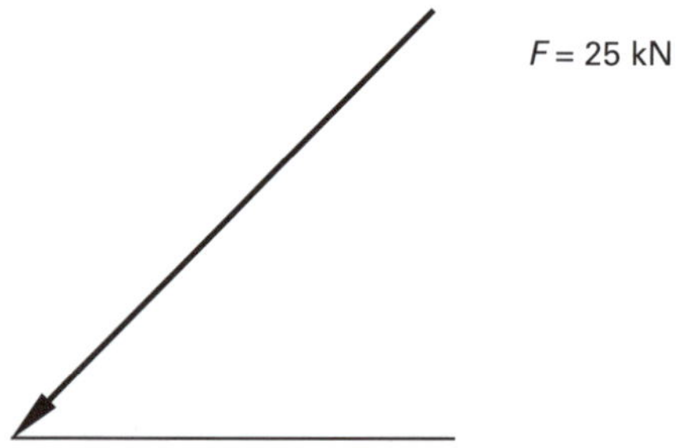

1527

Welchen Druck üben die Streben auf den Pfosten eines Pfettendachstuhls aus? Die Streben haben jeweils eine Neigung von 45° und $F_1 = F_2 = 27$ kN.
(Kräftemaßstab: 10 kN = 1 cm)

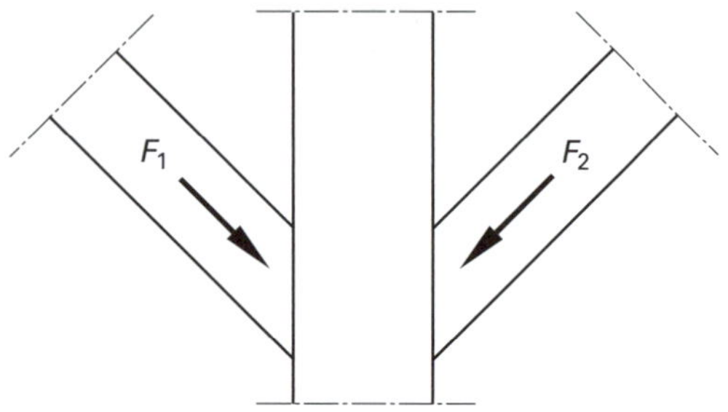

1528

Was ist eine Flächenlast?

① Eine Last, die in kN/m² überwiegend für Dächer und Decken berechnet wird.
② Eine Last, die je Meter Tragwerk in kN/m berechnet wird.
③ Eine Last, die von Stützen und Balkenauflagern auf eine Fläche übertragen wird und in kN angegeben wird.
④ Eine Last, die ausschließlich bei Wänden vorkommt.

1529

Dargestellt ist der Fußpunkt eines Pfettendaches.
Die Teile a bis f sind zu benennen!

a) ______________________________

b) ______________________________

c) ______________________________

d) ______________________________

e) ______________________________

f) ______________________________

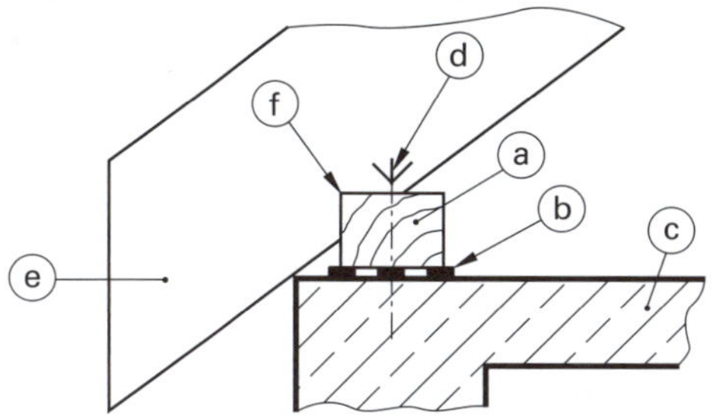

1530

Der Firstpunkt eines Pfettendaches ist im Maßstab 1:10 – cm zu zeichnen!

Firstpfette aus Vollholz 12/16
Sparren 8/16
Dachneigung 40°
Firstzange 2 × 3/10
Pfosten 12/12

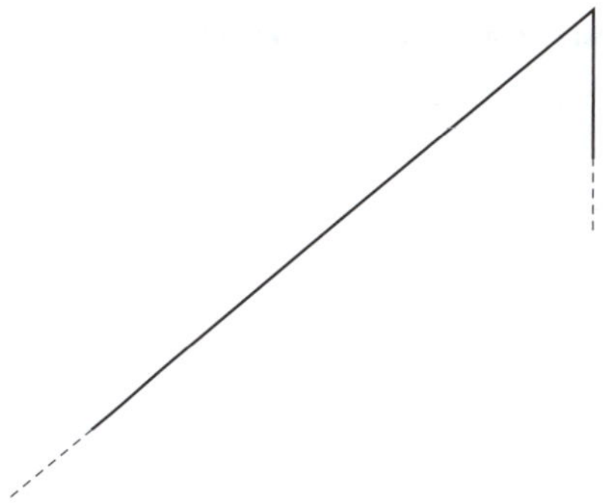

1531

Zu skizzieren ist ein dreieckförmiger Binder mit Benennung der Teile!

1532

Für ein Sparrendach werden 22 Sparren (10 cm/16 cm) mit einer Länge von je 7,45 m benötigt.
Wie viel m³ Holz sind für das Dach zu bestellen?

1533

Wie lang sind die Sparren (in m) eines gleich geneigten Satteldaches, dessen Dachbreite 8,00 m und die Dachneigung 48° betragen?

1534

Die Traufe eines Daches ist 12,50 m lang. Der Abstand der Sparren (äußere Kante) zum Dachrand beträgt beidseitig 35 cm. Welchen lichten Abstand haben die 12 Sparren (12 cm/16 cm) einer Dachseite?

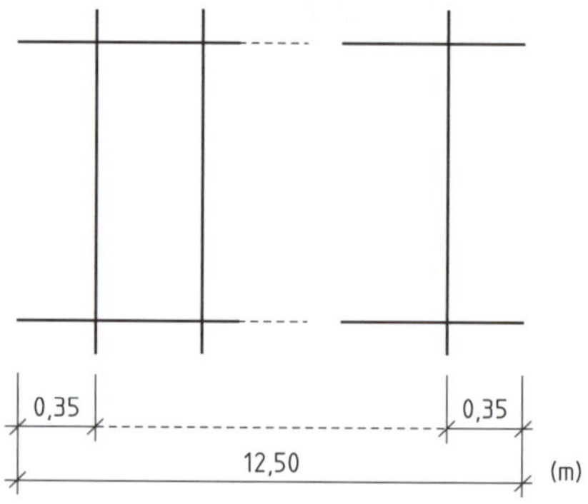

1535

Die nachstehende Holzliste ist zu vervollständigen:

Pos.-Nr.	Benennung [cm x cm]	Anzahl	Einzellänge [m]	Gesamtlänge [m]	Gesamtlänge nach Querschnitt [m]					Volumen [m³]
					12/10	12/12	12/16	8/16	3/10	
1	Fußpfette (12/10)	2	12,50							
2	Firstpfette (12/16)	1	12,50							
3	Sparren (8/16)	24	7,45							
4	Firstzangen (2 x 3/10)		0,75							
5	Pfosten (12/12)	3	2,60							
	Gesamtvolumen:									

1536 ... 1600 keine Aufgaben

Lösungen ab Seite 253

LF 6 Bauteile beschichten und bekleiden

1601

Welche Aussage über „Wasserdampfdiffusion" ist richtig?

① Es ist die Wanderung von Wasserteilchen durch poröse Bauteile.
② Es ist die Wanderung von Wasserdampfteilchen durch poröse Bauteile.
③ Es ist die Wanderung von Wasserdampfteilchen durch dichte Bauteile
④ Es ist die Wanderung von Wasserteilchen durch dichte Bauteile.

1602

Welche Aussage über die Dampfsperre trifft zu?

① Sie ist eine dichte Schicht im Bauteil, die das Eindringen von Wasserdampf in die Wärmedämmschicht verhindert.
② Sie ist eine Schicht im Bauteil, die örtlich entstehenden Dampfdruck ausgleicht und gleichmäßig verteilt.
③ Sie ist eine dichte Schicht im Bauteil, die vor aufsteigender Feuchtigkeit schützt.
④ Sie ist eine Sperrschicht, die vor Außenwasser schützt.

1603

Von welchen Faktoren ist der Wärmedurchgang durch einen Baustoff abhängig?

① Luftporengehalt, Wärmeleitfähigkeit, Feuchtigkeitsgehalt und Oberflächenbeschaffenheit
② Luftdurchlässigkeit, Wärmespeicherung, Feuchtehaushalt und Oberflächenstruktur
③ Luftdichte, Wärmeanteil, Feuchtigkeitsanteil und Oberflächendurchgang
④ Luftdichte, Wärmedichte, Feuchtigkeitsdichte und Oberflächendichte

1604

Welcher Wandaufbau ist auf dem Bild abgebildet?

① Wärmedämmverbundsystem auf einschaliger Außenwand
② hinterlüftete gedämmte Fassade mit Faserzement- oder Schieferdeckung
③ zweischaliges Mauerwerk mit Dämmung und Hinterlüftung
④ zweischaliges Mauerwerk ohne Dämmung

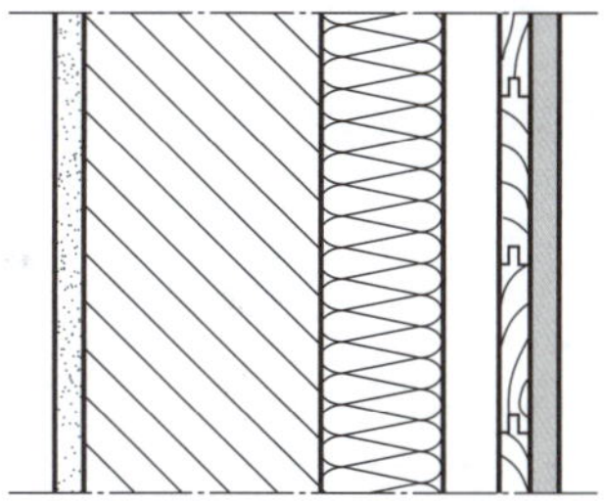

1605

Welchen Wandaufbau zeigt das Bild?

① Wärmedämmverbundsystem auf einschaliger Außenwand
② hinterlüftete gedämmte Fassade mit Faserzement- oder Schieferdeckung
③ zweischaliges Mauerwerk mit Dämmung und Hinterlüftung
④ zweischaliges Mauerwerk ohne Dämmung

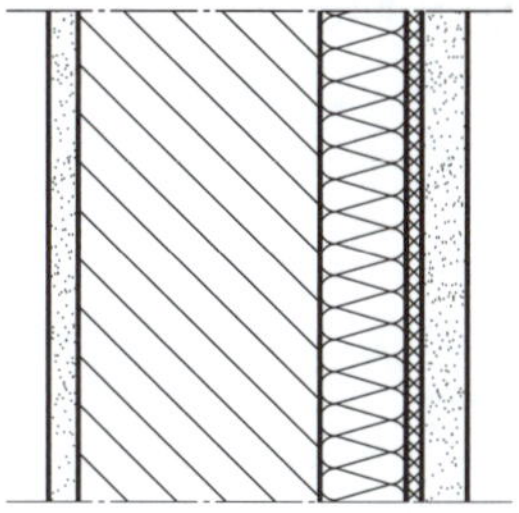

1606

Welche Putzart eignet sich gut für einen Außenputz?

① Kalkmörtel
② Gipsmörtel
③ Kalkzementmörtel
④ Estrichmörtel

1607

Was wird unter Wandtrockenputz verstanden?

① Kalkmörtel der trocken auf die Wand aufgebracht wird
② Gipsmörtel der trocken auf die Wand aufgebracht wird.
③ Wandbekleidung mit Trockenbauplatten
④ Wandbekleidung die getrocknet wird

Lösungen ab Seite 254

1608

Folgender Lageplan eines Gartenhauses ist gegeben.

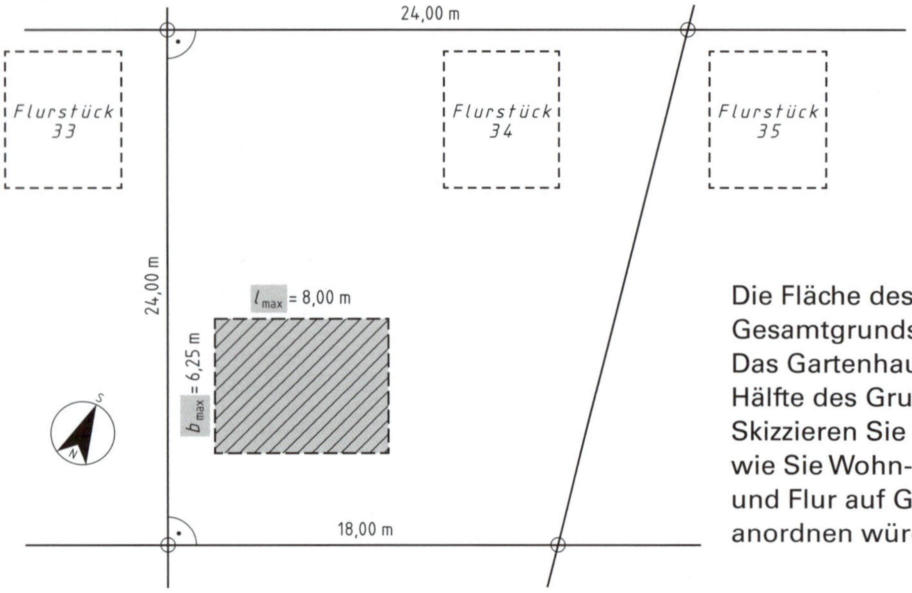

Die Fläche des Gartenwohnhauses darf 1/10 der Gesamtgrundstücksfläche nicht überschreiten. Das Gartenhaus mit Satteldach ist in der nördlichen Hälfte des Grundstückes zu errichten. Skizzieren Sie einen Grundriss mit Bemaßung, wie Sie Wohn-, Schlafraum, Bad mit WC, Küche und Flur auf Grund des vorgegebenen Lageplans anordnen würden!

1609

Schlagen Sie drei verschiedene Außenwandbekleidungen für das in Aufgabe 1608 genannte Gartenhaus vor!

1610

Treffen Sie eine Materialauswahl für die gesamten Außenwände des Gartenhauses aus Aufgabe 1608. Drei Möglichkeiten sind zu nennen!

1611

Von welchen vier Faktoren ist die Materialauswahl für Außenwände abhängig?

Lösungen ab Seite 254

LF 6 Bauteile beschichten und bekleiden | 1612 ... 1619

1612

Welcher Wandaufbau wäre für das in Aufgabe 1608 genannte Gartenhaus Ihr Favorit? Welche Fehlerquellen können bei dem ausgewählten Aufbau auftreten und wie können diese vermieden werden? Gehen Sie auf die Vor- bzw. Nachteile belüfteter und unbelüfteter Wände ein!

1613

Mit Estrichen werden ebene horizontale Flächen erstellt. Welche Verlegeart gehört nicht zu den Estrichen?

① Verbundestrich
② Estrich auf Trennschicht
③ Schwimmender Estrich
④ Verbandestrich

1614

Welchen Vorteil bietet der Schwimmende Estrich?

① geringe Estrichstärke
② geringeren Sandanteil
③ gute Trittschalldämmung
④ einfachere Verarbeitung

1615

Welcher Begriff ist kein drückendes Wasser?

① Bodenfeuchte
② Sickerwasser
③ zeitweise aufstauendes Wasser
④ Regenwasser

1616

Was zählt nicht zum Bereich der Bauwerksabdichtung?

① erdberührte Kelleraußenwände
② erdberührte Bodenflächen
③ Nassräume
④ nicht genutzte Dachflächen

1617

Welche vier verschiedenen Materialien können zur Bauwerksabdichtung verwendet werden?

1618

Bauwerksabdichtungen aus Bitumen-Dichtungsbahnen werden auch ... genannt.

① „weiße Wannen"
② „schwarze Wannen"
③ „braune Wannen"
④ „graue Wannen"

1619

Aus welchem Material besteht die „weiße Wanne"?

① wasserundurchlässigem Beton
② Flüssigkunststoff
③ Kunststoff-Dachbahnen
④ Bitumen-Dichtungsbahnen

1620 ... 1700 keine Aufgaben

Lösungen ab Seite 255

Prüfungsvorbereitung aktuell – DACHDECKERHANDWERK

PRÜFUNGSVORBEREITUNG AKTUELL
- ✓ gebundene Aufgaben
- ✓ ungebundene Aufgaben
- ✓ Lernfeldaufgaben
- ✓ Projektaufgaben
- ✓ handlungsorientierte Aufgaben

Lernfelder der Fachstufe I

LF 7 Anlagen zum Ableiten von Niederschlagswasser — 2101 ... 2107

2101

Wovon sind die Anzahl und die Durchmesser der Fallrohre nicht abhängig?

① Von der Dachflächengröße
② Von der Dachgrundflächengröße
③ Von der örtlichen Regenspende
④ Vom Abflussbeiwert

2102

Wovon ist der Querschnitt der Dachrinne abhängig?

① Von der Dachneigung
② Von dem Durchmesser der Fallrohre
③ Von der Länge der Dachrinne
④ Von dem Material der Dachrinne

2103

Welche Aussage über die örtliche Berechnungsregenspende $r_{5/5}$ ist richtig?

① Die örtliche Berechnungsregenspende $r_{5/5}$ ist die Niederschlagsmenge, die an einem Fallrohr in 5 Minuten an 5 Tagen anfällt.
② Die örtliche Berechnungsregenspende $r_{5/5}$ ist die Niederschlagsmenge, die in 5 Minuten auf 5 Quadratmetern niedergeht.
③ Die örtliche Berechnungsregenspende $r_{5/5}$ ist ein statistischer Wert für die Niederschlagsmenge, die über einen Zeitraum von 5 Minuten alle 5 Jahre am Bauwerksstandort niedergeht.
④ Die örtliche Berechnungsregenspende $r_{5/5}$ ist die gesamt Niederschlagsmenge für ein Bauwerk über einen Zeitraum von 5 Minuten alle 5 Jahre.

2104

Wie weit müssen Regenfallrohre mindestens ineinandergesteckt sein?

① 30 mm
② 50 mm
③ 60 mm
④ 40 mm

2105

Der Abstand von der Rohrschelle zum Bauwerk muss mindestens ... betragen.

① 10 mm
② 30 mm
③ 20 mm
④ 15 mm

2106

Was ist der Abflussbeiwert *C*?

① Der Abflussbeiwert *C* gibt an, wieviel Liter Wasser pro Meter durch eine Dachrinne fließt.
② Es ist ein Beiwert, der die temperaturbedingte Längenänderung berücksichtigt.
③ Es ist ein Beiwert, der die Sickerfähigkeit und die Verzögerung des Regenwasserabflusses berücksichtigt.
④ Der Abflussbeiwert *C* gibt an, wieviel Liter Wasser durch ein Fallrohr abfließen.

2107

Wofür wird der Regenwasserabfluss *Q* benötigt?

① Um das Deckmaterial für das Gebäude auszuwählen.
② Um die Art der Entwässerungsanlagen festzulegen.
③ Um die innen- und außenliegenden Entwässerungsanlagen zu Dimensionieren.
④ Um die Dachfläche der Dachgrundfläche anzupassen.

Lösungen ab Seite 256

LF 7 Anlagen zum Ableiten von Niederschlagswasser | 2108 ... 2113

2108

Welche Aussage über trichterförmige Einlaufstutzen (Einhangstutzen) ist richtig?

① Bei trichterförmigen Einlaufstutzen hat die kreisförmige Öffnung in der Dachrinne den gleichen Durchmesser wie das Fallrohr.
② Bei trichterförmigen Einlaufstutzen läuft das Wasser langsamer in das Fallrohr ab.
③ Bei trichterförmigen Einlaufstutzen ist die Öffnung in der Dachrinne deutlich Größer wie der Durchmesser des Fallrohres und das Wasser läuft schneller in das Fallrohr ab.
④ Bei trichterförmigen Einlaufstutzen ist die Dimensionierung der Regenfallrohre zu erhöhen.

2109

Welche Aussage über den Regenwasserabfluss *Q* ist richtig?

① Um den Regenwasserabfluss *Q* zu berechnen wird die gesamt Dachfläche benötigt.
② Um den Regenwasserabfluss *Q* zu berechnen werden nur die Hauptdachflächen benötigt.
③ Um den Regenwasserabfluss *Q* zu berechnen wird die Dachgrundfläche benötigt.
④ Um den Regenwasserabfluss *Q* zu berechnen wird die gesamt Dachfläche und die Dachgrundfläche benötigt.

2110

Wovon ist die Form und die Zuschnittbreite des Traufstreifens nicht abhängig?

① Von der Höhendifferenz zwischen Dachrinne und Traufoberkante
② Von der Überdeckung der Dacheindeckung inklusive der Rückkantung des Bleches
③ Von der Dachneigung
④ Von der Art des Metalls

2111

Welchen Abstand dürfen Rohrschellen bei Fallrohren bis zu 100 mm Durchmesser untereinander maximal haben?

① 3,00 m
② 5,00 m
③ 2,00 m
④ 4,00 m

2112

Welche Aussage über innen liegende Dachentwässerung ist falsch?

① Innenliegende Dachentwässerung liegt innerhalb der Dachkonstruktion.
② Innenliegende Dachentwässerung erfordert eine besonders sorgfältige Planung.
③ Bei innenliegender Dachentwässerung sind ggf. zusätzliche Notabläufe, Sicherheitsrinnen oder Rinnenheizungen nötig.
④ Innenliegende Dachentwässerung dient zur Ableitung des Oberflächenwassers bei geneigten Dächern außerhalb des Gebäudes.

2113

Welchen Vorteil hat eine halbrunde Dachrinne gegenüber einer kastenförmigen Dachrinne?

① Eine halbrunde Dachrinne braucht weniger Platz.
② Eine halbrunde Dachrinne kann sich besser selbst reinigen, da die Fließgeschwindigkeit des Regenwassers dort größer ist.
③ Eine halbrunde Dachrinne kann nur als vorgehängte Dachrinne ausgeführt werden.
④ Eine halbrunde Dachrinne sieht als vorgehängte Dachrinne besser aus.

Lösungen ab Seite 256

LF 7 Anlagen zum Ableiten von Niederschlagswasser 2114 ... 2121

2114

Warum werden Bewegungsausgleicher in Dachrinnen eingebaut?

① Damit Dachrinnen verschiedene Windverhältnisse besser aushalten können.
② Um im Winter eventuelle Schneelawinen besser aushalten zu können.
③ Um ein schadloses Ausdehnen und Zusammenziehen der Dachrinne bei verschiedenen Temperaturbedingungen zu ermöglichen.
④ Damit eventuelle Bewegungen des Daches besser aufgenommen werden können.

2115

Wie wird der Vorgang genannt, wenn eine Schornsteinabdeckung aus Kupfer eine Zinkdachrinne zerstört?

① demontieren
② Oxidation
③ legieren
④ elektrochemische Korrosion

2116

Welche Aussage über „Schweißen" ist richtig?

① Beim Schweißen werden gleiche Metalle durch Wärme verbunden.
② Beim Schweißen entsteht eine Legierung.
③ Schweißen ist ein anderer Ausdruck für Kleben.
④ Schweißen ist eine Verbindung von unterschiedlichen Metallen.

2117

Welchen Abstand sollten Bewegungsausgleicher bei Dachrinnen bis 500 mm Zuschnitt maximal haben?

① 10,00 m
② 8,00 m
③ 15,00 m
④ 7,50 m

2118

Wie groß sollte der Abstand bei Dachrinnen bis 500 mm Zuschnitt zwischen Bewegungsausgleichern und Gebäudeecken maximal sein?

① 5,00 m
② 8,00 m
③ 15,00 m
④ 7,50 m

2119

Welche Aussage über Dachabläufe ist falsch?

① Dachabläufe sollten an den Tiefpunkten der Dachfläche eingebaut werden.
② Der Abstand von Dachabläufen zu Durchdringungen und Dachaufbauten sollte mindestens 0,30 m betragen.
③ Pro Dachablauf muss mindestens ein Notablauf bzw. ein Notüberlauf angebracht werden.
④ Dachabläufe sind wartungsfrei.

2120

Was bedeutet Q_{Not}?

① Q_{Not} ist das Mindestabflussvermögen der Notabläufe bei Innenentwässerung
② Q_{Not} ist der notwendige Regenwasserabfluss
③ Q_{Not} ist der nicht notwendige Regenwasserabfluss
④ Q_{Not} ist die notwendige Qualitätskontrolle

2121

Für eine optimale Entwässerung bei Flachdächern ist ein Gefälle zu den Dachabläufen von ... erforderlich!

① mindestens 0,5 %
② mindestens 2 %
③ mindestens 1 %
④ mindestens 3 %

Lösungen ab Seite 256

2122

Für die Dimensionierung von Innenentwässerungen muss zusätzlich zum Regenwasserabfluss Q das Mindestabflussvermögen Q_{Not} der Notabläufe mit der Formel $Q_{Not} = (r_{5/100} - r_{5/5}) \cdot C \cdot \frac{A}{10.000\ m^2/ha}$ berechnet werden.

Wie groß muss das Mindestablaufvermögen Q_{Not} eines 135 m² großen Flachdaches in Hamburg sein? ($r_{5/5}$ = 266 l / (s · ha), $r_{5/100}$ = 463 l / (s · ha), C = 1,0)

① 9,61 l/s
② 4,68 l/s
③ 2,66 l/s
④ 3,57 l/s

2123

Welches Gefälle in Prozent hat ein Flachdach eines 10,50 m breiten Gebäudes, wenn der Höhenunterschied zwischen oberer und unterer Dachkante 25 cm beträgt?

① 2,38 %
② 4,68 %
③ 3,66 %
④ 9,57 %

2124

Wie groß ist der Höhenunterschied einer 7,80 m langen Traufe vom Hochpunkt zum Tiefpunkt, wenn die Dachrinne mit 2 % Gefälle verlegt werden soll?

① 0,23 m
② 0,09 m
③ 0,15 m
④ 0,10 m

2125

Wie groß sollte ein Lötspalt maximal sein?

① 2,0 mm
② 1,0 mm
③ 0,5 mm
④ 0,3 mm

2126

Werden Dachrinnen genietet, beträgt der Abstand zwischen den Nieten maximal ...

① 30 mm
② 20 mm
③ 15 mm
④ 25 mm

2127

Welche Aussage über außen liegende Dachentwässerung ist falsch?

① Außen liegende Dachentwässerung kann als vorgehängte Dachrinne vor der Traufe ausgeführt werde.
② Außen liegende Dachentwässerung kann als Liegerinne auf der Dachfläche oberhalb der Traufe ausgeführt werden.
③ Außen liegende Dachentwässerung kann als Standrinne verdeckt auf dem Traufgesims stehend verlegt werden.
④ Außen liegende Dachentwässerung kann als Kehle zwischen zwei flach geneigten Dachflächen hergestellt werden.

2128

Welche Form der Dachentwässerung wird auf dem Bild dargestellt?

① Standrinne
② Gesimsrinne
③ Liegerinne
④ innenliegende Dachrinne mit Sicherheitsrinne

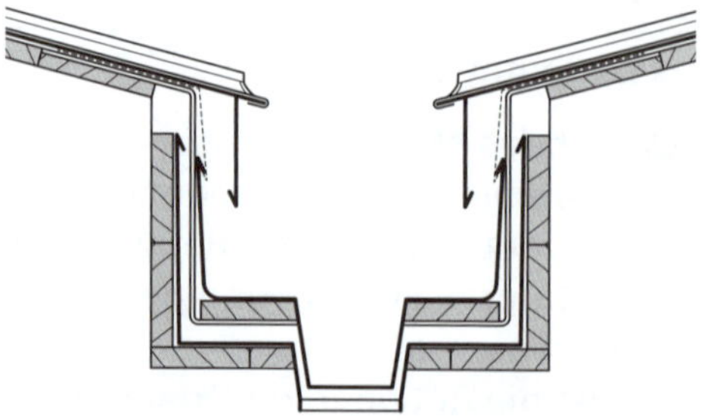

2129

Welche Form der Dachentwässerung wird auf dem Bild dargestellt?

① Standrinne
② Gesimsrinne
③ Liegerinne
④ vorgehängte Dachrinne

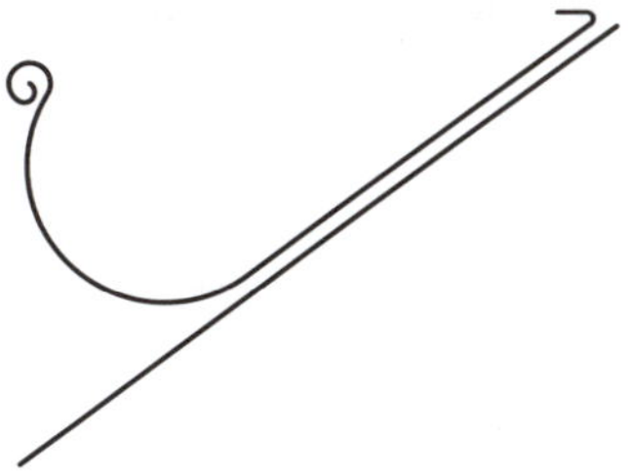

2130

Welche Form der Dachentwässerung wird auf dem Bild dargestellt?

① Standrinne/Gesimsrinne
② Liegerinne
③ Aufdachrinne
④ innen liegende Dachrinne

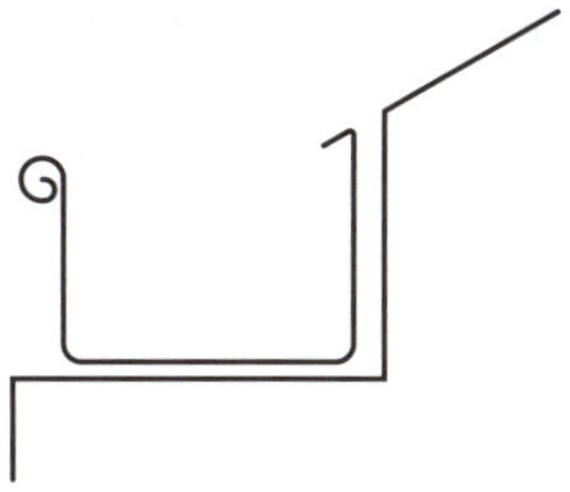

2131

Die Bestandteile der Außenentwässerung sind zu benennen!

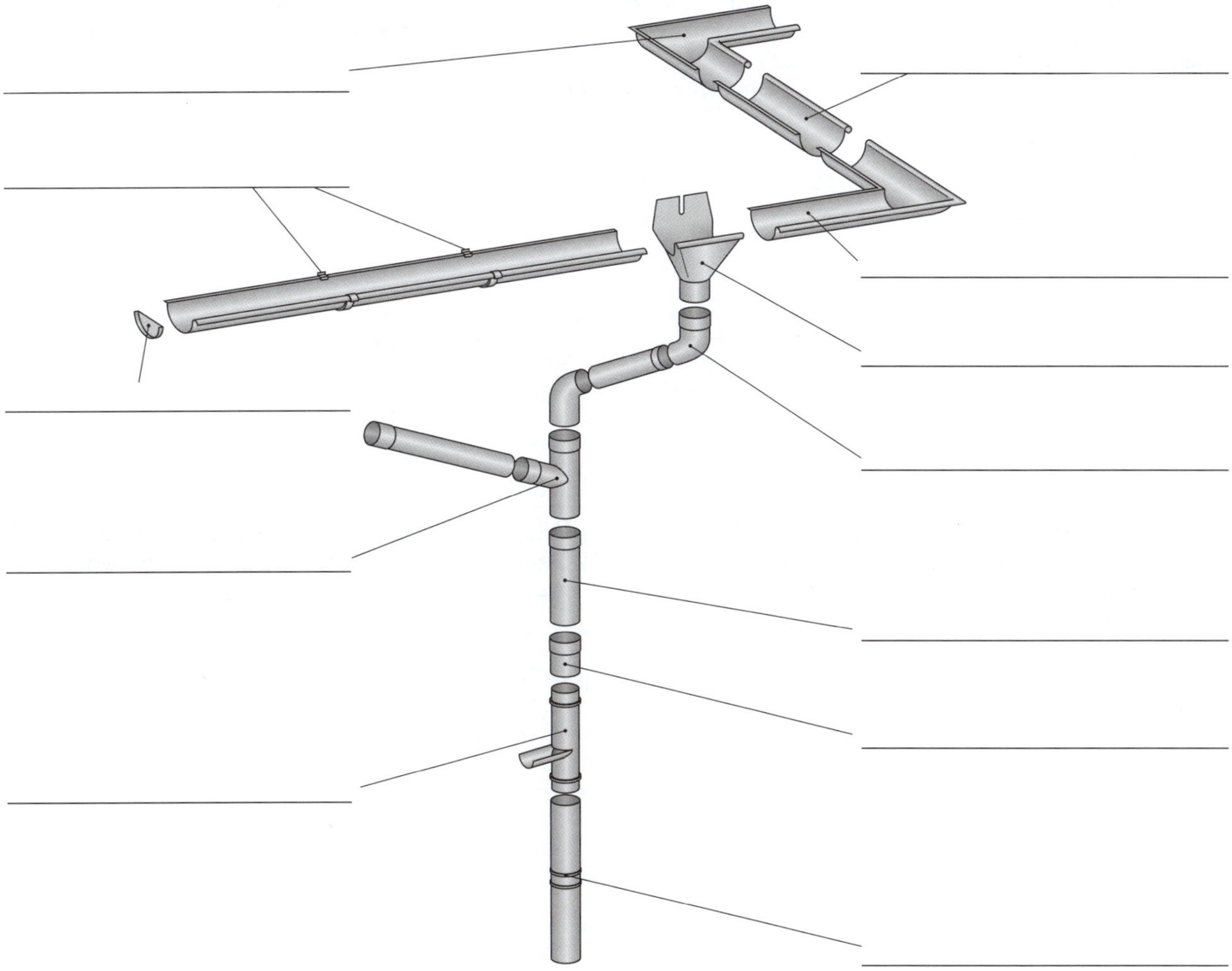

LF 7 Anlagen zum Ableiten von Niederschlagswasser | 2132 ... 2136

2132

Welche vier Verbindungsarten eignen sich zum Fügen von Dachrinnen?

2133

Welche fünf Materialien eignen sich für eine Dachentwässerung?

2134

Die Längenänderung eines Bauteils kann nach der Formel: $\Delta l = \alpha \cdot l_0 \cdot \Delta t$ ermittelt werden (Δl: Längenänderung in m, α: Temperaturdehnungszahl des Baustoffes in mm/m · K, l_0: Einbaulänge in m, Δt: Temperaturdifferenz in K).
Wie groß ist die Längenänderung einer Zink-Dachrinne (α = 0,022 mm/mK, l_0 = 15,00 m, t_{min} = 20°, t_{max} = 80°) in cm?

2135

Wie groß ist die Längenänderung einer PVC-Dachrinne bei einer Temperaturdifferenz von 60 K? (l = 5,00 m, α = 0,08 mm/mK)?

① 24,0 mm
② 10,2 mm
③ 15,6 mm
④ 19,7 mm

2136

Wie groß ist die Längenänderung einer Kupfer-Dachrinne bei einer Temperaturdifferenz von 60 K? (l = 10,00 m, α = 0,017 mm/mK)?

① 24,0 mm
② 10,2 mm
③ 15,6 mm
④ 19,7 mm

Lösungen ab Seite 256

2137

Auf welche drei Punkte ist beim Anbau einer Dachrinne zu achten?

2138

Welche zwei Merkmale hat eine vorgehängte Dachrinne?

2139

Gegeben ist der Grundriss eines Walmdaches in Hannover mit der örtlichen Berechnungsregenspende $r = 328$ l/(s · ha) und dem Abflussbeiwert für Dachflächen $C = 1{,}0$.
Zu berechnen ist der Regenwasserabfluss Q mit der Formel $Q = \frac{r \cdot A \cdot C}{10.000 \text{ m}^2/\text{ha}}$.

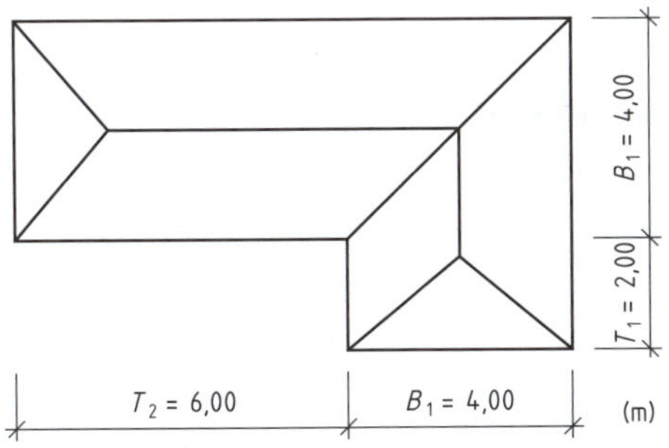

2140

Was ist ein Gefälledämmsystem?

LF 7 Anlagen zum Ableiten von Niederschlagswasser — 2141 ... 2145

2141

Welche vier Vorteile hat ein Gefälledämmsystem gegenüber herkömmlichen Flachdächern?

2142

Warum darf eine Dachrinne nicht aus Zink bestehen, wenn der Eindeckrahmen eines Dachfensters aus Kupferblech besteht?

2143

Welche drei Eigenschaften hat das Metall Zink?

2144

Auf welche drei Punkte ist bei der Verarbeitung von Metallen durch Löten zu achten?

2145

Welche zwei gemeinsamen Eigenschaften haben alle Nichteisenmetalle?

Lösungen ab Seite 258

LF 7 Anlagen zum Ableiten von Niederschlagswasser — 2146 ... 2150

2146

Welche zwei Vorteile haben Metalle beim Einsatz für die Dachentwässerung?

2147

Welche zwei Vorteile bieten Kunststoffe gegenüber Metallen bei der Dachentwässerung?

2148

Warum sollte bei einer vorgehängten Dachrinne die Wasserfalz mindestens 8 mm höher liegen als die Wulst?

2149

Welche zwei Möglichkeiten gibt es, um einen temperaturbedigten Bewegungsausgleich der Dachrinne sicher zu stellen?

2150

Wann müssen Bewegungsausgleicher bei Dachrinnen angeordnet werden?

Lösungen ab Seite 258

LF 7 Anlagen zum Ableiten von Niederschlagswasser

2151 ... 2155

2151

Gegeben ist der Grundriss eines Flachdaches mit Dachinnenentwässerung. Zu skizzieren sind mögliche Dachabläufe und die Gefällerichtungen, um einen möglichst schnellen Wasserablauf zu garantieren?

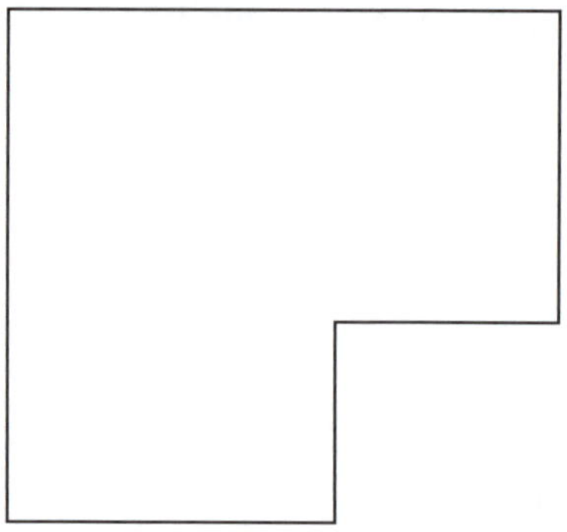

2152

Welcher Unterschied besteht zwischen einer Dachinnenentwässerung und einer Dachaußenentwässerung?

2153

Welcher Unterschied besteht zwischen einem einteiligen und einem zweiteiligen Dachablauf für die Dachinnenentwässerung?

2154

Wie kann Kondensatbildung an Dachabläufen verhindert werden?

2155

Nennen Sie zwei grundlegende Maßnahmen, die bei innen liegender Entwässerung Bauschäden durch Anstauen des Niederschlagswassers verhindern.

2156 ... 2200 keine Aufgaben

Lösungen ab Seite 259

LF 8 Dächer mit Dachziegeln und Dachsteindeckungen herstellen

2201

Welche Deckungsart gehört nicht zu den Biberschwanzziegeldeckungen?

① Einfachdeckung mit Spließen
② Kronendeckung
③ Doppeldeckung
④ Rhombusdeckung

2202

Welche Dachziegelform gehört nicht zu den Biberschwanzziegeln?

① Segmentschnitt
② romanische Form
③ Gotischer Schnitt
④ Rundschnitt

2203

Welches Merkmal weißt die Doppeldeckung bei der Biberschwanzziegeldeckung auf?

① Bei der Doppeldeckung werden die Biberschwanzziegel auf doppelte Traglatten verlegt und sind einfach überdeckt.
② Bei der Doppeldeckung liegt auf jeder Traglatte eine Biberreihe, die Biber der dritten Deckreihe überdecken die erste Deckreihe um die Höhenüberdeckung.
③ Bei der Doppeldeckung liegen auf jeder Traglatte 2 Biberreihen, die untereinander einen regelmäßigen Halbverband bilden.
④ Bei der Doppeldeckung werden die Biberschwanzziegel doppelt auf einer Traglatte gedeckt und haben eine doppelte Überdeckung.

2204

Werden Biberschwanzziegel in Kronendeckung gedeckt, ...

① liegen auf jeder Traglatte 2 Biberreihen (Lager- und Deckschicht) im Halbverband, die Höhenüberdeckung ergibt sich aus dem Abstand zweier Lagerschichten.
② liegt auf jeder Traglatte eine Biberreihe und die dritte Deckreihe überdeckt die erste Deckreihe um die Höhenüberdeckung.
③ liegen auf jeder Traglatte eine Biberreihe, die Traglatten werden so eingeteilt, dass das Deckbild eine Krone ergibt.
④ liegen auf jeder Traglatte 2 Biberreihen (Lager- und Deckschicht) im Halbverband, die Höhenüberdeckung ergibt sich aus dem Abstand zweier Deckschichten.

2205

Die Biberschwanzziegeldeckung wird in der Regel im Halbverband ausgeführt, zur Anarbeitung an Details darf der ... nicht unterschritten werden!

① Dreiachtelverband
② Viertelverband
③ Vierviertelverband
④ Eindrittelverband

2206

Die Mindesthöhenüberdeckung bei Dachziegeln und Dachsteinen ist abhängig von ...

① der Gebäudehöhe.
② dem Traglattenabstand.
③ der Dachneigung.
④ der Ziegellänge.

2207

Wie lautet die Formel um den maximalen Traglattenabstand bei der Kronendeckung zu ermitteln?

① $\text{maximaler Traglattenabstand} = \frac{\text{Ziegellänge} - \text{Höhenüberdeckung}}{2}$

② $\text{maximaler Traglattenabstand} = \text{Ziegellänge} - \text{Höhenüberdeckung}$

③ $\text{maximaler Traglattenabstand} = \text{Höhenüberdeckung} + \text{Ziegellänge}$

④ $\text{maximaler Traglattenabstand} = \frac{\text{Höhenüberdeckung} + \text{Ziegellänge}}{2}$

Lösungen ab Seite 261

LF 8 Dächer mit Dachziegeln und Dachsteindeckungen herstellen

2208

Wird bei der Biberschwanzziegeldeckung die Kronendeckung mit der Doppeldeckung verglichen, ...

① so werden bei der Kronendeckung weniger Biberschwanzziegel pro m^2 benötigt.
② so werden bei der Kronendeckung mehr Traglatten benötigt.
③ so werden bei der Kronendeckung weniger Biberschwanzziegel und Traglatten pro m^2 benötigt.
④ so werden bei der Kronendeckung weniger Traglatten pro m^2 benötigt.

2209

Wie lautet die Formel um den maximalen Traglattenabstand bei der Doppeldeckung zu ermitteln?

① $\text{maximaler Traglattenabstand} = \frac{\text{Ziegellänge} - \text{Höhenüberdeckung}}{2}$

② maximaler Traglattenabstand = Ziegellänge – Höhenüberdeckung

③ maximaler Traglattenabstand = Höhenüberdeckung + Ziegellänge

④ $\text{maximaler Traglattenabstand} = \frac{\text{Höhenüberdeckung} + \text{Ziegellänge}}{2}$

2210

Warum sollten Biberschwanzziegel mit einer geringen Fuge verlegt werden?

① Um ein schöneres Deckbild zu erreichen.
② Um Niederschlagswasser besser ableiten zu können.
③ Um Schäden durch Bewegungen zu vermeiden.
④ Um schneller die Biberschwanzziegel verlegen zu können.

2211

Welche Aussage über die Aufschnittdeckung bei Hohlpfannen ist richtig?

① Bei der Aufschnittdeckung werden Hohlpfannen mit Langschnitt verwendet und im Vierziegeleck liegen die Dachziegel dreifach übereinander.
② Bei der Aufschnittdeckung ist die Höhenüberdeckung durch den Langschnitt vorgegeben.
③ Bei der Aufschnittdeckung werden Hohlpfannen mit Kurzschnitt verwendet und im Vierziegeleck liegen die Dachziegel vierfach übereinander.
④ Bei der Aufschnittdeckung werden Hohlpfannen mit Kurzschnitt verwendet und im Vierziegeleck liegen die Dachziegel dreifach übereinander.

2212

Wie lautet die Formel um den maximalen Traglattenabstand bei den Einfachdeckungen von Dachziegel und Dachsteinen zu ermitteln?

① $\text{maximaler Traglattenabstand} = \frac{\text{(Ziegel-/Dachsteinlänge)} - \text{Höhenüberdeckung}}{2}$

② maximaler Traglattenabstand = Ziegel-/Dachsteinlänge - Höhenüberdeckung

③ maximaler Traglattenabstand = Höhenüberdeckung + Ziegel-/Dachsteinlänge

④ $\text{maximaler Traglattenabstand} = \frac{\text{Höhenüberdeckung} + \text{(Ziegel-/Dachsteinlänge)}}{2}$

Lösungen ab Seite 261

LF 8 Dächer mit Dachziegeln und Dachsteineindeckungen herstellen

2213

Welche Dachziegeldeckung wird auf der Abbildung dargestellt?

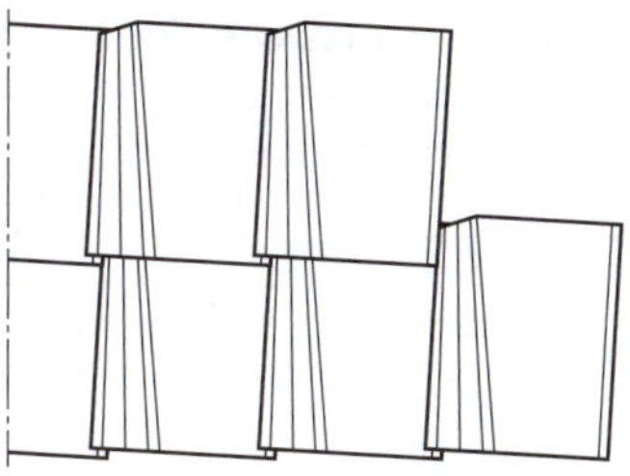

① Flachdachziegeldeckung
② Mönch- und Nonnenziegeldeckung
③ romanische Ziegeldeckung
④ Krempziegeldeckung

2214

Die Regeldachneigung für Flachdachziegel beträgt ...

① 35°
② 22°
③ 25°
④ 30°

2215

Bei Dachziegeln mit mindestens einem Kopf- und einer Seitenfalz beträgt die Regeldachneigung ...

① 30°
② 22°
③ 35°
④ 25°

2216

Welche Dachziegeldeckung wird hier in der Abbildung dargestellt?

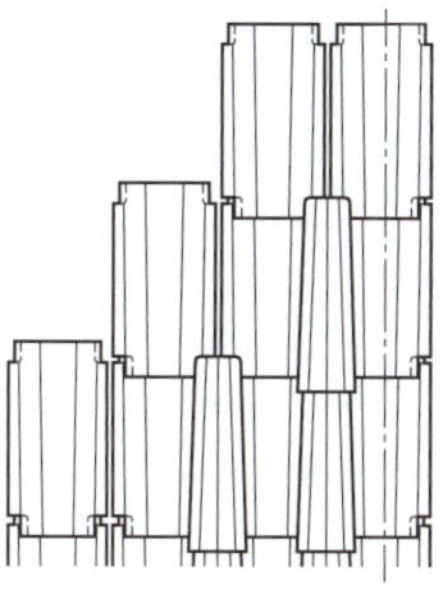

① Flachdachziegeldeckung
② Mönch- und Nonnenziegeldeckung
③ romanische Ziegeldeckung
④ Krempziegeldeckung

2217

Welche Dachziegelart kann nicht im Verband gedeckt werden?

① Doppelmuldenfalzziegel
② Biberschwanzziegel
③ Strangfalzziegel
④ Flachdachziegel

2218

Welchen Vorteil bietet der Reformziegel?

① einen vorgegebenen Traglattenabstand
② eine vorgegebene Seitenüberdeckung
③ eine variable Höhenüberdeckung
④ eine variable Seitenüberdeckung

2219

Was versteht man unter erhöhten Anforderungen an eine Dachziegel- oder Dachsteindeckung?

Lösungen ab Seite 261

LF 8 Dächer mit Dachziegeln und Dachsteineindeckungen herstellen

2220

Zu berechnen ist die Deckfläche (in cm²) eines Biberschwanzziegels (18 cm x 38 cm) bei einer Höhenüberdeckung von 7 cm!

a) Doppeldeckung
① 279 cm²
② 198 cm²
③ 240 cm²
④ 298 cm²

b) Kronendeckung
① 279 cm²
② 558 cm²
③ 481 cm²
④ 445 cm²

2221

Wie groß ist der Bedarf an Biberschwanzziegeln pro m² bei einer Höhenüberdeckung von 7 cm?

a) bei der Doppeldeckung
① 35,8 Stck./m²
② 50,5 Stck./m²
③ 41,7 Stck./m²
④ 45,3 Stck./m²

b) bei der Kronendeckung
① 25,8 Stck./m²
② 17,9 Stck./m²
③ 35,8 Stck./m²
④ 23,3 Stck./m²

2222

Die Vorder- und Seitenansicht des gleich geneigten Walmdaches (Dachneigung allseitig 50 °) sind zu vervollständigen und die wahren Größen aller Dachflächen sind zu konstruieren!

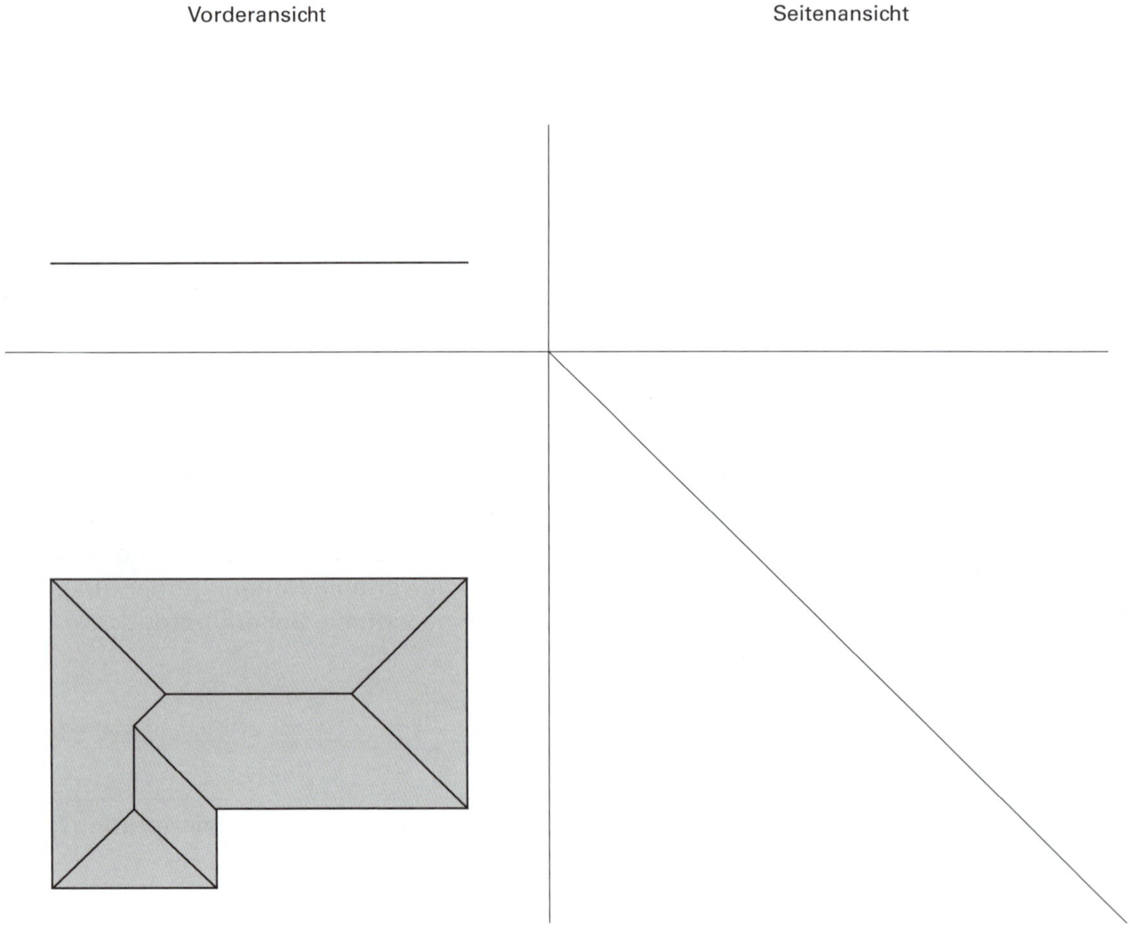

Lösung auf Seite 262

Lösungen ab Seite 261

LF 8 Dächer mit Dachziegeln und Dachsteineindeckungen herstellen

2223

Die Dachgrundrisse der gleich geneigten Walmdächer sind zu ermitteln!

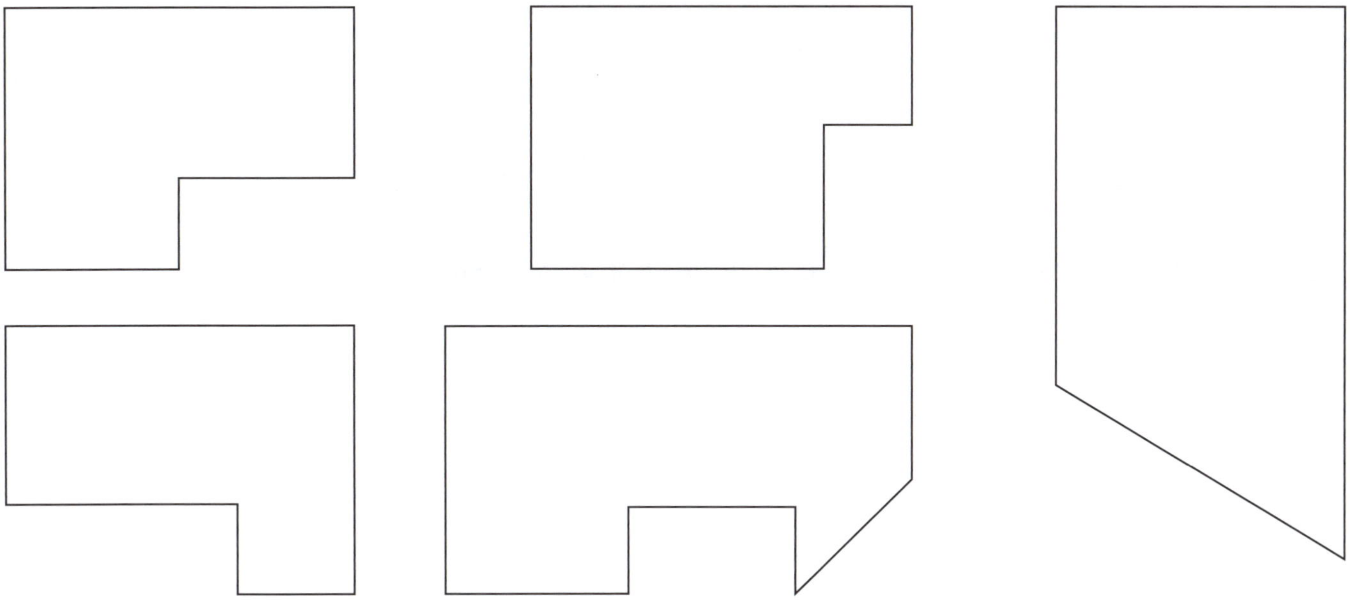

Lösung auf Seite 262

2224

Wovon ist die Windsogsicherung bei Dachziegel- oder Dachsteindeckungen abhängig?
Fünf Merkmale sind zu nennen!

2225

Welche vier Maßnahmen der Windsogsicherung sind bei Deckungen mit Dachziegeln und Dachsteinen möglich?

LF 8 Dächer mit Dachziegeln und Dachsteineindeckungen herstellen

2226

Welcher Unterschied besteht zwischen der Traglattung und der Konterlattung?

2227

Wovon ist die Länge der Befestigungsmittel für Holz und Holzwerkstoffen abhängig?

2228

Wovon ist der Querschnitt der Traglattung abhängig?

2229

Welche Besonderheiten sind beim Einlatten einer Dachfläche in Biberdoppeldeckung zu beachten?

2230

Wie kann die mittlere Decklänge von ringverfalzten Dachziegeln ermittelt werden?

Lösungen ab Seite 261

LF 8 Dächer mit Dachziegeln und Dachsteineindeckungen herstellen

2231

Wie kann die Wärmedämmung im Steildach angeordnet werden?

2232

Wovon ist die Lage der Wärmedämmung im Steildach abhängig?

2233

Welche Variante des Einbaus der Wärmedämmung sollte bevorzugt werden und warum?

2234

Die Abbildung zeigt den Schnitt durch den Schichtenaufbau eines Steildaches!

a) Die einzelnen Schichten sind von innen nach außen zu benennen!

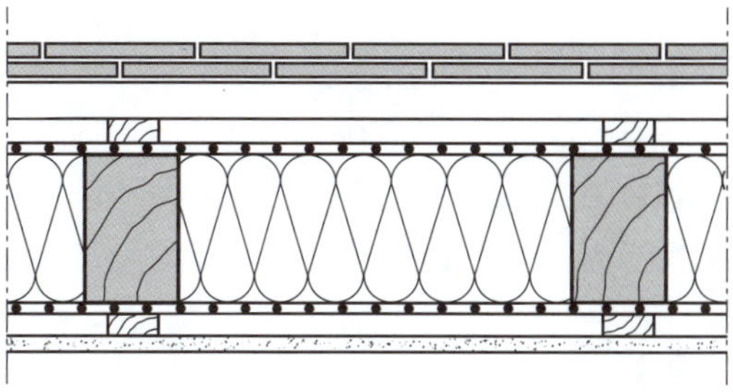

b) Ist dieser Aufbau bauphysikalisch unbedenklich?

LF 8 Dächer mit Dachziegeln und Dachsteineindeckungen herstellen

2235

Sind Vermörtelung und Innenverstrich als zusätzliche Maßnahmen zur Erhöhung der Regensicherheit zu werten? Die Antwort ist zu begründen!

2236

Wie könnte eine Unterkonstruktion für Dachziegel- oder Dachsteindeckungen aussehen?

2237

Welche Maßnahmen müssen ergriffen werden, wenn die Regeldachneigung unterschritten wird?

2238

Welchen Einfluss hat die Verfalzung eines Dachziegels auf die Regensicherheit der Dachdeckung?

2239

Warum sollten Dachziegel- und Dachsteindeckungen hinterlüftet werden?

Lösungen ab Seite 264

LF 8 Dächer mit Dachziegeln und Dachsteineindeckungen herstellen

2240

Gegeben ist der Grundriss eines Walmdaches.
Die Dachneigung beträgt allseitig 40°.
Zu berechnen sind:

a) die Sparrenlänge s_1 (in m)
b) die Sparrenlänge s_2 (in m)
c) die Firstlänge f_1 (in m)
d) die Firstlänge f_2 (in m)

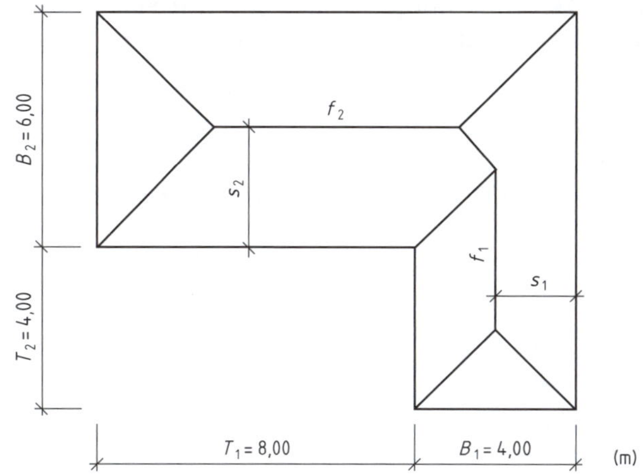

2241

Für das Dach aus Aufgabe 2240 sollen folgende Punkte ermittelt werden:

a) Die gesamte Dachfläche A_{ges}!

b) Wie viele Bunde Konterlatten für die Dachfläche bestellt werden müssen!
Der Sparrenabstand beträgt etwa 0,95 m. In einem Bund sind 27 m Dachlatten 3 cm x 5 cm.

c) Wie viel Rollen Unterspannbahn bestellt werden müssen!
(1 Rolle = 75 m², Höhenüberdeckung = 10 cm)

Lösungen ab Seite 264

LF 8 Dächer mit Dachziegeln und Dachsteineindeckungen herstellen

2242

Das Dach aus Aufgabe 2240 soll mit Flachdachpfannen gedeckt werden. Beim Auslegen der Dachziegel wurden folgende Maße notiert: gezogen Länge l_1 = 3,56 m und Länge l_2 = 3,72 m.

a) Wie groß ist die mittlere Decklänge (in m)?

b) Wie viele Bunde Traglatten sind für die gesamte Dachfläche zu bestellen, wenn mit 7 % Verschnitt gerechnet wird?
In einem Bund sind 27 m Dachlatten 4 cm x 6 cm.

2243

Zu berechnen ist der Materialpreis der Trag- und Konterlattug aus Aufgabe 2241 und 2242, wenn 1 m³ Holz mit 329,00 € veranschlagt sind!

2244

Für das in Aufgabe 2240 abgebildete Dach sind 7 verschiedene Bedachungsmöglichkeiten vorzuschlagen!

2245

Die Dachhöhe *h* (in m) ist zu berechnen!

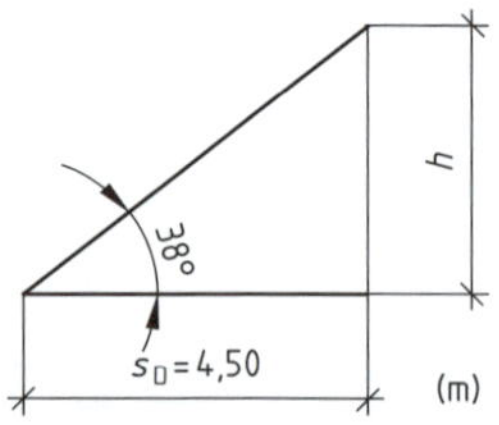

Lösungen ab Seite 265

LF 8 Dächer mit Dachziegeln und Dachsteineindeckungen herstellen

2246

Gegeben ist der Grundriss des abgebildeten Walmdaches mit einem Walmdachanbau. Alle Dachflächen sind 50° geneigt.

Zu berechnen sind:

a) die Sparrenlänge s_1 (in m) des Hauptdaches
b) die Sparrenlänge s_2 (in m) des Anbaus
c) die Gratlänge l_2 (in m) des Anbaus
d) die Walmdachfläche A_1 (in m^2)
e) die Anbaudachfläche A_2 (in m^2)

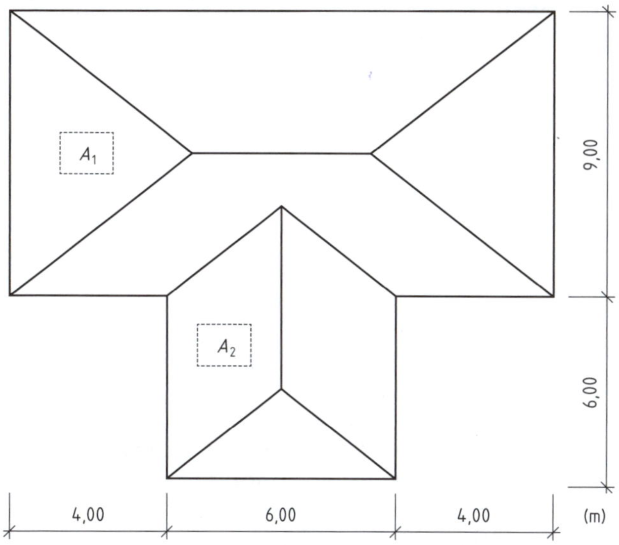

LF 8 Dächer mit Dachziegeln und Dachsteineindeckungen herstellen

2247

Die gesamte Dachfläche des Daches aus Aufgabe 2246 beträgt 252 m². Wie viele Biberschwanzziegel sind zu bestellen, wenn mit ca. 8 % Bruch zu rechnen ist? (Ziegelbedarf ≈ 35,8 Stck./m²)

2248

Zu ermitteln ist die tatsächliche Lattenweite für die Sparren s_1 des Hauptdaches aus Aufgabe 2246, wenn das Dach in der Biberschwanzziegeldoppeldeckung gedeckt werden soll und das Firstlattenmaß 10 cm und der Rinneneinhang 8 cm betragen. Traufe und First werden in Kronendeckung ausgeführt! (Mindestüberdeckung = 70 mm, Kopfhöhe = 4 cm)

2249

Das Dach aus Aufgabe 2246 soll in Biberschwanzziegeldoppeldeckung ausgeführt werden!

a) Wie viel m Traglattung werden für 1 m² benötigt?
b) Wie viel m Traglattung werden für das gesamte Dach benötigt?
c) Wie viele Bunde Dachlatten sind für die Traglattung des gesamten Daches zu bestellen? (1 Bund = 6 Latten, 4 cm x 6 cm à 4,50 m)

2250

Wie viel Meter Traufblech sind für das Dach aus Aufgabe 2246 zu bestellen, wenn die Überdeckung und der Verschnitt zusammen 15 % betragen?

Lösungen ab Seite 266

LF 8 Dächer mit Dachziegeln und Dachsteineindeckungen herstellen

2251

Wie können die Längs- und Querfugen bei Biberschwanzziegeldeckungen gesichert werden?

2252

Wie könnten die Trauf- und Firstreihen einer Biberschwanzziegeldoppeldeckung gedeckt werden?

2253

Die Dachneigung des abgebildeten Daches beträgt allseitig 40°.

a) Wie groß ist die gesamte Dachfläche (in m²)?

b) Wie lang ist die Kehle (in m)?

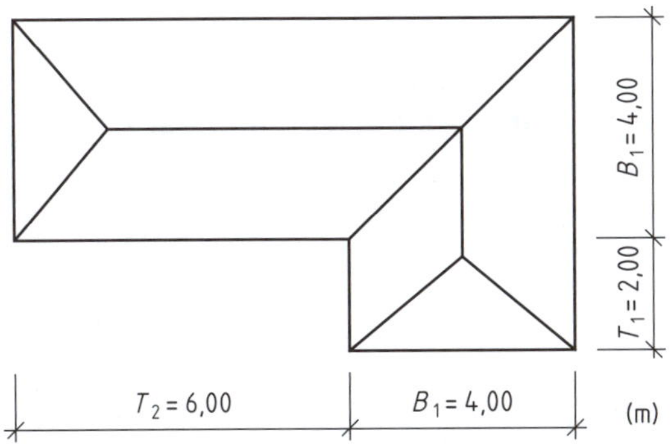

2254

Welchen Vorteil haben Dachsteine gegenüber verfalzten Dachziegeln?

LF 8 Dächer mit Dachziegeln und Dachsteineindeckungen herstellen

2255

Ein Dach soll in der Dachbreite für eine Deckung mit Falzziegeln eingeteilt werden! Wie kann der Bereich der möglichen Deckbreite ermittelt werden? Kurze Beschreibung in Stichpunkten!

2256

Ein Satteldach mit einer Sparrenlänge von 6,65 m soll für eine Deckung mit Dachsteinen eingelattet werden!

Traglattenabstand von 33,2 cm bis 34,5 cm möglich
Firstlattmaß (*LAF*) = 40 mm
Trauflattmaß (*LAT*) = 30 cm

a) Wie viele mittlere Traglattenreihen sind notwendig?

b) Welche Lattweite haben die mittleren Traglatten?

2257

Eine Dachfläche mit einer Trauflänge von 11,60 m soll für einen Falzziegel mit Ortgangziegeln in der Breite eingeteilt werden!

Maximale Deckbreite: 26,7 cm
Mindeste Deckbreit: 26,2 cm
Deckbreite linker Ortgangziegel: 20,5 cm
Deckbreite rechter Ortgangziegel: 19,5 cm

a) Wie viele Flächenziegel werden für eine Ziegelreihe benötigt?

b) Wie groß ist die tatsächliche Deckbreite?

2258 ... 2300 keine Aufgaben

Lösungen ab Seite 267

LF 9 Dächer mit Schiefer-/Faserzement-Dachplatten und Schindeln decken

2301

Welches Material ist kein Bestandteil von Schiefer?

① Glimmer
② Sandstein
③ Quarz
④ Feldspat

2302

Wie klingt eine Schieferplatte von guter Qualität?

① blechern
② dumpf
③ klirrend
④ hell

2303

Welcher ist kein schädlicher Bestandteil von Schiefer?

① Schwefelkies
② Kalkstein
③ Glimmer
④ organische Kohlenstoffverbindungen

2304

Welche Schieferdeckung ist für Dachflächen nicht geeignet?

① Wilde Deckung
② Fischschuppen Deckung
③ Spitzwinkeldeckung
④ Schuppendekung

2305

Welche Deckart, die für Schiefer- und Faserzementplatten geeignet ist, ist hier abgebildet?

① Deutsche Deckung
② Altdeutsche Deckung
③ Rechteckdoppeldeckung
④ Spitzwinkeldeckung

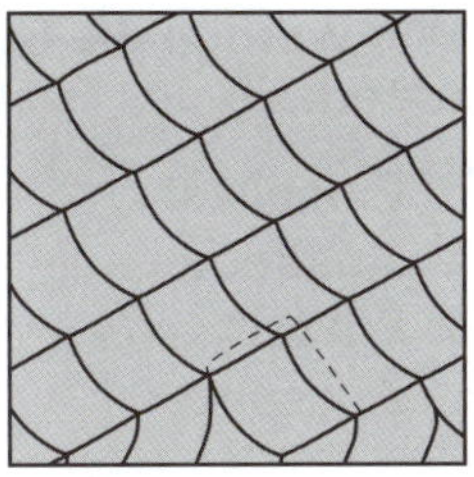

2306

Die Deutsche Deckung wird auch ... genannt!

① Vorschnittdeckung
② Rundschnittdeckung
③ Bogenschnittdeckung
④ Segmentschnittdeckung

2307

Mit wie vielen Schiefernägeln/-stiften muss ein Deckstein der Deutschen Deckung (Höhe ≥ 240 mm) mindestens befestigt werden?

① 1 Stück
② 2 Stück
③ 3 Stück
④ 4 Stück

2308

Welche Faserzementplattendeckung ist auf der Abbildung dargestellt?

① Wabendeckung
② Rechteckdeckung
③ Rhombusdeckung
④ Spitzwinkeldeckung

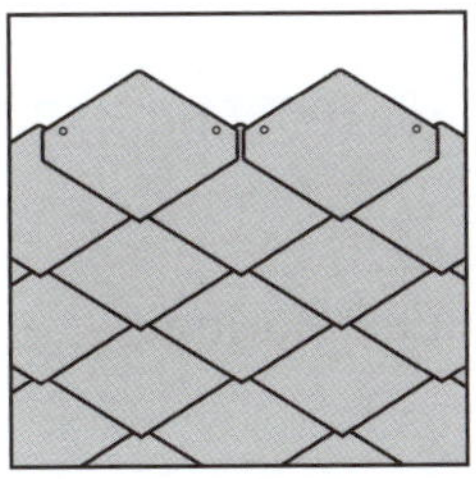

2309

Welche Schieferdeckung ist auf der Abbildung dargestellt?

① Deutsche Deckung
② Altdeutsche Deckung
③ Schuppendeckung
④ Spitzwinkeldeckung

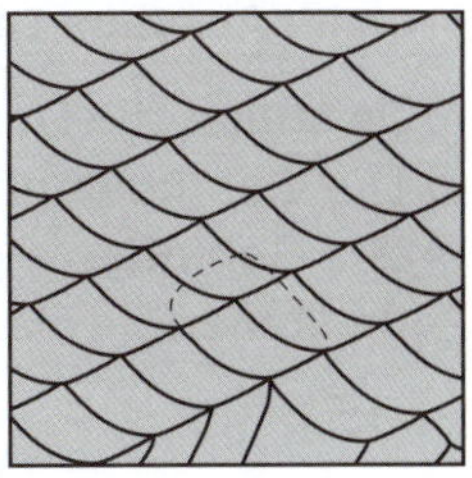

Lösungen ab Seite 268

LF 9 Dächer mit Schiefer-/Faserzement-Dachplatten und Schindeln decken

2310

Die Höhen- und Seitenüberdeckung bei Decksteinen mit normalen Hieb von 17 cm bis 42 cm Höhe beträgt ... !

① 27 % der Decksteinhöhe
② 29 % der Decksteinhöhe
③ 38 % der Decksteinhöhe
④ 25 % der Decksteinhöhe

2311

Um wie viel Grad darf die Regeldachneigung von Schieferdeckungen trotz wasserdichtem Unterdach maximal unterschritten werden?

① 12°
② 8°
③ 5°
④ 10°

2312

Welches Befestigungsmittel wird bei der abgebildeten Schieferplattenlochung verwendet?

① Schieferstift
② Schieferklammer
③ Schiefernagel
④ Schieferkrampe

2313

Mit wie vielen Befestigungsmitteln müssen Ortgangplatten mindestens befestigt werden?

① 2 Stück
② 4 Stück
③ 3 Stück
④ 1 Stück

2314

Wie werden die Steine/Dachplatten genannt, die unterhalb des Firstes enden?

① Einspitzer
② Ausdecker
③ Eindecker
④ Ausspitzer

2315

Für welches Befestigungsmittel ist die abgebildete Lochung einer Schieferplatte dargestellt?

① Schieferstift
② Schieferklammer
③ Schiefernagel
④ Schieferkrampe

2316

Warum sollen Schieferplatten möglichst im Dreieck befestigt werden?

① Im Dreieck zu befestigen ist die schnellere Befestigungstechnik.
② Eine Befestigung im Viereck, wäre ein Befestigungsmittel zu viel.
③ Im Dreieck befestigt, wird ein stabiles Dreieck zur besseren Befestigung erzeugt.
④ Eine Befestigung im Dreieck sieht optisch besser aus.

2317

Welche Aussage trifft auf die Gebindesteigung zu?

① Je steiler die Dachflächenneigung, desto flacher die Gebindesteigung.
② Die Gebindesteigung ist abhängig von der Decksteinhöhe.
③ Die Gebindesteigung ist abhängig vom Hieb des Decksteins.
④ Je steiler die Dachflächenneigung, desto steiler die Gebindesteigung.

Lösungen ab Seite 268

LF 9 Dächer mit Schiefer-/Faserzement-Dachplatten und Schindeln decken

2318

Warum sollte die Mindestgebindesteigung nicht unterschritten werden?

① Damit das Wasser am geneigten Fuß des Decksteins über die Ferse auf die darunterliegende Decksteinfläche ablaufen kann!
② Damit das Wasser nicht unter die Seitenüberdeckung gelangt!
③ Damit das Wasser nicht unter die Höhenüberdeckung treiben kann!
④ Damit das typische Deckbild von einigen Deckarten nicht zerstört wird.

2319

Wie groß ist die Regeldachneigung für die Deutsche Deckung?

① $\geq 22°$
② $\geq 30°$
③ $\geq 20°$
④ $\geq 25°$

2320

Die Regeldachneigung für die Altdeutsche Doppeldeckung beträgt:

① $\geq 22°$
② $\geq 30°$
③ $\geq 20°$
④ $\geq 25°$

2321

Wie wird die Traufe bei der Rechteckdoppeldeckung ausgebildet?

① mit eingespitztem Fuß
② mit eingebundenen Fuß
③ mit Ansetzersteinen
④ mit dem ersten Gebinde der Dachfläche

2322

Wie groß ist die Mindestseitenüberdeckung bei der Deutschen Deckung mit Faserzementplatten im Traufgebinde, wenn das Traufgebinde parallel zur Traufe gedeckt wird?

① 10 cm
② 8 cm
③ 12 cm
④ 9 cm

2323

Welche Aussage über die Firstgebinde bei Schiefer- und Faserzementplattendeckungen ist richtig?

① Das Firstgebinde wird immer entgegengesetzt zum Wind gedeckt.
② Das Firstgebinde der Dachfläche, die der Hauptwindrichtung abgewandt ist, wird überstehend gedeckt.
③ Das Firstgebinde der Dachfläche, die der Hauptwindrichtung zugewandt ist, wird überstehend gedeckt.
④ Das Firstgebinde der Dachfläche, die der Hauptwindrichtung zugewandt ist, wird immer gegen den Wind gedeckt.

2324

Eine Dachfläche soll in Rechteckdoppeldeckung gedeckt werden. Welche Aussage ist richtig?

① Die Dachfläche sollte vor der Eindeckung waagerecht und senkrecht genau eingeteilt werden, damit die Gebinde unter dem First die gleiche Sichtfläche haben wie die Gebinde der Fläche und die Orte gleichmäßig verlaufen.
② Bei der Rechteckdoppeldeckung braucht die Dachfläche nicht genau eingeteilt werden. Ein gleichmäßiges Deckbild wird automatisch erzeugt.
③ Bei der Rechteckdoppeldeckung braucht die Dachfläche nur in der Breite eingeteilt werden.
④ Bei der Rechteckdoppeldeckung braucht die Dachfläche nur in der Höhe eingeteilt werden.

Lösungen ab Seite 268

LF 9 Dächer mit Schiefer-/Faserzement-Dachplatten und Schindeln decken

2325

Wie weit sollten Faserzementplatten über die fertige Konstruktion am Ort gedeckt werden?

① 20 mm bis 30 mm
② 40 mm bis 60 mm
③ 15 mm bis 25 mm
④ 50 mm bis 70 mm

2326

Wie groß sollte der freie Überstand über der fertig gedeckten untergehenden Dachseite bei Deckungen mit Faserzement-Dachplatten sein?

① 20 mm bis 30 mm
② 15 mm bis 25 mm
③ 40 mm bis 60 mm
④ 50 mm bis 70 mm

2327

Faserzementplatten gibt es als Dachplatten und als Wellplatten. Welche Aussage über die Faserzement-Wellplatten ist richtig?

① Bei Faserzement-Wellplatten ist die Regeldachneigung von der Entfernung zwischen Traufe und First abhängig, die Höhenüberdeckung ist immer gleich.
② Bei Faserzement-Wellplatten ist die Regeldachneigung von dem Plattenformat abhängig, die Höhenüberdeckung ist immer gleich.
③ Bei Faserzement-Wellplatten ist die Regeldachneigung von dem Plattenformat abhängig, und die Höhenüberdeckung von der Dachneigung.
④ Bei Faserzement-Wellplatten ist die Regeldachneigung von der Entfernung zwischen Traufe und First abhängig, die Höhenüberdeckung wird immer angepasst.

2328

Werden Faserzementwellplatten auf einer Holzunterkonstruktion verlegt, müssen die Auflager mindestens ... breit sein.

① 40 mm
② 50 mm
③ 60 mm
④ 70 mm

2329

Wie weit darf die Regeldachneigung bei der Deckung mit Standardwellplatten unterschritten werden, wenn zusätzlich eine Kitschnur verwendet wird?

① 10°
② 5°
③ 2°
④ 15°

2330

Die Länge von Faserzement-Kurzwellplatten beträgt ... .

① 625 mm
② 500 mm
③ 1250 mm
④ 700 mm

2331

Wie groß ist die Höhenüberdeckung der Faserzement-Standardwellplatte?

① 5 cm
② 10 cm
③ 15 cm
④ 20 cm

Lösungen ab Seite 268

LF 9 Dächer mit Schiefer-/Faserzement-Dachplatten und Schindeln decken

2332

Welche von den genannten europäischen Holzarten wird üblicherweise nicht für die Herstellung von Holzschindeln verwendet?

① Lärche
② Fichte
③ Eiche
④ Pappel

2333

In welcher Maßeinheit wird der Holzschindelbedarf für Deckungen mit Holzschindeln berechnet?

① in Breitenmetern (BM) = $\frac{\text{Deckfläche (m}^2\text{)}}{\text{Reihenabstand (m)}}$

② in Kubikmeter pro Quadratmeter (m^3/m^2)

③ in Stück pro Quadratmeter (Stck./m^2)

④ in Stück pro Meter (Stck./m)

2334

Welche Aussage über die Fugen bei der Eindeckung von Holzschindeldächern ist richtig?

① Die Fugen zwischen den Holzschindeln werden für die historische Optik der Holzschindeldeckungen ausgeführt!
② Die Fugen zwischen den Holzschindeln sind Bewegungsfugen, je trockener die Schindeln beim Verlegen, desto größer müssen die Fugen gewählt werden!
③ Die Fugen zwischen den Holzschindeln sollen hauptsächlich für eine bessere Wasserführung sorgen!
④ Die Fugen zwischen den Holzschindeln sind Bewegungsfugen, je trockener die Schindeln beim Verlegen, desto geringer können die Fugen sein!

2335

Wie groß ist die Mindestüberdeckung bei Bitumenschindeln mit neigungsunabhängiger Höhenüberdeckung?

① 50 mm
② 35 mm
③ 45 mm
④ 60 mm

2336

Welche Deckunterlage ist für Bitumenschindeln nicht geeignet?

① Leichtbeton-Unterkonstruktion
② Vollholzschalung
③ Leichtmetall-Unterkonstruktion
④ Holzwerkstoffschalung

2337

Wodurch wird die Regensicherheit bei Bitumenschindeln mit neigungsunabhängiger Höhenüberdeckung gewährleistet?

① Diese Bitumenschindeln haben nur einen eingeschränkten Dachneigungsbereich.
② Durch die übereinanderliegenden einzelnen Bitumenschindelschichten.
③ Diese Bitumenschindeln werden nicht mit Nägeln befestigt, sondern nur untereinander verklebt.
④ Diese Schindeln besitzen Dichtbänder in der Überdeckung und großflächige Klebeflächen zur Schürzenverklebung.

2338

Welche vier Hauptbestandteile enthält Schiefer?

Lösungen ab Seite 268

LF 9 Dächer mit Schiefer-/Faserzement-Dachplatten und Schindeln decken

2339

Welche Eigenschaften zeichnet einen Schiefer von guter Qualität aus? Mindestens vier Merkmale sind zu nennen!

2340

Welche fünf Möglichkeiten hat ein Dachdecker/eine Dachdeckerin um die Eigenschaften des Schiefers auf der Baustelle zu kontrollieren?

2341

Die Höhenüberdeckung für einen Deckstein der Altdeutschen Deckung beträgt mindestens 29 %. Wie groß ist die Mindestüberdeckung für einen 30 cm hohen Deckstein?

2342

Wie werden die Teile des abgebildeten altdeutschen Decksteins genannt?

a) ______

b) ______

c) ______

d) ______

e) ______

f) ______

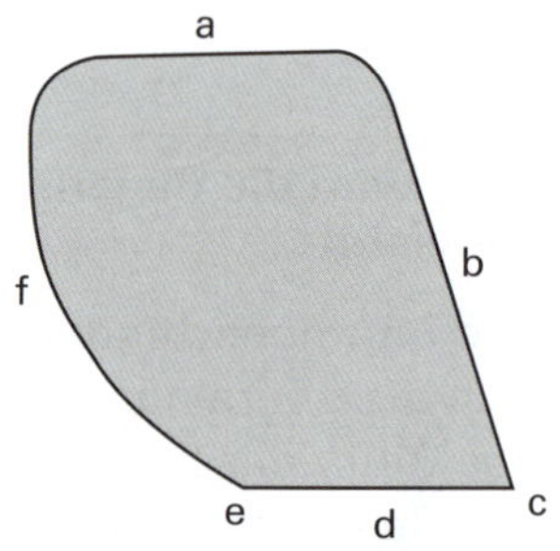

2343

Aus welchen 5 Rohstoffen werden Faserzementplatten hergestellt?

Lösungen ab Seite 268

LF 9 Dächer mit Schiefer-/Faserzement-Dachplatten und Schindeln decken

2344

Welche vier wesentlichen Eigenschaften kennzeichnen den Deckwerkstoff Faserzement?

2345

Wie können Faserzementplatten farblich gestaltet werden?
Drei Farbgebungsmöglichkeiten sind zu nennen.

2346

Welcher Unterschied besteht zwischen Prozessfasern und Armierungsfasern bei der Faserzementherstellung?

2347

Welche fünf Dachdeckungen sind für Faserzementplatten üblich?

2348

Welche vier Deckarten werden mit Gebindesteigung ausgeführt?

2349

Mit welchen Befestigungsmitteln können Faserzementplatten befestigt werden?
Mindestens fünf sind zu nennen!

Lösungen ab Seite 268

LF 9 Dächer mit Schiefer-/Faserzement-Dachplatten und Schindeln decken

2350

Warum werden Schiefer-/und Faserzementplattendeckungen mit Gebindesteigung auf geneigten Dachflächen gedeckt?

2351

Worin unterscheiden sich die Decksteine der Altdeutschen Deckung und der Deutschen Deckung?

2352

Welche vier Deckunterlagen eignen sich für Schiefer- oder Faserzementplattendeckungen?

2353

Warum werden altdeutsche Decksteine sortiert?

2354

Wie werden altdeutsche Decksteine sortiert?

2355

Wie wird die maximale Gebindesteigung ermittelt?

Lösungen ab Seite 269

LF 9 Dächer mit Schiefer-/Faserzement-Dachplatten und Schindeln decken

2356

Der Grundriss eines ungleich geneigten, zusammengesetzten Walmdaches ist zu konstruieren!

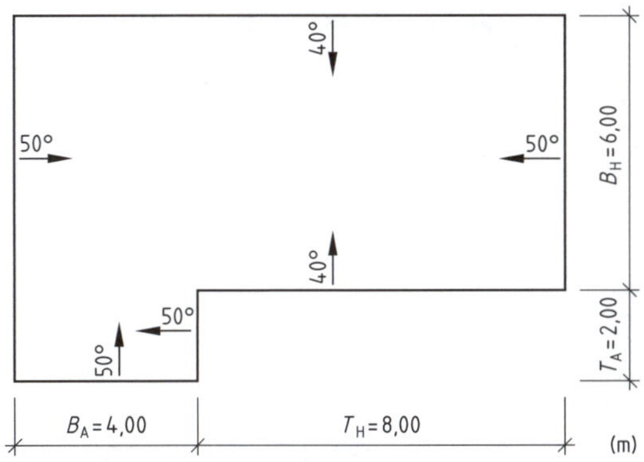

2357

Welchen Anforderungen muss eine Dachdeckung mit Schiefer-/Faserzementplatten genügen?

2358

Wann wird bei einer Schieferdeckung von Übersetzung gesprochen?

2359

Für die Dachneigungen $DN_1 = 40°$ und $DN_2 = 50°$ sind die erforderlichen Mindestgebindesteigungen zu ermitteln durch:

a) Konstruktion,
b) Angabe des Gebindesteigungswinkels α und
c) und Berechnung des Höhenunterschiedes h bezogen auf 1,00 m Traufkante.

LF 9 Dächer mit Schiefer-/Faserzement-Dachplatten und Schindeln decken

2360

Welcher Unterschied besteht zwischen der ermittelten Gebindesteigung bei der Dachneigung $DN_1 = 40°$ und $DN_2 = 50°$ aus Aufgabe 2359?

2361

Eine Faserzementplatte (30 cm/60 cm) wird in der Doppeldeckung mit einer Höhenüberdeckung von 8 cm gedeckt.

a) Wie groß ist der waagerechte Schnürabstand in der Dachfläche?

b) Wie groß ist die Deckfläche einer Faserzementplatte?

c) Zu berechnen ist der Faserzementplattenbedarf pro m^2 Dachfläche!

2362

Ein linker Deckstein mit normalem Hieb ($h = 7$ cm, $b = 5$ cm) ist zu konstruieren! Die Höhenüberdeckung ist zu markieren!

Lösungen ab Seite 271

LF 9 Dächer mit Schiefer-/Faserzement-Dachplatten und Schindeln decken

2363

Ein mit 38° geneigtes Satteldach soll in der Faserzementdoppeldeckung mit Format 30 cm/60 cm gedeckt werden. Zu zeichnen ist der Schnitt durch das Dach im Maßstab 1:10! Sparrenhöhe 8 cm/16 cm, Schalbretter *b* = 20 cm, *d* = 2,5 cm, Vollsparrendämmung.

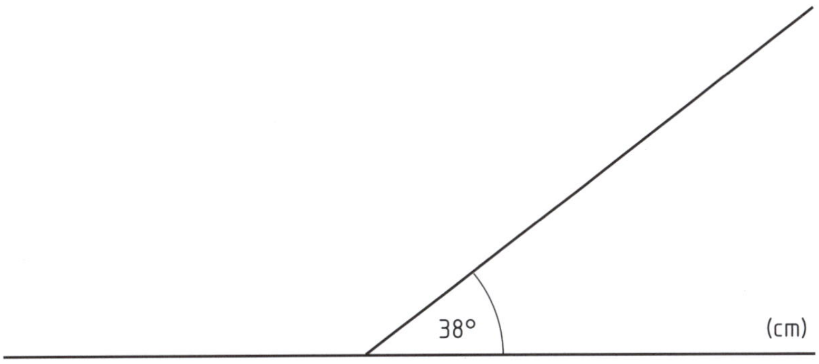

2364

Wie werden Bitumenschindeln bis zu einer Dachneigung von 60° befestigt?

2365

Bitumenschindeln werden in verschiedenen Formen angeboten. Drei mögliche Schindelformen sind zu nennen!

2366

Welches sind die drei wesentlichen Holzschutzmaßnahmen bei Holzschindeldeckungen?

Lösungen ab Seite 271

LF 9 Dächer mit Schiefer-/Faserzement-Dachplatten und Schindeln decken

2367

Eine Dachfläche von 280 m^2 soll in der Altdeutschen Schieferdeckung eingedeckt werden.
Zu berechnen sind:

a) Wie viel m^2 Schalungsbretter werden benötigt, wenn mit 10 % Verschnitt gerechnet werden muss?
b) Wie viel m^3 müssen für die Schalung bei einer Brettdicke von 25 mm bestellt werden?
c) Wie viele Pakete Schieferstifte werden benötigt, wenn pro m^2 75 Stifte benötigt werden? (1 kg = 500 Stck.; 5 kg = 1 Paket)
d) Mit 50 kg Schiefer können 1,75 m^2 Dachfläche eingedeckt werden. Wie viel kg Schiefer werden für die Dachfläche benötigt?

2368

Eine waagerechte Deckung mit Faserzementplatten (HÜ = 10 cm) soll an einer Dachkante mit einem aufgelegten Ortgebinde (Format 20 cm/40 cm, mit gestutzten Ecken) beendet werden.

a) Wie viele Ortgangplatten werden pro Meter Dachrand benötigt?
b) Wie viele Befestigungsmittel sind pro Meter Dachrand notwendig?

Lösungen ab Seite 272

LF 9 Dächer mit Schiefer-/Faserzement-Dachplatten und Schindeln decken

2369

Eine rechteckige Dachfläche soll mit Faserzementplatten in der Deutschen Deckung mit eingespitztem Fuß eingedeckt werden. Es werden Platten mit Bogenschnitt im Format 30 cm/30 cm verwendet. Die Höhen- und Seitenüberdeckung beträgt jeweils 9 cm. Die Traufe wird mit einem waagerechten Traufgebinde mit Platten im Format von 30 cm/30 cm begonnen (Seitenüberdeckung an der Traufe = 12 cm).

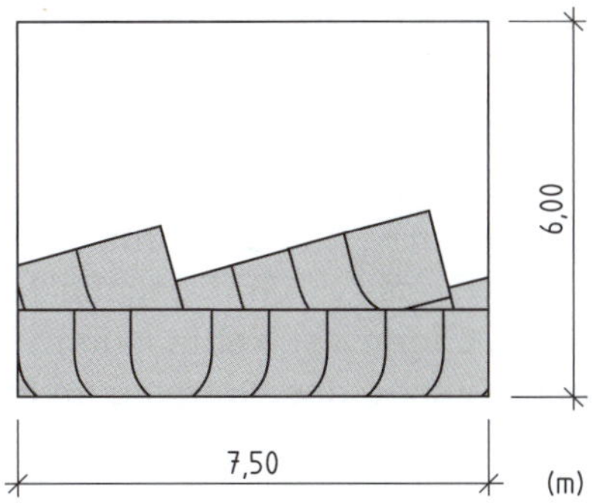

a) Wie groß ist der waagerechte Schnürabstand an der Traufe mindestens?

b) Wie viele Platten werden für ein aufgesetztes Firstgebinde benötigt?

c) Wie viele Platten mit Bogenschnitt werden pro m^2 Dachfläche benötigt?

d) Zu berechnen ist der Bedarf an Bogenschnittplatten für die gesamte Dachfläche!

2370

Mit welchen Befestigungsmitteln werden Faserzementwellplatten befestigt?

2371

Wo werden Faserzementwellplatten befestigt?

LF 9 Dächer mit Schiefer-/Faserzement-Dachplatten und Schindeln decken

2372

Das abgebildete zusammengesetzte Dach ist gegeben. Die Walme haben eine Dachneigung von 50°, alle anderen Dachflächen sind mit 35° geneigt. Von dem Walmdach ist zu berechnen:

a) die Länge des Firstes *f* (in m)
b) die Länge des Sparrens *s* (in m)
c) die Größe der Teil-Dachfläche *A* (in m²)
d) die Länge der Kehle *k* (in m)
e) die Länge des Grates *g* (in m)

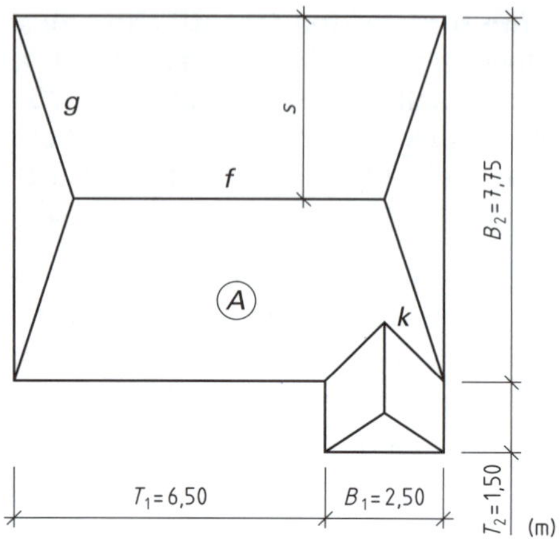

2373

Wie viel m² Dachfläche können mit 900 Faserzementplatten als Doppeldeckung im Format 40 cm/40 cm gedeckt werden, wenn die Höhenüberdeckung 80 mm beträgt?

2374 ... 2400 keine Aufgaben

Lösungen ab Seite 273

2401

Gegeben ist der Grundriss eines Flachdaches. Die Dachfläche (*A*) und die Länge der Attikaabdeckung (*U*) sind zu berechnen.

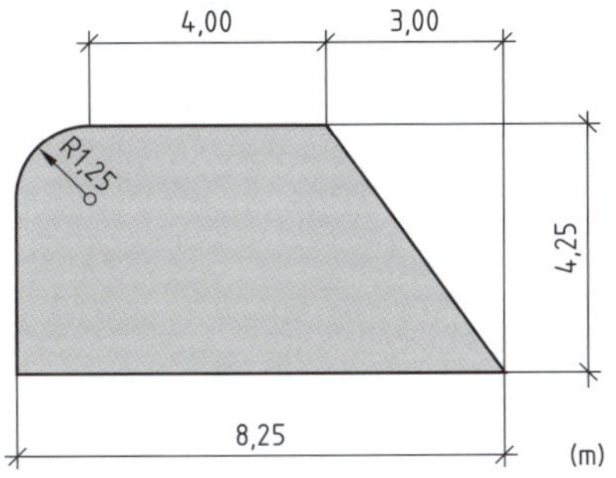

2402

Welche Aussagen treffen auf Flachdächer zu?

① Flachdächer können begrünt werden.
② Flachdächer können befahren werden.
③ Flachdächer können begangen werden.
④ Flachdächer können über größere Spannweiten geplant und hergestellt werden, als geneigte Dächer.
⑤ Flachdächer brauchen kein Gefälle aufweisen.

2403

Welche zwei Flachdachkonstruktionsarten gibt es?

1. Konstruktionsart:

2. Konstruktionsart:

2404

Welche Aussagen treffen auf unbelüftete Flachdächer zu?

① Häufig angewandter Dachtyp/Schichtaufbau
② Auf die Dampfsperrschicht kann verzichtet werden
③ Unkomplizierter Aufbau, da nur einschalige Konstruktion
④ Zweischalige Konstruktion mit Luftschicht
⑤ Die Wärmdämmung liegt unter der Abdichtung

2405

Welche Aussagen treffen auf ein belüftetes Flachdach zu?

① Hat einen einschaligen Aufbau
② Bietet einen zweischaligen Aufbau
③ Anfallende Feuchtigkeit kann schnell abtransportiert werden
④ Die Wärmedämmschicht wird hinterlüftet.
⑤ Es gibt keine Wärmedämmschicht.

2406

Welche Verarbeitungstemperatur von Dachabdichtungen darf, ohne zusätzliche Maßnahmen, nicht unterschritten werden?

① – 5 °C
② + 5 °C
③ + 2 °C
④ –20 °C
⑤ +10 °C

2407

Welche Flachdachkonstruktionsart ist gemeint, wenn man auf die Dampfsperrschicht und die Dampfdruckausgleichsschicht verzichten kann?

2408

Der Schichtaufbau eines unbelüfteten Flachdaches (mit Bitumbahnen) ist zu skizzieren und zu benennen.

2409

Welchen Beanspruchungen muss eine Abdichtung standhalten? Drei Beanspruchungen sind zu nennen.

2410

Welche zusätzliche Schicht muss bei einer Bitumenunverträglichkeit des Dämmstoffes angeordnet werden?

Lösungen ab Seite 274

2411

Handelt es sich bei einem Dach mit Abdichtungen um eine harte oder weiche Bedachung?

2412

Welche Bedeutung hat die Kennzeichnung DO/E1?

DO:

E1:

2413

Welche konstruktiven Maßnahmen sind bei der Planung und Herstellung von Flüssigabdichtungen zu berücksichtigen?

① Eine Einlage ist nicht immer notwendig.
② Die Überdeckung der Einlage muss mindestens 50 mm betragen.
③ Als Einlage kann Kunststofffaservlies verwendet werden.
④ Der Untergrund muss sauber sein.
⑤ Eine optimale Verarbeitungstemperatur muss gewählt werden.

2414

Welche Abdichtung ist eine Flüssigabdichtung?

① ECB
② FPO
③ PYP
④ EPDM
⑤ PMMA

2415

Welche Abdichtung ist gemeint? Was bedeuten die Kurzzeichen.

FPO:

PE-C:

PIB:

EPDM:

PYE:

PYP:

2416

Welche Abdichtung versteckt sich hinter der Kennzeichnung „PYE - G 200 S4“?

Lösungen ab Seite 275

2417

Welche Abdichtung stellt eine Bitumenbahn oder Polymerbitumenbahn dar?

① PVC-P
② FPO
③ PYE
④ EPDM
⑤ TPE

2418

Welches Verfahren eignet sich für die Verarbeitung von Kunststoff- und Elastomerbahnen?

① Gießverfahren
② Bürstenstreichverfahren
③ Heizkeilschweißverfahren
④ Quellschweißverfahren
⑤ Warmgasschweißen

2419

Welches Verfahren eignet sich für die Verarbeitung von Bitumenbahnen?

① Gießverfahren
② Kaltselbstklebeverfahren
③ Bürstenstreichverfahren
④ Quellschweißverfahren
⑤ Schmelzverfahren

2420

Welcher Wärmedämmstoff eignet sich für ein begrüntes Flachdach?

① Schaumglas
② Hanf
③ Mineralwolle
④ Cellulose
⑤ Schafswolle

2421

Welcher Wärmedämmstoff versteckt sich hinter der Kennzeichnung CG?

① Extrudierter Polystyrol-Hartschaum
② Polyurethan-Hartschaum
③ Mineralwolle
④ Cellulose
⑤ Schaumglas

2422

Welche Aussagen treffen auf den Oberflächenschutz (z. B. Kiesschüttung, $d = 50$ mm) einer Dachabdichtung zu?

① Schützt die Abdichtung vor Temperatureinflüssen
② Erhöht den Brandschutz
③ Schützt nicht vor mechanischen Beschädigungen
④ Schützt vor eindringendem Niederschlagswasser
⑤ Verlängert die Lebensdauer einer Abdichtung

2423

Wie dick muss die Schalung aus Holzwerkstoffplatten sein?

① 15 mm
② 20 cm
③ 24 mm
④ 26 mm
⑤ 22 mm

2424

Welcher Baustoff oder konstruktive Maßnahme stellt einen schweren Oberflächenschutz dar?

① Schiefersplitt
② Kiesschüttung
③ Gehwegplatten (z. B. aus Beton)
④ Intensive Dachbegrünung
⑤ Extensive Dachbegrünung

Lösungen ab Seite 276

2425

Wie dick muss die Kiesschüttung eines Flachdaches mindestens sein?

① 100 mm
② 50 cm
③ 50 mm
④ 20 cm
⑤ 120 mm

2426

Welcher Baustoff eignet sich besonders gut als schwerer Oberflächenschutz?

① Sand 0/2 mm
② Kies 2/8 mm
③ Lehm
④ Kies 16/32 mm
⑤ Ton

2427

Welcher Baustoff eignet sich als Dampfsperrschicht?

① Kunststoffvlies
② Bitumenbahn mit Metalleinlage
③ Schaumglas (Stöße dampfdiffusionsdicht geschlossen)
④ Polystyrol-Extruderschaum
⑤ Verbundfolien

2428

Was könnte mit der Wärmedämmung passieren, wenn die Dampfsperrschicht nicht fachgerecht ausgeführt ist?

2429

Wie sollte eine Dampfsperrschicht nicht hergestellt werden?

① Kann punktweise verlegt werden.
② Kann streifenweise verlegt werden.
③ Die Überdeckung muss mindestens alle 2 m dampfdiffusionsdicht verklebt werden.
④ Kann vollflächig verlegt werden.
⑤ Die Überdeckung muss dampf-diffusionsdicht hergestellt werden, damit die Wärmedämmung nicht feucht und ihre Funktion gewährleistet wird.

2430

Welcher Dämmstoff eignet sich für ein Umkehrdach?

① Polystyrol-Extruderschaum
② Mineralwolle
③ Cellulose
④ Holzfaserdämmplatten
⑤ Steinwolle

2431

Was versteht man unter dem Dämmstoff „EPS 035 DAA dh"?

EPS:

035:

DAA:

dh:

Lösungen ab Seite 276

2432

Welche konstruktiven Maßnahmen sind bei einem Umkehrdach zu berücksichtigen?

① Es darf kein wasseraufnahmefähiger Dämmstoff gewählt werden
② Die Dämmstoffdicke muss, anders als bei einem unbelüfteten Flachdach, dicker gewählt werden
③ Die Überdeckung der Dampfsperre muss dampfdiffusionsdicht verlegt werden
④ Oberhalb der Dämmschicht sollte eine Filterschicht verlegt werden
⑤ Die Dampfdruckausgleichschicht sollt sich über der Wärmedämmung befinden

2433

Wie stellt man bei einem Flachdach ein Gefälle her. Zwei Möglichkeiten sind zu nennen.

2434

Welchen Wärmedurchgangskoeffizienten (*U-Wert*) hat folgender Schichtaufbau?
Berechne den *U-Wert* der Flachdachkonstruktion. Der Voranstrich sowie die Dampfsperre können bei der Berechnung unberücksichtigt bleiben. Das Flachdach wurde mit einer 2-lagigen Bitumenbahn verlegt.
Gegeben: $R_{si} = 0{,}100\ m^2 \cdot K/W$, $R_{se} = 0{,}043\ m^2 \cdot K/W$

Schichtaufbau:
1. Bitumenbahn, Oberlage
   $\lambda = 0{,}17\ W/(m \cdot K)$, $d = 4$ mm
   Bitumenbahn, Unterlage
   $\lambda = 0{,}17\ W/(m \cdot K)$, $d = 4$ mm
2. Wärmedämmung,
   $\lambda = 0{,}028\ W/(m \cdot K)$, $d = 200$ mm
3. Dampfsperre
4. Voranstrich
5. Stahlbetondecke,
   $\lambda = 2{,}30\ W/(m \cdot K)$, $d = 200$ mm
6. Innenputz,
   $\lambda = 1{,}00\ W/(m \cdot K)$, $d = 15$ mm

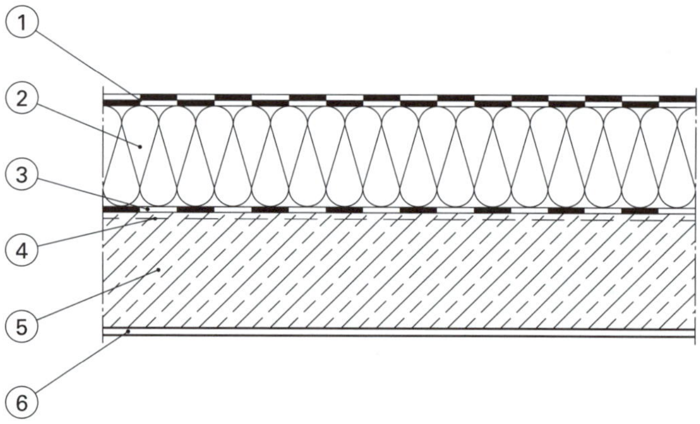

Lösungen ab Seite 277

LF 10 Dachflächen abdichten

2435

Was versteht man unter GEG?

2436

Welchen *U*-Wert schreibt das GEG für neue Wohnbauten mit Flachdächern vor?

2437

Erfüllt der geplante Schichtaufbau in Aufgabe 2434 die Referenzwerte gemäß dem GEG?

2438

Welche Aussagen treffen auf die Dachbegrünung zu?

① Die Dachbegrünung wirkt sich positiv auf den Wärmeschutz aus.
② Die Statik muss dafür ausgelegt sein.
③ Bei Dachbegrünungen werden keine zusätzlichen Anforderungen an die Dachabdichtung gestellt.
④ Man unterscheidet zwischen extensiver und intensiver Dachbegrünung.
⑤ Der Schichtaufbau ist wesentlich schwerer als bei einem unbelüfteten Schichtaufbau.

2439

Wovon unterscheidet sich die extensive Dachbegrünung von der intensiven Dachbegrünung?

① Der extensive Schichtaufbau ist kleiner.
② Die Herstellung einer intensiven Dachbegrünung ist wesentlich günstiger.
③ Die Vegetationsschicht ist bei der extensiven Dachbegrünung kleiner.
④ Bei der intensiven Dachbegrünung können größere Pflanzenarten bepflanzt werden.
⑤ Der Schichtaufbau einer intensiven Dachbegrünung ist höher.

2440

Welchen Schichtaufbau (von oben nach unten) hat eine extensive Dachbegrünung?

2441 ... 2500 keine Aufgaben

Lösungen ab Seite 278

2501

Aus welchen Bauteilen besteht die dargestellte Außenwand?

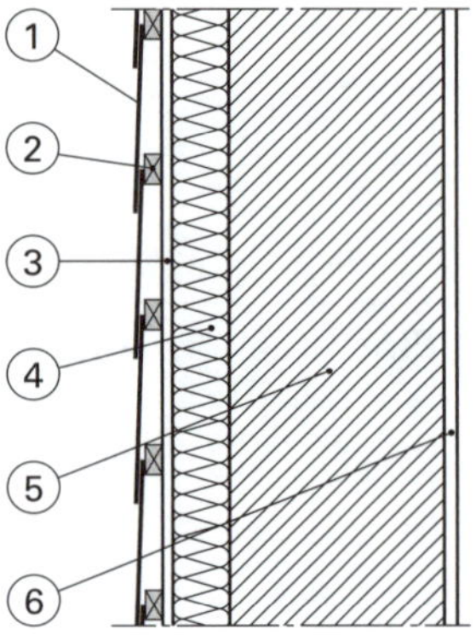

2502

Welche wesentlichen Aufgaben haben die Bauteile aus der Abbildung 2501?

2503

Welche Materialien kommen als Außenwandbekleidung infrage? Drei Materialien sind zu nennen.

2504

Welche zwei Formate kommen als Außenwandbekleidung infrage?

Lösungen ab Seite 280

2505

Wann spricht man von einer kleinformatigen Platte als Außenwandbekleidung?

① Eine kleinformatige Platte hat eine maximale Abmessung 10 cm/10 cm.
② Eine kleinformatige Platte hat eine Fläche von max. 0,4 m^2.
③ Eine kleinformatige Platte hat eine Deckfläche von 0,5 m^2.
④ Eine kleinformatige Platte hat ein Gewicht von max. 5 kg.
⑤ Eine kleinformatige Platte hat eine Fläche von max. 1m^2.

2506

Wann spricht man von einer großformatigen Platte als Außenwandbekleidung?

① Eine großformatige Platte hat eine minimale Abmessung von 1 m/1 m.
② Eine großformatige Platte hat eine Fläche von über 0,4 m^2.
③ Eine großformatige Platte hat eine Fläche von über 0,5 m^2.
④ Eine großformatige Platte hat ein Gewicht von mindestens 5 kg.
⑤ Eine großformatige Platte muss mindestens 2 cm dick sein.

2507

Warum sollten Außenwandbekleidungen hinterlüftet werden?

① Eine fachgerecht Planung und Herstellung einer Außenwandbekleidung mit Hinterlüftung verringert das Risiko an Bauschäden.
② Eine Außenwandbekleidung mit Hinterlüftung hat bessere bauphysikalische Eigenschaften, als eine Außenwandwandbekleidung ohne Hinterlüftung.
③ Die Herstellung von Außenwandbekleidungen mit Hinterlüftung ist der Landesbauordnung und im GEG vorgeschrieben.
④ Die Hinterlüftung transportiert anfallende Feuchtigkeit aus der Konstruktion
⑤ Es gibt keine anderen Konstruktionsarten einer Außenwand.

2508

Welche Materialien kommen für die Unterkonstruktion infrage? Zwei Materialien sind zu nennen.

2509

Wie dick soll die Schicht einer Hinterlüftung mindestens sein?

① 1 cm
② 5 cm
③ 10 cm
④ 8 cm
⑤ 2 cm

2510

Welche Sortierklasse müssen Grundhölzer/Konterlatten einer Außenwandbekleidung mindestens aufweisen?

① S10
② S13
③ S6
④ S8
⑤ S9

Lösungen ab Seite 280

2511

Welche Anforderung wird an die Unterkonstruktion aus Metall gestellt?

① Die Unterkonstruktion muss mindestens aus Kupfer bestehen.
② Die verwendete Metallart muss einen Korrosionsschutz aufweisen.
③ Die Unterkonstruktion muss mindestens aus Edelstahl bestehen.
④ Es gibt keine Anforderung an die Unterkonstruktion.
⑤ Unterkonstruktionen aus Metall sind nicht zulässig.

2512

Welchen Nennquerschnitt in mm müssen Grundhölzer/Konterlatten einer Außenwandbekleidung mit kleinformatigen Platten mindestens aufweisen?

① 24/48
② 24/60
③ 30/50
④ 40/60
⑤ 30/40

2513

Welche Sortierklasse müssen Traglatten einer Außenwandbekleidung mit kleinformatigen Platten mindestens aufweisen?

① S10
② S13
③ S6
④ S8
⑤ S9

2514

Welchen Nennquerschnitt in mm müssen Traglatten einer Außenwandbekleidung mit kleinformatigen Platten mindestens aufweisen?

① 24/48
② 24/60
③ 30/50
④ 40/60
⑤ 30/40

2515

Wie sind Traglatten der Sortierklasse S10 gekennzeichnet?

① Sie sind blau gekennzeichnet.
② Sie sind grün gekennzeichnet.
③ Der Geselle kennzeichnet sie auf der Baustelle.
④ Sie sind rot gekennzeichnet.
⑤ Sie sind grün imprägniert.

2516

Was ist bei der Planung und Herstellung der Verankerung zu beachten (Mehrfachnennung)?

① Die Dübelart muss auf die Außenwandkonstruktion abgestimmt werden.
② Die Verankerungstiefe soll maximal 15 mm betragen.
③ Die Verankerungstiefe ist abhängig von der Außenwandkonstruktion.
④ Die Verankerungstiefe ist abhängig vom Dübeldurchmesser.
⑤ Die Verankerungsart muss für diesen Zweck zugelassen sein.

Lösungen ab Seite 281

2517

Welcher Dämmstoff ist für eine hinterlüftete Außenwandbekleidung geeignet (zwei Antworten richtig)?

① Es sind alle Dämmstoffarten geeignet.
② Mineralwolle
③ Polyurethan
④ Polystyrol Extruderschaum
⑤ Weiche Holzfaserdämmstoffe

2518

Wie kann der Dämmstoff einer hinterlüfteten Außenwandbekleidung befestigt werden (zwei Antworten richtig)?

① Der Dämmstoff kann geklebt werden.
② Der Dämmstoff muss nicht befestigt werden.
③ Der Dämmstoff kann mit Dämmstoffhaltern befestigt werden.
④ Der Dämmstoff trägt sich von alleine
⑤ Der Dämmstoff wird im Abstand von 20 cm mit Rillennägeln befestigt.

2519

Wie viele Dämmstoffhalter müssen für die Befestigung des Dämmstoffes gewählt werden?

① mind. 5/m²
② mind. 10/m²
③ mind. 2/m²
④ mind. 3/m²
⑤ mind. 8/m²

2520

Warum sollte eine Außenwand gedämmt werden?

2521

Welchen Verwendungszweck haben folgende Bauteile einer hinterlüfteten Außenwandbekleidung:

Verankerungselemente:

Verbindungselemente:

Befestigungselemente:

2522

Welche zwei Haken werden zur Befestigung von kleinformatigen Platten verwendet?

Lösungen ab Seite 282

2523

Bis zu welcher Höhe dürfen Außenwandbekleidungen ohne Baugenehmigung ausgeführt werden?

① 6 m
② 7 m
③ 8 m
④ 10 m
⑤ 2,50 m

2524

Bis zu welcher Anzahl von Vollgeschlossen dürfen Außenwandbekleidungen ohne Baugenehmigung errichtet werden?

① 1 Vollgeschoss
② 2 Vollgeschosse
③ 3 Vollgeschosse
④ Keine Antwort ist richtig
⑤ 2,50 m Höhe

2525

In der Abbildung sind vier Deckungen mit Faserzement bzw. mit Schiefer dargestellt, um welche Deckarten handelt es sich?

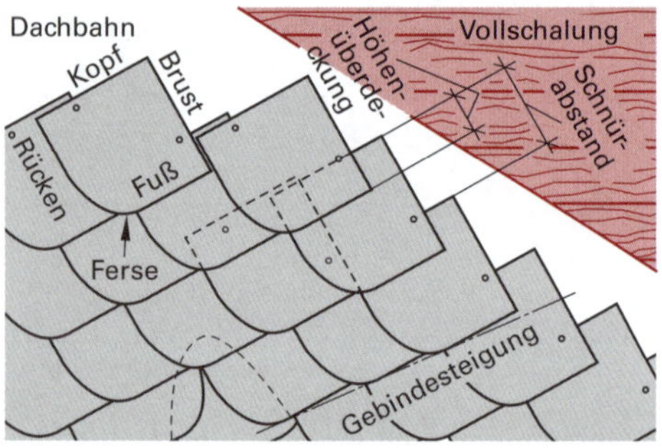

a) ____________________

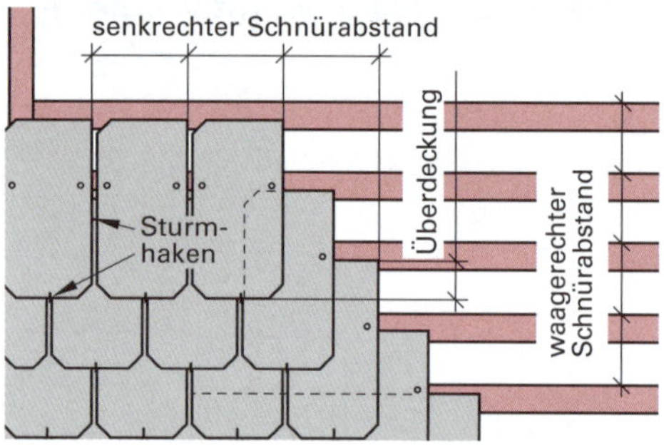

b) ____________________

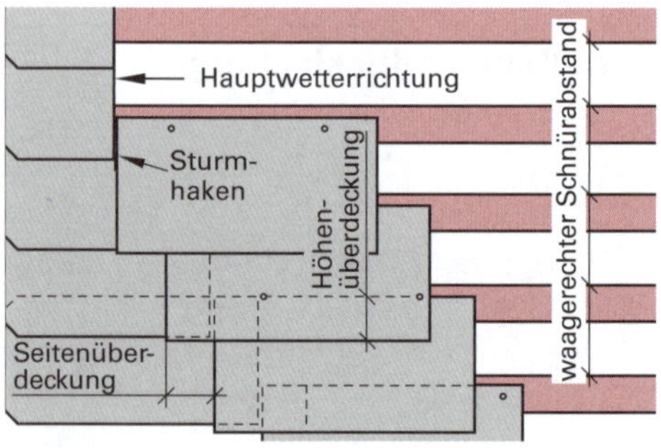

a) ____________________

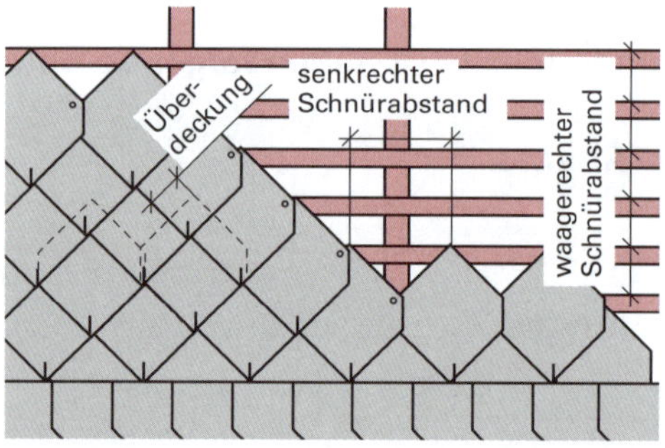

b) ____________________

2526

Für welche Deckrichtung eignen sich Bogenschnittplatten mit dem Bogenschnitt auf der linken Seite der Platte?

Lösungen ab Seite 283

LF 11 Außenwandflächen bekleiden — 2527 ... 2532

2527

Wie groß ist der waagerechte Schnürabstand einer Bogenschnittschablone 20 cm/20 cm für die Fassade?

2528

Wie groß ist die Deckbreite einer Bogenschnittschablone 20 cm/20 cm?

2529

Welche Befestigungsmittel eignen sich für die Befestigung der Platten der Deutschen Deckung?

2530

Mit wie vielen Befestigungsmitteln müssen Platten, die größer als 20 cm/20 cm sind, befestigt werden?

2531

Mit welchen Platten wird die waagerechte Deckung ausgeführt?

2532

Wie groß ist die Höhen- und Seitenüberdeckung der Platten in der waagerechten Deckung?

Lösungen ab Seite 283

2533

Nach welchen Kriterien erfolgt die Flächeneinteilung in der Breite?

2534

Nach welchen Kriterien erfolgt die Flächeneinteilung in der Höhe?

2535

Worauf ist am Rand der Deckung zu achten?

2536

Wie viel cm Höhenüberdeckung müssen Ortgangplatten haben?

2537

Wie viel cm sollten Ortgangplatten auf der Deckfläche aufliegen?

2538

Mit wie vielen Befestigungsmitteln sind Faserzementplatten am Rand der Deckung zu befestigen?

Lösungen ab Seite 284

2539

Wie können Eckausbildungen mit Faserzementplatten ausgeführt werden?

2540

Welche Maßnahmen sollten ergriffen werden, um Außenwandbekleidungen zu pflegen und zu warten?

2541

Gegeben ist die Ansichtsdarstellung einer Fassade. Die Überdeckung beträgt 4 cm.

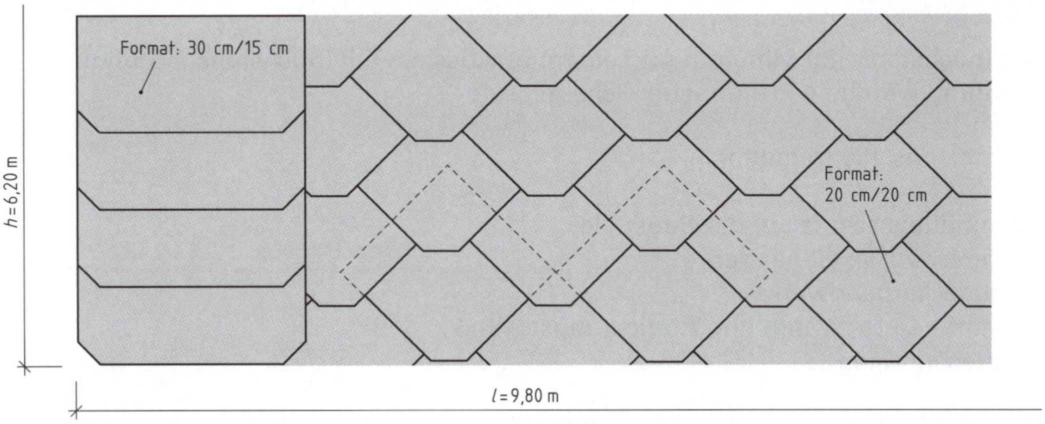

Zu berechnen sind:

a) Wie viele Platten werden pro m² benötigt?
b) Wie viele Platten *(n)* werden benötigt?
c) Wie groß ist die Plattendiagonale *(D)*?
d) Wie groß ist der waagerechte Schnürabstand *(S)*?
e) Wie lautet die dargestellte Ortgangausführung?

2542 ... 2600 keine Aufgaben

Prüfungsvorbereitung aktuell – DACHDECKERHANDWERK

Zwischenprüfung – Fachstufe I

Berufliche Fachbildung	Ausbildungsberuf Dachdecker/Dachdeckerin
Zwischenprüfung – Fachstufe I	• Herstellen einer Holzdachkonstruktion • Decken eines Steildaches • Decken eines Steildaches mit Schiefer und Faserzementplatten • Fertigen eines Flachdaches • Ableiten von Oberflächenwasser • Bekleiden einer Außenwand

Organisation und Ablauf der Zwischenprüfung für Dachdecker

Zwischenprüfung

Voraussetzung für die Zulassung zur Zwischenprüfung ist das regelmäßig geführte Ausbildungsnachweisheft. In der Zwischenprüfung soll der Prüfling eine praktische Aufgabe innerhalb von höchstens 6 Stunden ausführen. Dabei soll der Prüfling zeigen, dass er die Arbeitsschritte planen, Baustoffe und Werkzeuge festlegen, den Gesundheits- und Arbeitsschutz beachten und die Ausführung der praktischen Ausgabe mündlich oder schriftlich begründen kann.

Schriftlicher Teil

Besteht aus einem schriftlichen (höchstens 180 Minuten) und einem praktischen Teil (höchstens 6 Stunden). In der schriftlichen Abschlussprüfung werden 4 Prüfungsbereiche geprüft:

Prüfungsbereiche (höchstens 180 Minuten)
Inhalte der Prüfung:
- Sicherheit und Gesundheitsschutz auf der Baustelle,
- Umweltschutz, Naturschutz an Gebäuden,
- Regelwerk des Dachdeckerhandwerks,
- Bau- und Bauhilfsstoffe, Dach, Wand- und Abdichtungstechnik,
- berufsbezogene Berechnungen

Die Prüfungsbereiche **Dachdeckung**, **Abdichtung** und **Außenwandbekleidung** sind jeweils praxisbezogene Projekte mit ungebundenen und gebundenen Aufgaben. Diese Aufgaben haben technologische und mathematische und zeichnerische Inhalte. Weiterhin werden Fragen zum Arbeits- und Gesundheitsschutz, Umweltschutz und zur Qualitätssicherung gestellt. Der schriftliche Teil der Prüfung ist auf Antrag des Prüflings oder nach Entscheidung des Prüfungsausschusses in einzelnen Prüfungsbereichen durch eine mündliche Prüfung zu ergänzen, wenn diese für das Bestehen der Prüfung notwendig sein kann. Der schriftliche Teil der Prüfung hat gegenüber der mündlichen Prüfung das doppelte Gewicht.

Praktischer Teil

Der Prüfling soll im praktischen Teil zeigen, dass er den Arbeitsablauf selbstständig planen und Arbeitszusammenhänge erkennen kann. Er soll Arbeitsergebnisse kontrollieren und Maßnamen zur Sicherheits und zum Arbeitsschutz bei der Arbeit und zum Umweltschutz ergreifen können.

Im praktischen Teil soll der Prüfling folgende Aufgaben aus den Bereichen erfüllen:

- Decken eines Teilbereiches einer Dach- oder Wandfläche mit Schiefer, Dachplatten oder Schindeln
- Decken eines Teilbereiches einer Dachfläche mit Dachziegeln oder Dachsteinen
- Herstellen eines Teilbereiches einer Dachabdichtung mit Kunststoffen oder bituminösen Werkstoffen.

Projekt 1: Zwischenprüfung — 2601 ... 2602

Ein Bauherr wünscht sich für das dargestellte Gebäude eine Außenwandkonstruktion mit hinterlüfteter Außenwandbekleidung.

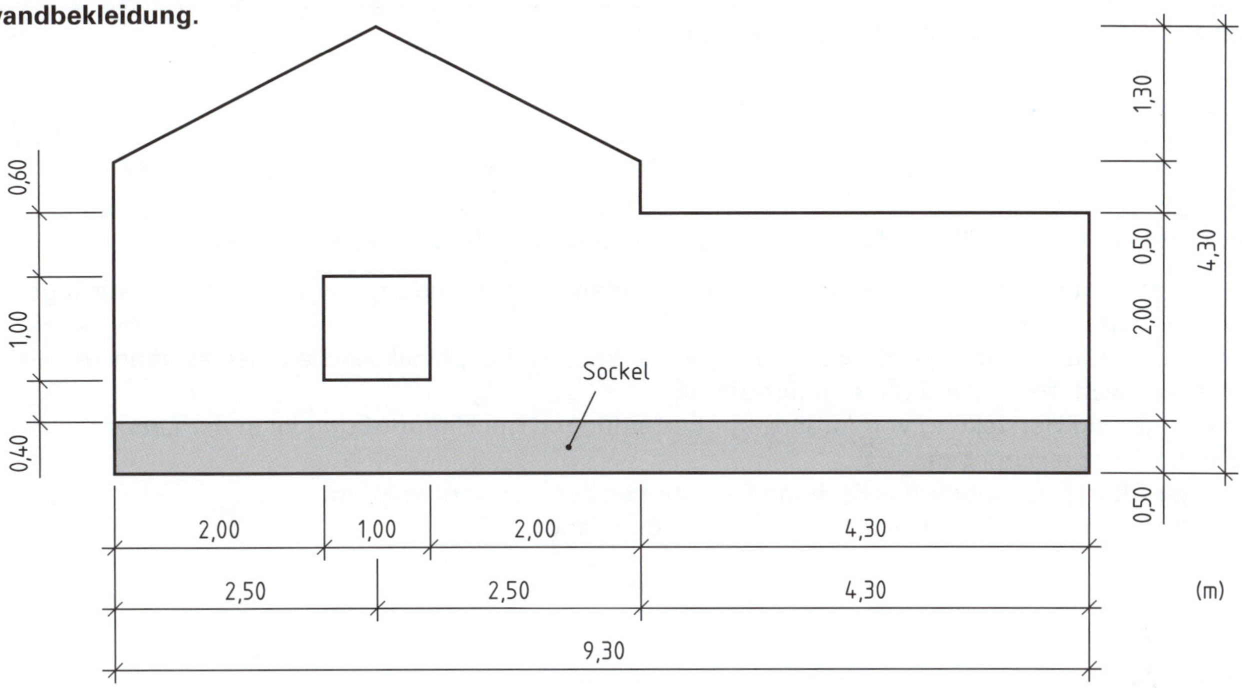

2601

Skizzieren und beschriften Sie den Schichtaufbau einer hinterlüfteten Außenwandkonstruktion? Sechs Bauteile sind zu benennen.

2602

Nennen Sie die wesentlichen Aufgaben der Bauteile gemäß Aufgabe 2601?

Lösungen ab Seite 285

Projekt 1: Zwischenprüfung 2603 ... 2606

2603

Nennen Sie die Mindestschichtdicke der Hinterlüftung?

① 1 cm
② 5 cm
③ 10 cm
④ 8 cm
⑤ 2 cm

2604

Warum sollten Außenwandbekleidungen hinterlüftet werden? Mehrfachlösung möglich.

① Eine fachgerechte Planung und Herstellung einer Außenwandbekleidung mit Hinterlüftung verringert das Risiko an Bauschäden.
② Eine Außenwandbekleidung mit Hinterlüftung weist bessere bauphysikalische Eigenschaften auf, als eine Außenwandwandbekleidung ohne Hinterlüftung.
③ Die Planung und Herstellung von Außenwandbekleidungen mit Hinterlüftung ist in der Landesbauordnung und im GEG vorgeschrieben.
④ Die Hinterlüftung transportiert anfallende Feuchtigkeit aus der Konstruktion.
⑤ Es gibt keine anderen Konstruktionarten einer Außenwand.

2605

Berechnen Sie die Fassadenfläche *(A)*. Der Sockel wird nicht bekleidet.

2606

Der Bauherr entscheidet sich für die waagerechte Deckung aus Faserzement. Nennen Sie die Formel für die Berechnung des Schnürabstandes *(S)*.

Lösungen ab Seite 285

Projekt 1: Zwischenprüfung | 2607 ... 2612

2607

Nennen Sie die Höhenüberdeckung für das Format 40 cm/20 cm.

2608

Berechnen Sie den Schürabstand *(S)* für das Format 40 cm/20 cm.

2609

Berechnen Sie die Plattenanzahl *(n)* pro 1 m², wenn die Mindesthöhenüberdeckung sowie Mindestseitenüberdeckung gewählt wird.

2610

Berechnen Sie die Plattenanzahl (n_{gesamt}) für die gesamte Fassadenfläche.

2611

Berechnen Sie die Gesamtanzahl der Platten (n_{gesamt}), wenn ein Verschnitt von 8 % hinzugerechnet wird.

2612

Berechnen Sie den Materialbedarf an Schieferstiften (35 Stück/m²).

Lösungen ab Seite 286

Ein Kunde wünscht sich die Planung und Ausführung der Dacharbeiten. Das Dach soll gedämmt und mit Dachziegeln bedeckt werden. Es hat folgende Abmessungen:

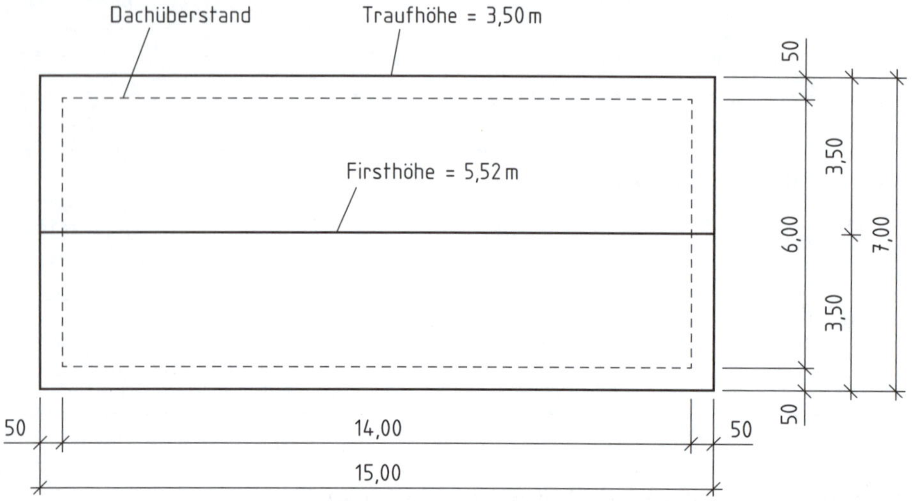

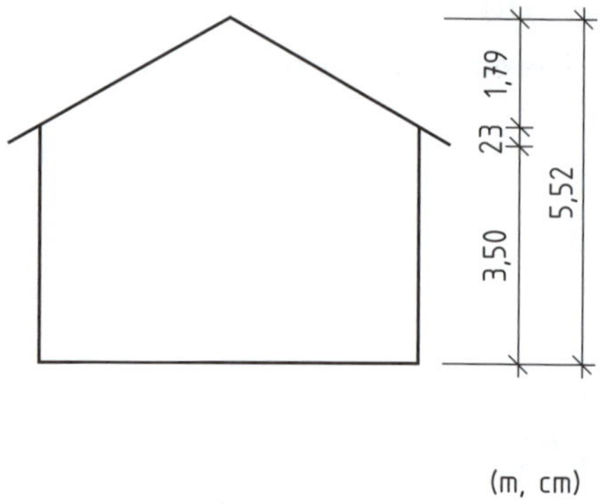

2613

Zeichnen Sie eine Drei-Tafel-Projektion des Gebäudes im Maßstab 1:200.

2614

Nennen Sie die dargestellte Dachform.

2615

Nennen Sie eine geeignete Dachtragkonstruktion.

2616

Ermitteln Sie die Trauflänge *(l_T)*.

2617

Berechnen Sie die Sparrenlänge *(s)*.

2618

Berechnen Sie die Dachneigung (α). Geben Sie die Dachneigung in Grad an.

2619

Berechnen Sie die Gesamtdachfläche *(A)*.

Lösungen ab Seite 287

Projekt 2: Zwischenprüfung

2620

Das Dach wird mit Dachziegeln bedeckt. Beim Auslegen der Dachziegel wurden folgende Maße notiert: Gezogene Länge l_1 = 3,72 m und gedrückte Länge l_2 = 3,56 m. Berechne die mittlere Decklänge (in cm).

2621

Das Dach bekommt eine Zwischensparrendämmung. Welcher Dämmstoff eignet sich hierfür?

2622

Erläutern Sie den Dämmstoff mit der Kennzeichnung WLG 030.

2623

Welcher Dämmstoff hat, aus wärmeschutztechnischer Sicht, die besten Eigenschaften?

① WLG 040
② WLG 030
③ WLG 025
④ WLG 035
⑤ WLG 032

Lösungen ab Seite 288

Ein Kunde wünscht sich für seinen Neubau (Wohngebäude, keine nutzbare Dachfläche) eine fachgerechte Flachdachkonstruktion. Die Abmessungen sind aus der unmaßstäblichen Skizze (alle Abmessungen in m) zu entnehmen. Die Anschlusshöhen bleiben bei der Berechnung unberücksichtigt.

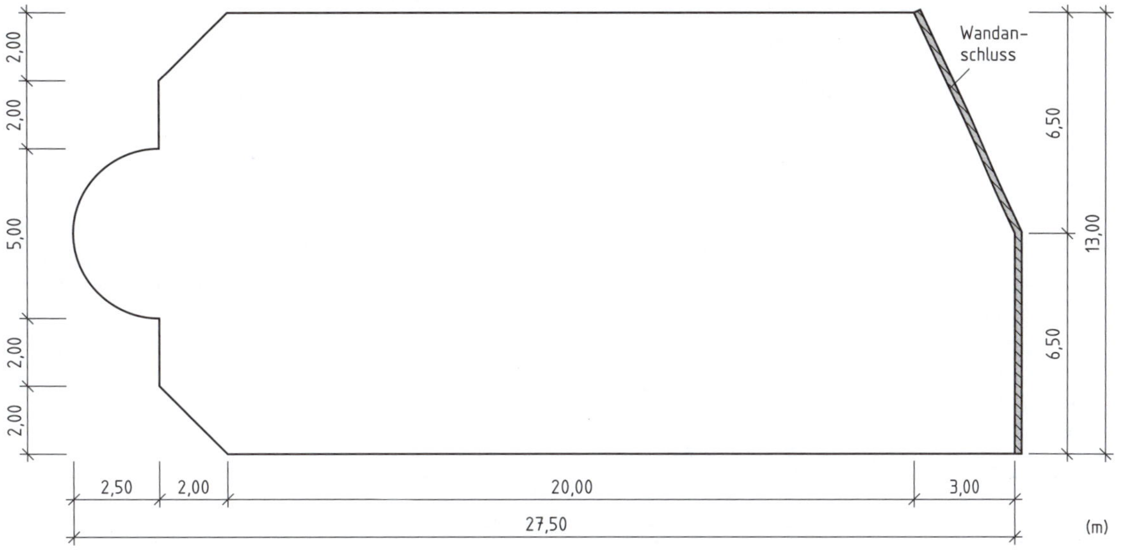

2624

Berechnen Sie die Flachdachflächen *(A)*.

2625

Berechnen Sie die Anzahl (n_{Rollen}) an Rollen, wenn die Fläche mit einer Bitumenbahn abgedichtet wird. Die Verlegung erfolgt 2-lagig, die Überdeckung bei Stoß und Naht beträgt jeweils 10 cm. Es werden 5 m x 1 m Rollen verwendet.

2626

Berechnen Sie die Gesamtanzahl (n_{gesamt}) an Abdichtungsrollen, wenn insgesamt 10 % Verschnitt zugerechnet wird.

2627

Nennen Sie die zwei Konstruktionsarten von Flachdächer?

1. Konstruktionsart:

2. Konstruktionsart:

2628

Nennen Sie geeignete Verfahren für die Verarbeitung von Bitumenbahnen (Mehrfachnennung)?

① Gießverfahren
② Kaltselbstklebeverfahren
③ Bürstenstreichverfahren
④ Quellschweißverfahren
⑤ Schmelzverfahren

2629

Nennen Sie die Verarbeitungstemperatur von Dachabdichtungen, die ohne zusätzliche Maßnahmen nicht unterschritten werden darf.

① − 5 °C
② +10°C
③ −20°C
④ + 2°C
⑤ + 5°C

2630

Benennen Sie den Wärmedämmstoff mit der Kennzeichnung CG?

① Extrudierter Polystyrol-Hartschaum
② Polyurethan-Hartschaum
③ Mineralwolle
④ Cellulose
⑤ Schaumglas

2631

Nennen Sie eine Abdichtung aus Bitumen- oder Polymerbitumen.

① PVC-P
② FPO
③ PYE
④ EPDM
⑤ TPE

2632

Nennen Sie Baustoffe die sich als Dampfsperrschicht eignen (Mehrfachnennung)?

① Kunststoffvlies
② Bitumenbahn mit Metalleinlage
③ Schaumglas (Stöße dampfdiffusionsdicht geschlossen)
④ Polystyrol-Extruderschaum
⑤ Verbundfolien

2633 ... 3100 keine Aufgaben

Lösungen ab Seite 289

Prüfungsvorbereitung aktuell – DACHDECKERHANDWERK

PRÜFUNGSVORBEREITUNG AKTUELL
✓ gebundene Aufgaben
✓ ungebundene Aufgaben
✓ Lernfeldaufgaben
✓ Projektaufgaben
✓ handlungsorientierte Aufgaben

Lernfelder der Fachstufe II

LF 12 Geneigte Dächer mit Metallen decken | 3101 ... 3110

3101

Welches Metall eignet sich nicht für den Einsatz von Metalldeckungen?

① unbehandeltes Eisen
② Kupfer
③ Aluminium
④ Titanzink

3102

Welche Eigenschaft gehört nicht zu Kupfer?

① dehnbar
② hohe Zugfestigkeit
③ geringe Härte
④ große Härte

3103

Welche Eigenschaft hat Titanzink?

① nur schwer verformbar
② Kaltsprödigkeit
③ Grünfärbung
④ magnetisch

3104

Wie lässt sich Blei nicht verarbeiten?

① Schweißen
② Falzen
③ Löten
④ Nieten

3105

Aluminium kann nicht ... werden!

① gefalzt
② geschweißt
③ gelötet
④ genietet

3106

Welches Metall bildet keine Patina?

① Kupfer
② Eisen
③ Blei
④ Titanzink

3107

Wenn Roheisen weiter verarbeitet wird, entsteht ...!

① Kupfer
② Zink
③ Stahl
④ Blei

3108

Edelstahl ist ein ... !

① leicht rostender Stahl
② nicht rostender Stahl
③ sehr unbeständiger Stahl
④ leicht brüchiger Stahl

3109

Was ist eine Legierung?

① eine Mischung von zwei oder mehreren Metallen
② ein reines Grundmetall
③ ein nichtmetallisches Element
④ ein nichtmetallischer Werkstoff

3110

Welchen Vorteil hat eine Legierung?

① Eine Legierung hat keinen Vorteil gegenüber den Grundmetallen.
② Eine Legierung verändert die Eigenschaften der Grundmetalle.
③ Eine Legierung hat keinen Einfluss auf die Eigenschaften der Grundmetalle.
④ Eine Legierung ist wie ein Schutzüberzug für die Grundmetalle.

Lösungen ab Seite 291

3111

Was muss bei der Unterkonstruktion von Metalldeckungen beachtet werden?

① Metalldeckungen haben ein hohes Eigengewicht
② Metalldeckungen haben eine lange Lebensdauer
③ Metalldeckungen sind nicht diffusionsoffen
④ Metalldeckungen haben ein sehr geringes Eigengewicht

3112

Wie heißt die dargestellte Falzverbindung?

① einfacher Stehfalz
② deutsche Leiste
③ doppelter Stehfalz
④ belgische Leiste

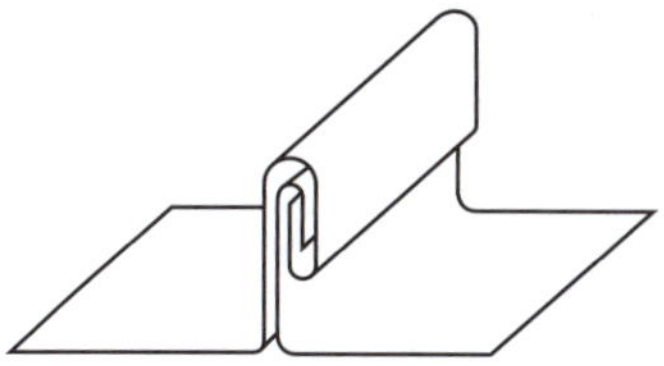

3113

Was ist bei einer nicht belüfteten Unterkonstruktion zu beachten?

① Be- und Entlüftungsöffnungen an den tiefsten und höchsten Punkten der Dach- oder Wandkonstruktion.
② Unterhalb der Wärmedämmung ist eine wind- und luftdichte Schicht herzustellen.
③ Es müssen nur Belüftungsöffnungen am tiefsten Punkt der Unterkonstruktion hergestellt werden.
④ Es müssen nur Entlüftungsöffnungen am höchsten Punkt der Unterkonstruktion hergestellt werden.

3114

Was ist bei einer belüfteten Unterkonstruktion zu beachten?

① Be- und Entlüftungsöffnungen an den tiefsten und höchsten Punkten der Dach- oder Wandkonstruktion.
② Die Unterkonstruktion muss luftdicht hergestellt werden.
③ Es müssen nur Belüftungsöffnungen am tiefsten Punkt der Unterkonstruktion hergestellt werden.
④ Es müssen nur Entlüftungsöffnungen am höchsten Punkt der Unterkonstruktion hergestellt werden.

3115

Welche Falzverbindung wird auf dem Bild dargestellt?

① einfacher Liegefalz
② deutscher Liegefalz
③ doppelter Liegefalz
④ belgischer Liegefalz

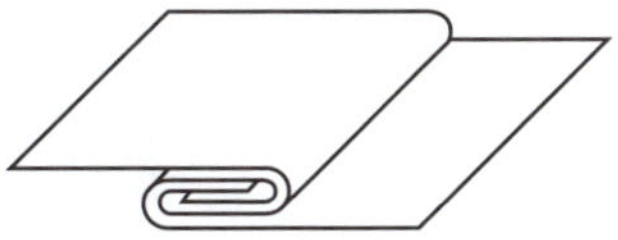

3116

Wie heißt die dargestellte Falzverbindung?

① einfacher Stehfalz
② deutsche Leiste
③ doppelter Stehfalz
④ belgische Leiste

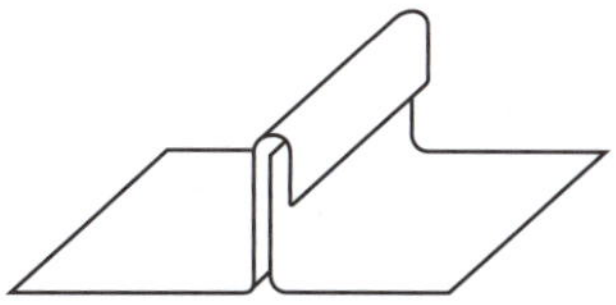

3117

Welche Falzverbindung wurde richtig verlegt?

①

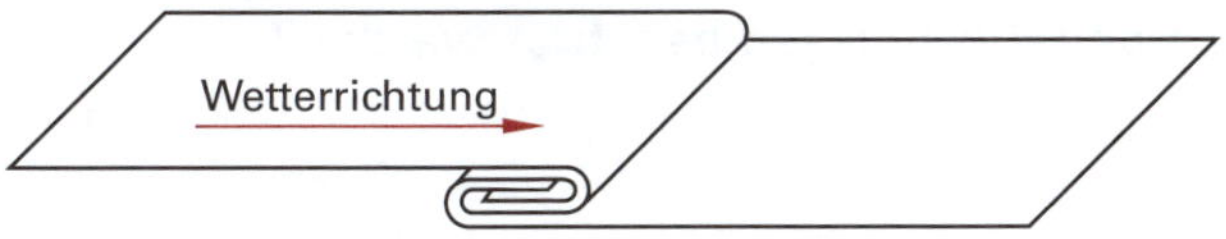

②

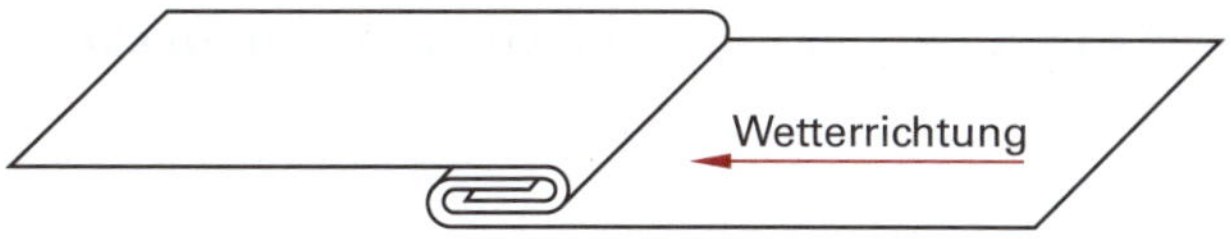

3118

Durch welche Deckarten können Metallscharen miteinander verbunden werden?

LF 12 Geneigte Dächer mit Metallen decken | 3119 ... 3125

3119

Zu skizzieren ist der Schnitt durch

a) die deutsche Leistendeckung und

b) die belgische Leistendeckung.

3120

Wovon ist die Anzahl der Hafte bei einer Stehfalzdeckung abhängig?

3121

Wie können die Quernähte bei einer Doppelstehfalzdeckung ausgeführt werden?

3122

Worauf ist bei der Herstellung von Querfalzen insbesondere zu achten?

3123

Was wird unter dem Begriff „Schiebenaht" verstanden?

3124

Was muss bei der Montage von Mauerabdeckungen und Dachrandabschlüssen beachtet werden?

3125

Wie können Mauerabdeckungen und Dachrandabschlüsse befestigt werden?

3126 ... 3200 keine Aufgaben

Lösungen ab Seite 291

LF 13 Details am geneigten Dach herstellen — 3201 ... 3209

3201

Um wie viel cm müssen Traufziegel bei einer Traufausbildung ohne Rinne und Traufblech mindestens gegenüber der Unterkonstruktion überstehen?

① 2 cm
② 4 cm
③ 5 cm
④ 6 cm

3202

Wie weit sollen die Traufziegel oder -steine in die Rinne ragen, wenn auf das Traufblech verzichtet wird?

① 5 cm
② 8 cm
③ 1/3 des Rinnendurchmessers
④ 1/3 der Höhenüberdeckung

3203

Wovon ist die Mindestbreite der Traufbleche abhängig?

① Trauflänge
② Dachneigung
③ Höhenüberdeckung
④ Deckmaterial

3204

Wie weit muss das Traufblech von dem Deckmaterial bei einer Dachneigung > 22° mindestens überdeckt werden?

① 5 cm
② 15 cm
③ 8 cm
④ 10 cm

3205

Wie groß sollte der Abstand zwischen Innenkante des Schenkels eines Ortgangziegels/-steines und der fertigen Giebelwand mindestens sein?

① 1 cm
② 2 cm
③ 3 cm
④ 0,5 cm

3206

Der freie Überstand der Traglatten am Ortgang sollte nicht mehr als ... über Außenkante Auflager betragen.

① 10 cm
② 20 cm
③ 30 cm
④ 40 cm

3207

Wie groß sollte die Längenüberdeckung von unverfalzten Firstziegeln/-steinen mindestens sein?

① 3 cm
② 4 cm
③ 5 cm
④ 6 cm

3208

Welche Kehlart kann nicht bei einem Dach mit Falzziegeldeckung oder Dachsteindeckung mit Seitenfalz ausgeführt werden?

① überdeckte Metallkehle
② eingebundene Nockenkehle
③ überdeckte Biberkehle
④ Formziegelkehle

3209

Warum sollte jeder Ausspitzer am Grat mit einem wasserabweisenden Schnitt versehen werden?

① Damit das Niederschlagswasser besser unter den Grat geleitet wird.
② Damit der darüber liegende Ausspitzer besser befestigt werden kann.
③ Damit das Niederschlagswasser von der Gratkante weg zur Dachfläche hin geleitet wird.
④ Damit genügend Lüftungsöffnungen am Grat vorhanden sind.

Lösungen ab Seite 292

LF 13 Details am geneigten Dach herstellen

3210

Wie groß muss die Überdeckung der Kehlbleche bei einer überdeckten Kehle untereinander sein, wenn die Kehlneigung > 22° ist?

① mind. 50 mm
② mind. 80 mm
③ mind. 100 mm
④ mind. 150 mm

3211

Um wie viel cm sollen die Dachsteine oder Dachziegel bei einer Dachneigung ≥ 22° die Kehlbleche seitlich überdecken?

① mind. 5 cm
② mind. 8 cm
③ mind. 10 cm
④ max. 10 cm

3212

Was wird unter „Einspitzern" bei einer Dachziegel- oder Dachsteindeckung verstanden?

① Einspitzer sind die an dem Grat angeschnittenen oder beigeschroteten Dachziegel oder Dachsteine.
② Einspitzer sind die an der Kehle angeschnittenen oder beigeschroteten Dachziegel oder Dachsteine.
③ Einspitzer sind die letzten Dachziegel oder -steine vor dem Ortgang.
④ Einspitzer sind die Übergangsziegel oder -steine vom Grat zum First.

3213

Zu welcher Kehlart gehören die Formziegel- und die Dreipfannenkehlen?

① eingebundene Kehlen
② unterlegte Kehlen
③ überdeckte Kehlen
④ Nockenkehlen

3214

Welche Dachziegel können für eine Dreipfannenkehle genutzt werden?

① Hohlpfannen mit Kurzschnitt
② Hohlpfannen mit Langschnitt
③ Biberschwanzziegel
④ Doppelmuldenfalzziegel

3215

Welche Kehlart ist hier abgebildet?

① eingebundene Biberkehle
② unterlegte Kehle
③ überdeckte Kehle
④ eingebundene Nockenkehle

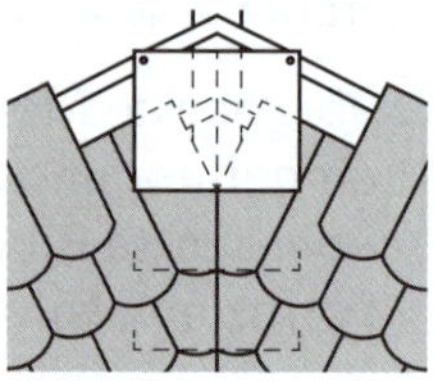

3216

Wie groß ist die Mindestüberdeckung bei unterlegten seitlichen Anschlüssen aus Metall?

① 50 mm
② 80 mm
③ 100 mm
④ 120 mm

3217

Welche Aussage über die eingebundene Biberkehle ist richtig?

① Bei der eingebundenen Biberkehle muss die vierte Kehlschicht die erste Kehlschicht um mind. 1 cm überdecken.
② Bei der eingebundenen Biberkehle muss die dritte Kehlschicht die erste Kehlschicht um mind. 2 cm überdecken.
③ Bei der eingebundenen Biberkehle muss die zweite Kehlschicht die erste Kehlschicht um mind. 4 cm überdecken.
④ Bei der eingebundenen Biberkehle muss die dritte Kehlschicht die erste Kehlschicht um mind. 1 cm überdecken.

Lösungen ab Seite 292

LF 13 Details am geneigten Dach herstellen — 3218 ... 3225

3218

Welche Kehle wird auf dem Bild dargestellt?

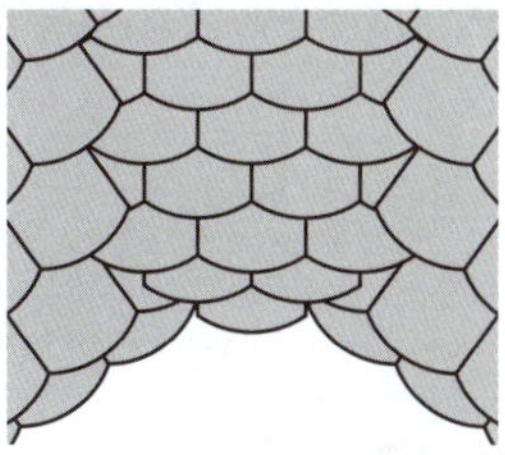

① 2 Biber breite eingebundene Biberkehle
② 3 Biber breite eingebundene Biberkehle
③ 1 ½ Biber breite eingebundene Biberkehle
④ 1 Biber breite eingebundene Biberkehle

3219

Wie groß ist mindestens die Überdeckung bei An- und Abschlüssen aus anderen Deckwerkstoffen auf die Dachdeckung?

① mind. 50 mm
② mind. 80 mm
③ mind. 100 mm
④ mind. 150 mm

3220

Wie groß muss mindestens der Zwischenraum zwischen Schalung und Dachziegel/-stein bei seitlichen Anschlüssen sein?

① 2 cm
② 1,5 cm
③ 1 cm
④ 0,5 cm

3221

Welches der vier Antwortmöglichkeiten zählt nicht zu den Dacheinbauteilen oder Dachsystemteilen?

① Entlüftungsrohr
② Sicherheitsdachhaken
③ Blitzschutzanlagen
④ Schneefanggitter

3222

Wie breit sollten Nocken für den eingebundenen Nockenanschluss mindestens sein?

① 10 cm
② 15 cm
③ 16 cm
④ 20 cm

3223

Wie kann erreicht werden, dass die Deckreihe der Dachziegel oder -steine an der Traufe die gleiche Neigung hat wie alle anderen Deckreihen der Dachfläche?

3224

Wie können Ortgänge mit Dachziegeln oder Dachsteinen ausgeführt werden?

3225

Wie sind Ortgangziegel oder Ortgangsteine zu befestigen?

Lösungen ab Seite 292

LF 13 Details am geneigten Dach herstellen — 3226 ... 3232

3226

Welche zwei Arten der Firstdeckung sind grundsätzlich möglich?

3227

Wie wird ein Firstziegel in Mörtel aufgesetzt?

3228

Welche Vorteile hat ein Trockenfirst gegenüber einem Mörtelfirst?

3229

Welche zwei grundsätzlichen Ausführungsarten sind bei der Gratausbildung einer Dachziegel- oder Dachsteindeckung möglich?

3230

Welche Dachziegel oder Dachsteine werden als Ausspitzer bezeichnet?

3231

Welche drei Materialarten eignen sich für überdeckte Kehlen in der Dachziegel- oder Dachsteindeckung?

3232

Wie können Einspitzer bei den verschiedenen Kehlarten befestigt werden?

Lösungen ab Seite 292

LF 13 Details am geneigten Dach herstellen | 3233 ... 3238

3233

Welche Kehlarten können bei einer Dacheindeckung mit Biberschwanzziegeln ausgeführt werden? Mindestens vier Kehlarten sind zu nennen!

3234

Wann wird bei Kehlen im Allgemeinen von „gleichhüftig" und „ungleichhüftig" gesprochen?

3235

In welche drei Arten lassen sich Anschlüsse an Durchdringungen und an aufgehenden Bauteile einteilen?

3236

Welche drei Möglichkeiten gibt es, um seitliche Anschlüsse bei einer Dachziegel- oder Dachsteindeckung aus Metall herzustellen?

3237

Welche zwei Varianten gibt es, um einen unterliegenden seitlichen Anschluss aus Metall herzustellen?

3238

Welche Möglichkeiten gibt es, um Anschlüsse bei Biberschwanzziegeldeckungen auszuführen? Mindestens fünf Anschlussmöglichkeiten sind zu nennen!

Lösungen ab Seite 293

3239

Drei Beispiele für Dachdurchdringungen sind zu nennen und jeweils eine Möglichkeit, diese in die Dachfläche regensicher einzubinden!

3240

Mit welchen Deckwerkstoffen können Fledermausgauben eingedeckt werden? Mindestens vier Deckwerkstoffe sind zu nennen!

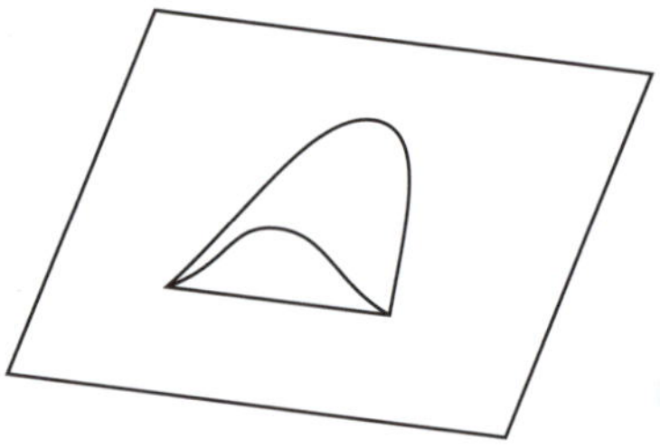

3241

Worauf ist zu achten, wenn Fledermausgauben mit Dachziegeln/-steinen eingedeckt werden sollen?

3242

Welcher wesentliche Punkt ist beim Einteilen eines Daches zu beachten, wenn dieses eine Schleppdachgaube besitzt, die mit denselben Dachziegeln/-steinen eingedeckt werden soll?

3243

Zu berechnen ist die Länge der Kehle *k* (in m) und die Länge des Grates *g* (in m)! Die Walme haben eine Neigung von 55°. Die Hauptdachhöhe *h*, die Sparrenlänge Hauptdach *s*(h) und die Sparrenlänge des Walmdaches *s*(w) sind dabei zu überprüfen.

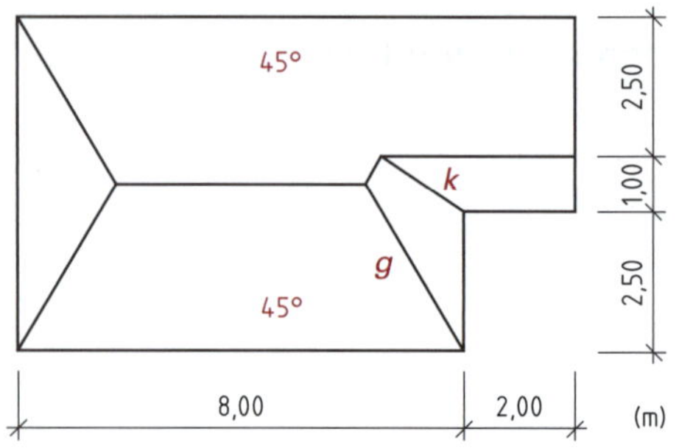

3244

Welche Dachneigung (in °) haben die Dachflächen a, b und c?

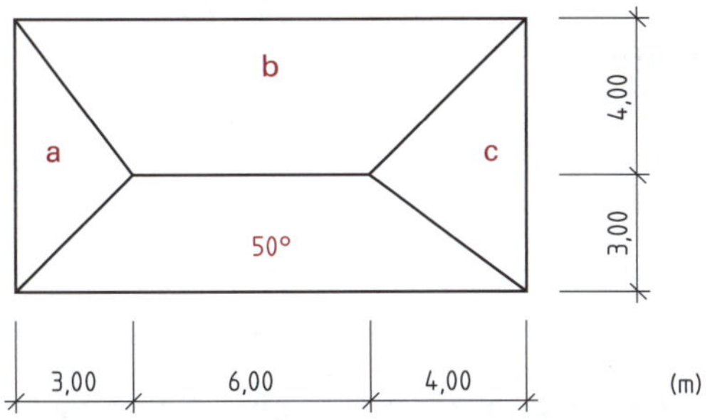

3245

Zu berechnen ist die Dachfläche *A* (in m²) des gleichgeneigten Satteldaches!

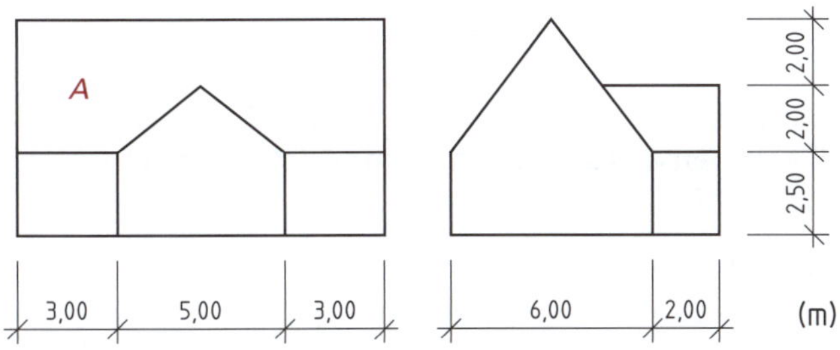

3246

Die Dachfläche *A* des abgebildeten Satteldaches soll berechnet werden. In der Dachfläche ist eine Trapezgaube. Die Trapezgaube ist 1,45 m hoch und die Hauptdachflächen sind mit 38° geneigt. Wie groß ist die Dachfläche *A* (in m²)?

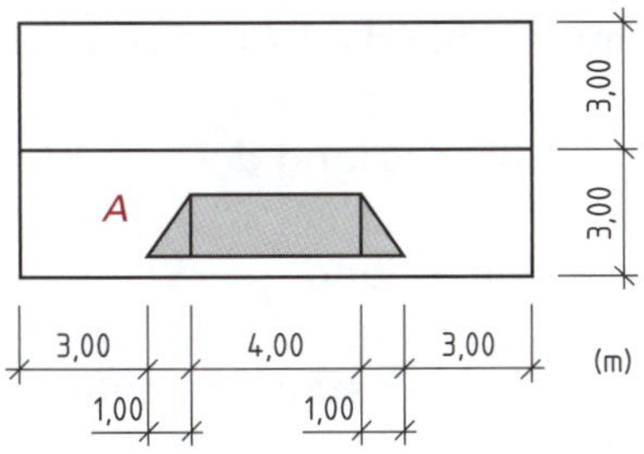

Draufsicht

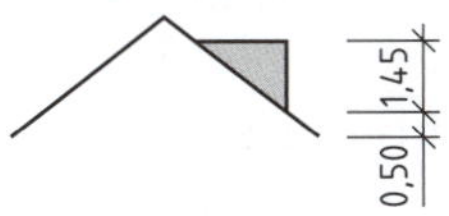

Querschnitt

3247

Mit wie viel Grad sind die Sparren der Gaubenwangen des Daches aus Aufgabe 3246 geneigt?

Lösungen ab Seite 294

LF 13 Details am geneigten Dach herstellen

3248

Wird bei Schieferdeckungen die Traufe mit einem Traufgebinde ausgeführt muss die Seitenüberdeckung der Traufsteine um ... erhöht werden!

① mindestens 1/3
② mindestens 1/4
③ mindestens 1/2
④ mindestens 1/5

3249

Wie werden die Ortgänge bei der Waagerechten Deckung ausgeführt?

① eingebunden
② als Doppelendort
③ auslaufend
④ als Endstichort

3250

Wie viel cm sollten Faserzementdachplatten am Ortgang über die fertige Konstruktion gedeckt werden?

① 20 mm bis 30 mm
② 20 mm bis 40 mm
③ 30 mm bis 50 mm
④ 40 mm bis 60 mm

3251

Mit wie vielen Befestigungsmitteln sind Schiefer-/Faserzementdachplatten im Firstgebinde mindestens zu befestigen?

① 2 Stück
② 3 Stück
③ 4 Stück
④ 5 Stück

3252

Warum sollten Orte bei der Deutschen Deckung mit Schiefer-/Faserzementdachplatten möglichst immer eingebunden werden?

① Wegen der Windanfälligkeit und Gefährdung der Regensicherheit.
② Weil die Deckart kostengünstiger ist.
③ Weil die Orte so einfacher einzudecken sind.
④ Wegen dem optischen Erscheinungsbild.

3253

Welche Aussage über die Höhen- und Seitenüberdeckung von Ortdeckungen bei Schiefer- und Faserzementplatten ist richtig?

① Die Höhen- und Seitenüberdeckung von Ortdeckungen ist grundsätzlich immer höher, wie die Höhen- und Seitenüberdeckung der Flächendeckung.
② Die Höhen- und Seitenüberdeckung von Ortdeckungen, darf die Höhen- und Seitenüberdeckung der Flächendeckung nicht unterschreiten.
③ Die Höhen- und Seitenüberdeckung von Ortdeckungen ist immer geringer, wie die Höhen- und Seitenüberdeckung der Flächendeckung.
④ Die Höhen- und Seitenüberdeckung von Ortdeckungen ist frei wählbar, Hauptsache die Befestigungsmittel sind möglichst überdeckt (nicht sichtbar).

3254

Was versteht man bei der Dachdeckung mit Schiefer-/Faserzementdachplatten unter einer rechten Kehle?

① Ist eine Kehle, die von der rechten zur linken Dachfläche gedeckt wird.
② Ist eine Kehle, die von der linken zur rechten Dachfläche gedeckt wird.
③ Ist eine Kehle, die rechtseitig mit einer Wange verbunden wird.
④ Ist eine Kehle, die rechtwinklig an einem Bauteil aufsteigt.

Lösungen ab Seite 295

3255

Welche Ortgangdeckung wird auf dem Bild dargestellt?

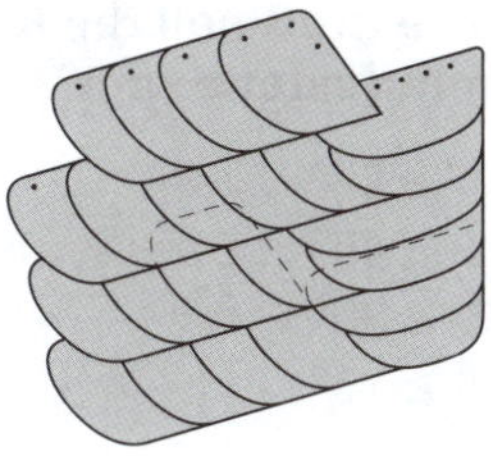

① Doppelendort
② gestaffelter Doppelendort
③ Endstichort
④ auslaufender Endort

3256

Welcher Endsort ist im Bild abgebildet?

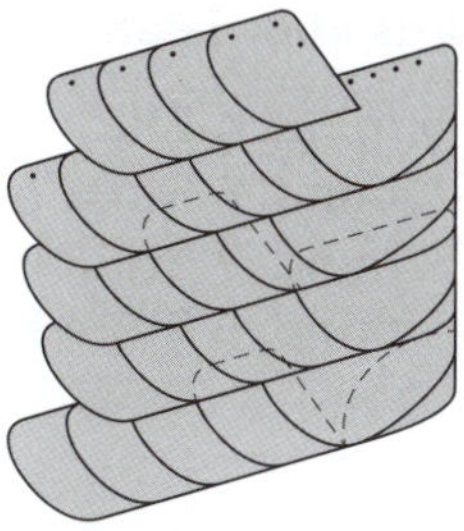

① Doppelendort
② gestaffelter Doppelendort
③ Endstichort
④ auslaufender Endort

3257

Wie groß ist die Höhenüberdeckung bei Strackorten am Grat bei Faserzementdachplattendeckungen?

① halbe Plattenhöhe
② Höhenüberdeckung der Fläche
③ mindestens 5 cm
④ mindestens 10 cm

3258

Bei welcher Deckung werden die Grate nicht als Strackort gedeckt?

① Spitzwinkeldeckung
② Deutsche Deckung
③ Altdeutsche Deckung
④ Rechteckdoppeldeckung

3259

Welche Aussage über die Deckrichtung von eingebundene Kehlen im Allgemeinen ist richtig?

① Eingebundene Kehlen können so gedeckt werden, wie sie am einfachsten auszuführen sind, die Überdeckungshöhen müssen aber eingehalten werden.
② Kehlen werden von der größeren in die kleinere Dachfläche gedeckt, bzw. von der Hauptfläche in die Nebenfläche oder von der steileren in die flachere Dachfläche.
③ Kehlen werden von der kleineren in die größere Dachfläche gedeckt, bzw. von der Nebenfläche in die Hauptfläche oder von der flacheren in die steilere Dachfläche.
④ Eingebundene Kehlen sind immer sieben Decksteine/-platten breit, um diese besser zu planen.

3260

Für welche Faserzementdachplattendeckung eignet sich die eingebundene Plattenkehle?

① Deutsche Deckung
② Waagerechte Deckung
③ Spitzschablonendeckung
④ Doppeldeckung

3261

Für welche Schieferdeckungsart eignet sich die eingebundene Nockenkehle?

① Spitzwinkeldeckung
② Rechteckdoppeldeckung
③ Deutsche Deckung
④ Schuppendeckung

3262

Wie groß ist die Seitenüberdeckung der Kehlsteine in der eingebundenen Schieferkehle?

① mind. halbe Kehlsteinbreite
② mind. 5 cm
③ mind. 29 % der Kehlsteinhöhe
④ mind. 65 mm

3263

Wie groß ist die Seitenüberdeckung der Kehlplatten in der eingebundenen Kehle bei Faserzementdachplattendeckungen?

① mind. halbe Kehlsteinbreite
② mind. 5 cm
③ mind. 29 % der Kehlsteinhöhe
④ mind. 65 mm

LF 13 Details am geneigten Dach herstellen — 3264 ... 3271

3264

Aus wie vielen Kehlsteinen besteht eine Herzkehle?

① mind. 4 Stück pro Seite
② mind. 5 Stück pro Seite
③ mind. 7 Stück insgesamt
④ mind. 5 Stück insgesamt

3265

Wie groß soll die Kehlneigung von Schieferkehlen mindestens sein?

① ≥ 25°
② ≥ 45°
③ ≥ 30°
④ ≥ 15°

3266

Wie groß ist die Höhenüberdeckung der Kehlsteine in der Kehldeckung?

① mind. 5 cm
② mind. 29 % der Kehlsteinhöhe
③ mind. 1/3 mehr als in den Deckgebinden
④ mind. 9 cm

3267

Wie groß ist die Höhenüberdeckung der Kehlplatten in der Kehldeckung bei Faserzementdachplatten?

① mind. 5 cm
② mind. 29 % der Kehlsteinhöhe
③ mind. 1/3 mehr als in den Deckgebinden
④ mind. 9 cm

3268

Werden bei einem Schieferdach (DN > 35°) seitliche Anschlüsse mit Metallnocken hergestellt, müssen diese mindestens ... überdeckt werden.

① 50 mm
② 80 mm
③ 100 mm
④ 120 mm

3269

Aus wie vielen Kehlsteinen besteht eine rechte oder linke Hauptkehle mindestens?

① aus 5 Kehlsteinen
② aus 6 Kehlsteinen
③ aus 7 Kehlsteinen
④ aus 9 Kehlsteinen

3270

Welche Steine werden im abgebildeten eingebundenen Fußgebinde verwendet?

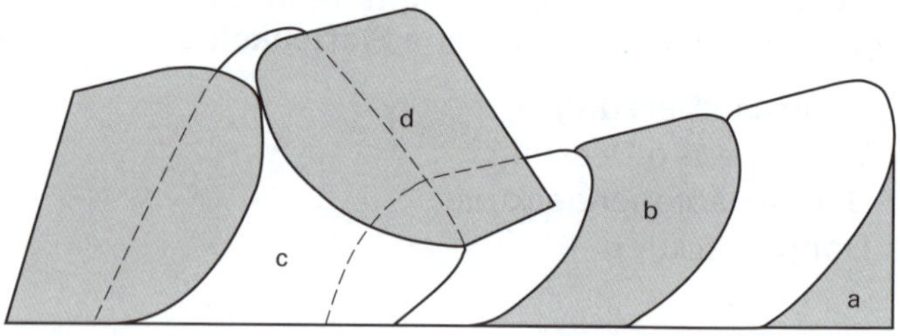

a) ______________________

b) ______________________

c) ______________________

d) ______________________

3271

Wie werden die Steine aus der Aufgabe 3270 bei der Deckung mit Faserzementplatten genannt?

a) ______________________ b) ______________________

c) ______________________ d) ______________________

Lösungen ab Seite 295

LF 13 Details am geneigten Dach herstellen | 3272 ... 3277

3272

Welche Unterschiede bestehen zwischen einen eingespitzten und eingebundenen Fuß?

3273

Wie werden Fuß- und Gebindesteine generell befestigt?

3274

Wie nennt man die Steine eines eingespitzten Fußes?

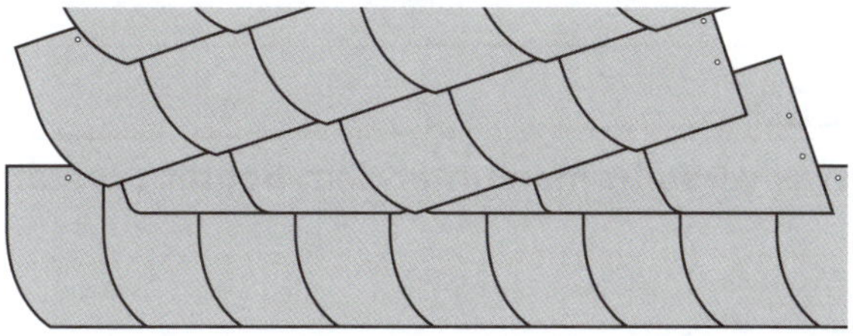

3275

Welche Funktion hat das Traufgebinde unterhalb des eingespitzten Fußes?

3276

Wie wird der abgebildete Stein eines eingebundenen Fußgebindes genannt und wie heißen die gekennzeichneten Teile?

a)
b)
c)
d)
e)
f)
g)
h)

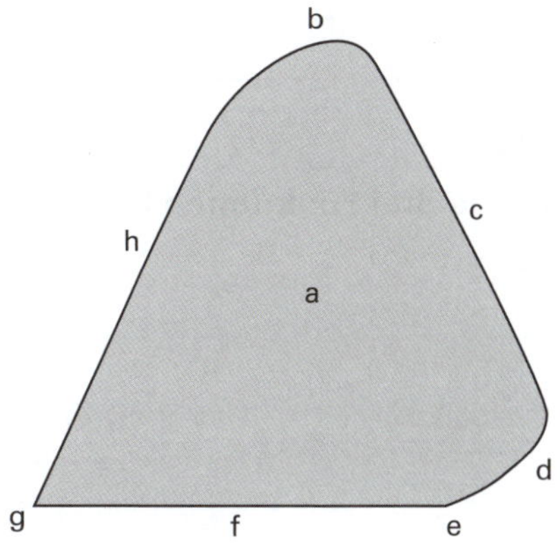

3277

Wovon ist die Form des Gebindesteines abhängig?

LF 13 Details am geneigten Dach herstellen | 3278 ... 3283

3278

Welche Traufausbildungen sind bei Deckungen mit Faserzementdachplatten möglich?

3279

Wie können Schieferdeckungen am Ortgang beendet werden?

3280

Was versteht man unter dem Begriff „gestaffelter Endort“?

3281

Mit wie vielen Befestigungsmitteln sind Ortgangsteine mindestens zu befestigen?

3282

Welche drei Funktionen hat die Deckung am seitlichen Dachrand zu übernehmen?

3283

Welche Möglichkeiten der Endortausführung sind bei der Deutschen Deckung mit Faserzement möglich?

Lösungen ab Seite 296

LF 13 Details am geneigten Dach herstellen

3284

Wie können die Grate bei der Deutschen Deckung mit Faserzement eingebunden werden?

3285

Zu skizzieren ist die Ansicht einer Doppeldeckung mit Firstdeckung?

3286

Mit welchen drei Möglichkeiten kann der First bei Schiefer-/Faserzementdachplattendeckungen ausgeführt werden?

3287

Worauf ist zu achten, wenn bei der Rechteckdoppeldeckung (Doppeldeckung) die Grate eingebunden ausgeführt werden?

3288

Wie wird die Gebindesteigung für die Grateinbindung bei der Deutschen Deckung mit Faserzement angetragen?

Lösungen ab Seite 296

3289

Von dem dargestellten Dach in der Draufsicht sollen folgende Punkte berechnet werden:

a) die gesamte Dachfläche A_{ges} (in m²)!
b) die Kehllänge k (in m)!
c) die Kehlsparrenneigung (in °)!

Die Dachneigung beträgt allseitig 40°.

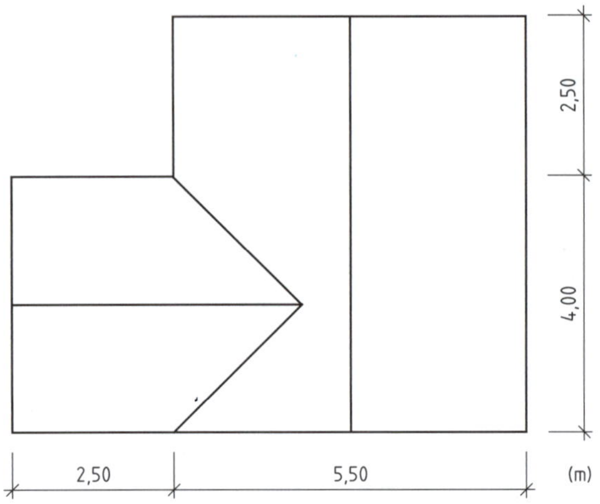

3290

Von dem in Aufgabe 3289 dargestellten Satteldach mit Anbau ist der Materialbedarf für eine Faserzement-dachplatten-Doppeldeckung mit Platten im Format 30 cm/60 cm zu berechnen (*HÜ* = 80 mm).

a) Wie viele Platten werden für die gesamte Dachfläche benötigt, wenn 15 % Verschnitt zu rechnen sind?

b) Wie viele Platten werden für die untergelegten Plattenkehlen (Format 14 cm/40 cm) benötigt?

3291

Was wird unter einer Hauptkehle bei Dächern aus Schiefer-/Faserzementdachplatten verstanden?

LF 13 Details am geneigten Dach herstellen

3292 ... 3296

3292

Was wird unter einer Anschlusskehle bei Dächern aus Schiefer-/Faserzementdachplatten verstanden?

3293

Wie werden die abgebildeten Kehlsteine bezeichnet?

a) ______________________

b) ______________________

c) ______________________

d) ______________________

e) ______________________

f) ______________________

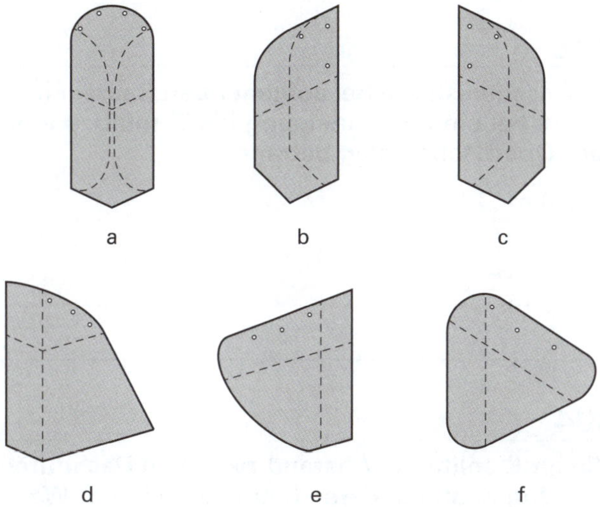

3294

Worauf muss ein/e Dachdecker/-in achten, damit die Regensicherheit einer Kehldeckung gewährleistet werden kann?

3295

Worauf ist beim Einbau eines Dachhakens oder Schneefanggitters in die Deckung mit Faserzementdachplatten zu achten?

3296

Welche Einbauteile sind in Schieferdeckungen möglich?

3297 ... 3300 keine Aufgaben

LF 14 Details an Dächern mit Abdichtungen herstellen und Bauwerke abdichten

3301

Welche Aussage über An- und Abschlüsse ist falsch?

① An- und Abschlüsse sollten aus dem gleichen Werkstoff wie die Dachabdichtung sein.
② An- und Abschlüsse sollten bis zu ihrem oberen Ende wasserdicht sein.
③ An- und Abschlüsse sollten zur Überprüfung und Wartung nicht zugänglich sein.
④ An- und Abschlüsse aus unterschiedlichen Materialien sollten für den Zweck geeignet und untereinander verträglich sein.

3302

Die Anschlusshöhe bei aufgehenden Bauteilen sollten bei einer Dachneigung bis 5° mindestens ... über Oberfläche Belag betragen.

① 0,10 m
② 0,20 m
③ 0,05 m
④ 0,15 m

3303

Die Anschlusshöhe bei aufgehenden Bauteilen sollte bei einer Dachneigung über 5° mindestens ... über Oberfläche Belag betragen.

① 0,10 m
② 0,15 m
③ 0,20 m
④ 0,05 m

3304

Wie groß sollte der Abstand zwischen Dachdurchdringungen und anderen Bauteilen wie z.B. Wandanschlüssen oder Dachränder mindestens sein?

① 0,25 m
② 0,20 m
③ 0,30 m
④ 0,15 m

3305

Die Oberkante eines Aufsetzkranzes für Lichtkuppeln sollte sich mindestens ... über Oberfläche Belag befinden.

① 0,10 m
② 0,15 m
③ 0,20 m
④ 0,05 m

3306

Wie hoch müssen Dachrandabschlüsse bei einer Dachneigung bis 5° mindestens über Oberkante Belag sein?

① 0,05 m
② 0,20 m
③ 0,10 m
④ 0,15 m

3307

Bei einer Dachneigung über 5° müssen Dachrandabschlüsse mindesten ... über Oberkante Belag sein.

① 0,10 m
② 0,15 m
③ 0,20 m
④ 0,05 m

3308

Wie breit müssen Klebeflansche und Dichtungsmanschetten bei Dachdurchdringungen mindestens sein?

① 0,10 m
② 0,12 m
③ 0,05 m
④ 0,15 m

3309

Bei einem Flachdach mit vorgehängter Dachrinne sollte die Randbohle ... niedriger als die vorhandene Dämmschicht sei.

① 15 mm
② 20 mm
③ 10 mm
④ 25 mm

Lösungen ab Seite 299

LF 14 Details an Dächern mit Abdichtungen herstellen und Bauwerke abdichten

3310

Welche Aussage über die Traufausbildung bei Dachrinnen ist falsch?

① Rinnenhalter sollen eingelassen werden oder die Zwischenräume aufgefüttert werden.
② Werden Traufblech und Abdichtung verklebt, ist auf die hintere Kannte des Traufbleches ein Trennstreifen aufzulegen.
③ Traufbleche aus Verbundblechen sind im Versatz mit Schrauben zu befestigen.
④ Die Traufausbildung muss 5 cm über Oberfläche Belag ausgeführt werden, da es sich um einen Dachrand handelt.

3311

Welches Flachdachdetail ist auf der Abbildung im Schnitt zu sehen?

① Wasseranstauhilfe
② Bewegungsfuge
③ Dachrandabschluss
④ Hochpunkt für bessere Wasserführung

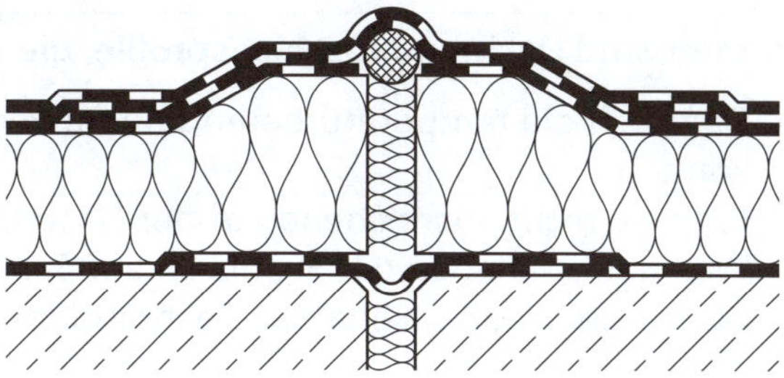

3312

Was wird auf dem Bild dargestellt?

① Dachrandabschluss mit einem 2-teiligen Dachrandabschlussprofil
② Dachrandabschluss mit einem 1-teiligen Dachrandabschlussprofil
③ Dachrandabschluss mit einem Verbundblech
④ Dachrandabschluss mit einem Abdeckblech

3313

Welche Aussage über die Mindestanschlusshöhen ist richtig?

① Die Mindestanschlusshöhen gelten für alle Abdichtungsarten (Flüssigkunststoffe, Bitumenbahnen, Kunststoffbahnen)
② Jede Abdichtungsart hat ihre eigenen Mindestanschlusshöhen.
③ Die Mindestanschlusshöhen werden für jedes Flachdach neu ermittelt.
④ Die Mindestanschlusshöhen gelten nur für neue, nicht erprobte Abdichtungsarten.

3314

Welche Aussage über Anschlüsse mit Bitumenbahnen ist falsch?

① Der Anschlussbereich soll mit einer Haftbrücke versehen werden.
② Anschlüsse aus Bitumenbahnen sind mindestens 2-teilig auszuführen.
③ Am Übergang vom Dach zum aufgehenden Bauteil (z. B. Wandanschluss) sollte ein Keil z. B. aus Dämmstoff angeordnet werden.
④ Anschlüsse aus Bitumenbahnen sind kraftschlüssig und müssen nicht zusätzlich am oberen Rand mechanisch befestigt werden.

Lösungen ab Seite 299

LF 14 Details an Dächern mit Abdichtungen herstellen und Bauwerke abdichten

3315

Wie sollte eine Dachrandabdeckung montiert werden?

① waagerecht
② mit Gefälle zur Dachaußenseite
③ mit Gefälle zur Dachfläche
④ mit Gefälle zur Dachunterkante

3316

Kann die Anschlusshöhe von 0,15 m an Türen unterschritten werden?

① Nein, das ist im keinen Fall möglich
② Ja, z. B. mit einem wannenförmigen Entwässerungsrost vor der Tür
③ Ja, aber nur wenn die Wärmedämmung dünner wird.
④ Ja, aber nur wenn die Tür auf der Südseite liegt.

3317

Warum sind Dachrandabschlussprofile, die direkt in die Abdichtung eingeklebt werden, ungeeignet?

① Da durch die temperaturbedingten Bewegungen an den Stoßstellen, Risse in der Abdichtung entstehen können.
② Weil sie nicht ausreichend auf der Unterkonstruktion befestigt werden können.
③ Weil das Einkleben der Profile zu aufwendig ist.
④ Da die geforderte Höhe der Dachrandabschlüsse nicht eingehalten werden kann.

3318

Welche Mindestmaßangaben sind richtig?

① a) 0,10 m b) 0,15 m
② a) 0,05 m b) 0,12 m
③ a) 0,12 m b) 0,05 m
④ a) 0,05 m b) 0,20 m

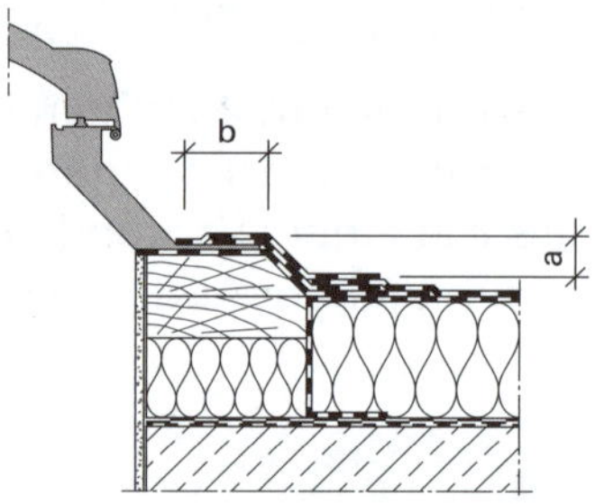

3319

Was ist eine Besonderheit bei Anschlüssen an aufgehende Bauteile mit Flüssigabdichtungen?

① Bei ausreichender Haftung mit dem Untergrund kann auf eine mechanische Befestigung am oberen Rand verzichtet werden.
② Anschlüsse mit Flüssigabdichtungen werden immer mit einem Verbundblech hergestellt.
③ Flüssigabdichtungen sind durch ihre Beschaffenheit nicht für Anschlüsse zu verwenden.
④ Anschlüsse mit Flüssigabdichtungen sind doppelt zu befestigen, da sonst der Flüssigkunststoff wegfließen könnte.

3320

Können Anschlüsse an aufgehende Bauteile eine Anschlusshöhe von mehr als 0,50 m haben?

① Nein, 0,50 m sind viel zu groß.
② Ja, aber dann sind die Dachabdichtungen an der senkrechten Fläche anzukleben oder mechanisch zu befestigen.
③ Ja, aber nur mit Sondergenehmigung.
④ Nein, da sonst die Zugkräfte in der Ecke zu groß werden.

Lösungen ab Seite 299

LF 14 Details an Dächern mit Abdichtungen herstellen und Bauwerke abdichten

3321

Die einzelnen Teile des Wandanschlusses sind zu benennen. Um welches Abdichtungsmaterial handelt es sich dabei?

① ______________________________

② ______________________________

③ ______________________________

④ ______________________________

⑤ ______________________________

⑥ ______________________________

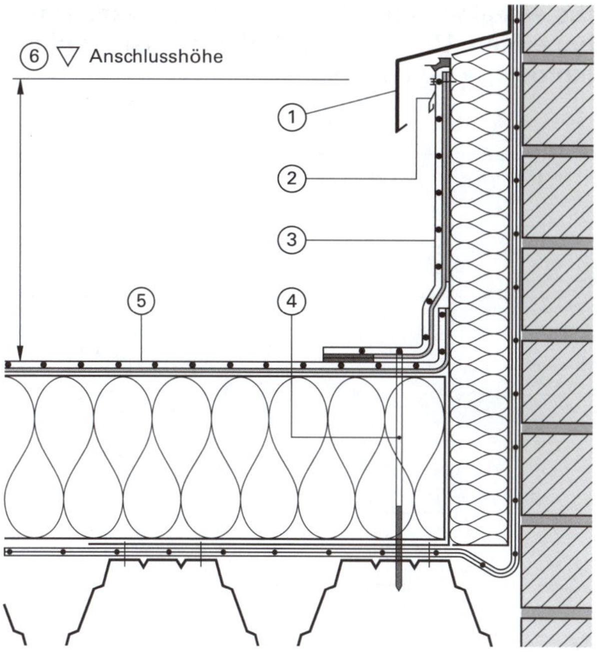

3322

Ist die Gestaltung der Attika wärmeschutztechnisch fehlerfrei gestaltet? Die Antwort ist zu begründen.

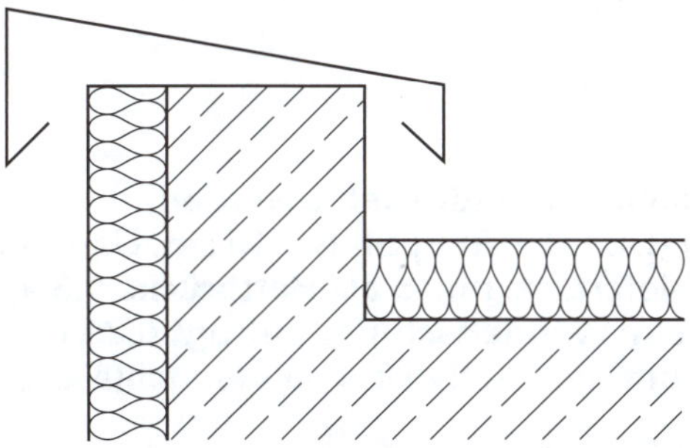

3323

Auf einer Rolle Kunststoffdachbahn mit der Bahnbreite von 1,55 m befinden sich 25,00 m Bahnenlänge. Die Nahtüberdeckung beträgt an der Längs- und Quernaht (Stoß) 30 mm.

a) Wie groß ist die Materialmenge einer Rolle Kunststoffdachbahn?

b) Wie groß ist die sichtbare Fläche der Rolle Kunststoffdachbahn?

Lösungen ab Seite 299

LF 14 Details an Dächern mit Abdichtungen herstellen und Bauwerke abdichten

3324

Die einzelnen Teile des Wandanschlusses sind zu benennen. Um welches Abdichtungsmaterial handelt es sich dabei?

① ______________________________

② ______________________________

③ ______________________________

④ ______________________________

⑤ ______________________________

⑥ ______________________________

⑦ ______________________________

⑧ ______________________________

⑨ ______________________________

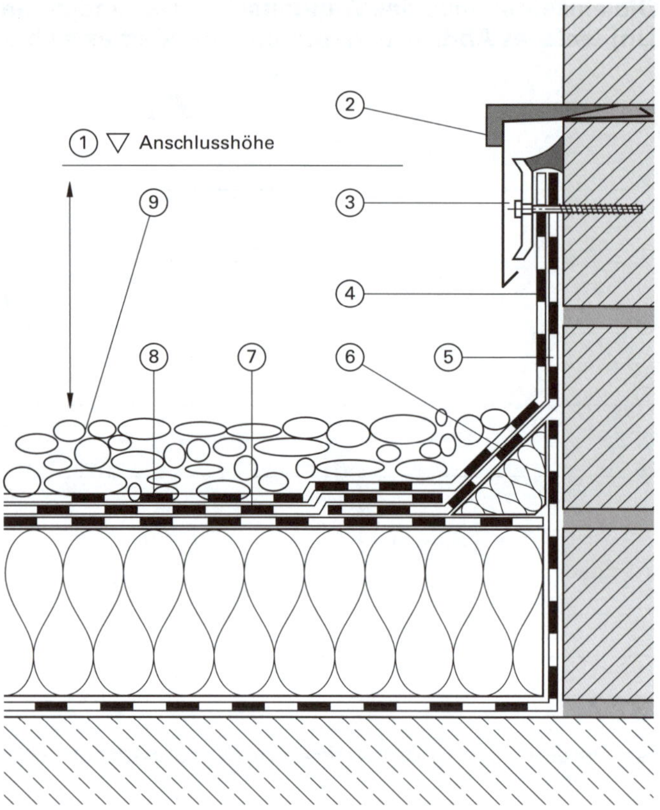

3325

Das abgebildete Garagendach soll mit einer Lage Polymerbitumenbahn instandgesetzt werden. Die Maße einer Rolle Polymerbitumenbahn betragen 1,00 m x 5,00 m (Überdeckung Stoß = 10 cm, Überdeckung Naht = 8 cm). Da die vorhandene Dachabdichtung der Garage beschiefert ist, muss als Haftbrücke 0,3 kg/m² Voranstrich aufgetragen werden. Das Maß für die Anschlussbahn beim Wandanschluss beträgt 0,25 m (Zuschnittbreite) und 1,00 m (Verarbeitungslänge). Die Dachränder und der Gully sind zu vernachlässigen.

Zu berechnen sind:

a) der Bedarf an Voranstrich in kg
b) der Bahnenbedarf für die Fläche in m²/m²
c) der Bahnenbedarf für den Wandanschluss in m²/m
d) der gesamt Bahnenbedarf inkl. 3 % Verschnitt.
e) Wieviel Rollen Polymerbitumenbahnen müssen bestellt werden?

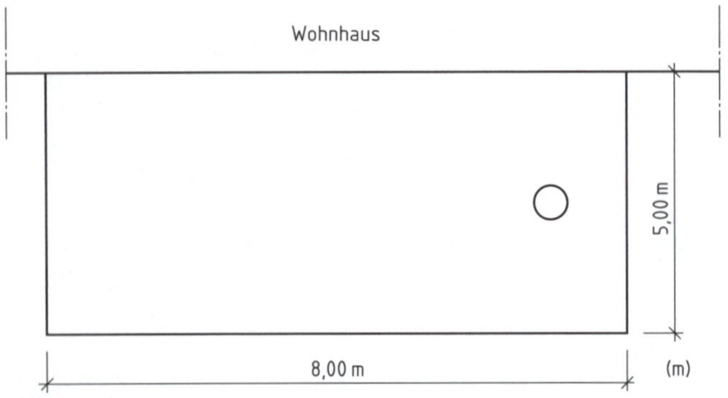

3326 ... 3400 keine Aufgaben

Lösungen ab Seite 300

3401

Ein Schichtaufbau einer Außenwandkonstruktion (mit hinterlüfteter Außenwandbekleidung) ist zu skizzieren und zu beschriften. Der Schichtaufbau (mit waagerechter Traglattung), soll für höhere Dämmstoffdicken geeignet sein und ein geringes Eigengewicht aufweisen.

3402

Es ist eine Bogenschnittplatte für die Rechtsdeckung im Format 30 cm/30 cm im Maßstab 1:5 zu konstruieren. Dabei sind Höhen- und Seitenüberdeckung für die Fassade zu beachten!

Lösungen ab Seite 301

3403

Welchen Wärmedurchgangskoeffizienten (U-Wert) hat die vorhandene Außenwand?

R_{si} = 0,13 m²·K/W
R_{se} = 0,04 m²·K/W

Schichtaufbau:
1. Außenputz, λ = 1,00 W/(m·K)
2. Innenputz, λ = 1,00 W/(m·K)
3. Mauerwerk, λ = 0,21 W/(m·K)

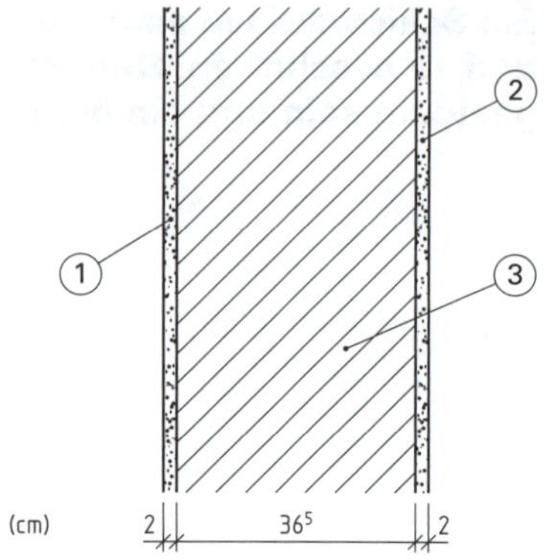

3404

Wie dick muss die Wärmedämmung der Außenwand sein, wenn der Bauherr sich einen U-*Wert* von 0,20 W/(m²·K) für seine neue Außenwandkonstruktion (hinterlüftete Außenwandkonstruktion mit kleinformatigen Platten) wünscht.

Bei der Berechnung des U-Wertes sollen die einzelnen Bauteile oder Schichten, wie z.B. Unterkonstruktion, Verankerungselemente oder Hinterlüftung unberücksichtigt bleiben.

Die Wärmedämmung besteht aus Mineralwolle (λ = 0,032 W/(m·K)).

3405

Welchen U-Wert schreibt das GEG für Außenwandkonstruktionen vor?

3406

Eine fachgerechte Ausführung einer Außenecke (mit Eckprofil) ist zu skizzieren. Vervollständigen Sie die Detailzeichnung der Außenecke.

3407

Eine fachgerechte Ausführung der Sockelausbildung ist zu skizzieren. Vervollständigen Sie die Detailzeichnung des Sockels.

3408

Eine fachgerechte Ausführung eines Kreuzungspunktes von Traglattung und Grundhölzer/ Konterlattung ist zu skizzieren.

3409

Welche statische Aufgabe haben die Kreuzungspunkte von Traglattung und Grundhölzer/ Konterlattung?

3410

Wie groß sollen die Öffnungen einer Außenwandkonstruktion mindestens sein, um die Funktion einer Hinterlüftung zu gewährleisten?

① 6000 mm²/m ② 5000 mm²/m ③ 1000 cm²/m ④ 10000 mm²/m ⑤ 2000 mm²/m

3411 ... 3500 keine Aufgaben

Lösungen ab Seite 302

LF 16 Energiesammler, Blitzschutzanlagen und Einbauteile montieren

3501

Welche Gebäude sind besonders von Blitzschlägen gefährdet?

3502

Wo schlägt der Blitz bevorzugt ein?

3503

Welche Funktion haben Blitzschutzanlagen zu übernehmen?

3504

Aus welchen Teilen besteht eine Blitzschutzanlage?

3505

Wer darf Arbeiten an inneren Blitzschutzanlagen ausführen?

① Alle Personen, die älter als 18 Jahre sind
② Die Gesellen einer beauftragten Firma
③ Gesellen einer beauftragten Dachdeckerfirma und auch Auszubildende, die bei den Arbeiten beaufsichtigt werden können
④ Nur autorisierte Firmen mit geschultem Personal

3506

Welche Montagemaße gelten für die Fangeinrichtung einer Blitzschutzanlage?

3507

Warum müssen Mindestabstände bei Blitzschutzanlagen eingehalten werden?

Lösungen ab Seite 304

LF 16 Energiesammler, Blitzschutzanlagen und Einbauteile montieren

3508

Können Fallrohre aus Metall als Ableitung verwendet werden?

3509

Was versteht man unter dem Begriff „Photovoltaik"?

3510

In welche Energieformen kann Sonnenenergie umgewandelt werden?

3511

Das Funktionsprinzip eines Sonnenkollektors ist zu erklären?

3512

Nach welchem Prinzip funktionieren Solarzellen?

3513

Was versteht man unter dem Begriff „Halbleiter"?

① Ist ein Stoff, der den Strom nur zu Hälfte leitet
② Ist ein Stoff, der selbst den Strom nicht oder nur kaum leiten kann, aber mit anderen Stoffen versetzt ist, die den Stoff dann halbleitend machen
③ Sind Stoffe, deren elektrische Leitfähigkeit durch chemische Einflüsse halbiert worden ist

3514

Worauf ist beim Einbau von Aufdach-Montagesystemen zu achten?

Lösungen ab Seite 304

LF 16 Energiesammler, Blitzschutzanlagen und Einbauteile montieren

3515

Wie viel % der Sonnenenergie, die auf eine Solarzelle treffen, können in Strom umgewandelt werden?

① ca. 15 %
② ca. 50 %
③ ca. 75 %
④ 100 %
⑤ nur 0,5 %

3516

Was versteht man unter dem Begriff „Aufdach-Montagesystem"?

3517

Worauf ist insbesondere beim Einbau von Photovoltaikanlagen zu achten?

3518

Welche Vorteile haben in die Dachfläche integrierte Solar- oder Photovoltaikanlagen?

3519

Welche Himmelsrichtung ist optimal für die Ausrichtung von Solaranlagen auf den Dächern?

3520

Bei welcher Dachneigung können Sonnenstrahlen optimal zur Energiegewinnung genutzt werden?

① 30°
② 45°
③ 50°
④ 60°
⑤ 100°

3521 ... 3600 keine Aufgaben

Lösungen ab Seite 305

LF 17 Dach- und Wandflächen Instand halten

3601 ... 3607

3601

Welche Ursachen können bei einer Blasenbildung in der Dachabdichtung vorliegen?

3602

Ein unbelüftetes Flachdach mit intakter Abdichtungslage soll nachträglich gedämmt werden.
Welche Möglichkeiten gibt es, das Dach kostengünstig zu dämmen?

3603

In einer Dachabdichtung aus Bitumen entstehen immer mehr Risse.
Welche Ursachen können vorliegen und wie können sie beseitigt werden?

3604

Worauf ist zu achten, wenn ein Dach mit Faserzementwellplattendeckung zur Kontrolle betreten werden soll?

3605

In eine Dachdeckung mit einer Dachentwässerung aus Zink sollen nachträglich Dachflächenfenster eingebaut werden. Welche Schäden können entstehen, wenn die Dachfenster mit Kupfereindeckrahmen eingebaut werden?

3606

Worauf ist beim nachträglichen Einbau von Dachflächenfenstern in eine Dachziegeldeckung zu achten?

3607

Ein Schiefer hat sich in der Deckfläche gelöst. Wie kann der Schieferstein ausgewechselt werden?

Lösungen ab Seite 306

LF 17 Dach- und Wandflächen Instand halten

3608 ... 3613

3608

Worauf hat der Dachdecker bei Wartungsarbeiten einer Dachdeckung zu achten?

3609

Worauf ist bei der Kontrollle der Ortgänge aller Deckungen immer zu achten?

3610

Worauf ist bei der Kontrolle der Dachentwässerungsanlage zu achten?

3611

Welche Ursachen können vorliegen, wenn die Wärmedämmung einer belüfteten Außenwandbekleidung ständig feucht ist?

3612

Welche Folgeschäden können durch feuchte Wärmedämmungen auftreten?

3613

Welche Folgen kann der nicht fachgerechte Einbau von Dampfsperren haben?

3614 ... 3700 keine Aufgaben

Lösungen ab Seite 306

Prüfungsvorbereitung aktuell – DACHDECKERHANDWERK

Abschlussprüfung – Fachstufe II	
Berufliche Fachbildung	**Ausbildungsberuf Dachdecker/Dachdeckerin**
Abschlussprüfung – Fachstufe II	• Detailausbildung bei Dachziegeln- und Dachsteineindeckungen • Ausbilden von Details bei Schiefer- und Faserzementdeckungen • Herstellen einer Bauwerksabdichtung • Ausführung von Metalldeckungen • Errichten einer Blitzschutzanlage und Einbau von Energieumsetzern • Warten und Reparieren eines Daches • Weitere Steildachdeckungen

Organisation und Ablauf der Abschlussprüfung für Dachdecker

Zwischenprüfung

Voraussetzung für die Zulassung zur Abschlussprüfung ist die Teilnahme an der Zwischenprüfung für Dachdecker.

Abschlussprüfung

Die Abschlussprüfung besteht aus einem **schriftlichen** (höchstens 6 Stunden) und einem **praktischen Teil** (höchstens 12 Stunden).

Schriftlicher Teil

Prüfungsbereich Dachdeckungen (höchstens 150 Minuten)

Inhalte der Prüfung:

- Regelwerk des Dachdeckerhandwerks, Dachkonstruktionen, Deckunterlagen, Wärmeschutz, Werkstoffe, Deckarten und Befestigungstechniken, An- und Abschlüsse, Ableiten von Oberflächenwasser, Energiesammler und Energieumsetzer, Blitzschutzanlagen für den äußeren Blitzschutz

Prüfungsbereich Abdichtungen (höchstens 90 Minuten)

Inhalte der Prüfung:

- Regelwerk des Dachdeckerhandwerks, Deckunterlagen, Wärmeschutz. Werkstoffe für das Abdichten von Bauwerken, Aufbau und Schichtenfolge mit Abdichtungen, Aufbau und Schichtenfolge von Dachbegrünungen, Abdichtungen von Flächen gegen Bodenfeuchtigkeit und gegen nichtdrückendes Wasser, An- und Abschlüsse

Prüfungsbereich Außenwandbekleidungen (höchstens 60 Minuten)

Inhalte der Prüfung:

- Regelwerk des Dachdeckerhandwerks, Unterkonstruktionen für Außenwandbekleidungen, Wärmeschutz, Werkstoffe, Befestigungstechniken, An- und Abschlüsse, Abdeckungen

Prüfungsbereich Wirtschafts- und Sozialkunde (höchstens 60 Minuten, Gewichtung 20 %)

Inhalte der Prüfung:

- Lehrstoff aus dem Berufsschulunterricht (1. bis 3. Lehrjahr)

Die Prüfungsbereiche **Dachdeckung**, **Abdichtung** und **Außenwandbekleidung** sind jeweils praxisbezogene Projekte mit ungebundenen und gebundenen Aufgaben. Diese Aufgaben haben technologische und mathematische und zeichnerische Inhalte. Weiterhin werden Fragen zum Arbeits- und Gesundheitsschutz, Umweltschutz und zur Qualitätssicherung gestellt. Im Prüfungsbereich **Wirtschafts- und Sozialkunde** werden überwiegend gebundene Fragen gestellt. Der schriftliche Teil der Prüfung ist auf Antrag des Prüflings oder nach Entscheidung des Prüfungsausschusses in einzelnen Prüfungsbereichen durch eine mündliche Prüfung zu ergänzen, wenn diese für das Bestehen der Prüfung notwendig sein kann. Der schriftliche Teil der Prüfung hat gegenüber der mündlichen Prüfung das doppelte Gewicht.

Praktischer Teil

Der Prüfling soll im praktischen Teil zeigen, dass er den Arbeitsablauf selbstständig planen und Arbeitszusammenhänge erkennen kann. Er soll Arbeitsergebnisse kontrollieren und Maßnamen zur Sicherheit und zum Arbeitsschutz bei der Arbeit und zum Umweltschutz ergreifen können.

Im praktischen Teil soll der Prüfling folgende Aufgaben aus den Bereichen **Schiefer-, Dachplatten-, Wand- und Abdichtungstechnik** erfüllen:

Dachdeckungen
Decken von Dachflächen mit Schiefer, Dachplatten oder Schindeln einschließlich Traufe sowie Ortgang oder Grat, Decken von Dachflächen mit Wellplatten einschließlich Einbauen von Formteilen oder Herstellen von An- und Abschlüssen.

Decken von Dachflächen mit Dachziegeln oder Dachsteinen einschließlich Traufe sowie Grat oder Ortgang und First, Herstellen von An- oder Abschlüssen, Einbauen von Teilen einer Blitzschutzanlage oder Montieren und Einbauen von Einbauteilen.

Abdichtungen
Abdichten einer Dachfläche einschließlich Herstellen eines Anschlusses oder Abschlusses mit Kunststoffen, bituminösen Werkstoffen oder Metallen, Herstellen von Bauwerksabdichtungen an waagerechten und senkrechten Flächen oder Herstellen und Abdichten von Bewegungsfugen, Herstellen von Abdeckungen

Außenwandbekleidungen
Ausführen von Bekleidungen insbesondere mit Dachziegeln, Dachsteinen, Schiefer, Faserzement, Metallen oder Kunststoffen, Herstellen von An- und Abschlüssen sowie Abdeckungen

Im praktischen Teil soll der Prüfling folgende Aufgaben aus den Bereichen **Reetdachtechnik** erfüllen:

Reetdachdeckung
Decken von ebenen Dachflächen einschließlich Traufe sowie Ortgang oder Grat, Decken von gewölbten oder geschweiften Dachflächen, Herstellen von Firtabdeckungen und Einbau von Teilen einer Blitzschutzanlage oder Herstellen von Anschlüssen.

Dachziegel und Dachsteindeckung
Decken eines Teilbereiches einer Dachfläche einschließlich Traufe, Ortgang und First, Herstellen von An- und Abschlüssen oder Montieren und Einbauen von Einbauteilen.

Abdichtungen:
Abdichten einer Dachfläche einschließlich Herstellen eines An- oder Abschlusses mit Kunststoffen, bituminösen Werkstoffen oder Metallen,

Außenwandbekleidungen
Ausführen von Bekleidungen mit kleinformatigen Platten. Herstellen von An- und Abschlüssen oder Herstellen von Abdeckungen.

Die Abschlussprüfung ist bestanden, wenn jeweils in der praktischen und schriftlichen Prüfung mindestens ausreichende Leistungen erbracht wurden. Im schriftlichen Teil der Prüfung müssen mindestens zwei Prüfungsbereiche mit ausreichenden Leistungen vorliegen. Dabei darf aber kein Prüfungsbereich mit ungenügenden Leistungen vorliegen. Hat der Prüfling die Abschlussprüfung nicht bestanden, so hat er die Möglichkeit, zweimal in einem zeitlichen Anstand von jeweils 6 Monaten die Prüfung zu wiederholen. Besteht der Prüfling auch die beiden Wiederholungsprüfungen nicht, so hat er keinen anerkannten Berufsabschluss erworben.

Mit dem Bestehen der Abschlussprüfung und einen Notendurchschnitt von mindestens ausreichend auf seinem Abschlusszeugnis hat der Prüfling den Sekundar I-Realschulabschluss erworben. Sollte der Prüfling einen Notendurchschnitt von mindestens befriedigend erreicht haben und in den Fächern Deutsch/Kommunikation sowie einer Fremdsprache jeweils befriedigende Leistungen erbracht haben, erhält der Prüfling den erweiterten Sekundarabschluss I – Realschulabschluss.

Ein Bauherr wünscht sich für das dargestellte Gebäude eine Außenwandkonstruktion mit hinterlüfteter Außenwandbekleidung.

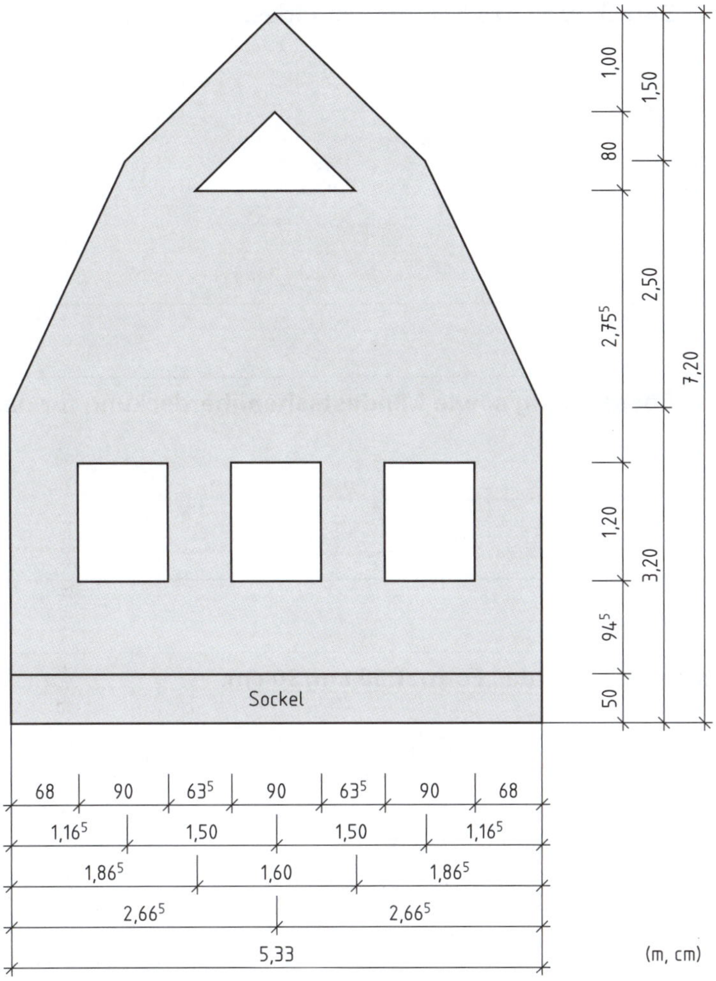

3701

Berechnen Sie die Fassadenfläche (A_{gesamt}). Der Sockel wird nicht bekleidet. Berücksichtige alle Öffnungen ($A_{Öffnung}$).

Lösungen ab Seite 308

Projekt 1: Abschlussprüfung

3702

Der Bauherr entscheidet sich für die Stülpdeckung aus Faserzement.
Nennen Sie die Formel für die Berechnung des Schnürabstandes.

3703

Nennen Sie die Mindesthöhenüberdeckung sowie Mindestseitenüberdeckung für das Format 60 cm/30 cm.

3704

Berechnen Sie den Schnürabstand *(S)* für das Format 60 cm/30 cm.

3705

Berechnen Sie die Plattenanzahl *(n)* für die Fassadenfläche, wenn 7 Platten/m² benötigt werden.

3706

Berechnen Sie die Gesamtanzahl (n_{Gesamt}) der Platten, wenn ein Verschnitt von 10 % hinzugerechnet wird.

Lösungen ab Seite 308

3707

Nennen Sie mögliche Dämmstoffe die sich für eine hinterlüftete Außenwandkonstruktion eignet?

① Es sind alle Dämmstoffarten geeignet.
② Mineralwolle
③ Polyurethan
④ Schaumglas
⑤ Weiche Holzfaserdämmstoffe

3708

Nennen Sie mögliche Befestigungen des Dämmstoffes.

① Der Dämmstoff kann geklebt werden.
② Der Dämmstoff muss nicht befestigt werden.
③ Der Dämmstoff kann mit Dämmstoffhaltern befestigt werden.
④ Der Dämmstoff trägt sich von alleine.
⑤ Der Dämmstoff wird im Abstand von 20 cm mit Rillennägeln befestigt.

3709

Berechnen Sie den Wärmedurchgangskoeffizienten (*U*-Wert) von der vorhandenen Außenwand?

R_{si} = 0,13 m²·K/W
R_{se} = 0,04 m²·K/W

<u>Schichtaufbau:</u>
1. Außenputz, λ = 1,00 W/(m·K), d = 1,5 cm
2. Innenputz, λ = 1,00 W/(m·K), d = 2,0 cm
3. Mauerwerk, λ = 0,99 W/(m·K), d = 36,5 cm

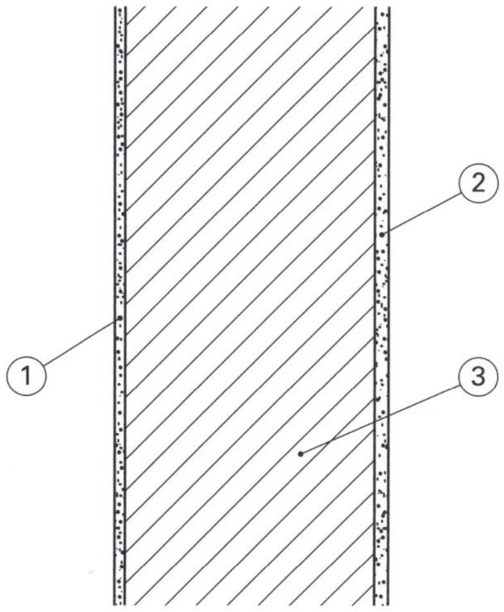

Lösungen ab Seite 309

Ein Bauherr wünscht sich die Planung und Ausführung der Dacharbeiten. Es soll ein Walmdach mit Biberschwanzdeckung hergestellt werden. Die Dachflächen haben alle gleiche Dachneigung und folgende Abmessungen:

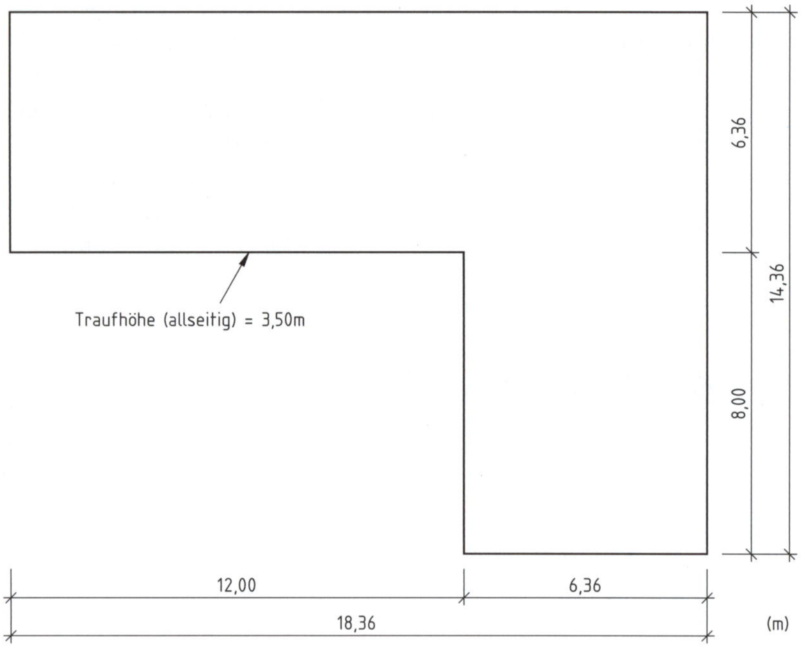

3710

Berechnen Sie die Sparrenlänge (s_1) des Hauptdaches, wenn die Firsthöhe 3,18 m über der Traufhöhe liegt.

3711

Berechnen Sie die Dachneigung (α) in Grad, wenn die Firsthöhe 3,18 m über der Traufhöhe liegt.

Lösungen ab Seite 310

3712

Berechnen Sie die Sparrenlänge (s_2) des Walmdaches, wenn die Firsthöhe 3,18 m über der Traufhöhe liegt.

3713

Zeichnen Sie die Dachdraufsicht ein und benennen Sie alle möglichen Dachteile.

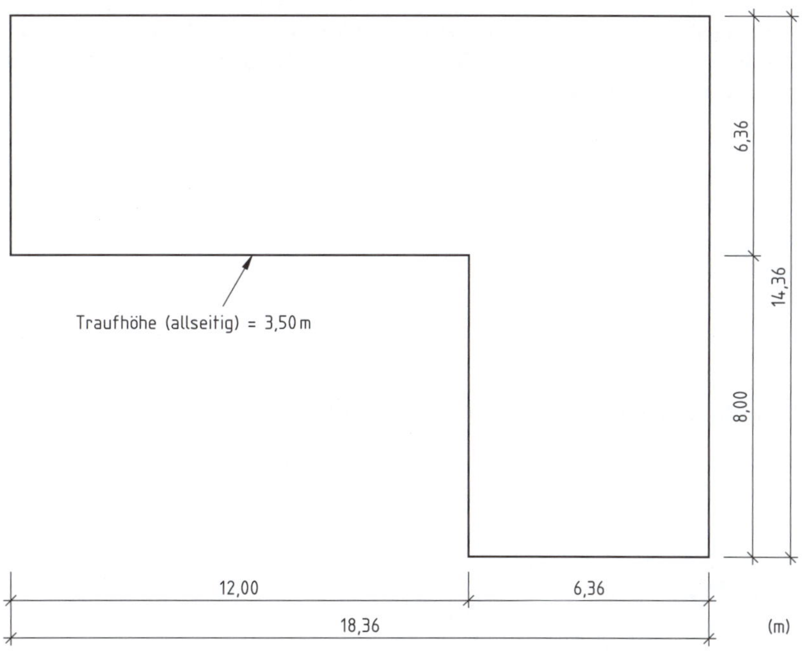

3714

Das Dach soll mit einer Kronendeckung aus Biberschwanzziegel bedeckt werden.
Nennen Sie zwei weitere Deckungsarten die mit Biberschwanzziegel ausgeführt werden können.

Lösungen ab Seite 310

3715

Benennen Sie folgende Biberschwanzziegel.

3716

Der Kunde wünscht sich einen Segmentbiberschwanzziegel (Format 18 cm x 38 cm). Der Hersteller gibt die Regeldachneigung (α) des Dachziegels mit ≥ 30° an. Gilt das Dach als regensicher oder sind zusätzliche Maßnahmen nötig? Begründen Sie Ihre Antwort.

3717

Skizzieren und beschriften Sie einen unbelüfteten Dachaufbau (im Horizontalschnitt) mit Segmentbiberschwanzziegel.

Lösungen ab Seite 311

3718

Nennen Sie die Sortierklasse für Traglatten?

① S10
② S13
③ S6
④ S9

3719

Nennen Sie den Nennquerschnitt der Traglatten, den sie mindestens aufweisen müssen?

① 24 mm/48 mm
② 24 mm/60 mm
③ 30 mm/50 mm
④ 40 mm/60 mm
④ 30 mm/40 mm

3720

Berechnen Sie die Gesamtdachfläche *(A)* gemäß Abbildung Projekt 2.

Lösungen ab Seite 311

Projekt 2: Abschlussprüfung

3721 ... 3723

3721

Berechnen Sie die Anzahl *(n)* der Biberschwanzziegel, wenn 35 Biberschwanzziegel/m² benötigt werden.

3722

Berechnen Sie die Gesamtanzahl (n_{gesamt}) der benötigten Biberschwanzziegel, wenn ein Verschnitt und Bruch von 10 % hinzugerechnet wird.

3723

Berechnen Sie den maximalen Traglattenabstand (Decklänge) für das Format 18 cm x 38 cm und einer Höhenüberdeckung von 70 mm.

Lösungen ab Seite 312

Projekt 3: Abschlussprüfung — 3724 ... 3726

Ein Kunde wünscht sich für seinen Neubau (Wohngebäude, keine nutzbare Dachfläche) eine fachgerechte Flachdachkonstruktion. Die Abmessungen sind aus der unmaßstäblichen Skizze zu entnehmen. Die Anschlusshöhen bleiben bei der Berechnung unberücksichtigt.

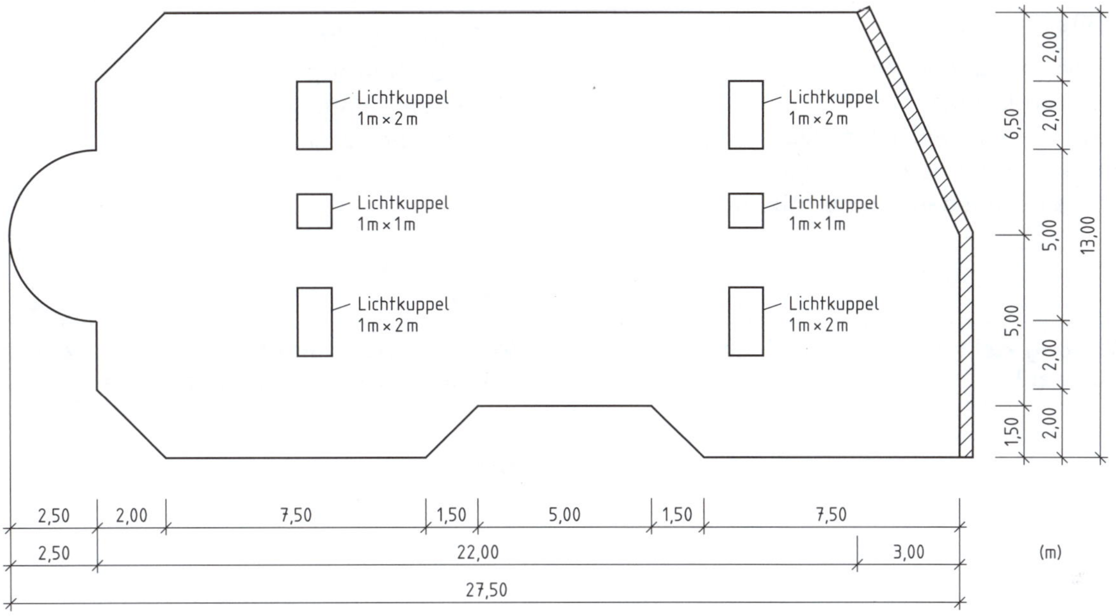

3724

Welche Aussagen treffen auf Flachdächer zu?

① Flachdächer können begrünt werden.
② Flachdächer können befahren werden.
③ Flachdächer können begangen werden
④ Flachdächer können über größere Spannweiten geplant und hergestellt werden, als geneigte Dächer.
⑤ Flachdächer brauchen kein Gefälle aufweisen.

3725

Handelt es sich bei Dächern mit Abdichtungen um eine harte oder weiche Bedachung? Begründen Sie ihre Antwort.

3726

Wie stellt man bei einem Flachdach ein Gefälle her. Nennen Sie drei Möglichkeiten?

Lösungen ab Seite 313

3727

Welche Aussagen treffen auf den Oberflächenschutz (z. B. Kiesschüttung, *d* = 50 mm) einer Dachabdichtung zu?

① schützt vor Wärme und Kälte
② erhöht den Brandschutz
③ schützt nicht vor mechanischen Beschädigungen
④ schützt vor eindringendem Niederschlagswasser
⑤ verlängert die Lebensdauer einer Abdichtung

3728

Welcher Baustoff oder welche konstruktive Maßnahme stellt einen schweren Oberflächenschutz dar?

① Schiefersplitt
② Kiesschüttung
③ Gehwegplatten aus Beton
④ Intensive Dachbegrünung
⑤ Extensive Dachbegrünung

3729

Welche Abdichtung stellt eine Kunststoff- und Elastomerbahn dar?

① PMMA
② FPO
③ UP
④ EPDM
⑤ TPE

3730

Welche Bedeutung hat die Kennzeichnung DO/E1? Erläutern Sie die Kennzeichnung

DO =

E1 =

3731

Berechnen Sie die Flachdachfläche *(A)* gemäß Abbildung Projekt 3.

Projekt 3: Abschlussprüfung

3732 ... 3735

3732

Berechnen Sie die Länge des Dachrandabschlussprofils/Attikaabdeckung (l) gemäß Abbildung Projekt 3.

3733

Berechnen Sie die Anzahl an Dachrandabschlussprofilen (n_{Profil}), wenn die Lieferlänge 3,00 m beträgt.

3734

Berechnen Sie die Gesamtanzahl an Dachrandabschlussprofilen (n_{Profil}), wenn ein Verschnitt von 8 % dazugerechnet wird.

3735

Berechnen Sie die Länge der Wandanschlussleiste (l_{Wand}) gemäß Abbildung Projekt 3.

3736

Berechnen Sie die Anzahl an Wandanschlussleisten (n_{Wand}), wenn die Lieferlänge 2,50 m beträgt.

3737

Welchen Wärmedurchgangskoeffizienten (U-Wert) hat folgender Schichtaufbau?
Berechnen Sie den U-Wert der Flachdachkonstruktion. Der Voranstrich, die Dampfsperre und die Kunststoffbahn sollen bei der Berechnung unberücksichtigt bleiben.

R_{si} = 0,100 m²·K/W
R_{se} = 0,043 m²·K/W

Schichtaufbau:
1. Kunststoffbahn
2. Wärmedämmung,
   λ = 0,035 W/(m·K), d = 180 mm
3. Dampfsperre
4. Voranstrich
5. Stahlbetondecke,
   λ = 2,30 W/(m·K), d = 200 mm
6. Innenputz,
   λ = 1,00 W/(m·K), d = 15 mm

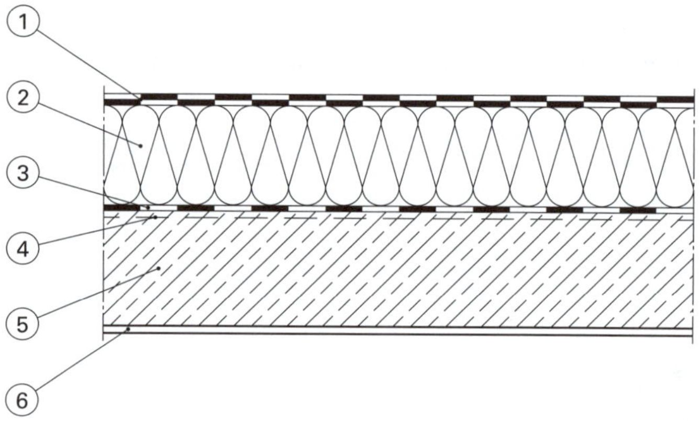

3738

Überprüfen Sie, ob der geplante Schichtaufbau in der Aufgabe 3737 nach den Wärmeschutzbestimmungen im GEG ausreicht.

3739 ... 4000 keine Aufgaben

Lösungen ab Seite 315

Prüfungsvorbereitung aktuell –
DACHDECKERHANDWERK

PRÜFUNGSVORBEREITUNG AKTUELL
✓ gebundene Aufgaben

Wirtschafts- und Sozialkunde (WISO)

4001

Welche Angaben enthält das Berufsbild?

① Fertigkeiten und Kenntnisse, die der Auszubildende zu vermitteln hat
② Voraussichtliche Entwicklung des jeweiligen Berufs
③ Geschichte des Berufs
④ Prüfungsanforderungen

4002

In welchem der genannten Fälle gilt das Berufsbildungsgesetz?

① Ausbildung zum Beamten
② Ausbildung zum Holztechniker
③ Ausbildung zum Ingenieur
④ Ausbildung zum Maurer

4003

Was versteht man unter dem „Dualen Ausbildungssystem"?

① Berufliche Weiterbildung von Facharbeitern zu Meistern
② Ausbildung in Schule und Betrieb
③ Überbetriebliche Bildungsveranstaltungen
④ Erlernen eines zweiten Berufs

4004

Welche Verpflichtung übernimmt der Ausbildende bei Abschluss eines Ausbildungsvertrages nicht?

① Die Ausbildung planmäßig, zeitlich und sachlich gegliedert durchzuführen
② Die Weiterbeschäftigung des Auszubildenden nach der Abschlussprüfung
③ Dem Auszubildenden Urlaub zu gewähren
④ Das Berichtsheft des Auszubildenden zu prüfen

4005

Mit welchen Betrieblichen Maßnahmen kann die Humanisierung der Arbeit unter anderem erreicht werden?

① Senkung der Produktionskosten
② Abbau von Arbeitsplätzen
③ Einführung der Fließbandarbeit
④ Verringerung des Tempos bei der Akkordarbeit

4006

Durch Rationalisierungsmaßnahmen kann in einem Betrieb eine Arbeitskraft in einer Arbeitsstunde mehr produzieren als vorher. Welche Aussage ist richtig?

① Die körperliche Arbeitsbelastung steigt
② Die Kapitalkosten nehmen ab
③ Die Arbeitsproduktivität steigt
④ Der Personalbedarf wird größer

4007

Welche Institution ist gesetzlich beauftragt, Unfallverhütungsvorschriften zu erstellen?

① Gewerbeaufsichtsamt
② Berufsgenossenschaft
③ Technischer Überwachungsdienst
④ Stadt- bzw. Landkreise

4008

Für welche Personen gilt die Arbeitszeitordnung?

① Für Arbeitnehmer über 18 Jahre
② Für alle leitenden Angestellten in Großbetrieben
③ Für alle Arbeitnehmer unter 18 Jahren
④ Für alle freiberuflich Tätigen, wie Architekten und Ärzte

4009

Wer ist für die Überwachung von Gesetzen zum Schutz der menschlichen Arbeitskraft verantwortlich?

① Gesundheitsämter
② Arbeitsämter
③ Gewerbeaufsichtsämter
④ Landkreise

4010

Das Jugendschutzgesetz gilt für Personen bis zu einem Alter von

① 25 Jahren
② bis 21 Jahren
③ bis 18 Jahren
④ 16 Jahren

4011

Wonach richtet sich die Rangfolge der Mitarbeiter in einem Betrieb?

① Nach der Verantwortung
② Nach dem Lebensalter
③ Nach der Art der Arbeit
④ Nach der Dauer der Betriebszugehörigkeit

4012

Welcher der folgenden Umstände ist für ein gutes Betriebsklima förderlich?

① Rivalität
② Partnerschaftliches Verhältnis
③ Lohngefälle
④ Ehrgeiz

Lösungen ab Seite 317

Gebundene Aufgaben | Berufsbildung, Arbeitsschutz 4013 ... 4016

4013

Bis zu welchem Alter gilt das Jugendarbeitsschutzgesetz? Bis zur Vollendung des

① 21. Lebensjahres
② 18. Lebensjahres
③ 16. Lebensjahres
④ 15. Lebensjahres

4014

In welchem Zeitraum dürfen werdende Mütter nicht beschäftigt werden?

① 4 Wochen vor und 6 Wochen nach der Entbindung
② 4 Wochen vor und 8 Wochen nach der Entbindung
③ 6 Wochen vor und 6 Wochen nach der Entbindung
④ 6 Wochen vor und 8 Wochen nach der Entbindung

4015

Mit welchen der genannten Aufgaben dürfen Jugendliche grundsätzlich nicht beschäftigt werden? Mit Aufgaben

① die den Einsatz körperlicher Kräfte erfordern
② die überwiegend im Freien zu verrichten sind
③ wie Akkord- und Fließbandarbeit
④ in Räumen, die nur künstlich beleuchtet sind

4016

Wie dürfen werdende Mütter nicht beschäftigt werden?

① Akkordarbeit
② Ab der 10 Woche nach der Entbindung
③ Bis zur sechsten Woche vor der Entbindung
④ Arbeit bei künstlichem Licht

Gebundene Aufgaben | Vertragsrecht, Betrieb und Unternehmen 4017 ... 4022

4017

Bei einem fehlerhaften neuen Gerät lässt sich der Mangel trotz Reparatur nicht beheben. Was bedeutet dies für den Kunden?

① Er erhält ein neues Gerät, muss aber eine Entschädigung für die bisherige Nutzung bezahlen
② Er erhält kostenlos ein neues Gerät
③ Er muss das fehlerhafte Gerät behalten
④ Er muss die Reparaturkosten übernehmen

4018

Wann erlangt der Mensch seine Rechtsfähigkeit?

① Mit Vollendung der Geburt
② Mit seinem 7. Lebensjahr
③ Mit seinem 14. Lebensjahr
④ Mit seinem 18. Lebensjahr

4019

Nach dem bürgerlichen Gesetzbuch ist jeder Mensch rechtsfähig. Was heißt das?

① Jeder Mensch kann rechtswirksame Verträge abschließen
② Jeder Mensch ist Träger von Rechten und Pflichten
③ Jeder Mensch kann strafrechtlich zur Verantwortung gezogen werden
④ Jeder Mensch ist für seine Handlungen voll verantwortlich

4020

Wodurch endet die Rechtsfähigkeit einer natürlichen Person?

① Durch Tod
② Durch Verurteilung wegen einer Straftat
③ Durch vorübergehende Entmündigung
④ Durch Aberkennung der bürgerlichen Ehrenrechte und Altersruhestand

4021

Was bedeutet der Begriff „Geschäftsfähigkeit"?

① Das Recht ein Geschäft zu eröffnen
② Die Fähigkeit, Rechtsgeschäfte selbstständig und gültig abzuschließen.
③ Tüchtigkeit im Geschäftsleben
④ Das Recht, vor Gericht selbst auftreten zu dürfen

4022

Wann beginnt die beschränkte Geschäftsfähigkeit?

① Mit Vollendung der Geburt
② Mit dem vollendeten 7. Lebensjahr
③ Mit dem vollendeten 14. Lebensjahr
④ Mit dem vollendeten 18. Lebensjahr

Lösungen ab Seite 317

4023

Welches Rechtsgeschäft ist ein einseitiges Rechtsgeschäft?

① Arbeitsvertrag
② Kündigung
③ Kaufvertrag
④ Mietvertrag

4024

Was ist ein zweiseitiges Rechtsgeschäft?

① Testament
② Kündigung
③ Kaufvertrag
④ Anfechtung eines Vertrags

4025

Was ist die Grundvoraussetzung für den Abschluss eines Vertrags?

① Schuldenfreiheit
② Geschäftsfähigkeit
③ Kreditfähigkeit
④ Gute Vermögenslage

4026

Mit wie viel Jahren darf man selbstständig Verträge abschließen und muss für alle Rechtsfolgen alleine einstehen?

① Mit 14 Jahren
② Mit 16 Jahren
③ Mit 18 Jahren
④ Mit 21 Jahren

4027

Welcher der folgenden Kaufverträge ist ungültig, wenn er nur mündlich geschlossen wurde?

① Kauf eines Autos vom Nachbarn
② Kauf einer Maschine auf Probe
③ Kauf einer Zeitschrift am Kiosk
④ Kauf einer Maschine auf Raten beim Händler

4028

Wann ist ein Kaufvertrag nichtig?

① Bei Irrtum
② Bei Vertragsbruch
③ Bei Scherzgeschäften
④ Bei Lieferverzug

4029

Für eine Dachdeckerarbeit liefert der Sägewerkbesitzer als Kunde das Holz. Welche Art von Vertrag liegt vor?

① Dienstleistungsvertrag
② Werkvertrag
③ Kaufvertrag
④ Werklieferungsvertrag

4030

Ein Vertrieb liefert eine Bestellung verspätet an. Welches Recht hat nun der Besteller?

① Er muss die Ware trotzdem abnehmen
② Er erhält einen hohen Rabatt
③ Er kann vom Vertrag zurücktreten (Wandlung)
④ Er wird neu beliefert

4031

Wer erlässt auf Antrag einen Mahnbescheid, um die Forderung eines Gläubigers einziehen zu können?

① Staatsanwalt
② Finanzamt
③ Amtsgericht
④ Polizei

4032

Die Meyer GmbH erwirtschaftet einen Gewinn. Was versteht man unter dem Begriff „Gewinn"?

① Gewinn = Überschuss, der nach Abzug aller Kosten übrig bleibt
② Gewinn = Umsatz
③ Gewinn = Umsatz minus Steuer
④ Gewinn = Zinsen aus Anlagekapital

4033

Was versteht man unter dem Begriff „Produktion"?

① Konstruktion von Gütern
② Erzeugung von Gütern
③ Verkauf von Gütern
④ Verteilung von Gütern

4034

Welche der folgenden Tätigkeiten ist keine Dienstleistung?

① Der Installateur beim Einsetzen einer Dichtung
② Der Zimmerer bei der Herstellung einer Haustür
③ Der Spediteur beim Transport einer Kiste
④ Der Rentner beim Austragen der Zeitungen

Lösungen ab Seite 317

Gebundene Aufgaben | Vertragsrecht, Betrieb und Unternehmen 4035 ... 4040

4035

Was bedeutet der Begriff „Investition“?

① Gewinnverteilung an Mitarbeiter
② Anlage von Kapital in Produktionsmittel
③ Kauf von Konsumgütern
④ Neue Facharbeiter einstellen

4036

Ein Betrieb arbeitet wirtschaftlich, wenn

① der Umsatz hoch ist
② der Betrieb die 35-Stunden-Woche einführt
③ ein Auftrag mit geringen Kosten erledigt wird
④ der Betrieb einen hohen Gemeinkostensatz hat

4037

Durch welche Maßnahmen kann die Arbeitsproduktion eines Betriebs erhöht werden?

① Durch Erhöhung der Anzahl der Überstunden
② Durch Vergrößerung der Anzahl der Mitarbeiter
③ Durch Rationalisierung der Fertigung
④ Durch Senkung der Materialkosten

4038

Für welche Unternehmungen ist die Rechtsform der Einzelunternehmung geeignet?

① Unternehmungen im Bankbereich
② Unternehmungen mit großem Kapitalaufwand
③ Kleinunternehmungen
④ Unternehmungen der öffentlichen Hand

4039

An welcher Angabe erkennt man eine Gesellschaft mit beschränkter Haftung?

① Mindestens zwei Gründer
② Das Mindeststammkapital beträgt 25 000 €
③ Es handelt sich um eine Personengesellschaft
④ Es ist eine Person des öffentlichen Rechts

4040

Welche Unternehmung gehört zu den Kapitalgesellschaften?

① Offene Handelsgesellschaft
② Stille Gesellschaft
③ Gesellschaft mit beschränkter Haftung
④ Kommanditgesellschaft

Gebundene Aufgaben | Geld, Währung, Markt, Preisbildung und Wirtschaftspolitik 4041 ... 4046

4041

Was versteht man unter Währung?

① Die Goldmenge eines Staates
② Gesetzliches Geldsystem eines Staates
③ Geldmenge einer Volkswirtschaft im Umlauf
④ Papierwährung eines Staates

4042

Welche Aussage über den Geldwert ist richtig?

① Der Wert des Geldes nimmt ab, wenn das Güterangebot abnimmt
② Der Geldwert ist abhängig vom Goldpreis
③ Der Geldwert ist die Kaufkraft gegenüber Gütern und Dienstleistungen
④ Wenn die Preise steigen, steigt auch der Geldwert

4043

Unter dem „Wert des Geldes“ versteht man

① das Geld als Wertstück zum Sammeln
② den aufgedruckten Wert
③ die Kaufkraft des Geldes
④ den Metallwert der Münzen

4044

Wovon hängt die Kaufkraft des Geldes ab?

① Von der Höhe des aufgedruckten Nennwertes
② Vom Gegenwert an Gütern, die man dafür erhält
③ Von der Gewährung von Krediten
④ Von der gesetzlichen Regelung

4045

Was ist unter einer Inflation zu verstehen?

① Eine fortschreitende Geldentwertung
② Eine Geldwertsteigerung
③ Sinkende Preise
④ Das Prägen neuer Münzen

4046

Man spricht von einer Rezession,

① wenn sich das wirtschaftliche Wachstum abschwächt
② wenn die Nachfrage steigt
③ wenn Überbeschäftigung herrscht
④ wenn die Preise stark ansteigen

Lösungen ab Seite 317

Gebundene Aufgaben | Geld, Währung, Markt, Preisbildung und Wirtschaftspolitik 4047 ... 4058

4047

Wie heißt der Preisnachlass bei Zahlungen innerhalb einer bestimmten Frist?

① Bonus
② Provision
③ Skonto
④ Prämie

4048

Wer bestimmt den Preis in der freien Marktwirtschaft?

① Der Erzeuger einer Ware
② Der Kunde
③ Angebot und Nachfrage
④ Das Wirtschaftsministerium

4049

Welche Wirtschaftsordnung lässt dem persönlichen Leistungswillen den größten Spielraum?

① Die Planwirtschaft
② Die freie Marktwirtschaft
③ Die marktorientierte Planwirtschaft
④ Die zentrale Verwaltungswirtschaft

4050

Mehrere Unternehmen verabreden ein gleichartiges Produkt nicht unter einem bestimmten Preis zu verkaufen. Welche Aussage ist richtig?

① Solche Absprachen sind verboten
② Solche Absprachen sind zulässig, wenn dadurch Arbeitsplätze gesichert werden
③ Solche Absprachen führen zur Verbilligung der Güter
④ Solche Absprachen fördern die Idee der sozialen Marktwirtschaft

4051

Was versteht man unter einem Monopol?

① Mehrere Unternehmen schließen sich zusammen
② Der Anbieter hat keine Konkurrenten
③ Zwei Arbeitsgemeinschaften arbeiten zusammen
④ Besonders gewinnbringende Geschäfte

4052

Wann sinkt der Preis einer Marktwirtschaft bei wirksamer Konkurrenz?

① Wenn das Angebot bei wirksamer Nachfrage steigt
② Wenn bei sinkendem Angebot die Nachfrage steigt
③ Wenn bei steigendem Angebot die Nachfrage sinkt
④ Wenn Angebot und Nachfrage im Gleichgewicht sind

4053

Wie bilden sich die Preise in der freien Marktwirtschaft?

① Durch Preisabsprachen der Unternehmer
② Durch Preisfestsetzung einer staatlichen Stelle
③ Durch Angebot und Nachfrage
④ Durch Festpreise der Monopole

4054

Wie heißt das Wirtschaftssystem der Bundesrepublik Deutschland?

① Freie Marktwirtschaft
② Soziale Marktwirtschaft
③ Soziale Planwirtschaft
④ Zentrale Verwaltungswirtschaft

4055

Was bedeutet „Soziale Marktwirtschaft"?

① Der Staat hat keinen Einfluss auf den Preis
② Angebot und Nachfrage bestimmen alleine den Preis
③ Zentrale Planung der Wirtschaft
④ Feier Wettbewerb bei staatlicher Unterstützung der wirtschaftlich Schwachen

4056

Was versteht man unter Volkseinkommen?

① Gesamteinnahmen aus allen Exporten einer Volkswirtschaft
② Verdienst aller Bürger in einem Monat
③ Summe aller Einkommen einer Volkswirtschaft in einem Jahr
④ Überschuss in der Handelsbilanz einer Volkswirtschaft

4057

Wie errechnet man das Nettosozialprodukt? Es ist das Bruttosozialprodukt

① plus Abschreibungen
② minus Abschreibungen
③ plus Subventionen
④ minus Subventionen

4058

Was versteht man unter Wirtschaftswachstum?

① Zunahme des Bruttosozialprodukts
② Vergrößerung des Staatshaushalts
③ Die Wirtschaft investiert Geld in Betriebe
④ Neubau von Industrieanlagen

Lösungen ab Seite 317

Gebundene Aufgaben – Geld, Währung, Markt, Preisbildung und Wirtschaftspolitik 4059 ... 4066

4059

Welches Merkmal kennzeichnet die zentrale Planwirtschaft?

① Die Preise werden von einer zentralen Planungsbehörde festgesetzt
② Die Produktionsmittel sind Privateigentum
③ Zwischen den Sozialpartner besteht Tarifautonomie
④ Die Produktionsmenge ist freigestellt

4060

Was bedeutet der Begriff Bruttosozialprodukt?

① Summe aller Sozialleistungen
② Gesamtwerte der Produktion und Dienstleistungen einer Volkswirtschaft in einem Jahr
③ Werte der Güter, die in Unternehmen hergestellt wurden
④ Ergebnis der Wirtschaftspolitik

4061

Was bedeutet „Außenwirtschaftliches Gleichgewicht?"

① Importwaren werden besteuert wie einheimische Produkte
② Die Zahlungsbilanz innerhalb eines Jahres zwischen der Bundesrepublik und dem Ausland ist ausgeglichen
③ Die Militärblöcke der Welt sind gleich stark
④ Die Leistungsbilanz muss so groß wie die Zahlungsbilanz sein

4062

Wodurch ist eine Hochkonjunktur gekennzeichnet?

① Vollbeschäftigung, große Güternachfrage, Preissteigerungen
② Preisrückgang, Vollbeschäftigung, Einkommenssteigerung
③ Investitionsrückgang, Vollbeschäftigung, starkes Wirtschaftswachstum
④ Kreditnachfrage, Einkommensverminderung, Arbeitslosigkeit

4063

Wie nennt man die Konjunkturphase, die nach einer Hochphase eintritt?

① Depression
② Rezession
③ Konjunkturtief
④ Deflation

4064

Was versteht man unter Konjunktur?

① Einen wirtschaftlichen Tiefstand
② Eine antizyklische Finanzpolitik
③ Ein Auf und Ab der wirtschaftlichen Entwicklung
④ Vorausschauende Wirtschaftspolitik

4065

Kennzeichen für ein Konjunkturtief ist

① die hohe Kreditnachfrage
② das Ansteigen der Preise
③ das Ansteigen der Löhne
④ das Stocken des Absatzes von Gütern

4066

Wie sollte der Staat auf einen konjunkturellen Abschwung reagieren?

① Vorzeitige Tilgung von Schulden
② Öffentliche Aufträge zurückstellen
③ Zurückgestellte Baumaßnahmen beschleunigen
④ Verschiedene Steuern erhöhen

Gebundene Aufgaben – Arbeitsrecht, Sozial- und Individualrecht 4067 ... 4068

4067

Welche Unterlagen müssen auf jedem Fall bei Antritt einer neuen Stelle als Facharbeiter dem Arbeitgeber vorgelegt werden?

① Personalausweis, Versicherungsnachweis
② Schulzeugnis, Lohnsteuerkarte
③ Geburtsurkunde, Facharbeiterbrief
④ Lohnsteuerkarte, Versicherungsnachweis

4068

Welche Pflicht hat der Arbeitgeber im Rahmen des Arbeitsverhältnisses nicht?

① Auf Wunsch des Arbeitnehmers unbezahlten Urlaub zu gewähren
② Sanitäre Einrichtungen einzurichten und zu unterhalten
③ Die Vergütung pünktlich zu bezahlen
④ Die Unfallverhütungsvorschriften zu beachten

Lösungen ab Seite 317

4069

Was gehört nicht zur Fürsorgepflicht des Arbeitgebers gegenüber dem Arbeitnehmer?

① Den Arbeitsablauf gefahrlos zu gestalten
② Die Sozialversicherungsbeiträge abzuführen
③ Für eine ausreichende Verpflegung zu sorgen
④ Für die Sicherheit der Sachen zu sorgen, die der Arbeitnehmer berechtigterweise in den Betrieb mitbringt

4070

Welche Verpflichtung hat ein Arbeitnehmer nicht, wenn er unverschuldet arbeitsunfähig erkrankt?

① Dem Arbeitgeber unverzüglich die Arbeitsunfähigkeit zu melden
② Dem Arbeitgeber den Namen der Krankheit zu nennen
③ Den Arbeitgeber über die voraussichtliche Dauer der Arbeitsunfähigkeit informieren
④ Die ärztlichen Weisungen zu beachten

4071

Wie wird ein Arbeitsverhältnis im Normalfall beendet?

① Durch Einstellung eines anderen Mitarbeiters
② Durch fristlose Entlassung
③ Durch ordentliche Kündigung von Arbeitnehmer oder Arbeitgeber
④ Nach unentschuldigtem Fernbleiben von der Arbeit

4072

Für welche Betriebe gilt das Kündigungsschutzgesetz nicht?

① Für Betriebe mit höchstens 5 Arbeitnehmern
② Für Betriebe mit höchstens 10 Arbeitnehmern
③ Für Betriebe mit höchstens 50 Arbeitnehmern
④ Für Betriebe mit höchstens 100 Arbeitnehmern

4073

Wann ist eine Kündigung nach dem Kündigungsschutzgesetz unwirksam?

① Wenn der Arbeitnehmer schon drei Monate im Betrieb arbeitet
② Wenn die Kündigung gegen das Allgemeinwohl verstößt
③ Wenn die Kündigung einseitig durch den Arbeitgeber erfolgt
④ Wenn die Kündigung sozial ungerechtfertigt ist

4074

In welchem Fall darf der Arbeitnehmer nicht fristlos gekündigt werden?

① Bei Konkurs des Betriebs
② Bei Diebstahl
③ Bei vorsätzlicher Sachbeschädigung
④ Bei Trunkenheit am Arbeitsplatz

4075

Wer ist gegenseitiger Sozialpartner

① Staat und Krankenkassen
② Die Träger der Sozialversicherungen
③ Sozialämter und Sozialhilfepfleger
④ Arbeitgeber und Arbeitnehmer

4076

Was ist im Betriebsverfassungsgesetz nicht geregelt?

① Mitbestimmungsrechte des Betriebsrats
② Erlass von Unfallverhütungsvorschriften
③ Zusammensetzung des Betriebsrats
④ Recht zur Durchführung von Betriebsversammlungen

4077

Wer gehört nicht zu den Arbeitnehmern im Sinne des Betriebsverfassungsgesetzes?

① Angestellte, die nur halbtags tätig sind
② Geschäftsführer einer GmbH
③ Arbeiter, die ständig auf Montage sind
④ Auszubildende

4078

Was bedeutet „Mitbestimmung" im Arbeitsleben?

① Gleichberechtigung von Mann und Frau
② Wahlrecht von Frauen
③ Mitbestimmung der Betriebsversammlung
④ Mitbestimmung der Arbeitnehmervertreter in der Unternehmensführung

Lösungen ab Seite 317

4079

Welche Aussage über die Tarifautonomie ist richtig?

① Recht der Gewerkschaften einen Streik auszurufen
② Den Arbeitgebern ist es verboten, höhere Löhne als die tariflich festgelegten zu zahlen
③ Tarifverträge können nur mit Hilfe eines Schlichters abgeschlossen werden
④ Die Tarifvertragsparteien können ohne staatlichen Zwang einen Tarifvertrag aushandeln

4080

Für welche Betriebe sieht das Betriebsverfassungsgesetz die Wahl eines Betriebsrates vor? Für Betriebe

① mit einem Jahresumsatz von mehr als 100 000 €
② mit mehr als zwei Arbeitnehmern
③ mit mindestens vier Arbeitnehmern, von denen zwei wählbar sind
④ mit mindestens fünf wahlberechtigten Arbeitnehmern, von denen drei wählbar sind

4081

Wer kann in den Betriebsrat gewählt werden?

① Wahlberechtigte, die das 24. Lebensjahr vollendet haben
② Wahlberechtigte, die einer Gewerkschaft angehören
③ Wahlberechtigte, die das 21. Lebensjahr vollendet haben
④ Wahlberechtigte, die dem Betrieb mindestens sechs Monate angehören

4082

Was gehört nicht zu den gesetzlichen Aufgaben des Betriebsrats?

① Die Beschäftigung älterer Arbeitnehmer im Betrieb zu fördern
② Darüber zu wachen, dass die Produktionskosten niedrig gehalten werden
③ Mit der Jugend- und Auszubildendenvertretung eng zusammenarbeiten
④ Die Eingliederung Benachteiligter zu fördern

4083

Der Arbeitgeber will Beginn und Ende der täglichen Arbeitszeit neu regeln. Welche Aussage ist richtig?

① Der Betriebsrat muss vom Arbeitgeber lediglich informiert werden
② Der Arbeitgeber muss mit dem Betriebsrat beraten, bevor er allein entscheidet
③ Der Betriebsrat hat in dieser Angelegenheit ein Mitbestimmungsrecht
④ Der Arbeitgeber muss den Betriebsrat anhören

4084

Hat die Jugend- und Auszubildendenvertretung das Recht, selbst mit dem Arbeitgeber zu verhandeln?

① Nein, sie muss den Betriebsrat einschalten
② Ja, aber nur, wenn es um Fragen der Berufsausbildung geht
③ Ja, wenn es um Fragen der Arbeitszeit und der Ausbildungsvergütung geht
④ Nein, denn mit dem Arbeitgeber verhandelt nur der Vorsitzende des Betriebsrats

4085

Wer kann für die Wahl in die Jugend- und Auszubildendenvertretung kandidieren? Nur die Arbeitnehmer,

① die das 18. Lebensjahr noch nicht vollendet haben
② die das 21. Lebensjahr noch nicht vollendet haben
③ die das 25. Lebensjahr noch nicht vollendet haben
④ die das 30. Lebensjahr noch nicht vollendet haben

4086

Wer trägt die Kosten, die durch die Tätigkeiten des Betriebsrats entstehen?

① Der Arbeitgeber
② Die im Betrieb tätigen Mitarbeiter der Gewerkschaft
③ Im Allgemeinen die Betriebsratsmitglieder selbst
④ Alle im Betrieb beschäftigten Arbeitnehmer (Umlageverfahren)

4091

Was ist in einem Manteltarifvertrag nicht geregelt?

① Arbeitszeit
② Höhe der Stundenlöhne
③ Mehrarbeit
④ Urlaubsdauer

4088

Was kann in einem Tarifvertrag nicht geregelt werden?

① Dauer des Urlaubs
② Lohn- und Gehaltsgruppen
③ Regelungen zur Kurzarbeit
④ Akkordarbeit von Auszubildenden

Lösungen ab Seite 317

4089

Wer schließt Tarifverträge ab?

① Der einzelne Arbeitgeber mit jedem seiner Arbeitnehmer
② Gewerkschaften und Arbeitgeberverbände
③ Das Wirtschaftsministerium eines Landes mit den Unternehmen
④ Die Handwerkskammern mit den Gewerkschaften

4090

Was wird unter anderem in einem Lohntarifvertrag geregelt?

① Urlaubsdauer
② Arbeitszeiten
③ Zeitpunkt der Lohnzahlung
④ Mindesthöhe der Löhne

4087

Welche Tarifverträge können für „allgemein verbindlich" erklärt werden?

① Solche, die sowohl für Arbeiter als auch für Angestellte gelten
② Solche, die auch für Arbeitnehmer gelten, die nicht der Gewerkschaft angehören
③ Solche, die eine Laufzeit von unbestimmter Dauer haben

4092

Welche der genannten Aufgaben ist keine Aufgabe der Gewerkschaften?

① Aussperrung im Arbeitskampf
② Finanzielle Unterstützung streikender Mitglieder
③ Führung von Tarifverhandlungen
④ Beratung der Arbeitnehmer in arbeitsrechtlichen Fragen

4093

Welchen Zweck soll das Netz der sozialen Sicherung unter anderem erfüllen?

① Bildung von Vermögen in Arbeitnehmerhand
② Vermeidung von Notsituationen für möglichst alle Bevölkerungsgruppen
③ Verbesserung des Lebensstandards für alle Bürger
④ Finanzielle Absicherung aller Lebensrisiken

4094

Welche der genannten Versicherungen gehört nicht zum Bereich der Sozialversicherungen?

① Krankenversicherung
② Arbeitslosenversicherung
③ Haftpflichtversicherung
④ Pflegeversicherung

4095

Wonach richtet sich die Höhe des Beitrags, den ein Arbeitnehmer zur Arbeitslosenversicherung zu zahlen hat?

① Nach dem Nettoeinkommen
② Nach dem Bruttoeinkommen
③ Nach dem Bruttoeinkommen, sowie nach dem Familienstand
④ Nach dem Nettoeinkommen, sowie nach dem Familienstand

4096

Was wird dem Arbeitnehmer vom Bruttolohn bzw. Bruttogehalt nicht abgezogen?

① Beiträge zur Rentenversicherung
② Beiträge zur Unfallversicherung
③ Beiträge zur Arbeitslosenversicherung
④ Beiträge zur Pflegeversicherung

4097

Wer zahlt die Beiträge zur gesetzlichen Unfallversicherung

① Je zur Hälfte Arbeitnehmer und Arbeitgeber
② Der Arbeitgeber allein
③ Der Staat allein
④ Die gesetzlichen Krankenkassen

4098

Wonach richtet sich die Höhe des Arbeitslosengeldes?

① Nach dem zuletzt bezogenen Nettoarbeitsentgelt
② Nach der Höhe der insgesamt entrichteten Beiträge
③ Nach den entrichteten Beiträgen und dem Lebensalter
④ Nach der Anzahl der Beitragsjahre

Lösungen ab Seite 317

4099

Wonach richtet sich die Höhe des Beitrags zur gesetzlichen Krankenversicherung für pflichtversicherte Arbeitnehmer

① Nach der Höhe der gewünschten Leistungen
② Nach dem Familienstand und der Anzahl der Familienangehörigen
③ Nach der Verdiensthöhe und der Krankheitshäufigkeit
④ Nach der Höhe des Bruttolohns bzw. -gehalts

4100

Welche Aussage über die gesetzliche Krankenversicherung ist richtig?

① Die Höhe der Leistungen ist abhängig von der Höhe der Beitragsleistungen des Versicherten
② Den Beitrag zur Krankenversicherung trägt der Arbeitgeber allein
③ Die Höhe des Beitrags richtet sich nach der Höhe des Nettolohns
④ Der nicht berufstätige Ehepartner eines Versicherten ist mitversichert

4101

Wie lange zahlt die Krankenkasse für eine Behandlung im Krankenhaus?

① 6 Wochen
② 3 Monate
③ 6 Monate
④ unbefristet

4102

Wie lange erhält der Arbeitnehmer im Krankheitsfall seinen vollen Lohn fortgezahlt?

① 2 Wochen
② 4 Wochen
③ 6 Wochen
④ 8 Wochen

4103

Wodurch wird das Arbeitslosengeld II finanziert?

① Durch Sozialbeiträge der Erwerbstätigen
② Durch Beiträge der Arbeitgeber
③ Durch eine private Versicherung, die für den Arbeitslosen zahlt
④ Durch Steuermittel des Bundes, die alle Bürger zahlen

4104

Welche Leistungen übernimmt die Rentenversicherung nicht?

① Wiederherstellung der Erwerbsfähigkeit
② Hinterbliebenenrente
③ Altersruhegeld
④ Förderung der beruflichen Fortbildung

4105

Wofür sind die Berufsgenossenschaften zuständig?

① Umweltschutz im Betrieb
② Tarifvertragswesen
③ Lehrlingsausbildung
④ Unfallverhütung und Unfallversicherung

4106

Wer zahlt die Beiträge für die Berufsgenossenschaft?

① 100 % der Arbeitgeber
② 100 % der Arbeitnehmer
③ Zu je 50 % Arbeitgeber und Arbeitnehmer
④ Keiner von Beiden

4107

Für Unfälle auf dem Weg zur Arbeit und zurück ist zuständig die

① gesetzliche Krankenversicherung
② Berufsgenossenschaft
③ Haftpflichtversicherung des Arbeitgebers
④ Haftpflichtversicherung des Arbeitnehmers

4108

Was versteht man unter Wegeunfall?

① Jeder Unfall außer Haus ist eine Wegeunfall
② Ein Unfall, der sich auf dem Weg zur Arbeit oder von der Arbeit nach Hause ereignet
③ Unfälle, die einem auf einer Urlaubsfahrt zustoßen
④ Einen Unfall, den man auf dem Weg zum Arzt erleidet

Lösungen ab Seite 317

Gebundene Aufgaben | Arbeitsrecht, Sozial- und Individualrecht 4109 ... 4112

4109

Welche der genannten Leistungen wird von der gesetzlichen Unfallversicherung nicht erbracht?

① Zahlung einer Rente an Hinterbliebene von Unfallopfern
② Übernahme der Kosten der Umschulung bei Berufsunfähigkeit wegen einer Berufskrankheit
③ Zahlung von Krankengeld bei allgemeinen Erkrankungen
④ Übernahme der Kosten für Heilbehandlung nach Arbeitsunfällen

4110

Welche Institution ist gesetzlich beauftragt, Unfallverhütungsvorschriften zu erstellen?

① Gewerbeaufsichtsamt
② Technischer Überwachungsverein (TÜV)
③ Landesarbeitsamt
④ Berufsgenossenschaft

4111

Welche Individualversicherung deckt Schäden ab, die Ihre Kinder möglicherweise einmal verursachen?

① Unfallversicherung
② Haftpflichtversicherung
③ Invalidenversicherung
④ Lebensversicherung

4112

Ab wann erhält man Arbeitslosengeld II?

① Sofort nach Eintritt in die Arbeitslosigkeit
② Nach Ablauf des Anspruchs auf Arbeitslosengeld I
③ Wenn Arbeitslosigkeit droht
④ Wenn man als älterer Arbeitsloser keine Aussicht auf einen neuen Arbeitsplatz hat

Gebundene Aufgaben | Steuern, Lohn und Sparen 4113 ... 4118

4113

Welches sind die Haupteinnahmequellen unseres Staates?

① Gewinne der staatlichen Unternehmen
② Direkte und indirekte Steuern
③ Gerichtsgebühren und Geldstrafen
④ Zölle für eingeführte Waren

4114

Wer bestimmt die Höhe des Einkommensteuersatzes?

① Der Finanzminister
② Das Finanzamt
③ Der Gesetzgeber
④ Die Landesregierung

4115

Warum zahlen manche Auszubildende keine Lohnsteuer?

① Weil sie beschränkt geschäftsfähig sind
② Weil sie Steuerhinterziehung begehen
③ Weil sie stattdessen Sozialabgaben bezahlen
④ Weil die Freibeträge höher sind als die Vergütung

4116

Wer stellt die Lohnsteuerkarte aus?

① Finanzamt
② Innung
③ Gemeindebehörde
④ Gewerbeaufsichtsamt

4117

Welche Eintragungen werden auf der Lohnsteuerkarte nicht gemacht?

① Steuerklasse
② Familienstand
③ Konfessionszugehörigkeit
④ Anzuwendende Lohnsteuertabelle

4118

Welche Bezüge sind grundsätzlich lohnsteuerfrei?

① Krankengeld
② Zusätzliches Urlaubsgeld
③ Weihnachtsgeld
④ Vergütung von Überstunden

Lösungen ab Seite 317

4119

Was versteht man unter dem Begriff „Bruttolohn"?

① Die Summe aller Lohnabzüge
② Den Gesamtarbeitslohn vor Abzug der Steuern und Sozialabgaben
③ Den Arbeitslohn ohne Überstundenvergütung
④ Die Kaufkraft des Arbeitsentgelts

4120

Unter Nettoarbeitslohn versteht man

① den Arbeitslohn nach Abzug der Lohnsteuer
② den Arbeitslohn nach Abzug der Steuern und Sozialabgaben
③ die Kaufkraft des Arbeitsentgelts
④ den Arbeitslohn nach Abzug der Sozialangaben

4121

Was versteht man unter „Tariflohn"?

① Tariflicher Mindestlohn
② Prämienlohn
③ Zeitakkordlohn
④ Tariflicher Höchstlohn

4122

Was bedeutet der Begriff „Reallohn"?

① Unterschied zwischen Brutto- und Nettolohn
② Kaufkraft des Lohnes
③ Der wahre Wert der Leistung
④ Lohn nach Abzug der Sozialleistungen

4123

Was ist ein „Ecklohn"?

① Lohn für ungelernte Arbeitskräfte
② Tariflicher Höchstlohn
③ Vorarbeiterlohn
④ Tariflohn eines Facharbeiters nach zwei bis drei Gesellenjahren

4124

Was versteht man unter „verfügbarem Einkommen"?

① Den Reallohn
② Den Nettolohn
③ Das Einkommen nach Abzug von Steuern und Sozialabgaben zuzüglich der Sozialleistungen des Staates
④ Das Einkommen nach Abzug der Zinsen

4125

Bei welcher Lohnart handelt es sich um Zeitlohn?

① Stundenlohn
② Prämienlohn
③ Akkordlohn
④ Lohnnebenkosten

4126

Was ist „Leistungslohn"?

① Es wird nur eine auf die Leistung bezogene Prämie bezahlt
② Es wird nach der tatsächlich im Betrieb erbrachten Leistung bezahlt
③ Es wird die geleistete Arbeit bezahlt
④ Die Überstunden werden ausgezahlt

4127

Was kann nicht zur Sicherung eines Kredits beitragen?

① Lohn- und Gehaltsabtretung
② Sicherungsübereignung
③ Bürgschaft
④ Höhe der Rückzahlungsraten

4128

Was versteht man unter dem „effektiven Jahreszins"?

① Vergleichsgröße für Kredite, die die tatsächliche Zinsbelastung angibt
② Nominalzinssatz pro Monat
③ Monatszins für Überziehungskredite
④ Prozentualer Jahreszins für Dispositionskredite

4129

Was ist eine Aktie?

① Pfandbrief
② Anteil an Kapitalvermögen
③ Anleihe
④ Schuldverschreibung

4130

Wie heißt der Ertrag einer Aktie?

① Dividende
② Bonus
③ Zins
④ Emission

Lösungen ab Seite 317

4131

Welche Aussage ist richtig? Nachrichten sind ...

① Deutungen eines Ereignisses
② Kommentare von Redakteuren
③ persönliche Meinungen der Reporter
④ aktuelle Informationen zum Zeitgeschehen

4132

Was versteht man unter Kommunikation?

① Austausch von Meinungen in Gesprächen
② Bildung von Meinungen in Gruppen
③ Austausch von Waren
④ Zusammenkunft mehrerer Gruppen

4133

Welche Aufgaben haben Nachrichtenagenturen?

① Sie sammeln Nachrichten und verkaufen diese
② Sie betreiben Marktforschung
③ Sie werben für Verbrauchsgüter
④ Sie sammeln ausschließlich Informationen für politische Parteien

4134

Wann ist Gefahr der Manipulation in der Berichterstattung einer Zeitung gegeben?

① Der Leser äußert in Leserbriefen seine Meinung
② Der größte Anzeigenkunde will Berichte nach seiner Meinung geändert haben
③ In einer Reportage werden Meinungen betroffener Bürger veröffentlicht
④ Die Zeitung vermeidet es, Staatsgeheimnisse zu veröffentlichen

4135

In der Bundesrepublik Deutschland ist die Pressefreiheit im Grundgesetz garantiert. Gegen welches Grundrecht würde eine Pressezensur verstoßen?

① Freizügigkeit (Art. 11)
② Freiheit von Meinungsäußerung (Art. 5)
③ Versammlungsfreiheit (Art. 9)
④ Gleichberechtigung zwischen Mann und Frau (Art. 3)

4136

Welche Aufgaben haben die politischen Parteien in der Bundesrepublik Deutschland?

① Das politische Geschehen zu beeinflussen
② Mit den Gewerkschaften die Tarifverträge auszuhandeln
③ Dafür zu sorgen, dass die Ziele der Staatsführung durchgesetzt werden
④ Radikal ihre politischen Ziele durchzusetzen

4137

Welche Grundsätze gelten für Parteien in der Bundesrepublik Deutschland?

① Sie dürfen keiner anderen Partei Stimmen wegnehmen
② Sie müssen über genügend Geldmittel verfügen
③ Sie müssen in ihren Zielen der freiheitlichen demokratischen Grundordnung entsprechen
④ Sie müssen christlich, sozial und liberal in ihrer Grundhaltung sein

4138

Wie beginnt der Artikel 1 des Grundgesetzes?

① Die Ehe und Familie steht unter dem Schutz des Staates ...
② Die Würde des Menschen ist unantastbar
③ Jeder Bürger kann seine Meinung frei äußern ...
④ Das Recht auf körperliche Unversehrtheit muss garantiert sein ...

4139

Was verstehen Sie unter dem Petitionsrecht, das jedem Bürger nach dem Grundgesetz zusteht?

① Sich um Strafmilderung an den Bundespräsidenten wenden
② Die Entscheidungen der öffentlichen Verwaltung beim Verwaltungsgericht überprüfen lassen
③ Das Recht, sich durch einen Anwalt vertreten zu lassen
④ Sich mit Bitten oder Beschwerden an die Volksvertretung zu wenden

4140

Welche Inhalte könnten die Programme politischer Parteien haben?

① Programmatische Aussagen, die für längere Zeit Gültigkeit haben sollen
② Spontane Äußerungen der Wähler
③ Vordringliche Aufgaben, die die Regierung zu erfüllen hat
④ Zielvorstellungen einflussreicher Persönlichkeiten aus Industrie und Handel

Lösungen ab Seite 317

4141

Unter welchen Voraussetzungen kann eine Partei in Deutschland verboten werden?

① Wenn die Mehrheit der Mitglieder radikal ist
② Wenn ihre Ziele gegen die freiheitliche demokratische Grundordnung verstoßen
③ Wenn sich die Partei politisch passiv verhält
④ Wenn sie gegen das Parteispendengesetz verstößt

4142

Der Artikel 21 im GG regelt Organisation, Aufgabe und Finanzierung der Parteien, welche Aussage kann nicht stimmen?

① Die Gründung der Parteien ist frei
② Die Ordnung der Parteien muss der freiheitlichen demokratischen Grundordnung entsprechen
③ Das Bundesverfassungsgericht entscheidet über die Verfassungswidrigkeit
④ Parteien brauchen über die Herkunft ihrer Gelder öffentlich keine Rechenschaft abzulegen

4143

Warum besteht in demokratischen Staaten Gewaltenteilung?

① Um die Staatsbürger kontrollieren zu können
② Um die Parlamente zu schützen
③ Um die Staatsorgane kontrollieren zu können
④ Um die Regierung schützen zu können

4144

Welche Bedingungen müssen Wahlen gemäß dem geltenden Wahlrecht in der Bundesrepublik erfüllen?

① Der Wahlberechtigte hat Wahlpflicht
② Die Wahl muss allgemein, gleich, unmittelbar, geheim und frei erfolgen
③ Wähler müssen an Wahlversammlungen teilnehmen
④ Wähler müssen an Wahlkämpfen teilnehmen

4145

Wer muss die endgültige Unterschrift unter die Ausfertigung eines Bundesgesetzes setzen?

① Der Bundestagspräsident
② Der oder die Fachminister
③ Der Bundeskanzler
④ Der Bundespräsident

4146

Welche der genannten Bedingungen muss ein Wähler bei der Ausübung seines Wahlrechts nicht erfüllen?

① Er muss schuldenfrei sein
② Es muss das Wahlalter erreicht haben
③ Er muss im Vollbesitz seiner geistigen Kräfte sein
④ Er muss die Deutsche Staatsangehörigkeit besitzen

4147

Wer entscheidet über die Aufstellung der Kandidaten in einem Wahlkreis?

① Der Parteienvorsitzende einer Partei
② Eine Versammlung der wahlberechtigten Bürger
③ Das Ergebnis einer demoskopischen Umfrage
④ Eine Versammlung von wahlberechtigten Parteimitgliedern

4148

Wie kann ein Bundesgesetz in Kraft treten?

① Wenn der Bundespräsident es unterzeichnet hat
② Nachdem es im Bundesgesetzblatt veröffentlicht ist
③ Nachdem die dritte Lesung im Bundestag erfolgt ist
④ Wenn der Bundesrat das Gesetz verabschiedet hat

4149

Was versteht man unter passivem Wahlrecht?

① Der Staatsbürger darf zur Wahl gehen
② Der Staatsbürger kann sich wählen lassen
③ Hier haben nur Parteimitglieder das Recht zu wählen
④ Nur die Abgeordneten dürfen wählen

4150

Wer hat die gesetzgebende Gewalt (Legislative) in der Bundesrepublik Deutschland?

① Der Bundestag
② Die Bundesregierung
③ Der Bundesgerichtshof
④ Das Bundesarbeitsgericht

Lösungen ab Seite 317

Gebundene Aufgaben | Medien, Parteien und Regierung 4151 ... 4156

4151

Wer ist berechtigt, Gesetzvorlagen im deutschen Bundestag einzureichen?

① Jeder wahlberechtigte Staatsbürger
② Berufsverbände wie Gesellschaften
③ Der Bundespräsident
④ Die Bundesregierung

4152

Wie nennt man die Vereinigung von Mitgliedern des Deutschen Bundestages, die einer gleichen Partei angehören?

① Plenum
② Koalition
③ Fraktion
④ Parlament

4153

Wem gegenüber ist ein Abgeordneter des Bundestages nach dem Grundgesetz nur verantwortlich oder verpflichtet?

① Seinem Gewissen
② Seinen heimlichen Geldgebern
③ Dem Parteivorsitzenden
④ Dem Bundespräsidenten

4154

Was versteht man unter „Immunität“ bei der Abgeordneten?

① Sie sind befreit von der Steuerschuld
② Sie müssen bei der Überprüfung unbekannt bleiben
③ Sie haben als Abgeordneter kein Wahlrecht
④ Sie sind nur in Ausnahmefällen der Gewalt der Polizei und der Gerichte unterworfen

4155

Wer bestimmt die Mitglieder des Bundesverfassungsgerichts?

① Der Bundeskanzler
② Der Bundesrat
③ Der Bundestag
④ Der Bundesrat und Bundestag je zur Hälfte

4156

Wer ist bei der Wahl des Bundeskanzlers stimmberechtigt?

① Nur die Mitglieder des Deutschen Bundestages
② Nur die Fraktionen der Parteien, die in der letzten Bundestagswahl gewonnen haben
③ Die Mitglieder des Bundestages und des Bundesrates je zur Hälfte
④ Nur die Mitglieder des Bundesrates

Gebundene Aufgaben | Gesellschaft, Staat, Europa und Welt 4157 ... 4160

4157

Was versteht man unter „Industrieller Revolution“?

① Die Vorbereitung der Lehren von Lenin und Marx
② Den Aufstand der Weber im 19. Jahrhundert
③ Die Einführung der Kernenergie
④ Den sprunghaften Anstieg industrieller Massenproduktion im 19. Jahrhundert

4158

In welchem Land begann die industrielle Revolution?

① England
② Frankreich
③ Amerika
④ Deutschland

4159

Was ist die Europäische Union?

① ein Staatenbund
② ein Bundestaat
③ eine Monarchie
④ ein Bundesland

4160

Was ist die Europäische Kommission?

① Kommission zum Klimaschutz
② Europäisches Gericht
③ Europäische Regierung
④ Ministerrat der EU

Lösungen ab Seite 317

4161

Welches europäische Gremium wird direkt von den EU-Bürgern gewählt?

① Europäische Rat
② Rat der EU
③ Europäische Kommission
④ Europäisches Parlament

4162

Wer wird auch „Wächter des Euro" genannt?

① Europäisches Bankenmonopol
② Europäische Zentralbank
③ Bankenzentrum Europa
④ Europäisches Finanzgerichtshof

4163

Was ist kein Beitrittskriterium für die EU-Mitgliedschaft?

① Rechtsstaatlichkeit
② Freiheitsgrundsatz
③ Der Euro
④ Demokratie

4164

Was dokumentiert der Europass?

① Berufliche Kenntnisse, Kompetenzen und Fertigkeiten
② Handwerkliches Geschick
③ Die Mitgliedschaft in einer Handwerksgilde
④ Den Reiseweg auf der Walz

4165

Welches Ereignis steht für den 17. Juni 1953 in den deutschen Geschichtsbüchern?

① Einführung der Deutschen Mark (Währungsreform)
② Aufhebung der Berliner Blockade
③ Beitritt der Bundesrepublik Deutschland zur Nato
④ Aufstand der Arbeiter in der ehemaligen DDR

4166

Zuordnungsaufgaben: Ordnen Sie die Landeshauptstädte (a bis d) den genannten Bundesländern (1 bis 4) zu.

① Schleswig Holstein	a) Wiesbaden	① ______
② Nordrhein-Westfalen	b) Dresden	② ______
③ Sachsen	c) Kiel	③ ______
④ Hessen	d) Düsseldorf	④ ______

4167

Welche Bedeutung hat der 3.10.1990 für Deutschland?

① Deutschland wird Fußballweltmeister
② Offizielle Wiedervereinigung Deutschlands
③ Abriss der Berliner Mauer
④ Abzug der Siegermächte aus Deutschland

4168

Was versteht man unter Globalisierung?

① Den Kampf um Lebensraum
② Eine langfristige Entwicklung, bei der sich die weltweiten Wirtschaftsbeziehungen vermehren
③ Die Zunahme von Flüchtlingsströmen
④ Die Reisefreiheit von Menschen

4169

Welche Befürchtungen haben unter anderem die Globalisierungskritiker?

① Die Globalisierung führt in den Entwicklungsländern zu vermehrter Armut, Kinderarbeit und Niedriglöhnen
② Die Wirtschaftskraft großer Unternehmen nimmt ab
③ Es gibt gar keine Globalisierungskritiker
④ Die Entwicklungsländer setzen die Industrieländer wirtschaftlich unter Druck

4170

Welchen Vorteil der Globalisierung sehen unter anderem ihre Befürworter?

① Die Globalisierung führt zu erschwinglichen Preisen für die unterschiedlichsten Produkte
② Die Globalisierung führt überall zum Wohlstand
③ Die freie Marktwirtschaft wird von Ländern eingeführt
④ Die Globalisierung führt in den Industrieländern zu einem Anstieg von Arbeitsplätzen

4171

Was ist die Ursache des Treibhauseffektes (globale Erderwärmung)?

① Die Freisetzung von FCKW
② Die großen Umweltkatastrophen
③ Die CO_2-Emissionen
④ Der saure Regen

4172

Was versteht man unter dem Prinzip der Nachhaltigkeit?

① Die Ressourcen zukünftiger Generationen nicht zu gefährden
② Maßnahmen gegen das Waldsterben zu ergreifen
③ Besonders verschwenderisches Wirtschaften
④ Die Unterstützung von Entwicklungsländern

Lösungen ab Seite 317

4173

Welche Aussagen zur beruflichen Fortbildung ist richtig?

① Sie hat zum Ziel, die beruflichen Kenntnisse und Fertigkeiten zu erhalten, zu verbessern und zu erweitern
② Sie endet stets mit einer Prüfung bei der Handelskammer
③ Sie ist nur ab dem 25. Lebensjahr möglich
④ Sie erfordert mindestens den Realschulabschluss

4174

Welche Aussage über die Kündigung eines Auszubildenden ist richtig? Eine Kündigung

① kann überhaupt nicht erfolgen
② kann während der Probezeit ohne Angaben von Gründen erfolgen
③ kann jederzeit ohne Angaben von Gründen erfolgen
④ kann nur bei gegenseitigem Einverständnis erfolgen

4175

Welche Probezeit ist in einem Berufsbildungsverhältnis zulässig?

① 2 Wochen zum Monatsende
② 3 Monate zum Quartalsende
③ Mindestens 1 Monat, höchstens 6 Monate
④ Mindestens 1 Monat, höchstens 4 Monate

4176

Nach welcher Ausbildungszeit besteht Kündigungsschutz für den Auszubildenden?

① Nach 1 Monat
② Nach 2 Monaten
③ Nach 4 Monaten
④ Nach 6 Monaten

4177

Was sind fixe Kosten?

① Lohnkosten für Akkordarbeiter
② Kosten für Pacht und Zinsen
③ Errechnete Materialkosten
④ Benzinkosten für ein Fahrzeug

4178

Welcher der folgenden Verträge muss notariell beurkundet werden?

① Leihvertrag
② Grundstücksvertrag
③ Bürgerschaftsvertrag
④ Dahrlehensvertrag

4179

Die Eidesfähigkeit eines Menschen beginnt mit

① 7 Jahren
② 14 Jahren
③ 16 Jahren
④ 18 Jahren

4180

Welche der genannten Tätigkeiten gehört zur Urproduktion?

① Forstwirtschaft
② Sägewerksbetrieb
③ Handwerkliche Möbelfertigung
④ Industrielle Möbelfertigung

4181

Was ist eine Hypothek?

① Ein aufgenommenes Darlehen
② Eine große psychologische Belastung
③ Das dringliche Recht an einem Grundstück
④ Das Vorkaufsrecht beim Kauf eines Grundstücks

4182

Was versteht man unter einer Innung?

① Körperschaft ohne eigene Rechtsfähigkeit
② Zusammenschluss der Arbeitgeber und Arbeitnehmer
③ Eine andere Beziehung der Handwerkskammer
④ Interessenvertretung der selbstständigen Handwerker

4183

Von welcher Versicherung erhält der Arbeitnehmer das Altersruhegeld?

① Krankenversicherung
② Rentenversicherung
③ Lebensversicherung
④ Unfallversicherung

4184

Wo kann die Höhe einer Unfallrente angefochten werden?

① Beim Sozialgericht
② Beim Finanzamt
③ Beim Verwaltungsgericht
④ Beim Arbeitsgericht

Lösungen ab Seite 317

4185

Welche Steuer ist eine indirekte Steuer?

① Gewerbesteuer
② Hundesteuer
③ Grundsteuer
④ Tabaksteuer

4186

Was bezeichnet man als direkte Steuer?

① Mineralölsteuer
② Kraftfahrzeugsteuer
③ Mehrwertsteuer
④ Getränkesteuer

4187

Welche der folgenden Maßnahmen dient nicht der Förderung der Eigentumsbildung in Arbeitnehmerhand?

① Ausgabe von Volksaktien
② Steuerprogression
③ Gewährung von Bausparprämien
④ Gewährung von Sparzulagen

4188

Womit befasst sich eine Demoskopie?

① Volkszählung
② Warentest
③ Meinungsumfrage
④ Meinungsbildung

4189

Welche Aufgabe gehört nicht zu den Aufgaben des Bundestages?

① Verabschiedung von Gesetzen
② Wahl des Bundeskanzlers
③ Kontrolle der Gerichte
④ Wahl des Wehrbeauftragten
⑤ Die Regierungsbildung

4190

Wie ist die Mitgliedschaft in einem Arbeitgeberverband geregelt?

① Mitglied können nur die Inhaber von Einzelunternehmungen werden
② Mitglied kann eine Unternehmung nur werden, wenn sie mehr als 20 Arbeitnehmer beschäftigen
③ Die Mitgliedschaft endet mit dem Tod des Eigentümers der Unternehmen
④ Die Mitgliedschaft beruht auf freiwilliger Basis

4191

Welche Aufgabe hat unter anderem die Industrie- und Handelskammer bzw. die Handwerkskammer?

① Überwachung der Einhaltung von Unfallverhütungsvorschriften
② Abschluss von Tarifverträgen mit den Gewerkschaften
③ Durchführung von Abschluss- und Meisterprüfungen
④ Vermittlung von Auszubildenden

4192

Was versteht man unter einem Kartell?

① Eine Datensammlung beim städtischen Ordnungsamt
② Zusammenschluss gleichartiger Unternehmen zwecks Marktbeeinflussung
③ Es handelt sich um ein marktbeherrschendes Unternehmen
④ Ein Zusammenschluss, um gemeinsam Werbung zu betreiben

4193

Welche rechtliche Verpflichtung übernimmt der Ausbildungsbetrieb bei Abschluss des Berufsausbildungsvertrages nicht?

① Die Ausbildung planmäßig, zeitlich und sachlich gegliedert durchzuführen.
② Den Auszubildenden nach der Abschlussprüfung als Facharbeiter zu beschäftigen.
③ Dem Auszubildenden den Urlaub zu gewähren.
④ Die Ausbildungsvergütung pünktlich zu bezahlen.

4194

Welches der genannten Gesetze soll den Wettbewerb aufrechterhalten?

① Betriebsverfassungsgesetz
② Arbeitsplatzförderungsgesetz
③ Kartellgesetz
④ Verbraucherschutzgesetz

Lösungen ab Seite 317

4195

Auf welchem Gebiet haben nur die Länder Gesetzgebungsrecht?

① Landesverteidigung
② Schulwesen
③ Währung
④ Fernmeldewesen

4196

Wer hat in Deutschland das System der sozialen Marktwirtschaft eingeführt?

① Ebert
② Stresemann
③ Bismarck
④ Erhard

4197

Warum zahlen manche Auszubildende keine Lohnsteuer?

① Weil sie beschränkt geschäftsfähig sind
② Weil sie Steuerhinterziehung begehen
③ Weil sie stattdessen Sozialabgaben bezahlen
④ Weil die Freibeträge höher sind als die Vergütung

4198

Was ist im steuerlichen Sinne keine Sonderausgabe bei der Einkommenssteuererklärung?

① Lebensversicherungsbeiträge
② Gewerkschaftsbeitrage
③ Spende für mildtätige Zwecke
④ Bausparbeiträge

4199

Was gehört nicht zu den Lohnnebenkosten?

① Sonderzahlungen wie z. B. Weihnachtsgeld
② Arbeitnehmeranteile zur Sozialversicherung
③ Arbeitgeberanteile zur Sozialversicherung
④ Lohnfortzahlung im Krankheitsfall

4200

Was wird beim Lohnsteuerjahresausgleich beantragt?

① Erstattung der Mehrwertsteuer
② Erstattung der Sozialabgaben
③ Erstattung aller gezahlten Steuern
④ Erstattung der zuviel gezahlten Steuern

4201

Wer hat Einkünfte aus unselbstständiger Arbeit zu versteuern?

① Vermieter
② Lohn- und Gehaltsempfänger
③ Kapitalanleger
④ Einzel- und Großhändler

4202

Parteien haben verschiedene Aufgaben zu erfüllen. Welche der genannten Aufgaben entsprechen dem Grundgesetz?

① Ausnutzung der Staatsgewalt
② Führen von Tarifverhandlungen
③ Übernahme politischer Verantwortung
④ Unterdrückung von Minderheiten

4203

Warum haben sich europäische Staaten in der Europäischen Union zusammengeschlossen?

① Zur Erhöhung der Industrieproduktion
② Zur politischen Einigung Europas
③ Zur Verteidigung Europas
④ Zur Verbesserung der europäischen Wirtschaftsmacht

4204

Welches Land besitzt als Währung nicht den Euro?

① Deutschland
② Frankreich
③ Estland
④ Polen
⑤ Italien

4205

Die UNO hat Vorschläge erarbeitet, wie der Frieden gesichert werden kann. Was gehört nicht dazu?

① Diplomatische Gespräche
② Verhandlungen führen
③ Wirtschaftsblockaden
④ Entsenden von Beobachtern

4206

Welche Aufgaben hat der UN-Sicherheitsrat in New York?

① Den Weltfrieden zu sichern
② In den Entwicklungsländern der Welt den Lebensstandard zu heben
③ für die Sicherheit in Amerika zu sorgen
④ Die Spitzenpolitiker in aller Welt zu beraten

Lösungen ab Seite 317

4207

Welchen Inhalt hat Artikel 1 des Grundgesetzes?

① Pressefreiheit
② Menschenwürde
③ Versammlungsrecht
④ Briefgeheimnis

4208

Warum besteht in demokratischen Staaten Gewaltenteilung?

① Um eine bessere Kontrolle der Bürger zu gewährleisten.
② Um die Zuwanderung zu kontrollieren.
③ Um die Parlamente zu schützen.
④ Um die Staatsangehörigkeit kontrollieren zu können.

4209

Wer hat in Deutschland das System der sozialen Marktwirtschaft eingeführt?

① Ebert
② Bismarck
③ Brandt
④ Erhardt

4210

Welche Bedeutung hat der 03.10.1990 für Deutschland?

① Deutschland wird Fußballweltmeister
② Offizielle Wiedervereinigung Deutschlands
③ Abriss der Berliner Mauer
④ Abzug der Siegermächte aus Deutschland

4211

Wo werden Aktien gehandelt?

① Bei der Bundesbank
② Bei den Landeszentralbanken
③ An der Börse
④ Bei allen Banken

4214

In welcher Gruppe sind die drei Produktionsfaktoren genannt?

① Industrie, Handel, Verkehr
② Arbeit, Güter, Handel
③ Arbeit, Kapital, Boden
④ Kalkulation, Zeichnung, Herstellung

4213

Die „regelmäßige Verjährungsfrist“ nach BGB § 195 für eine Forderung aus einem Vertrag beträgt?

① 1 Jahr
② 2 Jahre
③ 3 Jahre
④ 4 Jahre

4214

Durch welche Maßnahmen kann die Arbeitsproduktivität eines Betriebs erhöht werden?

① Durch Erhöhung der Anzahl der Überstunden
② Durch Rationalisierung der Fertigung
③ Durch Senkung der Materialkosten
④ Durch Abschaffung von Schichtarbeit

4215

Wodurch endet die Rechtsfähigkeit einer natürlichen Person?

① Durch Tod
② Durch vorübergehende Entmündung
③ Durch Verurteilung wegen einer Straftat
④ Durch Eintritt in den Altersruhestand

4216

Was versteht man unter Devisen?

① Goldreserven der Bundesbank
② Ausländische Zahlungsmittel
③ Ausländische Wertpapiere
④ Ausländische Zahlungsmittel

4217

Was kann die Bundesbank zur Bekämpfung der Inflation tun?

① Die Zinsen senken
② Die Währung abwerten
③ Die Geldmenge vergrößern
④ Den Diskontsatz anheben

4218

Wer hat Anspruch auf Arbeitslosengeld II?

① Jeder Mensch
② Alle die bisher Rente bezogen haben
③ Alle ab dem 18. Lebensjahr
④ Alle erwerbsfähigen Hilfsbedürftigen, die das 15. Lebensjahr vollendet und das 65. noch nicht vollendet haben.

Lösungen ab Seite 317

4300

Welcher Grundsatz gehört nicht zu einer guten Kundenberatung?

① kompetente Beratung
② faires Angebot
③ Kaffee trinken
④ Kundenwünsche berücksichtigen

4301

Was ist nicht Bestandteil eines repräsentativen Auftretens für ein Unternehmen?

① einheitliche Arbeitskleidung
② saubere Baustelle
③ höfliches auftreten
④ Rauchen auf der Baustelle

4302

Welcher Punkt muss bei einer Zielgruppenanalyse nicht berücksichtigt werden?

① Alter
② Glaubenszugehörigkeit
③ Einkommen
④ Einrichtungsstil

4303

Was ist eine nonverbale Kommunikationsform?

① Kundengespräch
② E-Mail
③ Mitarbeitergespräch
④ Videokonferenz

4304

Welche Art der Werbung eignet sich für ein Kleinunternehmen?

① Fernsehwerbung
② Plakatwerbung
③ Internetkampagne
④ Zeitungsanzeige

4305

Welche Unterlagen müssen bei einem Angebot übergeben werden?

① Kostenvoranschlag und Entwurf
② Materialliste und Entwurfszeichnung
③ Kostenvoranschlag und Zuschnittplan
④ Zuschnittplan und Entwurfsskizze

4306

Ein positives Betriebsklima führt zu ...

① steigenden Lohnkosten
② mehr Pausen durch Gespräche
③ höhere Mitarbeiterzufriedenheit
④ sinkende Produktion

4307

Wie ist das richtige Vorgehen bei einer Reklamation?

① den Kunden ignorieren
② höflich zurückweisen
③ an den Rechtsbeistand verweisen
④ auf den Kunden eingehen

4308

Was ist eine Form von verbaler Kommunikation

① E-Mail
② Aushang am schwarzen Brett
③ Mitarbeitergespräch
④ Anschreiben

4309

Was ist kein Bestandteil des Kommunikationsquadrates nach Schulz von Thun?

① Appell
② Beziehungshinweis
③ Sachinhalt
④ Fremdkundgabe

4310

Mit welcher Werbung lassen sich gerade junge Kunden ansprechen?

① Zeitungsanzeige
② Soziale Medien
③ Plakatwerbung
④ Flyer

Lösungen ab Seite 317

Prüfungsvorbereitung aktuell – DACHDECKERHANDWERK

PRÜFUNGSVORBEREITUNG AKTUELL
✓ gebundene Aufgaben
✓ ungebundene Aufgaben
✓ Lernfeldaufgaben
✓ Projektaufgaben
✓ handlungsorientierte Aufgaben

Lösungen

Hinweise:

1. Die Lösungen sind je nach Komplexität in drei Arten aufbereitet:
   - Aufgabentext – Lösungsnummer – Lösung
   - Aufgabentext – Lösungsnummer – Lösungshinweis – Lösung
   - Aufgabentext – Lösungsnummer – vollständige Lösungsansätze – Lösung
2. Die Reihenfolge der Lösungen auf einer Seite ist nicht immer fortlaufend.
3. Eine Kopiervorlage für Leistungskontrollen mit Antwort-Auswahl-Aufgaben ist auf der Seite 381 bereitgestellt.

Anschriften

DIN-Normen: Deutsches Institut für Normung e.V.
Burggrafenstr. 6, 10787 Berlin

Deutsche Gesellschaft für Mauerwerksbau e.V.
Kortumstr. 50, 45130 Essen

Bundesverb. der Deutschen Ziegelindustrie e.V.
Schaumburg-Lippe-Str. 4, 53113 Bonn

Kalksandstein-Information GmbH & Co. KG
Entenfangweg 15, 30419 Hannover

Arbeitsgemeinschaft Holz e. V.
Füllenbachstr. 6, 40474 Düsseldorf

Zentralverband des Deutschen Dachdeckerhandwerks
Fritz-Reuter-Str. 8, 50968 Köln

Beratungsstelle für Stahlverwendung
Kasernenstr.36, 40213 Düsseldorf

Fa. Braas & Co. GmbH
Postfach 16 30, 61440 Oberursel

BASF-Informationen
Carl-Bosch-Str. 38, 67063 Ludwigshafen

Arbeitsgemeinschaft Deutsche Kunststoffindustrie
(Aki), Karlstr. 21, 60329 Frankfurt

Fliesen-Beratungsstelle e.V.
Postfach 12 54, 30938 Burgwedel

Verlag Beton und Technik über Bauberatung Zement
Pferdmengestr. 7, 50968 Köln

Bau-Berufsgenossenschaft Hannover
Hildesheimer Str. 309, 30519 Hannover

Internetadressen

info@wzi.de – www.wienerberger.de
(Verordnung über energiesparenden Wärmeschutz und energiesparende Anlagentechnik in Gebäuden)

http://www.poroton.de
(Mauerwerksbau, Baustoffe)

http://www.delta-draht.de
(Betonstahlmatten)

http://www.betonstahlmatten.de
(Bemessungshilfen)

http://www.isb-ev.de
(Institut für Stahlbetonbewehrung e.V.)

http://www.isbcad.de
(Software für Bemessung und Bewehrungspläne)

http://www.betonverein.de
(Planung und Ausführung von Betonbauwerken)

http://www.beton.org
(CD-ROM Betonguide, Transportbeton)

http://www.vdz-online.de
(Broschüren Beton)

http://www.bdzement.de
(Merkblätter der Zementberatung)

http://www.dafstb.de
(Deutscher Ausschuss für Stahlbeton)

Tabellenbuch
Tabellenbuch Bautechnik
Peschel, u. a.; Verlag Europa-Lehrmittel 17. Auflage, 2022

Punkte – Noten – Umrechnungstabelle

Punkte	100 … 92	91 … 81	80 … 67	66 … 50	49 … 30	29 … 0
Note	sehr gut	gut	befriedigend	ausreichend	mangelhaft	ungenügend

Der Umrechnungsschlüssel ist den Richtlinien der vom Bundesausschuss für Berufsbildung festgelegten „Musterprüfungsordnung für die Durchführung von Abschlussprüfungen“ entnommen. Grundsätzlich sind die Kammern und Schulen jedoch in der Gestaltung des Bewertungsschlüssels frei. Für die Bewertung der Leistungen sind die Noten „sehr gut“ bis „ungenügend“ zu verwenden.

001	5	**002**	4	**003**	2	**004**	2	**005**	5	**006**	1
007	2	**008**	4	**009**	1	**010**	4	**011**	3	**012**	3
013	3	**014**	5	**015**	2	**016**	1	**017**	3	**018**	2

019

Ab welcher Höhe sind an exponierten Arbeitsplätzen Absturzsicherungen durch Seitenschutz bzw. Absperrungen vorzusehen?

1. Auf Dächern und Verkehrswegen ab 3,00 m Absturzhöhe, außer beim „Mauern über der Hand" (Gesicht zur Absturzkante) erst ab 5,00 m Absturzhöhe
2. Alle übrigen Arbeitsplätze bei mehr als 2,00 m Absturzhöhe
3. Über flüssigem oder festem Untergrund, in dem man versinken kann, unabhängig von der Höhe.

020	2	**021**	3	**022**	2	**023**	4	**024**	1	**025**	4

026

Benennen Sie die Teile der abgebildeten Baukreissäge!

A: Spaltkeil B: Schutzhaube C: Parallelanschlag D: Winkelanschlag E: Schiebestock

027

Nennen Sie Bestandteile der persönlichen Schutzausrüstung auf Baustellen!

1. Schutzhelm, wenn mit herabfallenden Gegenständen zu rechnen ist
2. Sicherheitsschuhe, falls erforderlich mit durchtrittsicherer Sohle
3. Schutzkleidung, Schutzbrille und Schutzhandschuhe bei mechanischer, chemischer oder thermischer Gefährdung von Augen und Haut
4. Gehörschutz ab einem Schallpegel von 90 dB(A) in Form von Gehörstöpseln oder Gehörkapseln

028

Welche allgemeinen Grundregeln sind hinsichtlich der Vermeidung von Arbeitsunfällen zu beachten?

1. Ordnung am Arbeitsplatz halten
2. Körperschutz anlegen, persönliche Schutzausrüstung
3. Nicht unter schwebenden Lasten aufhalten
4. Nur einwandfreies Werkzeug benutzen
5. Sicherheitsmängel sofort melden
6. Sicherheitsanweisungen beachten
7. Kein Alkohol am Arbeitsplatz

029

Welche Einrichtungen zur Ersten Hilfe müssen auf Baustellen vorhanden sein?

1. Meldeeinrichtung (Telefon, Funk)
2. Aushang von Erste-Hilfe-Maßnahmen
3. Verbandskasten
4. Ausgebildeter Ersthelfer
5. Verbandbuch, Meldeblock
6. Krankentrage (ab 21 Beschäftigte)
7. Sanitätsraum (ab 51 Beschäftigte)
8. Sanitäter (ab 101 Beschäftigte)

030

Benennen Sie die Teile des dargestellten Gerüstes!

1. Geländerholm
2. Zwischenholm
3. Bordbrett
4. Zwischenquerriegel
5. Querverstrebung
6. Längsverstrebung
7. Fußplatte
8. Ständer
9. Querriegel
10. Längsriegel
11. Gerüstbelag
12. Gerüstfeld

Arbeitssicherheit — Lösungen

031

Welche Vorschriften sind beim Einsatz von Anlegeleitern einzuhalten?

1. Sie müssen mind. 1 m über den Austritt hinausragen
2. Anstellwinkel etwa 70° (Ellbogenregel)
3. Austrittssprosse auf Höhe des Gerüstbelages
4. Sicherheit gegen Ausgleiten, Einsinken u. Umkippen
5. Auf Gerüsten dürfen Leitern zum Transport von Lasten höchstens durch zwei Gerüstlagen reichen

032

Welche Sicherheitsvorschriften gelten für die Arbeit auf fahrbaren Hebebühnen?

1. Maximale Belagshöhe in Gebäuden 12 m, außerhalb von Gebäuden maximal 8 m
2. Während des Verschiebens ist der Aufenthalt von Personen auf der Bühne nicht zulässig
3. Überbrückungen zu Gebäuden/Gerüsten sowie Hebevorrichtungen an der Bühne sind unzulässig

033

Welche Arten von Gerüsten werden unterschieden?

1. Arbeitsgerüste
2. Schutzgerüste
3. Traggerüste

034

Welche Vorschriften müssen bei Arbeiten auf Gerüsten beachtet werden?

1. Keine Benutzung vor Fertigstellung
2. Gerüste dürfen nicht überlastet werden
3. Lasten müssen mögl. gleichmäßig verteilt werden.
4. Die Betriebssicherheit muss überwacht werden
5. Von Gerüstlagen darf nicht abgesprungen werden

035

1. Organisation des Ausbildungsbetriebes, Berufsbildung sowie Arbeits- und Tarifrecht
2. Sicherheit und Gesundheit bei der Arbeit
3. Umweltschutz und Nachhaltigkeit
4. Digitalisierte Arbeitswelt

036 … 100 keine Aufgaben

Mauerwerk — Lösungen

101 4	**102** 3	**103** 4	**104** 3	**105** 3	**106** 3
107 4	**108** 3	**109** 3	**110** 2	**111** 4	**112** 3
113 3	**114** 4	**115** 2	**116** 1	**117** 2	**118** 5
119 4	**120** 3	**121** 5	**122** 4	**123** 3	**124** 3
125 5	**126** 2	**127** 2	**128** 4	**129** 1	**130** 3
131 5	**132** 5	**133** 2	**134** 5	**135** 2	

136

Nennen Sie drei unterschiedliche Bindemittel mit je einer Verwendungsmöglichkeit.

Gips als Bindemittel für Innenputze
Baukalke als Bindemittel für Mauermörtel
Zement als Bindemittel für Beton

137

Benennen Sie den Unterschied in der Anwendung zwischen Luftkalken und hydraulischen Kalken?

Baukalke	Anwendung
Luftkalk	– Nicht tragendes Mauerwerk – Innenputz
Hydraulischer Kalk	– Stärker tragendes Mauerwerk – Innen- und Außenputz

138

Mindestens 3 Zementarten und Kurzzeichen

Zementart	Benennung	Kurzzeichen
CEM I	Portlandzement	CEM I
CEM II	Portlandhüttenzement	CEM II / A-S CEM II / B-S
	Portlandpuzzolanzement	CEM II / A-P CEM II / B-P
	Portlandflugaschezement	CEM II / A-V
	Portlandölschieferzement	CEM II / A-T CEM II / B-T
	Portlandkalksteinzement	CEM II / A-L
	Portlandflugaschehüttenzement	CEM II / B-SV
CEM III	Hochofenzement	CEM III / A CEM III / B

141

Welche Mörtelarten unterscheidet man nach ihrem Anwendungsbereich?

- Putzmörtel
- Fugenmörtel
- Estrichmörtel
- Mauermörtel
- Einpressmörtel

143

Wie wird das Baunennmaß einer 2,50 m langen eingebauten Mauer aus NF-Steinen bestimmt?

Baunennmaß für eingebautes Mauerwerk

N = R + F — F = Dicke der Lagerfuge bei NF-Mauerziegeln

N = n · H + F — F = 1,23 cm

N = 30 · (8,33) cm + 1,23 cm
N = 251,23 cm
N = **2,51 m**

146

„Kreislauf des Kalkes"

„Kreislauf des Kalkes" zeigt den Herstellungsweg des Kalkes vom natürlichen Kalkstein ($CaCO_3$) bis zum künstlichen Kalkstein ($CaCO_3$) auf.

147

Für welche Baumaßnahmen wird Kalkzementmörtel verwendet?

Mörtelgruppen (MG)	Anwendung (Auswahl)
MG II, MG IIa	Belastetes Mauerwerk • als Innen- und Außenwände • Schornsteine, Verblendmauerwerk, Außenschalen → nicht für Gewölbe und bewehrtes Mauerwerk

149

Herstellung Kalksandsteine

Kalksandsteine werden aus einem Gemisch von Branntkalk (CaO), Sand und Wasser geformt, gepresst und bei 160 °C bis 220 °C unter Dampfdruck gehärtet.

139

Unterschied Luftkalke und hydraulische Kalke

Luftkalke erhärten nach dem Anmachen nur an der Luft durch Aufnahme von Kohlendioxid. Hydraulische Kalke erstarren und erhärten auch unter Wasser.

140

Was versteht man unter Normalmauermörtel?

Mörtel sind Gemenge aus Bindemitteln (z. B. Kalk, Zement), Gesteinskörnung (Sand bis 4 mm Korndurchmesser) und Anmachwasser.
Bindemittel + Sand + Wasser → Mörtel

142

Vier Verbandsregeln

- Mauerflächen sind lot- und fluchtgerecht zu mauern
- Mauerschichten müssen waagerecht liegen
- Es ist vollfugig zu mauern und es sind möglichst viele ganze Steine zu vermauern
- Das Mindestmaß der Überbindung ist ü = 0,4 · h (h = Steinhöhe), jedoch mindestens 4,5 cm

144

Was versteht man unter Werkmauermörtel?

In einem Werk zusammengemischter Mörtel, der als Trockenmörtel oder Nassmörtel geliefert wird.

145

Was versteht man unter „Mörtelausbeute"?

Mörtelausbeute (MA)
Wird dem Trockenmörtel (Sand und Bindemittel) das Anmachwasser zugemischt, so verringert sich das Volumen insgesamt.
Es entsteht Frischmörtel.
Die nach dem Mischen verbleibende Mörtelmenge wird als Mörtelausbeute (MA) bezeichnet.

$$MA = \frac{\text{Volumen (Fertigmörtel)}}{\text{Volumen (Trockenmörtel)}} \cdot 100\,\%$$

148

Herstellung Mauerziegel

- aus einem Gemisch von Ton und Lehm geformt
- bei ca. 100 °C getrocknet und
- bei 900 °C bis 1 200 °C gebrannt,
- Klinker werden bis zur Sinterung (etwa 1 500 °C) gebrannt

150

Aus welchen Bestandteilen bestehen Porenbetonsteine?

Leichtbetonsteine bestehen aus
- leichter Gesteinskörnung mit porigem Gefüge (z. B. Bims, Ziegelsplitt, Lavaschlacke) und
- hydraulischen Bindemitteln (oft Zement)

Mauerwerk — Lösungen

151

Aufgaben der Mörtelfugen

- den vorgeschriebenen Mauerwerksverband zu gewährleisten
- eine ausreichende Druckfestigkeit zu sichern
- einen Höhen- und Längenausgleich zu garantieren

152 ... 200 keine Aufgaben

Beton und Stahlbeton — Lösungen

201 2	**202** 4	**203** 4	**204** 4	**205** 3	**206** 1
207 2	**208** 4	**209** 3	**210** 2	**211** 5	**212** 2
213 3	**214** 3	**215** 3	**216** 4	**217** 2	**218** 3
219 1	**220** 5	**221** 2	**222** 4	**223** 2	**224** 1
225 1	**226** 2	**227** 5	**228** 4	**229** 4	**230** 5
231 3	**232** 3	**233** 4	**234** 4	**235** 1	**236** 4
237 2	**238** 1				

239

Was ist Beton?

Beton ist ein künstlicher Stein, der nach Erhärten eines Zement- Gesteinskörnung-Wasser-Gemisches entsteht.

240

Was ist Stahlbeton?

Stahlbeton ist ein Verbundbaustoff, bei dem der Beton die Druckkräfte und der Stahl die Zug- und Schubkräfte aufnimmt.

241

Nennen Sie drei Vorteile von Beton.

Frischbeton ist beliebig formbar, Festbeton druckfest und beständig gegen Verschleiß, Witterung und Wasser.

242

Nennen Sie drei Nachteile von Beton.

Festbeton ist nachträglich nur schwer zu bearbeiten, hat schlechte Körperschall- und Wärmedämmeigenschaften und ist nicht beständig gegen chemische Einflüsse.

243

Wovon ist die Konsistenz des Frischbetons abhängig?

Sie hängt ab vom Wasser- und Zementgehalt, von der Kornzusammenstellung der Gesteinskörnung und der eventuellen Zugabe von Betonzusatzmitteln.

Beton und Stahlbeton — Lösungen

244

Was sind die Hauptbestandteile jeder Schalung?

- Schalhaut
- Schalungsträger
- Schalungsschützen (mit Verschwertung)

245

Wie wird Baustellenbeton fachgerecht hergestellt?

Gesteinskörnung, Zement und Wasser (Masseteile nach Vorgabe und Mischervolumen) werden in dieser Reihenfolge einem Mischer zugegeben. Mischzeit im Zwangsmischer $^1/_2$ Minute, im Freifallmischer mindestens 1 Minute.

246

Welche (vier von fünf) Regeln müssen beim Betoneinbringen beachtet werden?

- Verarbeitungszeit bei trockener, warmer Witterung $^1/_2$ Stunde, bei nasser, kühler Witterung 1 Stunde.
- Kontrollieren, ob die Schalung standfest, dicht, sauber und mit Trennmitteln behandelt ist.
- Frischbeton darf nicht mehr als 1,00 m frei fallen lassen.
- Große Erschütterungen der Schalung vermeiden
- In ca. 30 cm bis 50 cm dicken Lagen „frisch in frisch" einbringen und verdichten.

247

Welche Aufgaben hat die Betonschalung?

Die Schalung gibt dem Frischbeton die beabsichtigte Form und Oberfläche. Sie muss standfest den eingebrachten Frischbeton, seine Bewehrung und alle Lasten aus dem Herstellungsprozess tragen.

248

Vor welchen Einwirkungen muss frisch eingebrachter Beton bis zum Erhärten geschützt werden?

- Trockenheit
- Starker Regen
- Frost
- Erschütterungen
- Wind

249

Was ist eine Lagermatte?

Eine standardisierte, normalduktile Matte (Kennzeichnung B500) mit festgelegtem Aufbau. Sie hat immer eine Breite von 2,15 m und ist 5,00 m oder 6,00 m lang.

250

R-Matten haben Tragstäbe und Verteilerstäbe. Was sind ihre Aufgaben?

Die Tragstäbe nehmen die Zugkräfte im Beton auf, die Verteiler halten die Tragstäbe in ihrer Position und nehmen die Zugkräfte in der Querrichtung auf.

251

Welche Aufgaben haben Betonstähle?

Bei Stahlbetonbauteilen nehmen die Betonstähle (in festem Verbund mit dem druckfesten Beton) die Zug-, Biegezug- und Schubkräfte auf.

252

Benennen Sie das abgebildete Teil, das die Schalung zusammenhält!

Säulenzwinge aus Stahl

253 ... 300 keine Aufgaben

Holz und Holzwerkstoffe — Lösungen

301	1	302	2	303	4	304	1	305	2	306	3
307	3	308	1	309	4	310	5	311	1	312	5
313	2	314	4	315	3	316	1	317	5	318	3
319	1	320	3	321	5	322	1	323	1	324	1
325	4	326	4	327	4	328	4	329	2	330	5

331 ... 400 keine Aufgaben

331 3	332 3	333 5	334 4	335 2	336 5
337 4	338 3	339 2	340 4	341 2	342 4
343 3	344 3	345 4	346 2	347 1	348 3
349 5	350 4	351 4	352 2	353 2	354 2
355 4	356 5	357 3	358 1	359 4	360 2
361 4	362 3	363 4	364 4	365 3	366 5
367 2	368 5	369 5	370 3	371 5	372 5
373 4	374 5	375 3	376 1	377 5	378 2
379 5	380 4	381 1	382 3	383 4	384 1
385 3	386 2	387 4	388 3	389 2	390 4
391 5	392 5	393 1	394 2	395 3	396 1

397

Erklären Sie die Entstehung von Holz unter Verwendung der Begriffe Fotosynthese und Assimilation. Verwenden Sie ein Extra-DIN-A4-Blatt.

Bäume nehmen über ihre Blätter (Nadeln) CO_2 aus der Luft auf und über ihre Wurzeln Wasser und Mineralstoffe. Mithilfe des Sonnenlichtes und des Blattgrüns (Chlorophyll) werden das aufgenommene Kohlenstoffdioxid und das aufgenommene Wasser in Traubenzucker und Stärke umgewandelt, wobei Sauerstoff über die Blätter an die Luft abgegeben wird.

Diese Umwandlung der vom Baum aufgenommenen Stoffe in die körpereigenen Stoffe des Baumes bezeichnet man als Assimilation (Angleichung). Da bei der Assimilation auch Sonnenlicht benötigt wird, nennt man diese Assimilation auch Fotosynthese.

Der vom Baum gebildete Traubenzucker wird mithilfe der aufgenommenen Mineralstoffe und Sauerstoff sowie Energie in die wesentlichen Holzbestandteile Zellulose, Hemizellulose und Lignin umgewandelt.

398

Beschriften Sie den Stammquerschnitt eines Baumes.

① Markröhre
② Jahresring
③ Frühholzzone
④ Spätholzzone
⑤ Markstrahlen
⑥ Kambium
⑦ Bast
⑧ Rinde
⑨ Borke

Holz und Holzwerkstoffe — Lösungen

399

Skizzieren und benennen Sie vier verschiedene zimmermannsmäßige Holzverbindungen.

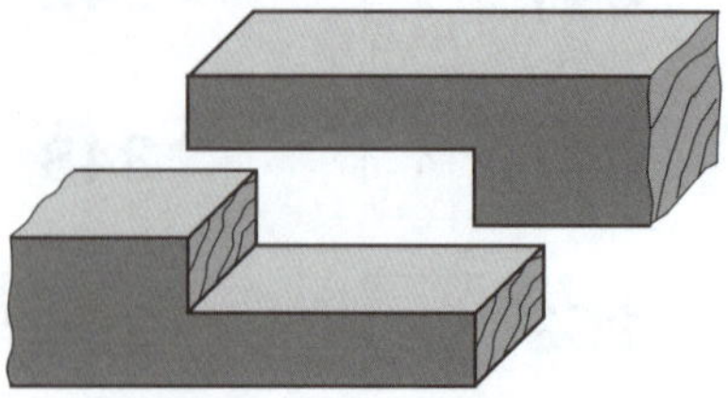

① gerades Blatt

④ einfacher Zapfen

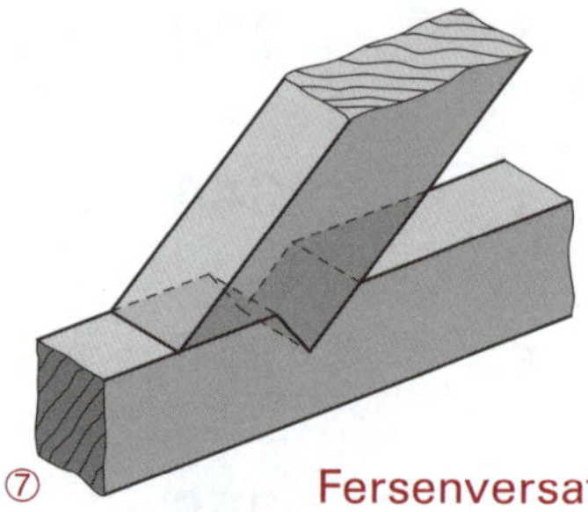

⑦ Fersenversatz

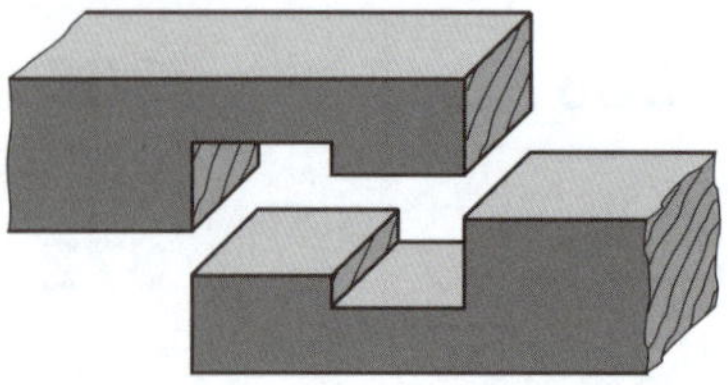

② Hakenblatt, gerade

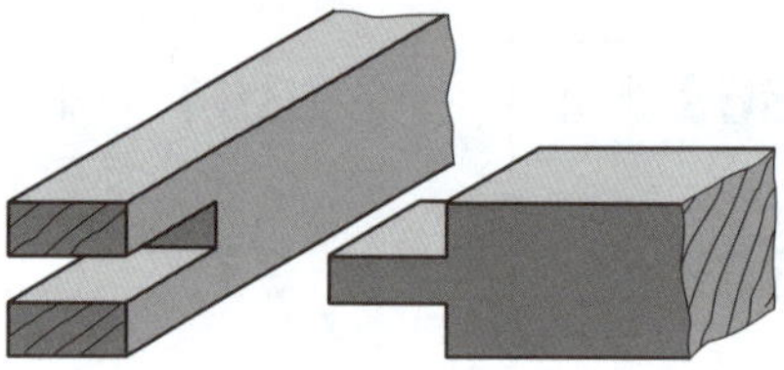

⑤ Scherblatt

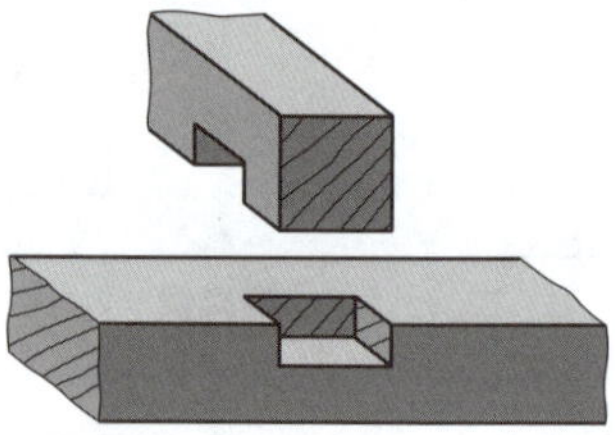

⑧ Stufenkamm

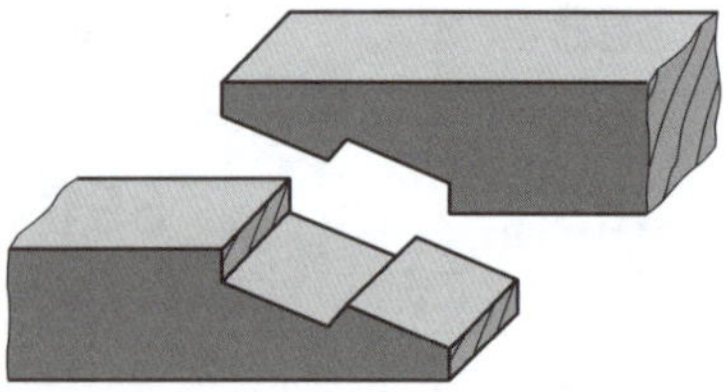

③ Hakenblatt, schräg

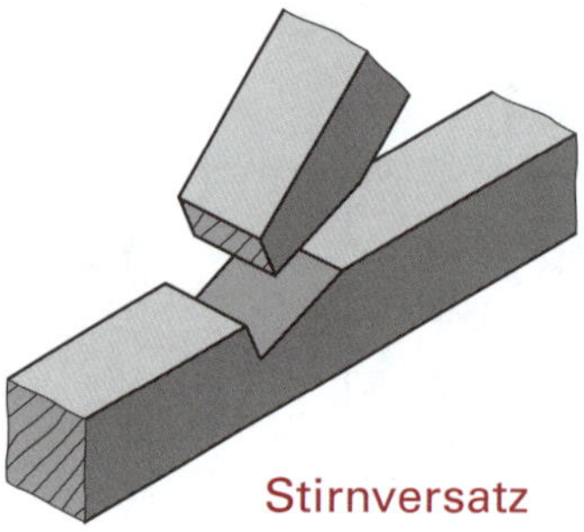

⑥ Stirnversatz

400 keine Aufgabe

Messen am Dach — Lösungen

401	2	**402**	1	**403**	3	**404**	5	**405**	3	**406**	5
407	1	**408**	2	**409**	1	**410**	4				

411

Geräte für die Längenmessung

1. Gliedermaßstab (Zollstock)
2. Maßband (Bandmaß)
3. optische Geräte (IR-Distanzmesser, Theodolith)

412

Geräte für die Höhenmessung

1. Wasserwaage
2. Schlauchwaage
3. Laserwasserwaage
4. Rundumlaser
5. Nivelliergerät
6. Theodolith
7. Roverstab

Messen am Dach — Lösungen

413

Was versteht man unter Nivellieren?

Unter Nivellieren versteht man die Höhenmessung mit dem Nivellierinstrument, aber auch den Umgang mit dem Nivellierinstrument selbst, also Entfernungen messen, Fluchten abstecken und bei Instrumenten mit Horizontalkreis Winkel einmessen und abstecken.

414

Welche Möglichkeiten gibt es, rechte Winkel auf der Baustelle anzulegen?

1. Mit Schnur oder Bandmaß (Schnurschlag)
2. Bauwinkel aus Brettern im Verhältnis 3 : 4 : 5 (Satz des Pythagoras)
3. Kreuzscheibe
4. Winkelprisma
5. Doppelpentagonprisma
6. Nivelliergerät mit Teilkreis
7. Theodolith
8. Elektronische Tachymeter

415

Welche vier Fehler müssen bei Längenmessungen mit dem Bandmaß vermieden werden?

1. Das Bandmaß darf nicht durchhängen.
2. Das Bandmaß darf nicht zu stark gereckt werden.
3. Die Messung darf nicht schräg ausgeführt werden, sondern waagerecht.
4. Der Nullpunkt darf nicht falsch angenommen werden.

416

Was ist bei der Aufstellung eines Nivelliergerätes zu beachten?

1. Der Aufstellungsort darf nicht gefährdet sein durch Fahrzeuge, Transportgüter und Personen.
2. Der Aufstellungsort muss erschütterungsfrei sein.
3. Das Stativ muss sicher gegen ungewolltes Verändern der Füße aufgestellt sein.
4. Die Höhe der Sehachse muss der Augenhöhe entsprechen, damit unverkrampft gearbeitet werden kann.
5. Die Libelle muss vorschriftsmäßig eingestellt sein.

417 ... 500 keine Aufgaben

Dach und Dachteile — Lösungen

501	3	**502**	5	**503**	4	**504**	3	**505**	2	**506**	2
507	2	**508**	5	**509**	5	**510**	3	**511**	4	**512**	3
513	2	**514**	4	**515**	2	**516**	2	**517**	5	**518**	1
519	2	**520**	3								

521

Nennen Sie fünf verschiedene Baustoffe für die Dachdeckung.

Dachziegel, Betondachsteine, Naturschiefer, Faserzement-Dachtafeln, Faserzement-Wellplatten, Holzschindeln, bitumengebundene Platten, Bleche aus Zink, Aluminium oder Kupfer, Reet, Stroh

Dach und Dachteile — Lösungen

522

Skizzieren Sie fünf verschiedene Dachformen.

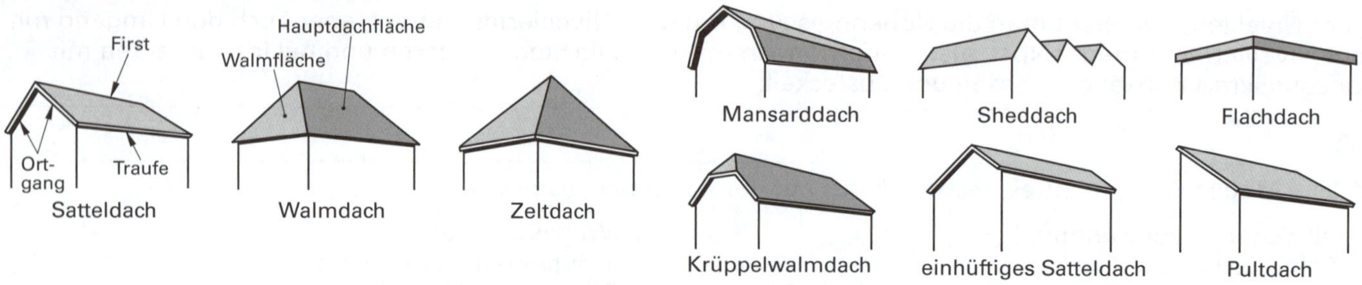

523

Ordnen Sie die Begriffe First, Traufe, Kehle, Grat, Krüppelwalm, Walm, Ortgang, Anfallspunkt und Verfallung den Nummern 1 bis 9 im Bild zu.

① Ortgang
② Krüppelwalm
③ First
④ Anfallspunkt
⑤ Verfallung
⑥ Kehle
⑦ Traufe
⑧ Walm
⑨ Grat

524

Beschreiben Sie den Unterschied zwischen einer Abdichtung und einer Dachdeckung der Dachhaut.

Dachdeckungen bestehen aus plattenförmigen Baustoffen, die das Wasser nur ableiten und nicht völlig dicht sind. Dachdeckungen benötigen eine Mindestdachneigung von 5°.
Abdichtungen bilden dagegen eine völlig dichte Dachhaut, die auch stehendes Wasser abhalten kann.

525

Wie wird der Lattabstand bei der Dachdeckung gemessen?

Der Lattabstand wird von der Oberkante Dachlatte bis zur Oberkante der nächsten Dachlatte gemessen.

526 ... 600 keine Aufgaben

Baumetalle und Kunststoffe — Lösungen

601	1	**602**	2	**603**	4	**604**	1	**605**	1	**606**	3
607	3	**608**	1	**609**	4	**610**	4	**611**	2	**612**	4
613	3	**614**	1	**615**	5	**616**	3	**617**	5	**618**	1
619	4	**620**	2	**621**	1	**622**	4	**623**	5	**624**	1
625	4	**626**	2	**627**	3	**628**	4	**629**	4	**630**	3
631	4	**632**	2	**633**	5	**634**	4	**635**	5	**636**	3

637

Aus welchem Rohstoff werden Kunststoffe hauptsächlich hergestellt?

Erdöl

Baumetalle und Kunststoffe — Lösungen

638

Beschreiben Sie kurz die Herstellung von Roheisen.

Ein Hochofen wird abwechselnd mit Eisenerz und Zuschlägen (Kalkstein), Koks oder Erdöl von oben beschickt, während von unten vorgewärmte Luft eingeblasen wird.
Im Hochofen wird das Eisenerz zu metallischen Eisen reduziert und der Kohlenstoff aus dem Koks oder Erdöl zu Kohlenmonoxid und Kohlendioxid (entweicht als Gichtgas) oxidiert. In der Schmelzzone bei rund 1 500 °C schmilzt das Roheisen. Zuschläge, die die Verunreinigungen des Eisenerzes binden, schwimmen dann als Schlacke auf dem geschmolzenen Roheisen. Beim Abstich kann so die Schlacke leicht vom Roheisen getrennt werden.

639

Geben Sie vier Bauprodukte an, in denen Hochofenschlacke als Rohstoff weiterverarbeitet wird.

Als Stückschlacke zu	Schotter, Splitt und Pflastersteinen
Als Hüttensand zu	Hüttensteinen, Hochofenzement und Eisenportlandzement
Als Hüttenbims zu	Leichtbetonsteinen und Betonzuschlag
Als Hüttenwolle zu	Mineralfaser-Dämmmatten und Mineralfaser-Dämmplatten

640 ... 700 keine Aufgaben

Fachrechnen — Lösungen

701	2	**702**	5	**703**	4	**704**	4	**705**	3	**706**	2
707	1	**708**	5	**709**	4	**710**	2	**711**	3	**712**	4
713	2	**714**	1	**715**	1	**716**	2	**717**	2	**718**	3
719	4	**720**	4	**721**	2	**722**	3	**723**	3	**724**	4
725	3	**726**	2	**727**	5	**728**	4	**729**	1	**730**	4
731	4	**732**	2	**733**	5						

734

Berechnen Sie die fehlenden Einzellängen l_1 und l_2 des Gebäudes in m!

Die Längen l_1 und l_2 haben nachfolgende Abmaße:

l_1 = 0,24 m + 4,01 m + 0,24 m + 1,76 m + 0,24 m
l_1 = 6,49 m
l_2 = 6,49 m – 1,01 m – 0,99 m – 1,01 m – 0,74 m
l_2 = 2,74 m

735

Die nachfolgende Stahlliste ist zu vervollständigen:

Pos.	Anz.	Ø (mm)	Einzel-länge	Gesamt-länge (m)	Längen-masse (kg/m)	Einzel-masse (kg)
1	2	6	0,82	1,64	0,222	0,364
2	4	12	2,24	8,96	0,888	7,956
3	3	20	1,16	3,48	2,470	8,596
4	12	8	2,06	24,72	0,395	9,764
Gesamtmasse (kg)						26,68

736

Nachfolgende Tabelle ist zu ergänzen:

Aufgabe	a)	b)
Verhältnis	1 : 50	1 : 57
Prozent	2 %	1,57 %
Länge	6,00 m	8,00 m
Höhe	12 cm	14 cm

737

Der Stundenlohn soll um 3,6 % erhöht werden.

$\frac{G}{100\,\%} = \frac{P}{p\,\%}$; geg.: Stundenlohn von 10,12 €

$p = \frac{G \cdot p\,\%}{100\,\%} = \frac{10{,}12\text{ €} \cdot 3{,}6\,\%}{100\,\%} = \mathbf{0{,}36\text{ €}}$

zukünftiger Stundenlohn = (10,12 + 0,36) = **10,48 €**

738

Geg.: $A = 28{,}60\ m^2$; 33 Fl./m^2; Ges.: Anzahl

$\frac{1\ m^2}{33} = \frac{28{,}60\ m^2}{n} \rightarrow n = \frac{28{,}60\ m^2 \cdot 33\ Fl}{1\ m^2} = 943{,}80\ Fl$

$n = 943{,}80 + 3\,\% \cdot 943{,}80 = 972{,}11$

n = 973 Fliesen (einschl. 3 % Verhau)

739

Die Gleichungen sind nach x umzustellen:

1) $18 - 4x + 3x = x - 2 + 2 + 3x \quad \rightarrow x = 3{,}6$

2) $6 \cdot 2 : 3 - 2 - 3x = x - 2 \quad \rightarrow x = 1$

740

Die Formeln sind nach *A* umzustellen:

1) $b = \frac{2 \cdot A}{(l_1 + l_2)}$ 2) $d = \sqrt{\frac{4 \cdot A}{\pi}}$

1) $A = \left(\frac{l_1 + l_2}{2}\right) \cdot b$ 2) $A = \left(\frac{\pi}{4}\right) d^2$

741

3 Dachdecker mit 8 h; Ges.: Arbeitszeit für 2 Dachdecker

3 Dachdecker benötigen 8 Stunden
1 Dachdecker benötigt $3 \cdot 8$ Stunden
2 Dachdecker benötigen $\frac{3 \cdot 8\ \text{Stunden}}{2}$

$\frac{8\ \text{Stunden} \cdot 3\ \text{Dachdecker}}{2\ \text{Dachdecker}} = 12$ Stunden

742

Lageplan 1 : 500 – m

$\text{Zeichnungslänge} = \frac{\text{Wirkliche Länge}}{\text{Verhältniszahl}}$

M 1:500 $ZL = \frac{WL}{n}$

z. B. $ZL = \frac{25\ m}{500} = \frac{2\,500\ m}{500} = 5\ cm$

743 3 **744** 4 **745** 2

746 4 **747** 5

748

Welchen Umfang *U* hat die skizzierte Deckenfläche?

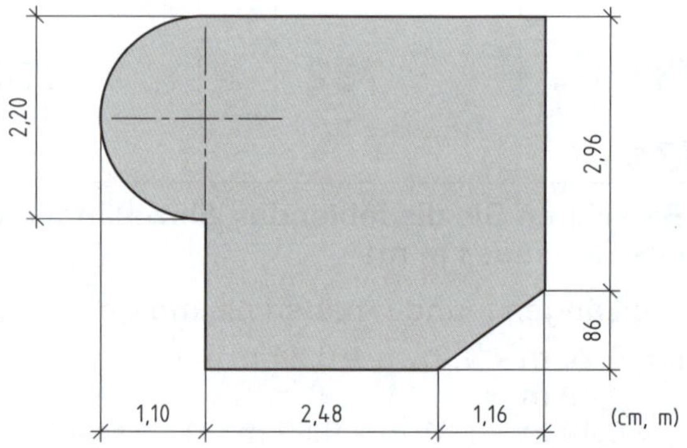

Halbkreis

$l = \frac{1}{2} d \cdot \pi$

$l = 0{,}5 \cdot 2{,}20\ m \cdot \pi$

$l = 3{,}46\ m$

Schräge

$c^2 = a^2 + b^2$

$c = \sqrt{a^2 + b^2}$

$c = \sqrt{(1{,}16\ m)^2 + (0{,}86\ m)^2} = 1{,}44\ m$

$U = 3{,}64\ m + 2{,}96\ m + 1{,}44\ m + 2{,}48\ m + 1{,}62\ m + 3{,}46\ m$

U = **15,60 m**

749

Wie groß ist die skizzierte Fläche *A* des Hausgiebels?

Die Giebelfläche wird vom First nach unten geschnitten. Dadurch entstehen 2 Trapeze, von denen die Öffnungen zu subtrahieren sind.

$A = \left(\frac{l_1 + l_2}{2}\right) b$

$A_1 = \left(\frac{6{,}75\ m + 3{,}00\ m}{2}\right) 5{,}49\ m = \mathbf{26{,}76\ m^2}$

$A_2 = \left(\frac{6{,}75\ m + 6{,}00\ m}{2}\right) 4{,}50\ m = \mathbf{28{,}69\ m^2}$

$A_3 = (1{,}26\ m \cdot 2{,}01\ m) + (0{,}76\ m \cdot 1{,}01\ m) + (1{,}51\ m \cdot 1{,}01\ m)$

$A_3 = \mathbf{4{,}82\ m^2}$

$A_4 = 26{,}76\ m^2 + 28{,}69\ m^2 - 4{,}82\ m^2$

$A_4 = \mathbf{50{,}63\ m^2}$

750

Wie groß ist die dargestellte Fläche *A*?

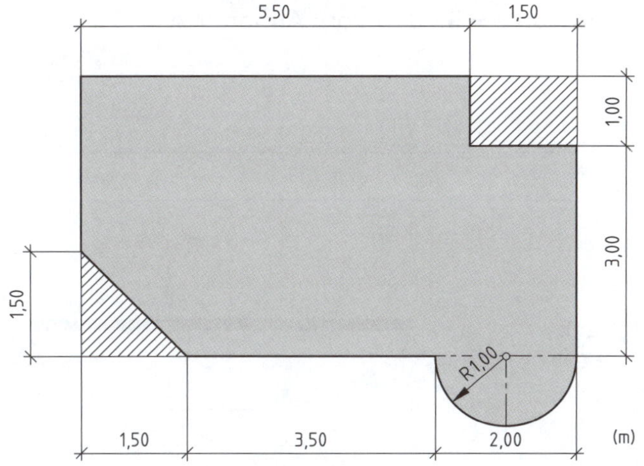

Fußbodenflächen

Gesamtrechteck A_1

$A_1 = (5{,}50\text{ m} + 1{,}50\text{ m}) \cdot (3{,}00\text{ m} + 1{,}00\text{ m}) = \underline{28{,}00\text{ m}^2}$

abzüglich schraffierte Flächen A_2

$A_2 = \dfrac{1{,}50\text{ m} \cdot 1{,}50\text{ m}}{2} + 1{,}50\text{ m}^2 \cdot 1{,}00\text{ m}^2$

$A_2 = \mathbf{2{,}63\text{ m}^2}$

zuzüglich Halbkreisfläche A_3

$A_3 = \dfrac{\pi \cdot (2{,}00\text{ m})^2}{8} = \mathbf{1{,}57\text{ m}^2}$

$A = A_1 - A_2 + A_3 = 28{,}00\text{ m}^2 - 2{,}63\text{ m}^2 + 1{,}57\text{ m}^2$

$A = \mathbf{26{,}94\text{ m}^2}$

751

Wie groß ist die Putzfläche der Hausfassade, wenn die Fenster- und Türöffnungen abgezogen werden?

$A = (19{,}99\text{ m} \cdot 3{,}01\text{ m}) - (2{,}01\text{ m} \cdot 1{,}26\text{ m} + 1{,}51\text{ m} \cdot 0{,}676\text{ m}) \cdot 2 = 60{,}17\text{ m}^2 - 7{,}11\text{ m}^2$

$A = 53{,}06\text{ m}^2$

752

Ges.: Holzschalung einschl. 25 % Verschnitt

Bei einem Dachneigungswinkel von 45 % (Verhältnis 1 : 1) ist die Dachhöhe gleich der halben Dachbreite, also

$h = \dfrac{b}{2}$ mit $b = 8{,}00$ m folgt

$A_1 = \dfrac{8{,}00\text{ m} \cdot 4{,}00\text{ m}}{2} = 16{,}00\text{ m}^2$

$A = A_1 + 25\,\%$ von A_1

$A = 16{,}00\text{ m}^2 + 4{,}00\text{ m}^2 = \mathbf{20{,}00\text{ m}^2}$

753

Wie groß ist das Festbetonvolumen?

$l_1 = 2\,(0{,}50 + 5{,}00 + 0{,}30 + 5{,}20 + 0{,}50) + 2\,(3{,}00 + 0{,}30 + 3{,}20)$

$l_1 = \mathbf{36{,}00\text{ m}}$

$V_1 = (36{,}00 \cdot 0{,}50 \cdot 0{,}60)$

$V_1 = \mathbf{10{,}80\text{ m}^3}$

$l_2 = (3{,}00\text{ m} + 0{,}30\text{ m} + 3{,}20\text{ m}) + (5{,}20\text{ m})$

$l_2 = \mathbf{11{,}70\text{ m}}$

$V_2 = (11{,}70 \cdot 0{,}30 \cdot 0{,}60)$

$V_2 = \mathbf{2{,}11\text{ m}^3}$

$V = V_1 + V_2$

$V = \mathbf{12{,}91\text{ m}^3}$

754

Die Dachfläche *M* des Zeltdaches ist zu bestimmen.

$M = \dfrac{\pi \cdot d \cdot s}{2}$

$M = \pi \cdot 6{,}32\text{ m} \cdot 4{,}69\text{ m} \cdot 0{,}5$

$M = \mathbf{46{,}56\text{ m}^2}$

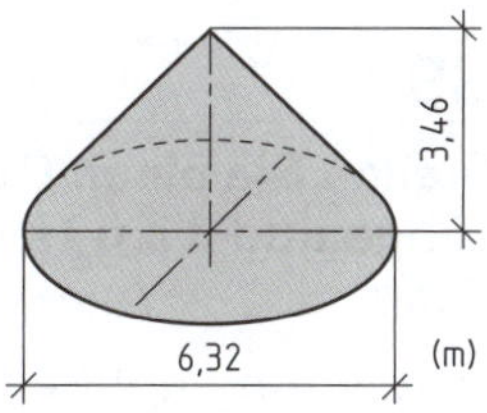

755

Wie groß ist das Volumen *V* der Stützmauer?

$A_1 = \left(\dfrac{b_1 + b_2}{2}\right) \cdot \text{h}$

$A_1 = 1{,}98\text{ m}^2$

$A_2 = 2{,}28\text{ m}^2$

$V = (A_1 + A_2) \cdot l$

$V = (1{,}98\text{ m}^2 + 2{,}28\text{ m}^2) \cdot 25{,}40\text{ m}$

$V = 108{,}20\text{ m}^3$

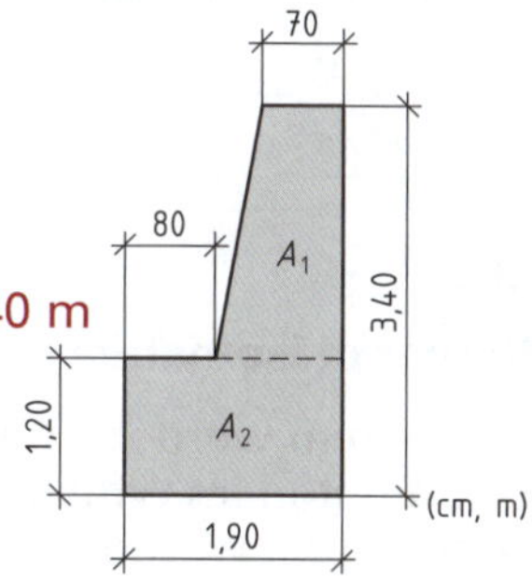

Fachrechnen — Lösungen

756

Für das skizzierte System Träger auf zwei Stützen aus Nadelholz MS 10 ist die Auflagerkraft B_V zu berechnen.

Statisches System mit Ersatzkraft F_E = 4,2 kN/m · 10 m im Abstand von a = 5,00 m vom Auflager A

$$B_V = \frac{42\ \text{kN} \cdot 5{,}00\ \text{m}}{7{,}00\ \text{m}}$$

B_V = **30 kN**

757

Ein Träger wird durch die Einzellast F_1 = 4 kN belastet.
Wie groß sind die Auflagerkräfte F_A und F_B?

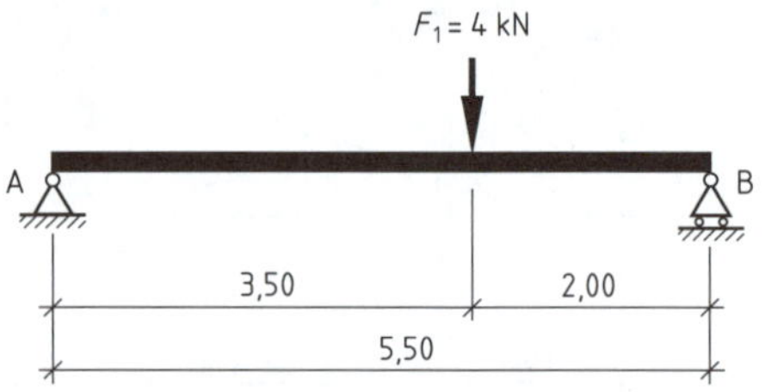

Auflagerkraft F_A

$$\sum M_{(B)} = 0$$

$F_A \cdot 5{,}50\ \text{m} + 4\ \text{kN} \cdot 2{,}00\ \text{m} = 0$

$$F_A = \frac{4\ \text{kN} \cdot 2{,}00\ \text{m}}{5{,}50\ \text{m}}$$

F_A = **1,45 kN**

Auflagerkraft F_B

$$\sum M_{(A)} = 0$$

$-F_B \cdot 5{,}50\ \text{m} + 4\ \text{kN} \cdot 3{,}50\ \text{m} = 0$

$$F_B = \frac{4\ \text{kN} \cdot 3{,}50\ \text{m}}{5{,}50\ \text{m}}$$

F_B = **2,55 kN**

758 ... 800 keine Aufgaben

Fachzeichnen — Lösungen

801	4	**802**	1	**803**	5	**804**	5	**805**	1	**806**	3
807	1	**808**	4	**809**	2	**810**	3	**811**	5	**812**	1
813	5	**814**	4	**815**	3	**816**	1	**817**	4	**818**	2
819	5	**820**	2	**821**	4	**822**	3	**823**	1	**824**	2
825	5	**826**	1	**827**	4	**828**	1	**829**	2	**830**	4
831	4	**832**	5	**833**	4	**834**	1	**835**	3		

836

Fensterbemaßung

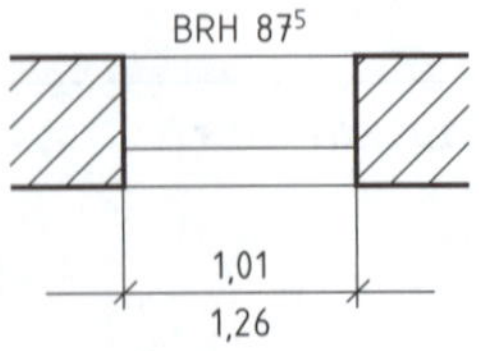

- Brüstungshöhe : 87,5 cm
- Fensterbreite : 101,0 cm
- Fensterhöhe : 126,0 cm

837

Maßeintragungen

Maßeintragung	m	cm	mm
11^5	–	11	5
3,41	3	41	–
$6{,}62^5$	6	62	5

838

Körper in isometrischer Projektion

Die Höhen werden senkrecht gezeichnet, Längen und Breiten im Winkel von 30° zur Waagerechten. Alle Kanten werden unverkürzt dargestellt.

839

Stellen Sie einen Quader von 6 cm Höhe, 4 cm Länge und 3 cm Tiefe in isometrischer Projektion dar.

Darstellung auf Seite 247.

840

Zur Geraden g ist eine Parallele durch P zu zeichnen.

- Das erste Zeichendreieck ist an die gegebene Gerade g anzulegen.
- Das zweite Dreieck anlegen und fixieren.
- Erstes Zeichendreieck bis zum Punkt P verschieben.

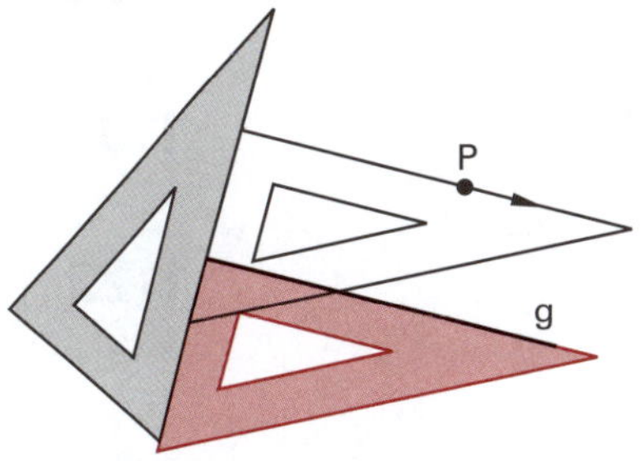

841

Die Strecke $\overline{AB}$ soll durch eine Zirkelkonstruktion halbiert werden.

- Die Kreisbögen um A und B (mit R > $\overline{AB}$/2 schneiden einander in C und D.
- Die Verbindung von C und D ist das Mittellot auf $\overline{AB}$ und Streckenhalbierende.

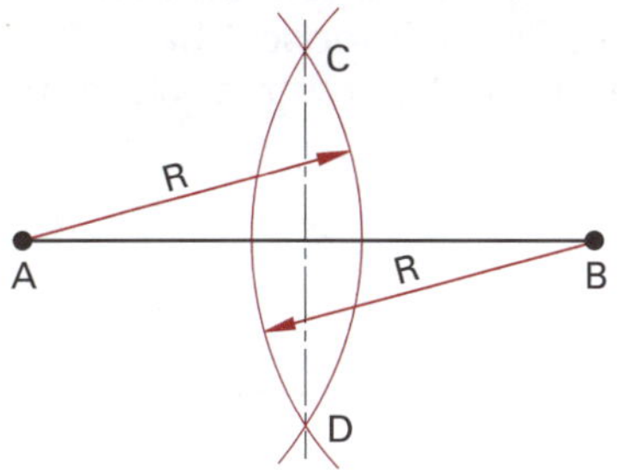

842

Auf dem Punkt P einer Strecke ist durch eine Zirkelkonstruktion eine Senkrechte zu errichten.

- Um den Punkt P ist ein Kreisbogen zu schlagen. Die Schnittpunkte mit den Geraden ergeben A und B.
- Kreisbögen um A und B ergeben den Schnittpunkt C.
- Die Verbindung von P und C ist die Senkrechte auf der Strecke.

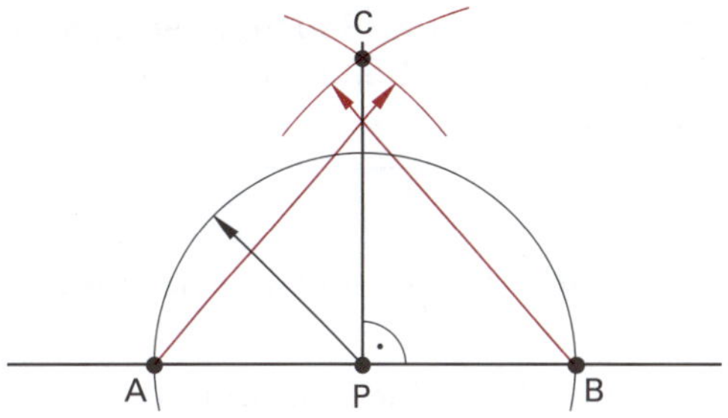

843

Der gegebene Winkel α soll durch eine Zirkelkonstruktion halbiert werden.

- Ein Kreisbogen um S schneidet die Schenkel des Winkels in A und B.
- Kreisbögen um A und B ergeben den Punkt C.
- Die Verbindung von S mit C ist die Winkelhalbierende.

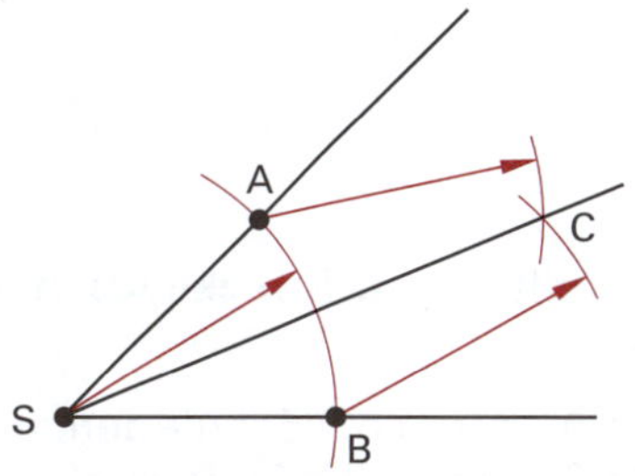

844

In den gegebenen Kreis (r = 1,5 cm) ist ein regelmäßiges Sechseck einzuzeichnen.

- In den Kreisbogen sind die Mittellinien $\overline{AB}$ und $\overline{CD}$ einzuzeichnen.
- Durch Kreisbögen (mit r = 1,5 cm) um C und D entstehen die Schnittpunkte E bis H.
- Die Schnittpunkte sind miteinander zu verbinden.

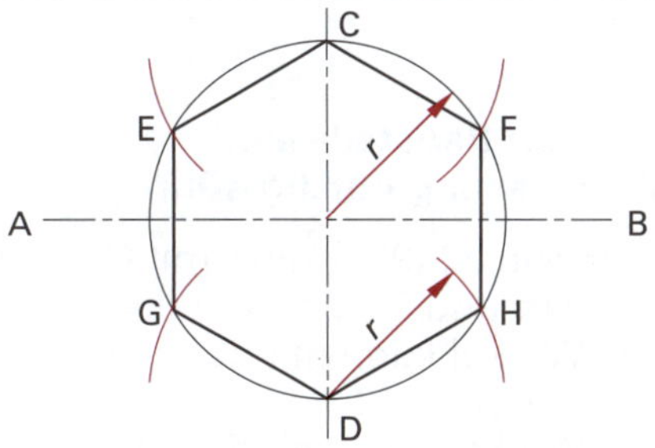

845 ... 1100 keine Aufgaben

1101	3	**1102**	3	**1103**	3	**1104**	3	**1105**	2
1106	3, 5	**1107**	1, 2, 4	**1108**	2	**1109**	3	**1110**	3
1121	2	**1122**	3						

1111

Woraus besteht die persönliche Schutzkleidung.

- Schutzkleidung mit Regen- und Winterschutz
- Schutzhelm, Schutzhandschuhen, Gehörschutz
- Schutzschuhen mit durchtrittsicherem Unterbau und Stahlkappe

1112

Welche Grundsätze sind bei der Planung der Verkehrssicherheit von Baustellen zu beachten?

- Der Verkehr soll möglichst nicht behindert werden und soll zügig an der Baustelle vorbeigeführt werden.
- Die Fahrbahnbreite muss für eine Fahrspur mindestens 2,75 m betragen.
- Die Verkehrsgeschwindigkeit sollte auf 30 km/h herabgesetzt werden.

1113

Auf der Baustelle werden Lager- und Werkflächen unterschieden. Wozu werden Werkflächen genutzt?

Werkflächen sind auf der Baustelle vorzusehen u. a. für Holzbearbeitungsarbeiten, u. a. für Biegearbeiten.

1114

Wie muss ein Schutzschalter auf seine Funktion regelmäßig überprüft werden?

Die Fehlerstrom-Schutzeinrichtung muss regelmäßig durch den Nutzer mit Bestätigung der Prüfeinrichtung auf ihre Funktion überprüft werden.

1115

Was soll mit einer Gefährungsbeurteilung erreicht werden?

Mit einer Beurteilung der Gefahrenquellen unterschiedlichster Art soll der Arbeitsplatz bezüglich des Gesundheits- und Arbeitsschutzes verbessert werden.

1116

Welche Bestandteile der persönlichen Schutzausrüstung müssen beim Arbeiten mit einer Kettensäge getragen werden?

- Hose mit Schnittschutzeinlage;
- Gehörschutz;
- Schnittschutzschuhe;
- Helm mit Gesichtsschutz;
- Handschuhe mit Schnittschutz

1117

Die Streckenteilung der Strecke AB in 6 Teile ist zu konstruieren.

Hilfsstrahl in A unter ca. 45°anlegen, auf dem Hilfsstrahl in 6 gleiche (beliebig große) Teile mit dem Zirkel abtragen; Endpunkt C mit B verbinden; Parallelen zu BC teilen AB in 6 gleiche Teile.

1118

Die Streckenhalbierung für die Strecke AB ist zu beschreiben.

Kreisbogen um A und B mit r > 0,5 · AB, Schnittpunkte oberhalb und unterhalb der Strecke AB in C und D; C und D verbinden. Die Mittelsenkrechte halbiert die Strecke AB.

1119

Wie wird auf der Baustelle eine Rechtwinkelmessung durchgeführt?

- Ein Rechter Winkel (90°) kann mit Messlatten von 3,00 m, 4,00 m und 5,00 m markiert werden.
- Der Rechte Winkel kann mit den Bauwinkel 3-4-5 abgesteckt werden.
- Der Rechte Winkel kann mit dem sogenannten Bogenschlag errichtet werden.

1120

Das Dach einer Industriehalle mit einer Länge von 30,20 m bestehend aus 3 Sheds ist zu zeichnen.

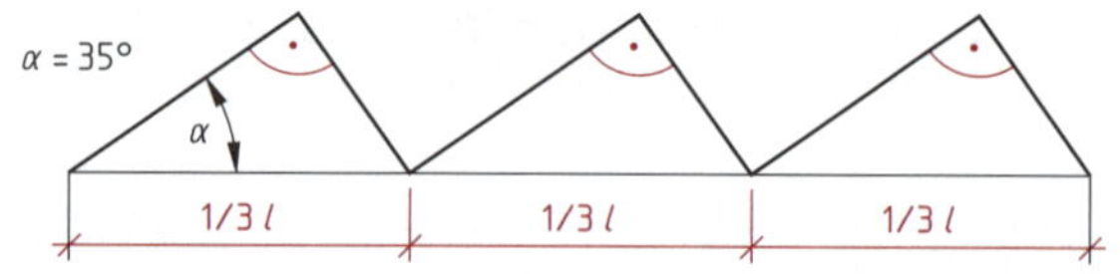

1123

Bei der Sanierung eines Mansarddaches wird die Wärmedämmung eingebaut.

a) Wieviel m² beträgt die zu dämmende Dachfläche, bei einer Dachlänge l = 10,00 m

b) Wie groß ist die Putzfläche der beiden Giebel für den Wärmedämmputz?

a) Dachfläche A_D
Der Giebel ist symmetrisch.

Dachschräge unten
$s_1 = \sqrt{(1{,}60\ m)^2 + (3{,}00\ m)^2}$
$s_1 = 3{,}40\ m$

Dachschräge oben
$s_2 = \sqrt{(5{,}40\ m)^2 + (2{,}90\ m)^2}$
$s_2 = 6{,}13\ m$

$s_1 + s_2 = 9{,}53\ m$
$A_D = 10{,}00\ m \cdot 9{,}53\ m \cdot 2 =$ **$190{,}60\ m^2$**

b) Giebelfläche A_G, zweimal vorhanden

$A_G = A_{Trapez} + A_{Dreieck}$

$A_{Trapez} = (14{,}00\ m + 10{,}80\ m) \cdot \frac{1}{2} \cdot 3{,}00\ m$

$A_{Trapez} = 37{,}20\ m^2$

$A_{Dreieck} = 10{,}80\ m \cdot 2{,}90\ m + \frac{1}{2}$

$A_{Dreieck} = 15{,}66\ m^2$

$A_G = 52{,}86\ m^2 \cdot 2 =$ **$105{,}92\ m^2$**

1124

Für ein Dach mit unterschiedlichen Trauf- und Firsthöhen werden die Dachdeckerarbeiten ausgeführt. Die Dachlänge beträgt l = 10,00 m

a) Wie groß ist die gesamte Dachfläche einschließlich der senkrechten Fläche des Dachversatzes?

a) Dachschräge links
$s_1 = \sqrt{(6{,}20\ m)^2 + (6{,}80\ m - 2{,}85\ m)^2}$
$s_1 = 7{,}35\ m$

Dachschräge rechts
$s_2 = \sqrt{(5{,}50\ m)^2 + (8{,}75\ m - 5{,}65\ m)^2}$
$s_2 = 6{,}31\ m$

$s_1 + s_2 = 13{,}36\ m$
$s_3 = 8{,}75\ m - 6{,}80\ m$
$s_3 = 2{,}15\ m$
$s_1 + s_2 + s_3 = 15{,}51\ m$

$A_D = 15{,}51\ m \cdot 10{,}00\ m =$ **$155{,}10\ m^2$**

1125

Unfallverhütungsvorschriften sind von den Berufsgenossenschaften erlassene Regeln für die Unfallverhütung in der Praxis. Welche Bestimmungen sind in der „UVV Bauarbeiten“ erfasst?

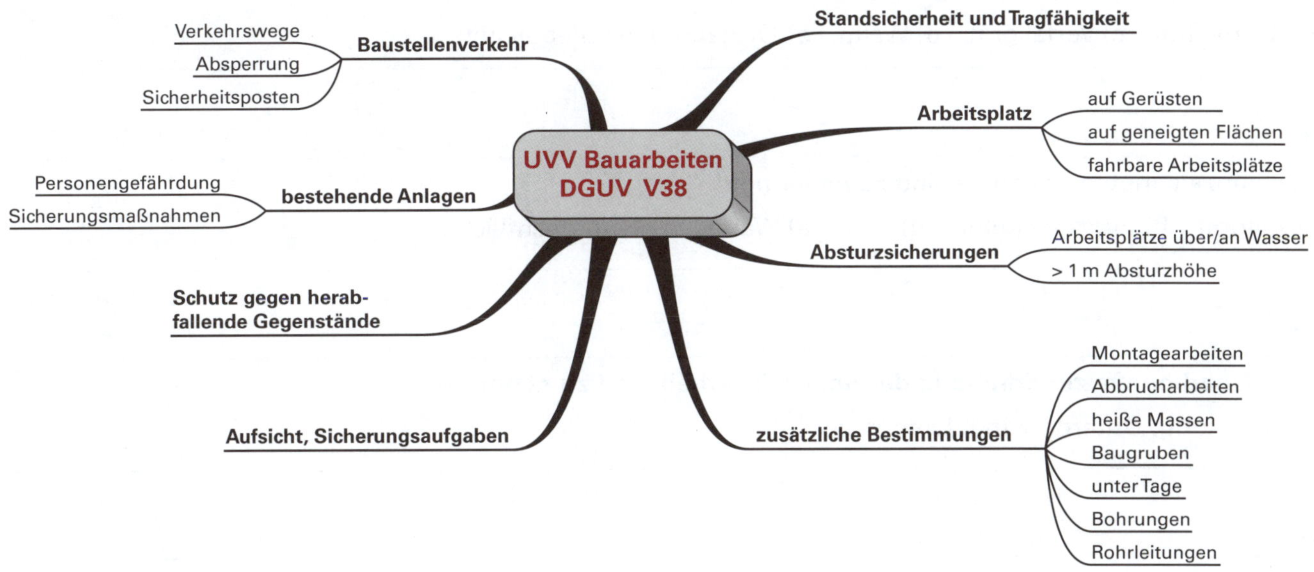

1126 ... 1200 keine Aufgaben

LF 2 Dachflächen mit Dachziegeln und Dachsteinen decken — Lösungen

1201	4	1202	3	1203	1	1204	4	1205	4	1206	2
1207	3	1208	4	1209	4	1210	1	1211	3	1212	4
1213	3	1214	4	1215	2	1216	2	1217	3	1218	4
1219	1	1220	1	1221	4	1222	3	1223	3	1224	2
1225	3	1226	4	1227	4	1228	3	1229	2	1230	3
1231	4	1232	3								

1233

Welche Bezeichnungen haben die dargestellten Dachformen?

a) Satteldach b) Walmdach c) Mansarddach d) Krüppelwalmdach e) Flachdach f) Zeltdach

1234

Wie heißen die dargestellten Dachgauben?

a) Satteldachgaube b) Walmdachgaube c) Rundgaube d) Fledermausgaube e) Trapezgaube f) Schleppdachgaube

1235

Die fehlenden Begriffe sind zu ergänzen!

a) First b) Grat c) Verfallgrat d) Walm e) Ortgang oder Giebelkante

1236

Die gekennzeichneten Dachteile sind zu benennen!

a) Verfallgrat b) First c) Kehle d) Grat e) Walm f) Hauptdachfläche

1237

Die drei Oberbegriffe zur Erhöhung der Regensicherheit sind zu nennen!

Unterspannung, Unterdeckung, Unterdach

1238

Woraus werden Dachziegel hergestellt?

Ton, Lehm, Ziegelmehl, Quarzsand, Wasser

1239

Zu berechnen sind:

a) die Sparrenlänge *s* (in m) $s = \sqrt{h^2 + s_D^2} = \sqrt{(6{,}50\ \text{m})^2 + (4{,}00\ \text{m})^2} = \mathbf{7{,}63\ m}$

b) die Dachneigung α (in Grad) $\tan\alpha = \dfrac{6{,}50\ \text{m}}{4{,}00\ \text{m}} = 1{,}625 \rightarrow \alpha = 58{,}4°$

1240

Dachziegel müssen bestimmte Anforderungen erfüllen. Drei Qualitätsmerkmale sind zu nennen!

Keine Haarrisse, keine Kalkeinschlüsse, Feinporigkeit, ebene Oberfläche, Maß- und Formhaltigkeit

1241

a) ① Kopffalze ② Wasserfalz ③ Fußfalze ④ Aufhängenase ⑤ Deckfalz
b) Flachdachziegel c) Formpressverfahren d) mehrfache Ringverfalzung

1242

In der Abbildung sind drei verschiedene Dachziegel im Schnitt dargestellt. Bei welchem Dachziegel ist die Regeldachneigung am geringsten?

Abbildung ③ hat die geringste Regeldachneigung, weil die Wasserfalze über der wasserführenden Dachziegelfläche liegen und der Deckfalz den Wasserfalz seitlich überdeckt.

1243

Wie können Dachsteine hergestellt werden (kurze Beschreibung)?

Herstellung eines Frischbetons, der in Pallets gefüllt wird, die eine Presswalze passieren, die die Oberfläche profiliert. Der so entstandene Endlosstrang wird auf Dachsteinlänge geschnitten. Anschließend werden die Dachsteine ausgehärtet, nachdem ihre Oberfläche behandelt wurde.

1244

Dachsteine können nach der Lage des Wasserfalzes unterschieden werden.

a) Dachsteine mit hochliegendem, mit einfachem oder tiefliegendem Längsfalz
b) Dachsteine mit hochliegendem Längsfalz: 22°,
Dachsteine mit einfachem Längsfalz: 30°,
Dachsteine mit tiefliegendem Wasserfalz: 25°

1245

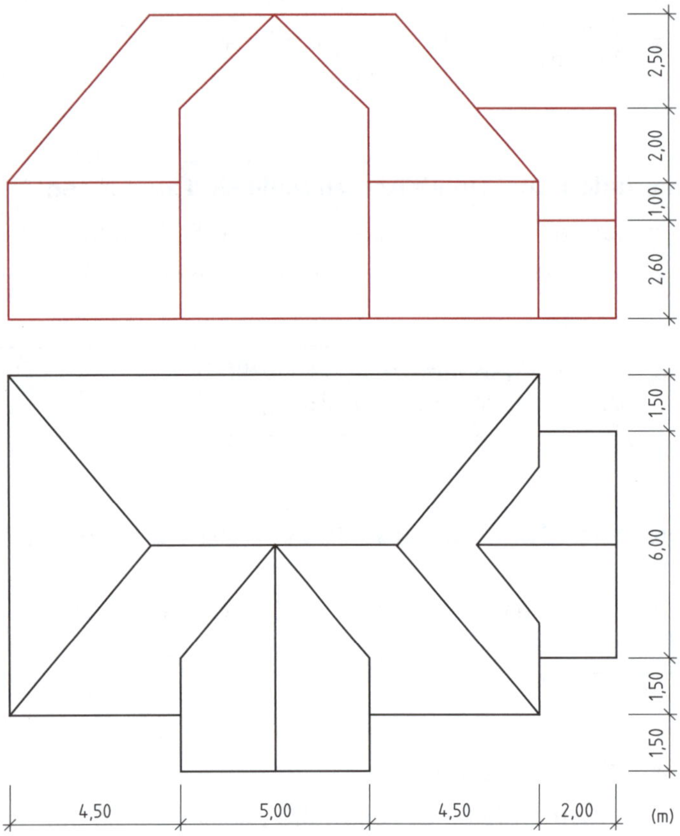

Die Lösungszeichnung ist unmaßstäblich.

1246

Von dem abgebildeten Dach in Aufgabe 1245 sind zu berechnen:

a) die Sparrenlänge s_1 = $(B/2)$: cos 45° = 4,50 m : cos 45° = **6,36 m**

b die Sparrenlänge s_2 = h/sin 50° = 4,50 m/sin 50° = **5,87 m**
(h = B/2 · tan 45° = 4,50 m)

c) die Trauflänge t_1 = 1,50 m + 2,00 m = **3,50 m**

1247

Von dem abgebildeten Dach in Aufgabe 1245 sind zu berechnen:

a) die Walmdachfläche A_1 = $B \cdot s_2/2$ = 9,00 m · 5,87 m : 2 = **26,42 m²**

b) die Anbaudachfläche A_2 = $\frac{1}{2}(t_1 + F) \cdot s_A$ = $\frac{1}{2}$ (3,50 m + 6,00 m) · 3,54 m = **16,82 m²**

$s_A = (B_A : 2)$: cos 45° = (5,00 m : 2) : cos 45° = 3,54 m

1248

Welcher Unterschied besteht zwischen einer regensicheren Unterdeckung und einem wasserdichten Unterdach?

Regensicheres Unterdach: Abdichtungslage liegt unter der Konterlattung.
Wasserdichtes Unterdach: Abdichtungslage wird über die Konterlattung geführt.

1249

Welche Anforderungen sollte ein qualitätsgerecht hergestellter Dachstein erfüllen? Drei Qualitätsmerkmale sind zu nennen!

Keine Haarrisse, keine äußeren Beschädigungen, Wasserundurchlässigkeit, ausreichende Tragfestigkeit und Frostbeständigkeit.

1250

Welche Vorteile hat ein ringverfalzter Dachziegel gegenüber seitlich verfalzten oder unverfalzten Dachziegeln?

Geringere Regeldachneigung, höhere Regensicherheit durch Kopf- und Fußverfalzung.

839

Stellen Sie einen Quader von 6 cm Höhe, 4 cm Länge und 3 cm Tiefe in isometrischer Projektion dar.

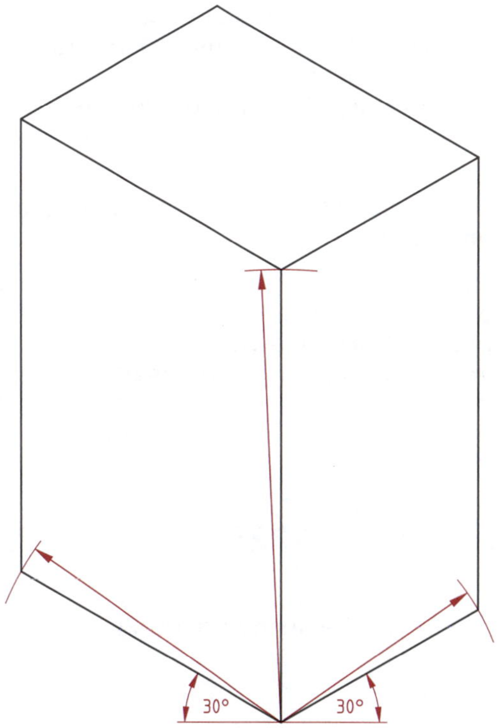

1251 ... 1300 keine Aufgaben

1301	3	**1302**	3	**1303**	1	**1304**	2	**1305**	3	**1306**	1
1307	2	**1308**	1	**1310**	4	**1311**	1	**1312**	2	**1313**	1
1318	3	**1319**	3	**1320**	2	**1323**	4	**1324**	2		

1309

Es sind zwei Schichten eines rechtwinkligen Mauerstoßes (24 cm und 30 cm dicke Wände) mit großformatigen Mauersteinen zu skizzieren.

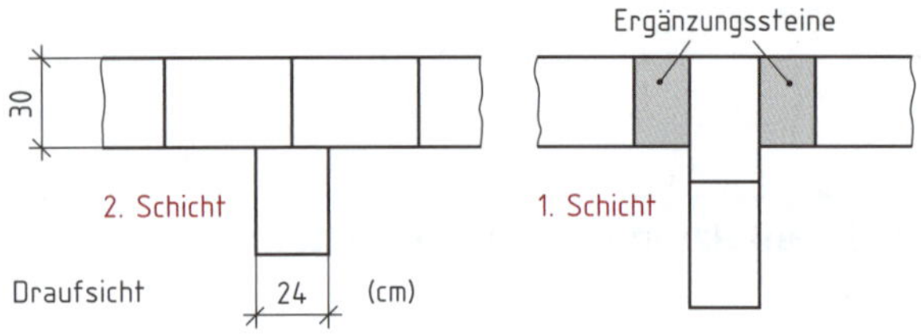

1314

In welchen Breiten und Höhen werden Stahlbetonrippendecken hergestellt? Jeweils 2 Maße sind anzugeben.

Breiten:	Höhen:
333 mm	190 mm
500 mm	240 mm

1315

Aus welchen 3 Einzelteilen besteht der skizzierte hinterlüftete dreischalige Schornstein aus Formsteinen?

Ein dreischaliger Schornstein besteht aus:
- Innenschale (Innenrohr aus Schamotte)
- Dämmstoffschicht
- Außenschale aus Leichtbetonsteinen

1316

In welchen Deckenkonstruktionen werden Deckenziegel verwendet?

Deckenziegel werden verwendet in:
- Stahlbetonrippendecken und
- Stahlsteindecken

1317

Welche 3 Vorteile haben Rippendecken aus Deckenziegeln?

Vorteile von Rippendecken aus Deckenziegeln:
- Beton wird eingespart
- geringeres Deckengewicht
- Wärmedämmung wird verbessert

1321

Vom nebenstehenden Schornstein sind die ersten beiden NF-Mauerschichten einzuzeichnen.

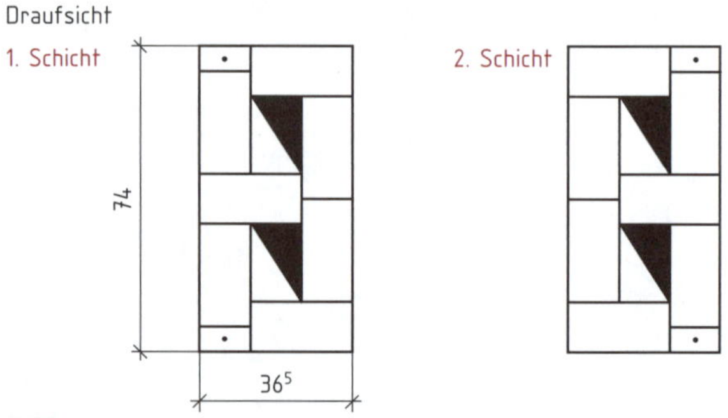

1325	4	**1326**	1	**1328**	3

1327 3 siehe auch Abbildung

1327

Welche Vorderansicht gehört zu dem dargestellten Haus?

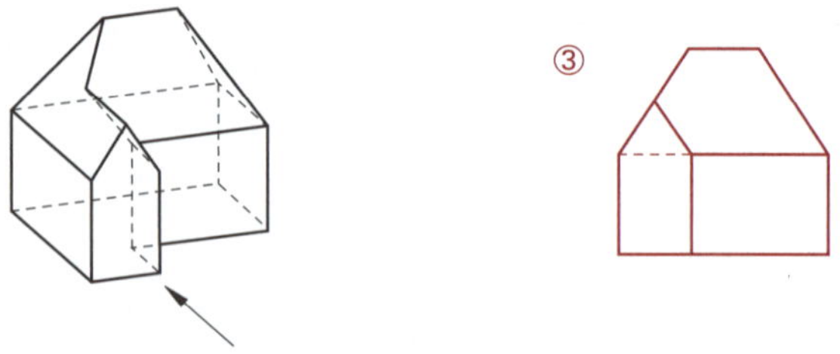

1322

Welche Abstände von der Schornsteinmündung über Dach gelten bei einer Dachneigung $\alpha > 20°$?

x = mindestens 2,30 m oder y = mindestens 0,40 m
bei weicher Bedachung y = mindestens 0,80 m
bei Dachneigungen ≤ 20° beträgt der Mindestabstand senkrecht zur Dachfläche 1,00 m

1401

Welches Material eignet sich nicht für die Schalhaut?

③ Gipskartonplatten

1402

Nach dem Ausschalen von Platten und Balken bis 8 m Stützweite gilt:

① Notstützen in Feldmitte stehen lassen

1404

Wo hat die systemlose Schalung im Vergleich zur Systemschalung einen Vorteil?

② Anpassungsfähigkeit an Bauteilformen

1405

Welches Bewehrungselement erkennt man an diesem eckigen Schild?

② Lagermatte

1407

Was ist falsch beim Anliefern von Betonstahlmatten?

④ Große Matten unten, kleine Matten oben im Stapel lagern

1409

Was ist bei der Trennmittelbehandlung nicht richtig?

④ Bewehrung allseitig intensiv mit Trennmitteln reinigen

Schnittlängen bei Aufbiegungen

Biegemaße sind Außenmaße
Ausnahme: schräge Aufbiegungen sind Achsmaße

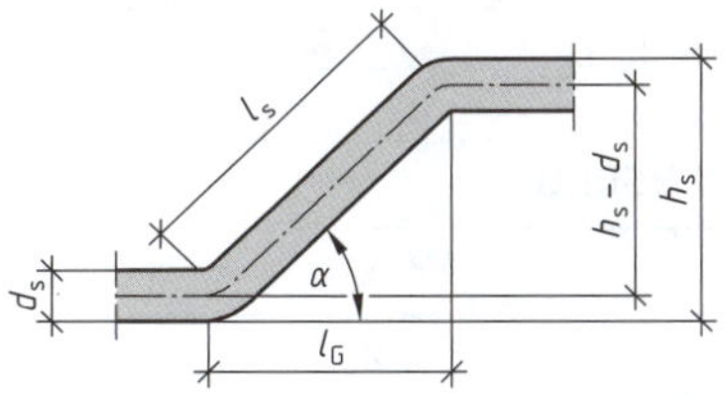

1403

Wie werden die Elemente einer Balkenschalung fachgerecht bezeichnet?

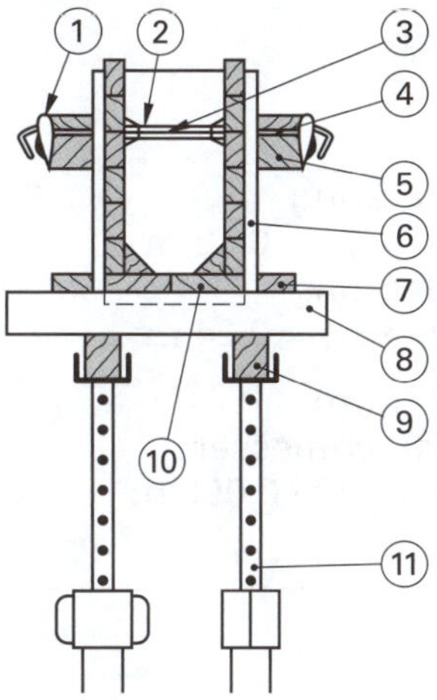

1) Spannschloss
2) Hüllrohr
3) Spanndraht
4) Beibrett
5) Gurtholz
6) Seitenschild
7) Drängebett
8) Kopfholz
9) Längsholz
10) Bodenschild
11) Stahlstütze

1406

Wodurch wird die Stützenschalung zusammengehalten?

④ Säulenzwinge aus Stahl

1408

Woran kann man Listenmatten erkennen?

An Listenmatten sind kleine runde Schilder befestigt, auf denen die Positionsnummer steht. Diese muss mit der Positionsnummer auf der Mattenliste und der Nummerierung im Verlegeplan übereinstimmen.

1410

Wie groß ist die Schnittlänge l für den geraden Tragstahl mit Rechtwinkelhaken?

Hakenzuschlag (bei Ø 20 bis 32 mm) mindestens 8 d_s
gewählt: Hakenzuschlag = 12,5 · Stahldurchmesser

l = 5,70 m + 2 · 12,5 · 0,02 m
l = **6,20 m** (mit 8 · d_s beträgt l = 6,02 m

1411

Die Schnittlänge l für den beidseitig aufgebogenen Tragstab mit Rechtwinkelhaken ist zu bestimmen.

Hakenzuschlag (bei Ø 6 bis 18 mm) mindestens 7 d_s
gewählt: Hakenzuschlag = 10 · Stahldurchmesser
Länge der Schräge (bei ∢ 45°)
l_s = 1,41 · (Einbauhöhe – Stahldurchmesser)
l_s = 1,41 · (0,40 m – 0,016 m) → l_s = 0,54 m
l = 2 · 0,60 m + 2 · 0,54 m + 4,62 m + 2 · 10 · 0,016 m
l = **7,22 m** (mit 7 d_s beträgt l = 7,13 m

1412

Für den im Balkenschnitt dargestellten Bügel ist die Schnittlänge zu ermitteln.

Balkenquerschnitt 24 cm/30 cm
Betonstahl Ø 8 mm
Betondeckung c_{nom} = 3,0 cm

$b_{Bü}$ = Schalmaß – 2 · Betondeckung
$b_{Bü}$ = 0,24 m – 2 · 0,03 m → $h_{Bü}$ = 0,18 m
$h_{Bü}$ = Schalmaß – 2 · Betondeckung
$h_{Bü}$ = 0,30 m – 2 · 0,03 m → $h_{Bü}$ = 0,24 m

Hakenzuschlag (bei Ø 6 bis 18 mm)
= 10 · Stahldurchmesser

$l_{Bü}$ = 2 · 0,18 m + 2 · 0,24 m + 2 · 10 · 0,008 m
$l_{Bü}$ = **1,00 m**

1413

Ein Stahlbetonbalken ist 30 cm breit. Die Betondeckung beträgt 2,0 cm, die Bügel haben einen Ø 10 mm. Wie groß wird der Abstand a_s zwischenden 5 einzubauenden Stählen (Ø 16 mm)?

④ 4,0 cm
Abstand der Stähle

$$a_s = \frac{30\text{ cm} - [(2 \cdot 2{,}0\text{ cm}) + (2 \cdot 1{,}0\text{ cm}) + (5 \cdot 1{,}6\text{ cm})]}{4\text{ Stahlabstände}}$$

$$a_s = \frac{30\text{ cm} - 14\text{ cm}}{4}$$

a_s = **4,0 cm** > 2,0 cm (nach DIN erf. Mindestabstand)

1414

Ein Stahlbetonunterzug ist auszuführen. Die fehlenden Maße sind zu ermitteln, die Betonstahl-Gewichtsliste auszufüllen und die Masse an Betonstahl zu berechnen.

Stahlauszug

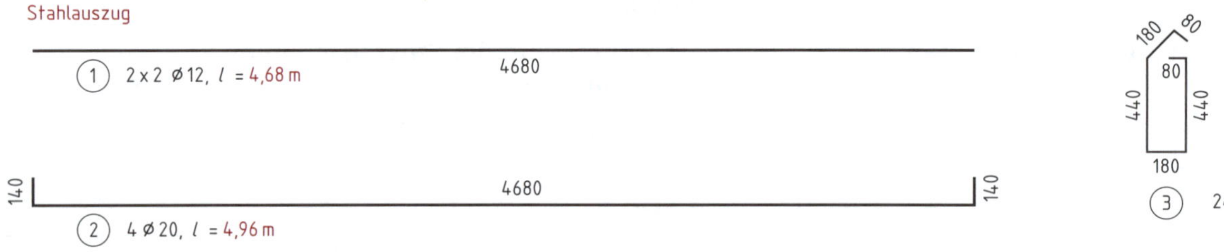

Stahl-Liste

Pos. Nr.	Anzahl	d_s mm	Einzellänge m	Gesamtlänge m	d_s = 8 mm mit 0,395 kg/m	d_s = 10 mm mit 0,617 kg/m	d_s = 12 mm mit 0,888 kg/m	d_s = 14 mm mit 1,21 kg/m	d_s = 16 mm mit 1,58 kg/m	d_s = 16 mm mit 2,47 kg/m	d_s = 16 mm mit 2,47 kg/m
Betonstahl-Gewichtsliste					**Betonstahlsorte: IV S**					**Bauteil: Stahlbetonunterzug**	
					Gewichtsermittlung in kg für						
1	4	12	4,68	18,72			16,62				
2	4	20	4,96	19,84							49,00
3	24	8	1,40	33,60	13,27						
Gewicht je Durchmesser [kg]					13,27		16,62				49,00
Gesamtgewicht [kg]					**78,89**						

Haken, allgemein und für Bügel		**Winkelhaken**, allgemein		**Winkelhaken**, für Bügel	
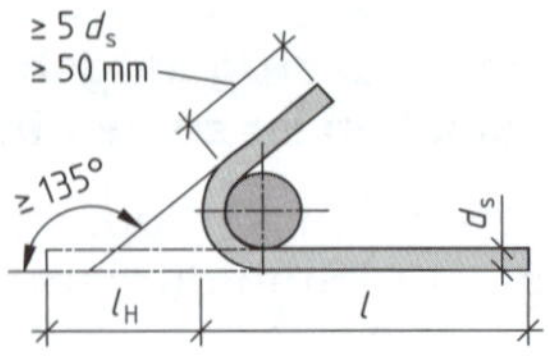		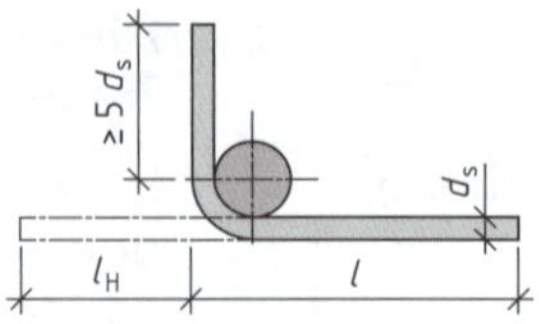		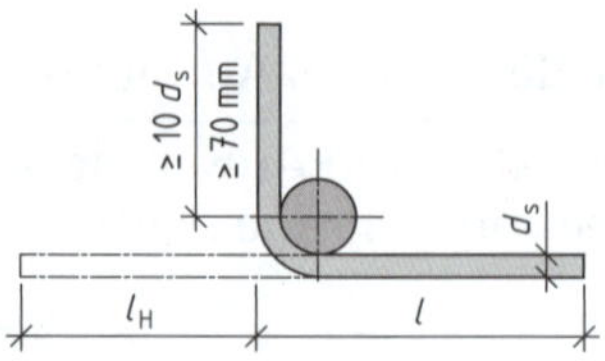	
Längenzugaben l_H für Betonstahl B500A und B500B					
10 d_s	**13 d_s**	**7 d_s**	**8 d_s**	**12 d_s**	**13 d_s**
Ø < 20	20 ≤ Ø ≤ 32	Ø < 20	20 ≤ Ø ≤ 32	Ø < 20	20 ≤ Ø ≤ 32

1501

Welche Holzdachkonstruktionen sind dargestellt?

a) Pfettendach b) Sparrendach c) Kehlbalkendach

1502

Benennen Sie die Teile der Pfettendachkonstruktion!

a) Sparren b) Fußpfette c) Firstpfette d) Kopfband e) Pfosten f) Schwelle

1503

Benennen Sie die Teile der Sparrendachkonstruktion!

a) Sparren b) Firstlasche c) Drempel mit Schwelle d) Windrispenband

1504 1 **1505** 1 **1506** 4

1510 1

1507

Wie wird die Längssteifigkeit eines Sparrendaches erzeugt?

Kurzantwort: Durch Windrispenbänder.

1508

Wie wird die Längssteifigkeit eines Pfettendaches erzeugt?

Durch unverschiebliche Dreiecke aus Pfosten mit Kopfbändern und Pfette.

1509

Welcher Unterschied besteht zwischen einem einfach stehenden Dachstuhl und einem zweifach stehenden Dachstuhl?

einfach stehend: Firstpfette wird durch Pfosten unterstützt, keine Mittelpfetten vorhanden,
zweifach stehend: Mittelpfetten werden durch Pfosten unterstützt.

1511

Wie erfolgt die Queraussteifung eines Pfettendaches? Der Schnitt ist zu skizzieren!

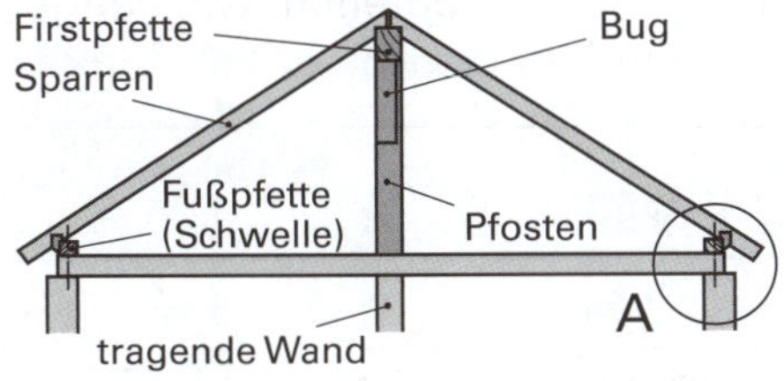

1512

Wie erfolgt die Queraussteifung eines Sparrendaches? Die Ansicht ist zu skizzieren!

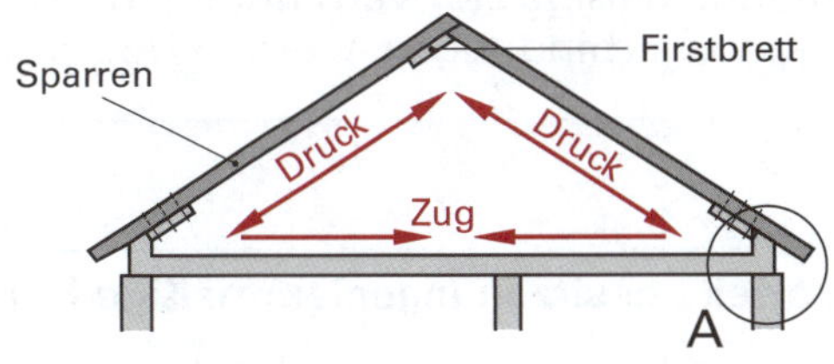

1513

Welche Vorteile bietet der Einsatz von Dachbindersystemen?

Liegen meist nur auf den Längsseiten von Gebäuden auf, große Spannweiten, verschiedene Materialien möglich.

1514

Warum gelten für alle Holzteile einer Holzdachkonstruktion besondere Maßnahmen des Holzschutzes?

Alle tragenden Holzbauteile sind vor Insekten und/oder Pilzen zu schützen.

1515 2 **1522** 1 **1523** 1

1528 1

1516

Welche Holzarten eignen sich für die Verwendung von Holzdachkonstruktionen?

Nadelhölzer, wie Fichte, Tanne, Kiefer oder Lärche.

1517

Warum sollen Pfosten möglichst quadratische Abmessungen haben?

Da die senkrecht stehenden Pfosten von allen Seiten gleich beansprucht werden (Drucklasten, knicken), haben sie quadratische Querschnitte. Widerstands- und Flächenmoment sind in beide Richtungen gleich groß.

1518

Warum haben Sparren rechteckige Querschnitte?

Da Sparren auf Biegung beansprucht werden (Wind-, Schnee- und Eigenlasten), haben sie rechteckige Querschnitte (hochkant). Die bei der Bemessung entscheidenen Querschnittswerte sind mit $h > b$ damit größer.

1519

Was bedeutet die Kennzeichnung S10?

Nadelschnittholz, visuell sortiert, mit einer üblichen Tragfähigkeit und einer Biegefestigkeit von 10 MN/m^2.

1520

Welcher Unterschied besteht zwischen einer ingenieurmäßigen Holzverbindung und einer zimmermannsmäßigen Holzverbindung?

Ingenieurmäßige Holzverbindung: Nutzung von Blechformteilen, Dübeln oder Bolzen, Nagel- und Schraubenverbindungen zur Verbindung von Holzteilen.
Zimmermannsmäßige Holzverbindung: durch konstruktive Ausbildungen in Holzbauteilen, wie Längs-, Eck- und Kreuzverbindungen, werden Hölzer dauerhaft miteinander verbunden.

1521

Welche Vorteile besitzen ingenieurmäßige Holzverbindungen?

Schnelle Herstellung von Holzverbindungen möglich, dauerhafte Verbindungen.

1524

Warum ist bei geringer Dachneigung ein Sparrendach statisch meist ungünstiger?

Je geringer die Dachneigung, desto größer die anfallenden Horizontalkräfte.

1525

In die Abbildung des Sparrendaches sind die Richtungen folgender Kräfte einzuzeichnen.

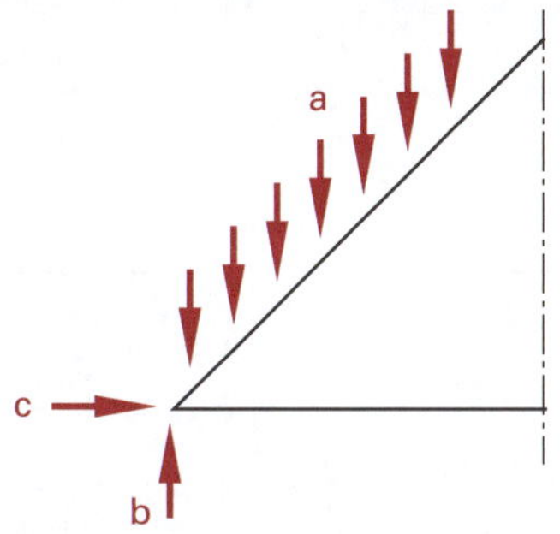

1526

Zeichnerisch ist die Horizontalkraft (in kN) und die Vertikalkraft (in kN) am Fußpunkt eines Sparrendaches zu ermitteln!

Vertikal:
3,5 cm ≙
17,5 kN

Horizontal:
3,5 cm ≙
17,5 kN

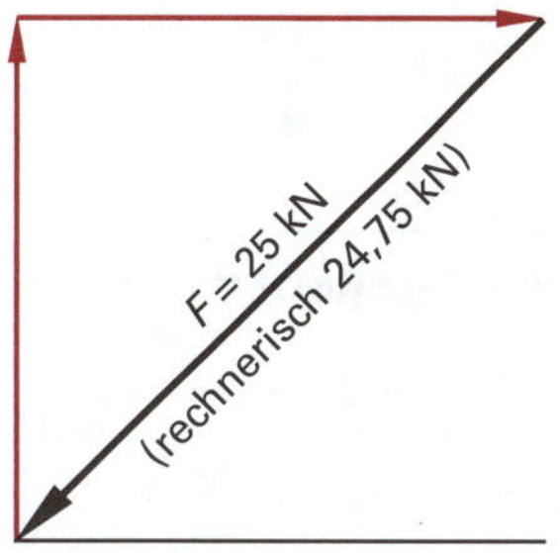

1527

Welchen Druck üben die Streben auf den Pfosten eines Pfettendachstuhls aus?

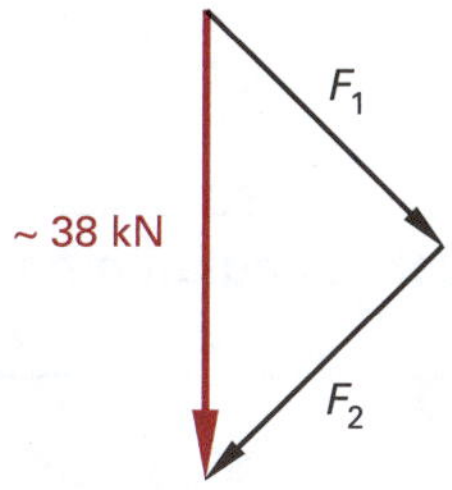

1529

Dargestellt ist der Fußpunkt eines Pfettendaches. Die Teile a bis f sind zu benennen!

a) Fußpfette b) Bitumenbahn c) Decke d) Steinschraube e) Sparren f) Fußpfette

1530

Der Firstpunkt eines Pfettendaches ist im Maßstab 1:10 – cm zu zeichnen!

Firstpfette aus Vollholz 12/16
Sparren 8/16
Dachneigung 40°
Firstzange 2 · 3/10
Pfosten 12/12

Präsentieren Sie Ihre Lösung im Unterricht mit PC und Beamer oder auf OP-Folie.

1531

Zu skizzieren ist ein dreieckförmiger Binder mit Benennung der Teile!

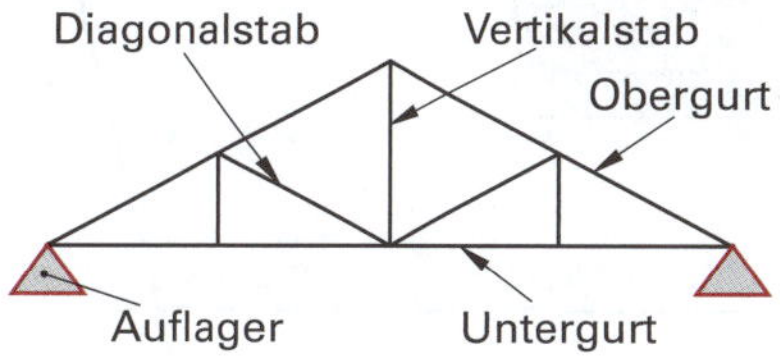

1532

Für ein Sparrendach werden 22 Sparren (10 cm/16 cm) mit einer Länge von je 7,45 m benötigt. Wie viel m³ Holz sind für das Dach zu bestellen?

22 · 0,16 m · 0,10 m · 7,45 m = **2,62 m³**

1533

Wie lang sind die Sparren (in m) eines gleich geneigten Satteldaches, dessen Dachbreite 8,00 m und die Dachneigung 48° betragen?

$s = \frac{8{,}00\ m/2}{\cos 48°} = \mathbf{5{,}98\ m}$

1534

Die Traufe eines Daches ist 12,50 m lang. Der Abstand der Sparren (äußere Kante) zum Dachrand beträgt beidseitig 35 cm. Welchen lichten Abstand haben die 12 Sparren (12 cm/16 cm) einer Dachseite?

a = (12,50 m – 2 · 0,35 m – 12 · 0,12 m) : 11 = **0,94 m**

1535

Die nachstehende Holzliste ist zu vervollständigen:

Pos.-Nr.	Benennung [cm x cm]	Anzahl	Einzellänge [m]	Gesamtlänge [m]	Gesamtlänge nach Querschnitt [m]					Volumen [m³]
					12/10	12/12	12/16	8/16	3/10	
1	Fußpfette (12/10)	2	12,50	25,00	25,00					0,300
2	Firstpfette (12/16)	1	12,50	12,50			12,50			0,240
3	Sparren (8/16)	24	7,45	178,80				178,80		2,289
4	Firstzangen (2 x 3/10)	24	0,75	18,00					18,00	0,054
5	Pfosten (12/12)	3	2,60	7,80		7,80				0,112
									Gesamtvolumen:	**2,995**

1536 ... 1600 keine Aufgaben

1601 2 **1602** 1 **1603** 1 **1604** 2 **1605** 1 **1606** 3

1607 3

1608

Folgender Lageplan eines Gartenhauses ist gegeben.

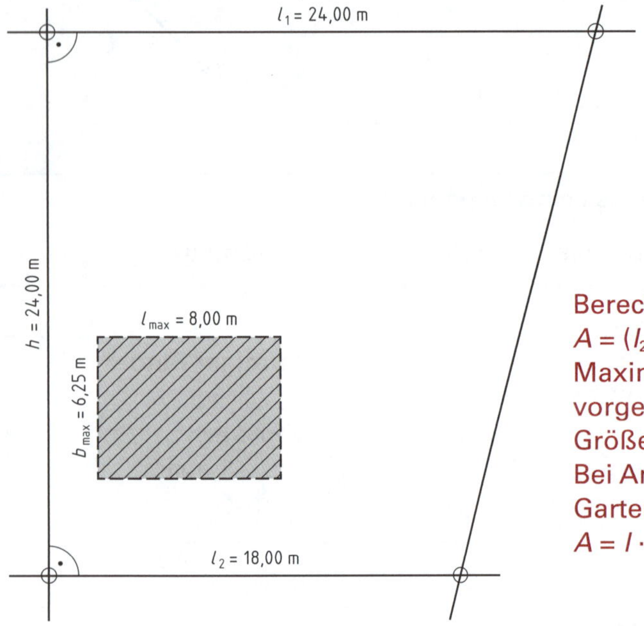

Berechnung der Grundstücksfläche:

$A = (l_2 + l_2) : 2 \cdot h = (24{,}00\ \text{m} + 18{,}00\ \text{m}) : 2 \cdot 24{,}00\ \text{m} = \mathbf{504{,}00\ m^2}$

Maximal 1/10 der Grundstücksfläche ist für die Bebauung vorgesehen:

Größe des Gartenwohnhauses: 1/10 A = 1/10 · 504,00 m² = **50,4 m²**

Bei Anpassung der in der Zeichnung angegebenen Maße für das Gartenwohnhaus ergibt sich eine Fläche von

$A = l \cdot b = 7{,}99\ \text{m} \cdot 6{,}24\ \text{m} = \mathbf{49{,}86\ m^2 < 1/10\ A}$

Unter Beachtung der Ausrichtung des Gartenwohnhauses und der Nutzung der Räume könnte sich folgender Grundriss ergeben:

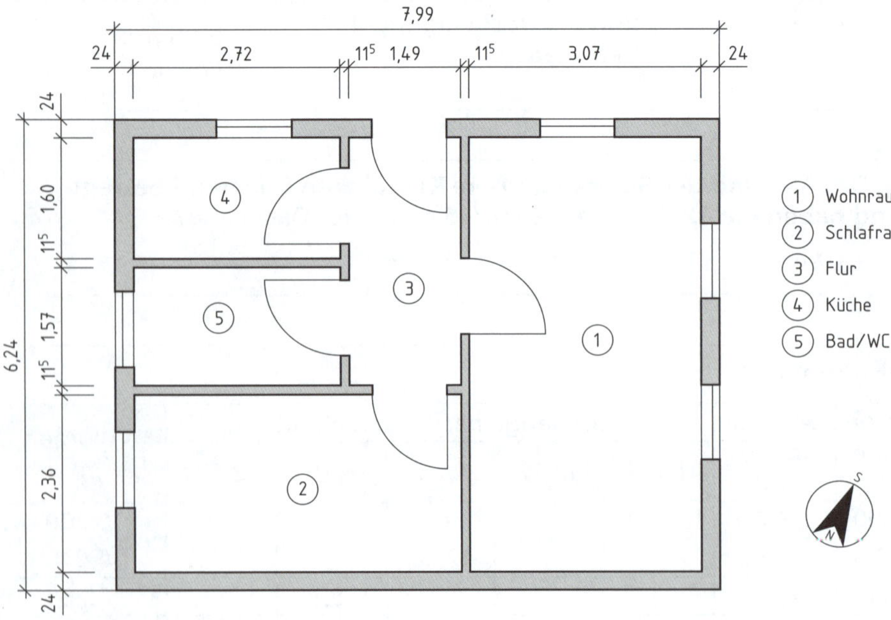

1609

Schlagen Sie drei verschiedene Außenwandbekleidungen für das in Aufgabe 1608 genannte Gartenhaus vor!

- Außenputz mit Wärmedämmung
- Klinkermauerwerk mit Kerndämmung oder mit Wärmedämmung und Hinterlüftung
- Faserzement- oder Schieferdeckung auf Traglattung/-schalung mit Wärmedämmung und Hinterlüftung
- Holzverkleidung, ...

1610

Treffen Sie eine Materialauswahl für die gesamten Außenwände des Gartenhauses aus Aufgabe 1608. Drei Möglichkeiten sind zu nennen!

- Mauerwerk aus Kalksandsteinen, Porenbetonsteinen, Mauerziegeln, ...
- Stahlbetonplatten
- Fachwerk, Holzrahmenbau

1611

Von welchen vier Faktoren ist die Materialauswahl für Außenwände abhängig?

Lage des Gebäudes, Tragfähigkeit der Außenwände, Nutzung und Nutzungsdauer des Gebäudes, Wärmeschutz des Gebäudes

1612

Welcher Wandaufbau wäre für das in Aufgabe 1608 genannte Gartenhaus Ihr Favorit? Welche Fehlerquellen können bei dem ausgewählten Aufbau auftreten und wie können diese vermieden werden? Gehen Sie auf die Vor- bzw. Nachteile belüfteter und unbelüfteter Wände ein!

Außenwand belüftet:
ständige Trocknung aller Konstruktionsteile durch Belüftungsraum zwischen Innen- und Außenschale der Wand, feuchte Luft kann ständig abtransportiert werden

Außenwand unbelüftet:
Weniger Fehlerquellen im Aufbau der Außenwand möglich, feuchte Luft kann von außen nicht in das Bauteil eintreten, Wärmedämmung wird durch das Bauteil vor Feuchtigkeit geschützt

1613 4 **1614** 3 **1615** 3 **1616** 4

1617

Welche vier verschiedenen Materialien können zur Bauwerksabdichtung verwendet werden?

Bitumen-Dichtungsbahnen, Bitumenschweißbahnen, Kaltselbstklebebahnen (KSK), Kunststoff-Dichtungsbahnen, Bitumendickbeschichtungen (KMB), Dichtungsschlämmen und Reaktionsharzbeschichtungen, wasserundurchlässiger Beton, Lehm- und Bentonit-Dichtungen

1618 2 **1619** 1

1620 ... 2100 keine Aufgaben

2101	1	**2102**	2	**2103**	3	**2104**	2	**2105**	3	**2106**	3
2107	3	**2108**	3	**2109**	3	**2110**	4	**2111**	1	**2112**	4
2113	2	**2114**	3	**2115**	4	**2116**	1	**2117**	3	**2118**	4
2119	4	**2120**	1	**2121**	2	**2122**	3	**2123**	1	**2124**	3
2125	3	**2126**	1	**2127**	4	**2128**	4	**2129**	3	**2130**	1

2131

Die Bestandteile der Außenentwässerung sind zu benennen!

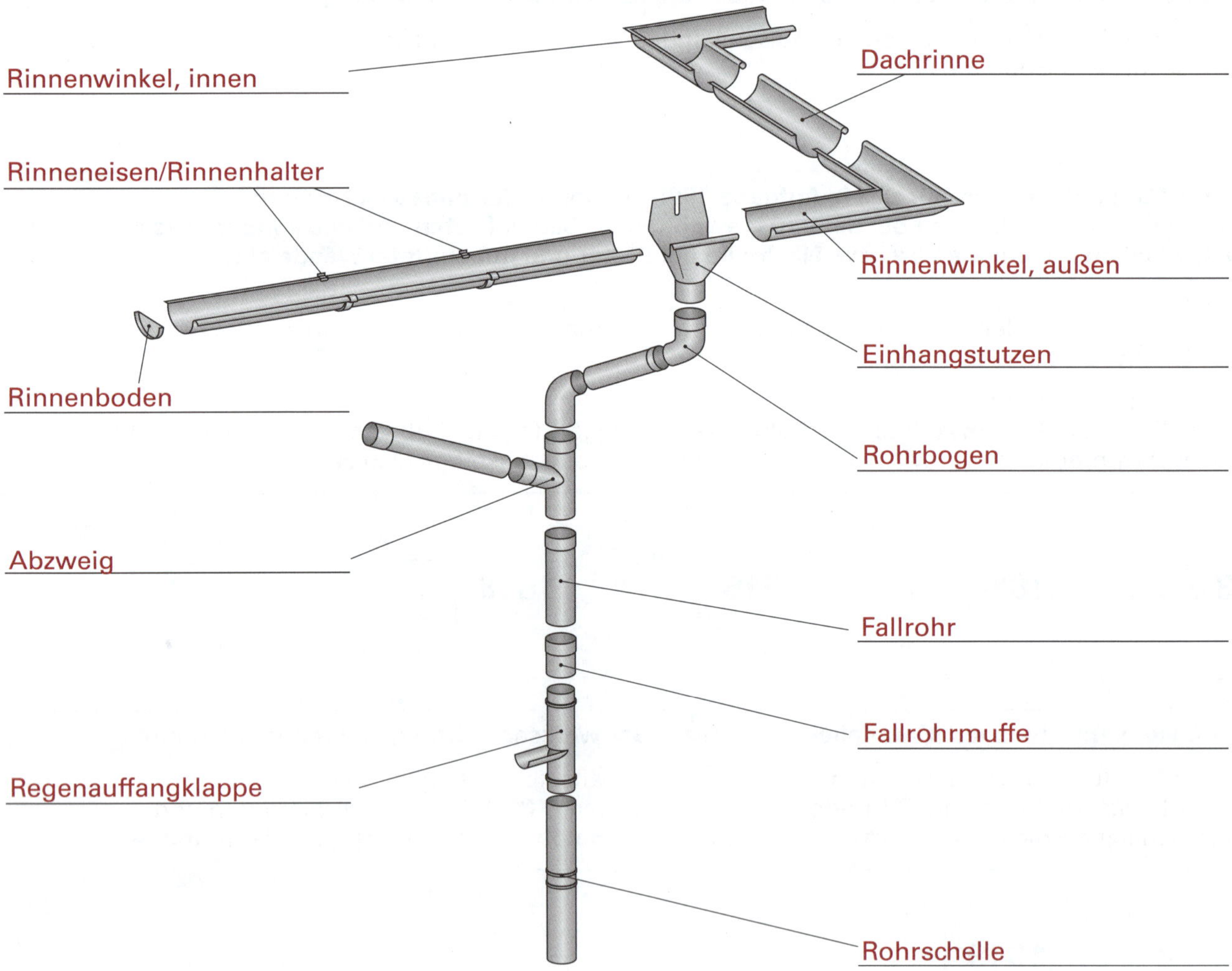

2132

Welche vier Verbindungsarten eignen sich zum Fügen von Dachrinnen?

Weichlöten, Hartlöten, Schweißen, Nieten, Kleben

2133

Welche fünf Materialien eignen sich für eine Dachentwässerung?

Zink (Zn), Kupfer (CU), Aluminium (Al), verzinkter Stahl, Kunststoffe, Edelstahl (V2A)

2134

Die Längenänderung eines Bauteils kann nach der Formel: $\Delta l = \alpha \cdot l_0 \cdot \Delta t$ ermittelt werden (Δl: Längenänderung in m, α: Temperaturdehnungszahl des Baustoffes in mm/m · K, l_0: Einbaulänge in m, Δt: Temperaturdifferenz in K).
Wie groß ist die Längenänderung einer Zink-Dachrinne (α = 0,022 mm/mK, l_0 = 15,00 m, t_{min} = 20°, t_{max} = 80°) in cm?

$\Delta l = \alpha \cdot l_0 \cdot \Delta t$ = 0,022 · mm/mK ·15,00 m · 60 K = **19,8 mm** → $\Delta l \approx$ 2 cm

2135 1   2136 2

2137

Auf welche drei Punkte ist beim Anbau einer Dachrinne zu achten?

- Die Dachrinne sollte in waage, besser mit leichtem Gefälle angebracht werden
- Temperaturbedingte Längenausdehnung, eventueller Einsatz von Bewegungsausgleichern
- Bei Metallrinnen die Materialverträglichkeit unterschiedlicher Metalle
- Verwendung der richtigen Rinnenhalter/oder Haften
- Abstand der der Rinnenhalter/Hafte untereinander
- Richtige und ausreichende Befestigungsmitttel

2138

Welche zwei Merkmale hat eine vorgehängte Dachrinne?

Eine vorgehängte Dachrinne hängt vor der Traufe oder über einem Traufgesimskasten und wird selbsttragend in Rinnenhaltern verlegt.

2139

Gegeben ist der Grundriss eines Walmdaches in Hannover mit der örtlichen Berechnungsregenspende r = 328 l/(s · ha) und dem Abflussbeiwert für Dachflächen C = 1,0. Zu berechnen ist der Regenwasserabfluss Q mit der Formel $Q = \frac{r \cdot A \cdot C}{10000\ m^2/ha}$!

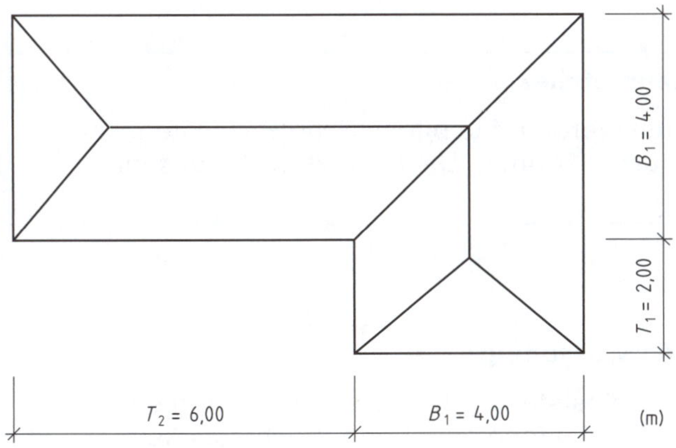

A = (6,00 m + 4,00 m) · (2,00 m + 4,00 m) – (6,00 m · 2,00 m)

A = **48,00 m²**

$$Q = \frac{328\ l/(s \cdot ha) \cdot 48{,}00\ m^2 \cdot 1{,}0}{10000\ m^2/ha}$$

Q = **1,57 l/s**

2140

Was ist ein Gefälledämmsystem?

Ein Gefälledämmsystem sind Dämmstoffplatten mit unterschiedlichen Dicken, damit auf einem Flachdach das notwendige Gefälle von mindesten 2 % entsteht. Geplante Kehllinien führen das Niederschlagswasser zu den Dachabläufen. Meist wird ein Gefälledämmsystem objektbezogen vom Hersteller der Dämmsysteme geplant und mit Verlegeplänen auf die Baustelle geliefert.

2141

Welche vier Vorteile hat ein Gefälledämmsystem gegenüber herkömmlichen Flachdächern?

Herstellen von Wärmedämmung und Gefälle in einem Arbeitsgang, geringes Gewicht, Vermeidung von stehendem Wasser auf der Dachfläche, optimale Entwässerung durch wasserführende Kehllinien, lange Lebensdauer.

2142

Warum darf eine Dachrinne nicht aus Zink bestehen, wenn der Eindeckrahmen eines Dachfensters aus Kupferblech besteht?

Da Kupfer in der elektronischen Spannungsreihe das edlere Metall gegenüber Zink ist. Durch die elektrochemische Korrosion wird das unedlere Metall Zink vom edleren Metall Kupfer zerstört. Als Elektrolyt wirkt Niederschlagswasser oder Luftfeuchtigkeit.

2143

Welche drei Eigenschaften hat das Metall Zink?

Bei Raumtemperatur hart und spröde, bei höheren Temperaturen (ca. 120 °C) warm verformbar, starke Ausdehnung bei Erwärmung, nicht beständig gegen Säuren, bildet Schutzschicht.

2144

Auf welche drei Punkte ist bei der Verarbeitung von Metallen durch Löten zu achten?

Zum Löten wird ein Zusatzmetall, das Lot benötigt. Das Werkstück muss so lange erwärmt werden, bis es die Temperatur des Lotes erreicht hat. Das Lot schmilzt durch die Berührung mit dem Lötkolben. Kupfer-, Zink- und auch Walzbleiverbindungen können mit Lötzinn weichgelötet werden. Beim Hartlöten muss eine andere Legierung des Lotes verwendet werden, sowie eine höhere Temperatur. Die Flächen der Verbindungsstücke dürfen nicht verunreinigt sein. Nach dem Löten müssen Lötwasserreste gut entfernt werden, damit es nicht zu ungewollten Zerstörungen des Metalls kommt, da Lötwasser die Schutzschicht der Metalle zerstört.

2145

Welche zwei gemeinsamen Eigenschaften haben alle Nichteisenmetalle?

Nichteisenmetalle sind Metalle, die nicht aus Eisenerz gewonnen werden. Sie bilden Schutzschichten (Oxidschichten), die das darunterliegende Metall dauerhaft schützen können. Die Schutzschicht ist sehr dicht und beständig.

2146

Welche zwei Vorteile haben Metalle beim Einsatz für die Dachentwässerung?

Metalle, die für Dachentwässerungen eingesetzt werden, bilden selbstständig Schutzschichten und sind dadurch sehr lange einsatzfähig. Zudem sind sie sehr formstabil und haben eine hohe Bruchfestigkeit.

2147

Welche zwei Vorteile bieten Kunststoffe gegenüber Metallen bei der Dachentwässerung?

Kunststoffe sind sehr leicht, weitestgehend resistent gegen schädliche Bestandteile der Luft und der Niederschläge, benötigen keine Schutzanstriche, durch glatte Materialoberfläche wird ein schneller Wasserabfluss ermöglicht, günstiger Materialpreis.

2148

Warum sollte bei einer vorgehängten Dachrinne die Wasserfalz mindestens 8 mm höher liegen als die Wulst?

Die Wasserfalz sollte mindestens 8 mm höher liegen, damit überschüssiges Wasser über die Wulst abgeführt werden kann und somit möglichst die Außenwand vor Feuchtigkeit geschützt ist um langfristig Bauschäden zu verhindern.

2149

Welche zwei Möglichkeiten gibt es, um einen temperaturbedigten Bewegungsausgleich der Dachrinne sicher zu stellen?

Einbau von Hochpunktschiebenähten, Dehnungselementen mit Synthesekautschuk (Rinnen-Dilatations-Stücke), Einhangstutzen und Rinnenkesseln (Wasserfangkästen).

2150

Wann müssen Bewegungsausgleicher bei Dachrinnen angeordnet werden?

Dehnungsausgleicher müssen bei Dachrinnen (bis 500 mm Zuschnitt) mit einer Länge ≥ 15,00 m angeordnet werden.
Wird die Dachrinne um eine Gebäudeecke geführt, muss der Abstand zwischen Bewegungsausgleicher und Gebäudeecke ≤ 7,50 m sein.

2151

Gegeben ist der Grundriss eines Flachdaches mit Dachinnenentwässerung. Zu skizzieren sind mögliche Dachabläufe und die Gefällerichtungen, um einen möglichst schnellen Wasserablauf zu garantieren?

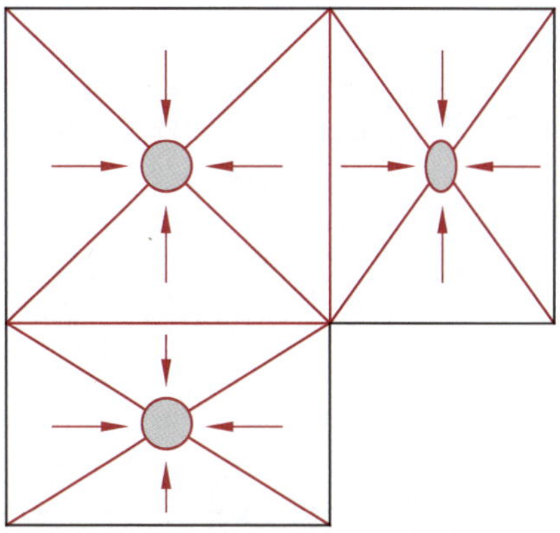

2152

Welcher Unterschied besteht zwischen einer Dachinnenentwässerung und einer Dachaußenentwässerung?

Bei einer Außenentwässerung wird das Niederschlagswasser in Kehlen und Dachrinnen gesammelt und durch außenliegende Fallrohre der Kanalisation zugeführt. Bei einer Innenentwässerung wird das Niederschlagswasser von flachgeneigten Dächern oder Dachterrassen über Dachabläufe (Gullys), die in die Dachfläche eingelassen sind und den Fallrohren in die Kanalisation entwässert. Zudem sind bei einer Dachinnenentwässerung Notabläufe oder Sicherheitsrinnen erforderlich.

2153

Welcher Unterschied besteht zwischen einem einteiligen und einem zweiteiligen Dachablauf für die Dachinnenentwässerung?

Einteilige Abläufe werden meist als Fertigteile aus Kunststoffen, Gusseisen oder Stahl angeboten. Wenn Abläufe aus zwei oder mehreren Teilen bestehen, die die Wärmedämmschicht des Flachdaches umschließen, spricht man von zwei oder mehrteiligen Dachabläufen.

2154

Wie kann Kondensatbildung an Dachabläufen verhindert werden?

Der Einsatz von wärmegedämmten Dachabläufen kann die Kondensatbildung verhindern.

2155

Nennen Sie zwei grundlegende Maßnahmen, die bei innen liegender Entwässerung Bauschäden durch Anstauen des Niederschlagswassers verhindern.

Dachabläufe mit Kies-/Laubfangkörben versehen, Dachablauf an den Tiefpunkten der Dachfläche anbringen, Dachabläufe müssen für Wartungsarbeiten zugänglich sein, Entwässerungsanlagen alle 6 Monate warten.

2156 ... 2200 keine Aufgaben

LF 8 Dächer mit Dachziegeln und Dachsteineindeckungen herstellen — Lösungen

2201	4	**2202**	2	**2203**	2	**2204**	1	**2205**	2	**2206**	3
2207	2	**2208**	4	**2209**	1	**2210**	3	**2211**	3	**2212**	2
2213	4	**2214**	2	**2215**	1	**2216**	2	**2217**	4	**2218**	3

2219

Was versteht man unter erhöhten Anforderungen an eine Dachziegel- oder Dachsteindeckung?

Erhöhte Anforderungen ergeben sich durch das Unterschreiten der Regeldachneigung, durch stark gegliederte Dachflächen, besondere Dachformen und besonders lange Sparren. Die Nutzung des Dachraumes, klimatische Verhältnisse, örtliche Bestimmungen und technische Anlagen (z. B. Auf- und Indachsysteme für Solarzellen ...) können auch erhöhte Anforderungen an die Dachdeckung darstellen.

2220

Zu berechnen ist die Deckfläche (in cm²) eines Biberschwanzziegels (18 cm x 38 cm) bei einer Höhenüberdeckung von 7 cm!

a) Doppeldeckung

① 279 cm²

($A = DL \cdot DB = 15{,}5\ \text{cm} \cdot 18\ \text{cm} = \mathbf{279\ cm^2}$)

b) Kronendeckung

② 558 cm²

($A = DL \cdot DB = 31\ \text{cm} \cdot 18\ \text{cm} = \mathbf{558\ cm^2}$)

2221

Wie groß ist der Bedarf an Biberschwanzziegeln pro m² bei einer Höhenüberdeckung von 7 cm?

a) bei der Doppeldeckung

① 35,8 Stck/m²

$$\frac{x\ \text{Stück}}{1\ \text{m}^2} = \frac{1\ \text{Stück}}{0{,}0279\ \text{m}^2} \qquad \mathbf{x = 35{,}8\ Stück}$$

b) bei der Kronendeckung

③ 35,8 Stck/m²

$$\frac{x\ \text{Stück}}{1\ \text{m}^2} = \frac{2\ \text{Stück}}{0{,}0558\ \text{m}^2} \qquad \mathbf{x = 35{,}8\ Stück}$$

Lösung Aufgabe 2222 und 2223 auf der folgenden Seite

2224

Wovon ist die Windsogsicherung bei Dachziegel- oder Dachsteindeckungen abhängig? Fünf Merkmale sind zu nennen!

Eigengewicht der Dachdeckung pro m², Lage des Gebäudes (Windzone, Höhe des Geländes, Bewuchs und Bebauung der Umgebung), Gebäude Höhe, Dachform, Dachneigung, Bereich des Daches, Unterkonstruktion der Dachdeckung

2225

Welche vier Maßnahmen der Windsogsicherung sind bei Deckungen mit Dachziegeln und Dachsteinen möglich?

Befestigung mit Klammer-, Schraub-, Nagel- und Drahtverbindungen.

2226

Welcher Unterschied besteht zwischen der Traglattung und der Konterlattung?

Traglattung: rechtwinklig zu den Sparren, trägt das Deckmaterial
Konterlattung: parallel zu den Sparren, sorgt für ausreichenden Lüftungsquerschnitt zwischen Unterkonstruktion und Dachdeckung

2222

Die Vorder- und Seitenansicht des gleich geneigten Walmdaches (Dachneigung allseitig 50°) sind zu vervollständigen und die wahren Größen aller Dachflächen sind zu konstruieren!

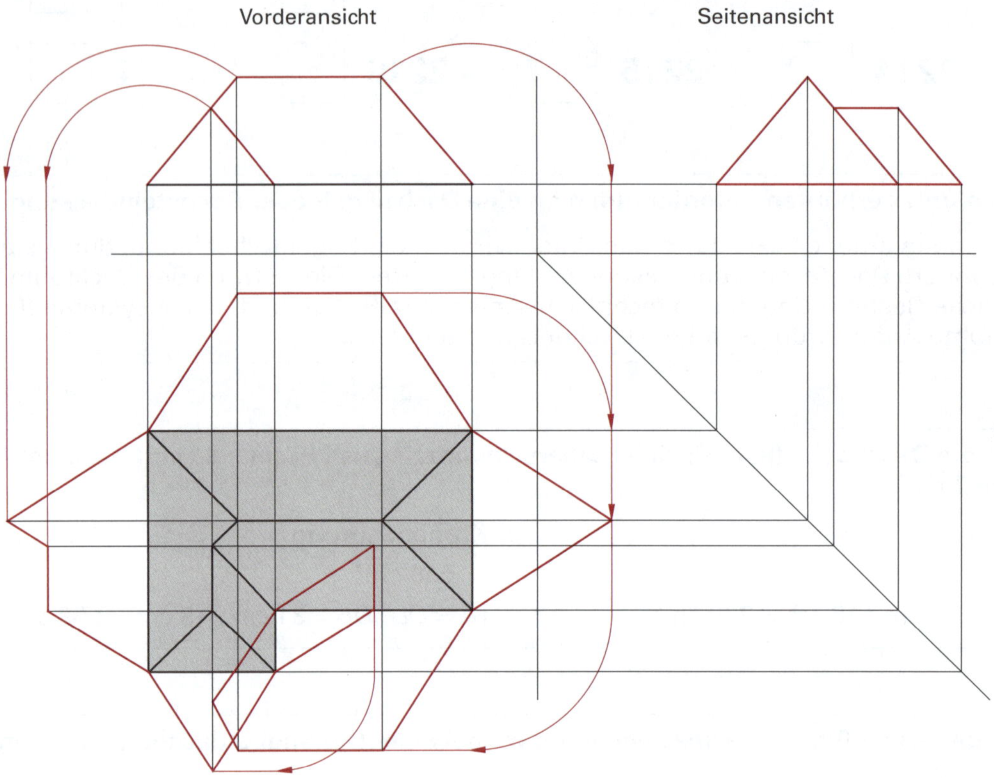

2223

Die Dachgrundrisse der gleich geneigten Walmdächer sind zu ermitteln!

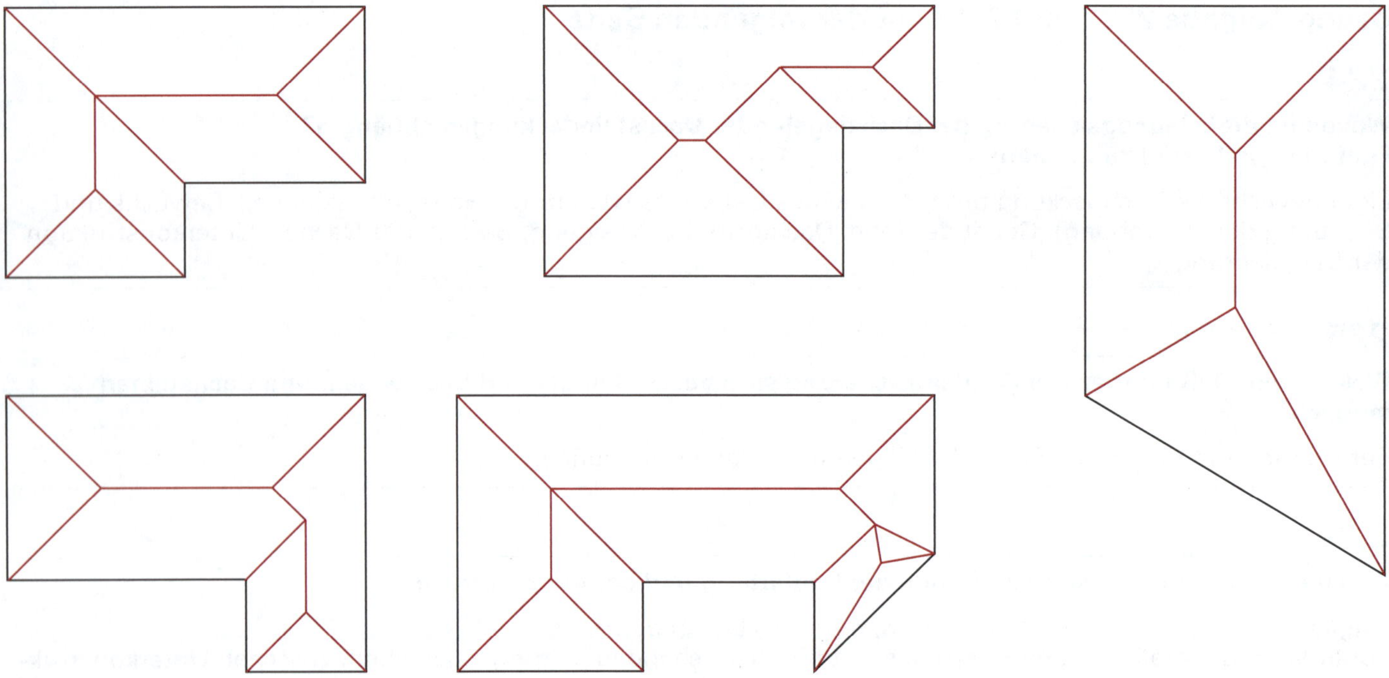

2227

Wovon ist die Länge der Befestigungsmittel für Holz und Holzwerkstoffen abhängig?

Von der Nenndicke und der Rohdichte von Holz und Holzwerkstoffen sowie von dem Verbindungsmitteldurchmesser. Je nach Verbindungsmittel und dessen Durchmesser beträgt die Mindesteindringtiefe bei glattschaftigen Nägeln und Klammern 12 x *d*, bei profilierten Nägeln (Rillennägel) 8 x *d* und Schrauben 6 x *d*.

2228

Wovon ist der Querschnitt der Traglattung abhängig?

Deckmaterial (Abmessung und Gewicht), Sparrenabstand, zusätzliche Lasten (z. B. Schneelasten und technische Anlagen ...) und eventuelle Einbauteile (z. B. Schneefanggitter).

2229

Welche Besonderheiten sind beim Einlatten einer Dachfläche in Biberdoppeldeckung zu beachten?

Traufausbildung: Wenn Trauf- und Firstgebinde in Kronendeckung, dann muss das Zweite Lattmaß ca. 4 cm (Kopfhöhe eines Biberschwanzziegels) größer sein als das Lattmaß der restlichen Fläche.

2230

Wie kann die mittlere Decklänge von ringverfalzten Dachziegeln ermittelt werden?

Es werden 12 Dachziegeln gezogen ausgelegt, dann wird zwischen dem 1. und dem 11. Dachziegel (über 10 Dachziegeln) das Längenmaß ermittelt. Danach werden die Dachziegel in der Höhenüberdeckung gedrückt ausgelegt und nochmals über 10 Dachziegeln gemessen. Die beiden ermittelten Maße werden addiert und durch 20 dividiert.

2231

Wie kann die Wärmedämmung im Steildach angeordnet werden?

Zwischen den Sparren, auf den Sparren, unter den Sparren, zwischen und unter den Sparren, zwischen und auf den Sparren.

2232

Wovon ist die Lage der Wärmedämmung im Steildach abhängig?

Nutzung des Dachraumes, Sparrenhöhe, Dachkonstruktion

2233

Welche Variante des Einbaus der Wärmedämmung sollte bevorzugt werden und warum?

Zwischen den Sparren, weil so die Zwischenräume zwischen den Sparren ohne Einschränkung des Dachraumes genutzt werden können. Noch besser ist die Dämmung zwischen und unter den Sparren, bzw. zwischen und auf den Sparren, da so Wärmebrücken zwischen den Sparren und Wärmedämmung vermieden werden können.

2234

a) Die einzelnen Schichten sind von innen nach außen zu benennen!

Gipsplatte, Installationsebene, Dampfsperre/-bremse, Vollsparrendämmung, Unterspannbahn/-deckbahn, Konterlattung, Traglattung, Dachdeckung

b) Ist dieser Aufbau bauphysikalisch unbedenklich?

Um eine Kondensatbildung in der Wärmedämmung zu vermeiden, sollte eine Unterspannbahn/-deckbahn gewählt werden, die diffusionsoffener als die Dampfsperre/-bremse ist, da keine Luftschicht zwischen der Wärmedämmung und Unterspannung/-deckung gegeben ist, wo eventuell eingedrungene Feuchtigkeit aus dem Dachraum abtransportiert werden könnte. So wäre der Aufbau dann unbedenklich.

2235

Sind Vermörtelung und Innenverstrich als zusätzliche Maßnahmen zur Erhöhung der Regensicherheit zu werten? Die Antwort ist zu begründen!

Nein, Vermörtelung und Innenverstrich gelten nicht als regensichernde Zusatzmaßnahmen, sie dienen der Minderung des Eintriebs von Regen, Schnee und Staub. Zudem gibt es bei Mörtel kapillares Saugen durch die im Mörtel enthaltenen Poren, was auch Umgangssprachlich als der Mörtel „zieht Wasser" bezeichnet wird.

2236

Wie könnte eine Unterkonstruktion für Dachziegel- oder Dachsteindeckungen aussehen?

Dachziegel und Dachsteine werden in der Regel auf einer Traglattung (mind. Sortierklasse S10) verlegt. Die Traglatten werden auf Sparren oder auf einer Konterlattung (Mindesthöhe 24 mm) befestigt. Unter der Konterlattung wird eine Unterspannung, eine Unterdeckung, ein Unterdach oder ein Wärmedämmsystem verlegt.

2237

Welche Maßnahmen müssen ergriffen werden, wenn die Regeldachneigung unterschritten wird?

Einbau von Unterspannungen, Unterdeckungen, regensicheren Unterdächern oder wasserdichten Unterdächern. Die Maßnahmen sind vom Grad der Unterschreitung abhängig.

2238

Welchen Einfluss hat die Verfalzung eines Dachziegels auf die Regensicherheit der Dachdeckung?

Je mehr ein Dachziegel verfalzt ist, desto höher ist die Regensicherheit, desto geringer kann die Dachneigung gewählt werden.

2239

Warum sollten Dachziegel- und Dachsteindeckungen hinterlüftet werden?

Damit durch die Deckung eingedrungene Feuchtigkeit und abtropfendes Tauwasser von der Unterseite der Dachdeckung sicher abgeleitet werden kann. Dadurch können Frostschäden an der Dachdeckung sowie die Entstehung von holzschädigenden Pilzen und Schimmelpilzen an der Unterkonstruktion vermieden werden.

2240

Gegeben ist der Grundriss eines Walmdaches.
Die Dachneigung beträgt allseitig 40°.
Zu berechnen sind:

a) die Sparrenlänge s_1 (in m)

$$\text{DN} = 40°,\ s_1 = \frac{B_1/2}{\cos 40°} = \frac{2{,}00\ \text{m}}{\cos 40°} = \mathbf{2{,}61\ m}$$

b) die Sparrenlänge s_2 (in m)

$$s_2 = \frac{B_2/2}{\cos 40°} = \frac{3{,}00\ \text{m}}{\cos 40°} = \mathbf{3{,}92\ m}$$

c) die Firstlänge f_1 (in m)

$$f_1 = T_2 = \mathbf{4{,}00\ m}$$

d) die Firstlänge f_2 (in m)

$$f_2 = (T_1 + B_1) - B_2 = 12{,}00\ \text{m} - 6{,}00\ \text{m} = \mathbf{6{,}00\ m}$$

2241

Für das Dach aus Aufgabe 2240 sollen folgende Punkte ermittelt werden:

a) Die gesamte Dachfläche!

$$A_{ges} = \frac{\text{Dachgrundfläche}}{\cos 40°} = \frac{88{,}00 \text{ m}^2}{\cos 40°} = \mathbf{114{,}88 \text{ m}^2}$$

b) Wie viele Bunde Konterlatten für die Dachfläche bestellt werden müssen!
Der Sparrenabstand beträgt etwa 0,95 m. In einem Bund sind 27 m Dachlatten 3 cm x 5 cm.

$\frac{1{,}00 \text{ m}^2}{0{,}95 \text{ m}} = 1{,}053 \text{ m/m}^2$, $114{,}88 \text{ m}^2 \cdot 1{,}053 \text{ m/m}^2 = 120{,}97 \text{ m}$, $120{,}97 \text{ m}/27 \text{ m} = 4{,}48 \sim$ **5 Bunde**

c) Wie viel Rollen Unterspannbahn bestellt werden müssen!
(1 Rolle = 75 m², Bahnenbreite = 1,50 m, Höhenüberdeckung = 10 cm)

$75 \text{ m}^2/1{,}50 \text{ m} = 50 \text{ m}$, $50 \text{ m} \cdot 0{,}1 \text{ m} = 5 \text{ m}^2$, $75 \text{ m}^2 - 5 \text{ m}^2 = 70 \text{ m}^2$ (Deckfläche pro Rolle)

$114{,}88 \text{ m}^2/70 \text{ m}^2 = 1{,}64 \sim$ **2 Rollen**

2242

Das Dach aus Aufgabe 2240 soll mit Flachdachpfannen gedeckt werden. Beim Auslegen der Dachziegel wurden folgende Maße notiert: gezogen Länge l_1 = 3,56 m und Länge l_2 = 3,72 m.

a) Wie groß ist die mittlere Decklänge (in m)?

$$\text{mittlere Decklänge} = \frac{l_1 + l_2}{20} = \frac{3{,}65 \text{ m} + 3{,}72 \text{ m}}{20} = \mathbf{0{,}364 \text{ m}}$$

b) Wie viele Bunde Traglatten sind für die gesamte Dachfläche zu bestellen, wenn mit 7 % Verschnitt gerechnet wird?
In einem Bund sind 27 m Dachlatten 4 cm x 6 cm.

$A_{ges} = 114{,}88 \text{ m}^2 \sim 115 \text{ m}^2$, $\frac{1{,}00 \text{ m}^2}{0{,}364 \text{ m}} = 2{,}75 \text{ m (Latten/m}^2)$, $115 \text{ m}^2 \cdot 2{,}75 \text{ m} = 316{,}25 \text{ m}$

$316{,}25 \text{ m} \cdot 1{,}07 = 338{,}39 \text{ m}$, $338{,}39 \text{ m}/27 \text{ m} = 12{,}5 \sim$ **13 Bunde**

2243

Zu berechnen ist der Materialpreis der Trag- und Konterlattung aus Aufgabe 2241 und 2242, wenn 1 m³ Holz mit 329,00 € veranschlagt sind!

$27 \text{ m} \cdot 0{,}04 \text{ m} \cdot 0{,}06 \text{ m} = 0{,}0648 \text{ m}^3$, $0{,}0648 \text{ m}^3 \cdot 13 \text{ Bunde} = 0{,}84 \text{ m}^3$

$27 \text{ m} \cdot 0{,}03 \text{ m} \cdot 0{,}05 \text{ m} = 0{,}0405 \text{ m}^3$; $0{,}0405 \text{ m}^3 \cdot 5 \text{ Bunde} = 0{,}20 \text{ m}^3$

$0{,}84 \text{ m}^3 + 0{,}20 \text{ m}^3 = 1{,}04 \text{ m}^3$, $1{,}04 \text{ m}^3 \cdot 329{,}00\text{ €} =$ **342,16 €**

2244

Für das in Aufgabe 2240 abgebildete Dach sind 7 verschiedene Bedachungsmöglichkeiten vorzuschlagen!

Flachdachziegel, Hohlfalzziegel, romanische Ziegel, Doppelmuldenfalzziegel, Reformziegel, Strangfalzziegel, Falzbiber, Krempziegel, Hohlpfanne (Aufschnitt- und Vorschnittdeckung), Mönch- und Nonnenziegel, Biberschwanzziegel (in Doppeldeckung, Kronendeckung, Einfachdeckung mit Spließen)
Dachsteine mit Verfalzung in verschiedenen Formen, Dachsteine in Biberform (in Doppel- oder Kronendeckung)

2245

Die Dachhöhe h (in m) ist zu berechnen!

$h = s_D \cdot \tan 38° = 4{,}50 \text{ m} \cdot 0{,}7813 = \mathbf{3{,}52 \text{ m}}$

2246

Gegeben ist der Grundriss des abgebildeten Walmdaches mit zwei Satteldachbauten. Alle Dachflächen sind 50° geneigt. Zu berechnen sind:

a) die Sparrenlänge s_1 (in m) des Hauptdaches

$h_{Hauptdach}$ = (9,00 m/2) · tan 50° = 5,36 m s_1 = 5,36 m/ sin 50° = **7,00 m**

b) die Sparrenlänge s_2 (in m) des Anbaus

h_{Anbau} = (6,00 m/2) · tan 50° = 3,58 m s_1 = 3,58 m/ sin 50° = **4,67 m**

c) die Gratlänge l_2 (in m) des Walmes

$\sqrt{(6{,}00\ m/2)^2 + 4{,}67\ m^2}$ = **5,55 m**

d) die Walmdachfläche A_1 (in m²)

A_1 = (B · s_1)/2 = (7,00 m · 9,00 m)/2 = **31,50 m²**

e) die Anbaudachfläche A_2 (in m²)

A_2 = (l_{First} + l_{Traufe})/2 · s_2 = (6,00 m + 6,00 m)/2 · 4,67 m = **28,02 m²**

2247

Die gesamte Dachfläche des Daches aus Aufgabe 2246 beträgt 252 m². Wie viele Biberschwanzziegel sind zu bestellen, wenn mit ca. 8 % Bruch zu rechnen ist? (Ziegelbedarf ≈ 35,8 Stck./m²)

252 m² · 35,8 Stck./m² = 9 021,60 Stck.   9 021,60 Stck. · 1,08 = 9 743,32 Stck. ~ **9 744 Stck.**

2248

Zu ermitteln ist die tatsächliche Lattenweite für die Sparren s_1 des Hauptdaches aus Aufgabe 2245, wenn das Dach in der Biberschwanzziegeldoppeldeckung gedeckt werden soll und das Firstlattenmaß 10 cm und der Rinneneinhang 8 cm betragen. Traufe und First werden in Kronendeckung ausgeführt! (Mindestüberdeckung = 70 mm, Kopfhöhe = 4 cm)

Maximale Lattenweite:	(38 cm – 7 cm)/2 = 15,5 cm =	0,155 m
Trauflattmaß:	38 cm – 8 cm – 4 cm = 26 cm =	0,26 m
2. Lattmaß:	15,5 cm + 4 cm = 19,5 cm =	0,195 m
Einzuteilende Sparrenlänge:	7,00 m – 0,26 m – 0,195 m – 0,10 m =	6,45 m
Lattenreihenanzahl:	6,45 m/0,155 m =	41,60 ≈ 42 Stck.
Tatsächliche Lattenweite:	5,805 m/42 Stck. = 0,154 m =	**15,4 cm**

2249

Das Dach aus Aufgabe 2245 soll in Biberschwanzziegeldoppeldeckung ausgeführt werden!

a) Wie viel m Traglattung werden für 1 m² benötigt?

1 m/0,154 m = 6,49 m/m²

b) Wie viel m Traglattung werden für das gesamte Dach benötigt?

252 m² · 6,49 m/m² = 1 635,48 m

c) Wie viele Bunde Dachlatten sind für die Traglattung des gesamten Daches zu bestellen? (1 Bund = 6 Latten, 4 cm x 6 cm à 4,50 m)

6 Latten · 4,50 m = 27 m

1 635,48 m/27 m = 60,57 ≈ **61 Bunde**

2250

Wie viel Meter Traufblech sind für das Dach aus Aufgabe 2245 zu bestellen, wenn die Überdeckung und der Verschnitt zusammen 15 % betragen?

14 m + (2 · 9 m) + (3 · 6 m) + (2 · 4 m) = 58 m

58 m · 1,15 = **66,7 m**

2251

Wie können die Längs- und Querfugen bei Biberschwanzziegeldeckungen gesichert werden?

Längsfugen werden unter- bzw. überdeckt. Durch die Höhenüberdeckung ist bei jeder Biberschwanzziegeldeckung die Querfuge geschlossen.
Die Einfachdeckung mit Spließen ist die Ausnahme, dort werden die Längsfugen mit mindestens 5 cm breiten Spließen unterlegt.

2252

Wie könnten die Trauf- und Firstreihen einer Biberschwanzziegeldoppeldeckung gedeckt werden?

First- und Traufgebinde können mit Firstanschluss- und Traufbibern gedeckt werden, oder jeweils auch als Kronengebinde ausgeführt werden.

2253

Die Dachneigung des abgebildeten Daches beträgt allseitig 40°.

a) Wie groß ist die gesamte Dachfläche (in m²)?

$$A_{ges} = \frac{\text{Dachgrundfläche}}{\cos 40°} = \frac{48{,}00\ \text{m}^2}{0{,}7660} = \mathbf{62{,}66\ m^2}$$

b) Wie lang ist die Kehle (in m)?

Sparrenlänge: (4,00 m/2)/cos 40° = 2,61 m $\sqrt{(2{,}61\ \text{m})^2 + (4{,}00\ \text{m}/2)^2} = \mathbf{3{,}29\ m}$

2254

Welchen Vorteil haben Dachsteine gegenüber verfalzten Dachziegeln?

Einfache Verlegung und Verarbeitung, keine Formveränderung beim Erhärten, damit sind größere Abmessungen möglich als bei Dachziegeln. Dadurch sind weniger Fugen in der Dachdeckung und kürzere Verlegezeiten möglich.

2255

Ein Dach soll in der Dachbreite für eine Deckung mit Falzziegeln eingeteilt werden! Wie kann der Bereich der möglichen Deckbreite ermittelt werden? Kurze Beschreibung in Stichpunkten!

Es werden 2 Dachziegelreihen mit je 12 Dachziegel ausgelegt.
Einmal werden die Dachziegelreihen auf das Mindestmaß geschoben und einmal auf das maximale Maß gezogen. Dabei wird immer das Maß zwischen dem 1. und den 11. Dachziegel ermittelt.
Die beiden Summen werden jeweils durch 10 dividiert, so ergibt sich die niedrigste und die höchste Deckbreite.

2256

Ein Satteldach mit einer Sparrenlänge von 6,65 m soll für eine Deckung mit Dachsteinen eingelattet werden!

a) Wie viele mittlere Traglattenreihen sind notwendig?

6,65 m – 0,30 m – 0,04 m = 6,31m 6,31 m/0,345 m = 18,29 ≈ **19 Stck**

b) Welche Lattweite haben die mittleren Traglatten?

6,31 m/19 = 0,332 m = **33,2 cm**

2257

Eine Dachfläche mit einer Trauflänge von 11,60 m soll für einen Falzziegel mit Ortgangziegeln in der Breite eingeteilt werden!

a) Wie viele Flächenziegel werden für eine Ziegelreihe benötigt?

11,60 m – 0,205 m – 0,195 m = 11,20 m 11,20 m/0,267 m = **42 Stck**

b) Wie groß ist die tatsächliche Deckbreite?

11,20 m/42 Stck = 0,267 = **26,7 cm**

2258 ... 2300 keine Aufgaben

LF 9 Dächer mit Schiefer-/Faserzement-Dachplatten und Schindeln decken — Lösungen

2301	2	**2302**	4	**2303**	3	**2304**	2	**2305**	1	**2306**	3
2307	3	**2308**	3	**2309**	3	**2310**	2	**2311**	4	**2312**	1
2313	3	**2314**	4	**2315**	3	**2316**	3	**2317**	1	**2318**	2
2319	4	**2320**	1	**2321**	3	**2322**	3	**2323**	3	**2324**	1
2325	2	**2326**	3	**2327**	1	**2328**	3	**2329**	3	**2330**	1
2331	4	**2332**	4	**2333**	1	**2334**	2	**2335**	3	**2336**	3
2337	4										

2338

Welche vier Hauptbestandteile enthält Schiefer?

Feldspat, Quarz, Glimmer und Tonerde

2339

Welche Eigenschaften zeichnet einen Schiefer von guter Qualität aus?

Feinkörnige, glatte und ebene Oberfläche, keine Wassereinträger und sichtbaren Einschlüsse, leicht zu bearbeiten ohne größere Absplitterungen, heller Klang, keine Haarrisse

2340

Welche fünf Möglichkeiten hat ein Dachdecker/eine Dachdeckerin um die Eigenschaften des Schiefers auf der Baustelle zu kontrollieren?

Sichtprobe, Tastprobe, Behauprobe, Klangprobe, Ritzprobe

2341

Die Höhenüberdeckung für einen Deckstein der Altdeutschen Deckung beträgt mindestens 29 %. Wie groß ist die Mindestüberdeckung für einen 30 cm hohen Deckstein?

(% · Steinhöhe)/100 % = Mindestüberdeckung → (29 % · 30 cm)/100 % = **8,7 cm**

2342

Wie werden die Teile des abgebildeten altdeutschen Decksteins genannt?

a) Kopf b) Brust c) Spitze d) Fuß e) Ferse f) Rücken

2343

Aus welchen 5 Rohstoffen werden Faserzementplatten hergestellt?

Kunststofffasern, Zellulosefasern, Portlandzement, Wasser und Zusatzstoffe

2344

Welche vier wesentlichen Eigenschaften kennzeichnen den Deckwerkstoff Faserzement?

Schwindet nur gering, formstabil, frostbeständig, nicht brennbar.

2345

Wie können Faserzementplatten farblich gestaltet werden?

Oberflächenfärbung durch Einstreu von Farbpigmenten in den Oberen Schichten, Oberflächenbeschichtung durch Kunststoffe, mineralische Beschichtungen und Durchfärbung der kompletten Faserzementgrundmasse durch Alkalifeste Farben.

2346

Welcher Unterschied besteht zwischen Prozessfasern und Armierungsfasern bei der Faserzementherstellung?

Prozessfasern (aus Zellulose) erhöhen die Haftfestigkeit zwischen der glatten Oberfläche der Kunststoffasern und dem Zementleim beim Herstellungsprozess. Armierungsfasern aus Kunststoffen bilden das dauerhafte Gerüst der Faserzementplatte und sorgen für eine ausreichende Biegefestigkeit.

2347

Welche fünf Dachdeckungen sind für Faserzementplatten üblich?

Deutsche Deckung (Bogenschnittdeckung), waagerechte Deckung, Spitzschablonendeckung, Rhombusdeckung und Doppeldeckung

2348

Welche vier Deckarten werden mit Gebindesteigung ausgeführt?

Deutsche Deckung, Altdeutsche Deckung, Altdeutsche Doppeldeckung, Schuppendeckung

2349

Mit welchen Befestigungsmitteln können Faserzementplatten befestigt werden?

Mit Schieferstiften (Breitkopfstiften) aus feuerverzinkten Stahl, Edelstahl oder Kupfer, mit Breitkopfschrauben aus Edelstahl oder Kupfer, oder mit Plattenklammern und Plattenhaken aus Edelstahl oder Kupfer.

2350

Warum werden Schiefer-/und Faserzementplattendeckungen mit Gebindesteigung auf geneigten Dachflächen gedeckt?

Damit das Wasser möglichst schnell zur Traufe abgeleitet werden kann und nicht unter die Höhen- oder Seitenüberdeckung der Platten getrieben wird.

2351

Worin unterscheiden sich die Decksteine der Altdeutschen Deckung und der Deutschen Deckung?

Die Decksteine der Altdeutschen Deckung haben unterschiedliche Höhen und Breiten, zudem gibt es sie mit verschiedenen Brust- und Rückenwinkeln (stumpfer Hieb, normaler Hieb, scharfer Hieb).
Die Decksteine der Deutschen Deckung sind Schablonen, alle Decksteine haben die gleiche Form und Größe.

2352

Welche vier Deckunterlagen eignen sich für Schiefer- oder Faserzementplattendeckungen?

Schalung aus Vollholz und Holzwerkstoffplatten, Traglattung und Aufdachdämmsysteme

2353

Warum werden altdeutsche Decksteine sortiert?

Da die Decksteine in der Fläche von unten nach oben immer kleiner werden und unterschiedliche Decksteinbreiten innerhalb eines Gebindes verwendet werden können, müssen sie vor Beginn der Deckung sortiert werden.

2354

Wie werden altdeutsche Decksteine sortiert?

Altdeutsche Decksteine werden nach der Größe sortiert. Nach der Höhe werden Steine der Sortierung 1/1 (ca. 45 cm hoch) bis 1/64 (ca. 11 cm bis 18 cm hoch) unterschieden.

2355

Wie wird die maximale Gebindesteigung ermittelt?

1.

$$\beta = 90° - \left(\frac{180° - \text{Brustwinkel (a)}}{2}\right)$$

z. B. $\beta = 90° - \left(\frac{180° - 42°}{2}\right) = 37°$

oder

2.

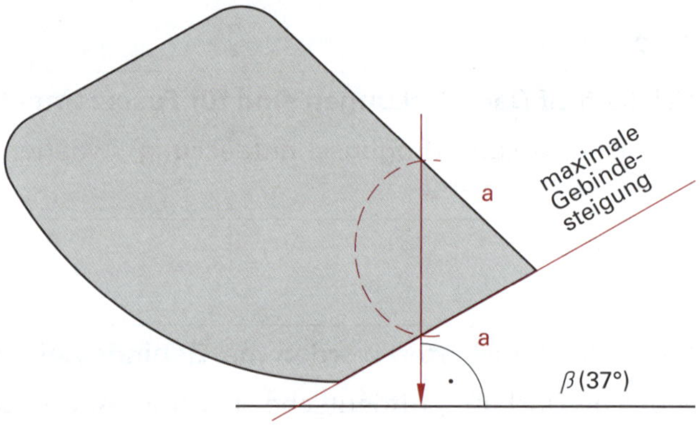

2356

Der Grundriss eines ungleich geneigten, zusammengesetzten Walmdaches ist zu konstruieren!

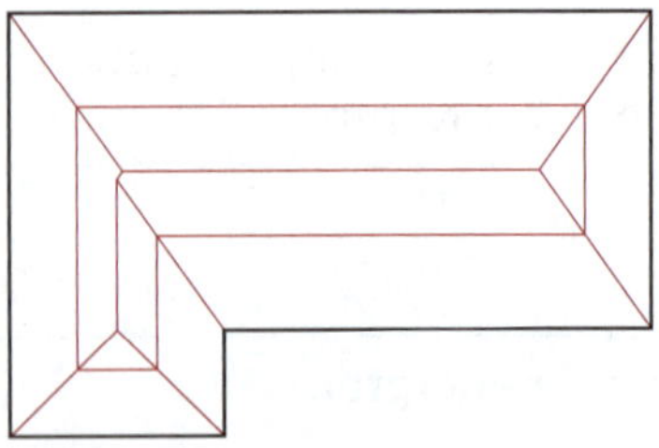

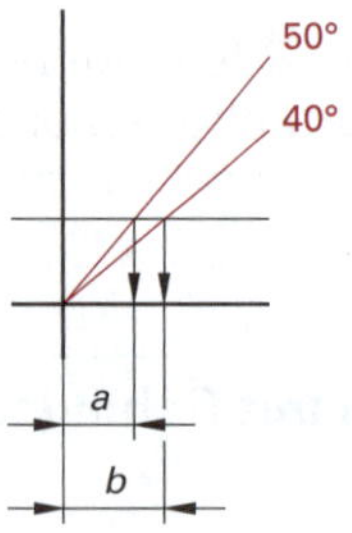

Um den Grundriss bei einem Walmdach mit ungleich geneigten Dachflächen zu konstruieren, wird ein Dachprofil erstellt.
An einer Grundlinie werden die beiden Dachneigungen an einem Punkt angetragen. Parallel zur Grundline wird eine beliebig hohe Höhenlinie eingezeichnet. An den Schnittpunkten von der Höhenlinie und der Dachneigungslinien wird zur Grundlinie runter gelotet. Nun kann der jeweilige Abstand *a* und *b* gemessen werden und an den Trauflinien der jeweiligen Dachneigung in der Draufsicht eine parallele Linie, mit dem jeweiligen Abstand eingezeichnet werden. Durch die Schnittpunkte werden dann die Grat- und Kehllinien gezeichnet.

2357

Welchen Anforderungen muss eine Dachdeckung mit Schiefer-/Faserzementplatten genügen?

Regensicherheit, Dauerhaftigkeit, Witterungsbeständigkeit, Sturmsicherheit.

2358

Wann wird bei einer Schieferdeckung von Übersetzung gesprochen?

Bei den Altdeutschen Schieferdeckungen, wenn die Größe einer Decksteinbreite nicht vorhanden ist, dann werden zwei schmale Decksteine auf einen breiten Deckstein gedeckt oder ein breiter Deckstein auf zwei schmale Decksteine. Dieser Vorgang wird Übersetzung genannt.

2359

Für die Dachneigungen DN_1 = 40° und DN_2 = 50° sind die erforderlichen Mindestgebindesteigungen zu ermitteln durch:

a)

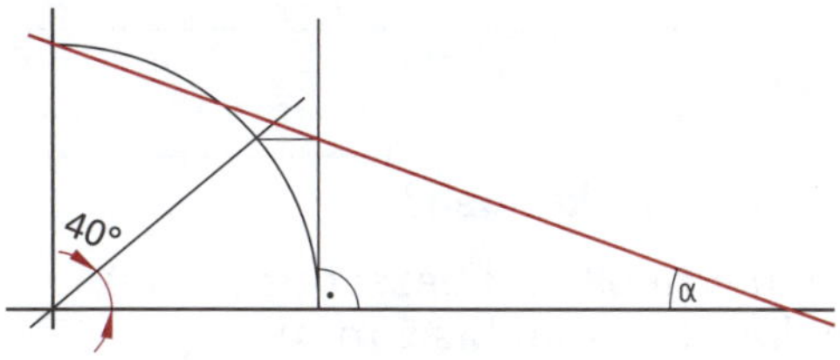

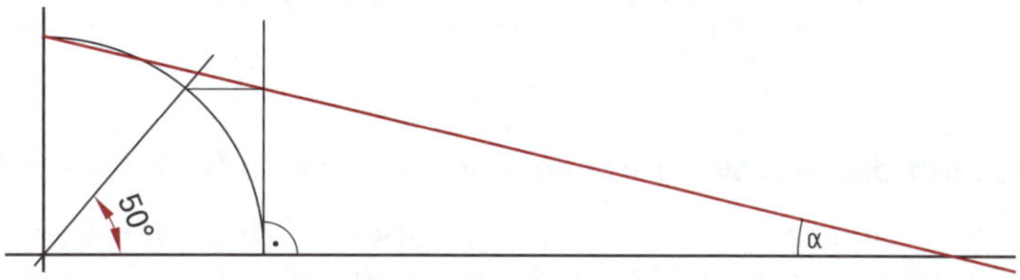

b) $DN_1 = 40° \rightarrow \alpha = 20°$
$DN_2 = 50° \rightarrow \alpha = 13{,}3°$

c) $DN_1 = 40° \rightarrow h = 36$ cm
$DN_2 = 50° \rightarrow h = 24$ cm

2360

Welcher Unterschied besteht zwischen der ermittelten Gebindesteigung bei der Dachneigung DN_1 = 40° und DN_2 = 50° aus Aufgabe 2359?

Je flacher das Dach geneigt ist, desto größer ist der Gebindesteigungswinkel α.
Je flacher das Dach geneigt ist, desto größer der Höhenunterschied *h* in Bezug auf 1 m Traufe.

2361

Eine Faserzementplatte (30 cm/60 cm) wird in der Doppeldeckung mit einer Höhenüberdeckung von 8 cm gedeckt.

a) $\frac{60\text{ cm} - 8\text{ cm}}{2}$ = **26 cm** b) 0,26 m · 0,30 m = **0,078 m² = 780 cm²**

c) $\frac{1{,}00\text{ m}^2}{0{,}078\text{ m}^2}$ = 12,8 Stck. 12,8 Stck. · 2 = **25,6 Stck./m²** (da Doppeldeckung)

2362

Linker Deckstein

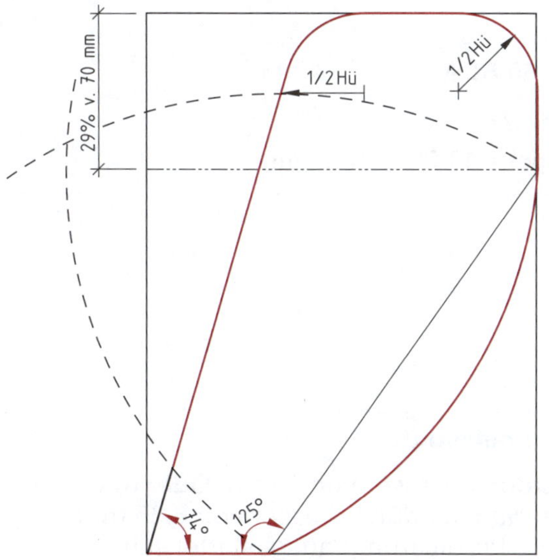

2363

Schnitt

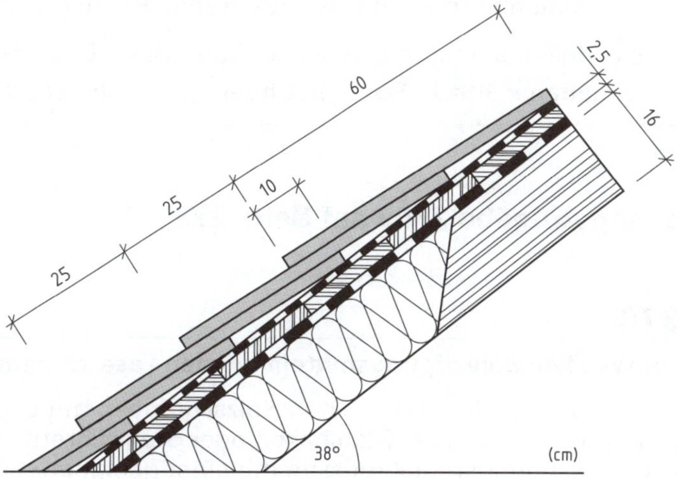

2364

Wie werden Bitumenschindeln bis zu einer Dachneigung von 60° befestigt?

Mit vier korrosionsgeschützten Flachkopfstiften, Kopfdurchmesser ≥ 9 mm, mindestens 25 mm lang.

2365

Bitumenschindeln werden in verschiedenen Formen angeboten. Drei mögliche Schindelformen sind zu nennen!

Rechteckformat, Biberformat, Dreieckformat, Wabenformat

2366

Welches sind die drei wesentlichen Holzschutzmaßnahmen bei Holzschindeldeckungen?

Dachneigung (je steiler, desto besser), Hinterlüftung (damit die Schindeln schnell und besser trocknen), Schindelabstand (senkrechte Fuge zwischen Schindeln, je nach Schindelbreite 1 mm bis 5 mm)

2367

Eine Dachfläche von 280 m² soll in der Altdeutschen Schieferdeckung eingedeckt werden. Zu berechnen sind:

a) Wie viel m² Schalungsbretter werden benötigt, wenn mit 10 % Verschnitt gerechnet werden muss?

$280\ m^2 \cdot 1{,}10 = \mathbf{308\ m^2}$

b) Wie viel m³ müssen für die Schalung bei einer Brettdicke von 25 mm bestellt werden?

$308\ m^2 \cdot 0{,}025\ m = \mathbf{7{,}7\ m^3}$

c) Wie viele Pakete Schieferstifte werden benötigt, wenn pro m² 75 Stifte benötigt werden? (1 kg = 500 Stck.; 5 kg = 1 Paket)

$280\ m^2 \cdot 75$ Stck. = 21 000 Stck.; 21 000 Stck. = 42 kg; 42 kg = 8,4 Pakete ~ **9 Pakete**

d) Wie viel kg Schiefer werden für die Dachfläche benötigt?

$$\frac{50\ kg}{1{,}75\ m^2} = \frac{x\ kg}{280\ m^2} \rightarrow x = \mathbf{8000\ kg}$$

2368

Eine waagerechte Deckung mit Faserzementplatten (HÜ = 10 cm) soll an einer Dachkante mit einem aufgelegten Ortgebinde (Format 20 cm/40 cm, mit gestutzten Ecken) beendet werden.

a) Wie viele Ortgangplatten werden pro Meter Dachrand benötigt?

1 m/(Plattenhöhe – Höhenüberdeckung) = 1 m/ (0,2 m – 0,1 m) = **10 Stck.**

b) Wie viele Befestigungsmittel sind pro Meter Dachrand notwendig?

10 Platten x 3 Stck (Schieferstifte/-nägel) = **30 Schieferstifte/-nägel + 10 Plattenhaken**

Lösung Aufgabe 2369 auf Seite 273

2370

Mit welchen Befestigungsmitteln werden Faserzement-Wellplatten befestigt?

Mit mindestens feuerverzinkten Holzschrauben mit einem Mindestdurchmesser von 7 mm. Oder mit korrosionsgeschützten Stahlhaken oder Stahlschrauben mit einem Mindestdurchmesser von 6,25 mm. Alle Befestigungsmittel müssen mit einer geeigneten Dichtung (z. B. Pilzdichtung) ausgestattet sein.

2371

Wo werden Faserzement-Wellplatten befestigt?

Faserzement-Wellplatten werden generell mitten auf den Wellenbergen befestigt.

2369

Eine rechteckige Dachfläche soll mit Faserzementplatten in der Deutschen Deckung mit eingespitztem Fuß eingedeckt werden.

a) Wie groß ist der waagerechte Schnürabstand an der Traufe mindestens?

gewählt 28 cm (Traufüberstand ≤ 50 cm)

b) Wie viele Platten werden für ein aufgesetztes Firstgebinde benötigt?

1,0 m/(Plattenbreite – Seitenüberdeckung (bei Firstgebinde etwas größer zu wählen)) = Stck./m

1,0 m/(0,30 m – 0,12 m) = 5,56 Stck./m; 7,50 m · 5,56 Stck./m = 41,7 Stck. ~ **42 Stck.**

c) Wie viele Platten mit Bogenschnitt werden pro m^2 Dachfläche benötigt?

1,0 m^2/(Plattenbreite – Seitenüberdeckung) · (Plattenhöhe – Höhenüberdeckung)

1,0 m^2/(0,30 m – 0,09 m) x (0,30 m – 0,09 m) = 22,7 Stck./m^2 ~ **23 Stck./m^2**

d) Zu berechnen ist der Bedarf an Bogenschnittplatten für die gesamte Dachfläche!

A_{Ges} = 7,50 m · 6,00 m = 45,00 m^2; A_{Traufe} = 7,50 m · 0,28 m = 2,10 m^2;

A_{First} = 7,50 m · 0,25 m (wegen Firstüberstand) = 1,875 m^2; $A_{Fläche}$ = 45,00 m^2 – 2,10 m^2 – 1,875 m^2 = 41,025 m^2

Traufplatten: 1 m/(0,30 m – 0,12 m) = 5,56 Stck./m; 7,50 m · 5,56 Stck./m = 41,7 Stck. ~ **42 Stck.**

Firstplatten: 1,0 m/(0,30 m – 0,12 m) = 5,56 Stck./m; 7,50 m · 5,56 Stck./m = 41,7 Stck. ~ **42 Stck.**

Fläche: 41,025 m^2 · 22,7 Stck./m^2 = 931,3 Stck. ~ **932 Stck.**

Gesamt Anzahl an Platten: 2 · 42 Stck. + 932 Stck. = **1 016 Stck.**

2372

Von dem Walmdach ist zu berechnen:

a) die Länge des Firstes f (in m)

$h = 3{,}875\ \text{m} \cdot \tan 35° = 2{,}71\ \text{m}$; x (Draufsicht des Walmsparrens) $= \dfrac{h}{\tan 50°} = 2{,}28\ \text{m}$

$f = (T_1 + B_1) - 2 \cdot x = 9{,}00\ \text{m} - 4{,}56\ \text{m} = \mathbf{4{,}44\ m}$

b) die Länge des Sparrens s (in m)

$s = \sqrt{(B_2 : 2)^2 + h^2} = \sqrt{(3{,}785\ \text{m})^2 + (2{,}71\ \text{m})^2} = \mathbf{4{,}73\ m}$

c) die Größe der Teil-Dachfläche A (in m^2)

$A = \dfrac{(T_1 + B_1) + f}{2} \cdot s - \dfrac{B_1 + s_A}{2} = 21{,}285\ \text{m}^2 - 1{,}9125\ \text{m}^2 = \mathbf{19{,}37\ m^2}$ (s_A = 1,53 m)

d) die Länge der Kehle k (in m)

$k = \sqrt{s_A^2 + (1{,}25\ \text{m})^2} = \sqrt{(1{,}53\ \text{m})^2 + (1{,}25\ \text{m})^2} = \mathbf{1{,}98\ m}$

e) die Länge des Grates g (in m)

$g = \sqrt{s^2 + x^2} = \sqrt{(4{,}73\ \text{m})^2 + (2{,}28\ \text{m})^2} = \mathbf{5{,}25\ m}$

2373

Wie viel m^2 Dachfläche können mit 900 Faserzementplatten als Doppeldeckung im Format 40 cm/40 cm gedeckt werden, wenn die Höhenüberdeckung 80 mm beträgt?

(Plattenhöhe – Höhenüberdeckung)/2 = sichtbare Höhe = (0,40 m – 0,08 m)/2 = 0,16 m

sichtbare Plattenhöhe x Plattenbreit = sichtbare Fläche = 0,16 m x 0,40 m = 0,064 m^2

1,00 m^2/0,064 m^2 = 15,6 Stck./m^2

900 Stck./15,6 Stck./m^2 = **57,7 m^2**

2374 ... 2400 keine Aufgaben

2401

Gegeben ist der Grundriss eines Flachdaches. Die Dachfläche (*A*) und die Länge der Attikaabdeckung (*U*) sind zu berechnen.

$A = 28{,}35\ m^2$; $U = 22{,}41\ m$

2402

Welche Aussagen treffen auf Flachdächer zu?

① Flachdächer können begrünt werden.
② Flachdächer können befahren werden.
③ Flachdächer können begangen werden.
④ Flachdächer können über größere Spannweiten geplant und hergestellt werden, als geneigte Dächer.

2403

Welche zwei Flachdachkonstruktionsarten gibt es?

1. Konstruktionsart: Nicht belüftete Flachdachkonstruktionen
2. Konstruktionsart: Belüftete Flachdachkonstruktionen

2404

Welche Aussagen treffen auf unbelüftete Flachdächer zu?

① Der Schichtaufbau wird am Häufigsten angewendet.
③ Es ist ein unkomplizierter Aufbau, da es nur eine einschalige Konstruktion ist.
⑤ Die Wärmedämmung liegt unter der Abdichtung

2405

Welche Aussagen treffen auf ein belüftetes Flachdach zu (drei richtige Antworten)?

① Hat einen einschaligen Aufbau.
② Bietet einen zweischaligen Aufbau.
③ Anfallende Feuchtigkeit kann schneller abtransportiert werden.
④ Die Wärmedämmschicht wird hinterlüftet.
⑤ Es gibt keine Wärmedämmschicht.

2406

Welche Verarbeitungstemperatur von Dachabdichtungen darf, ohne zusätzliche Maßnahmen, nicht unterschritten werden?

② +5 °C

2407

Welche Flachdachkonstruktionsart ist gemeint, wenn man auf die Dampfsperrschicht und die Dampfdruckausgleichsschicht verzichten kann?

Umkehrdach

2408

Der Schichtaufbau eines unbelüfteten Flachdaches (mit Bitumenbahnen) ist zu skizzieren und zu benennen.

1. Bitumenbahn, Oberlage
   Bitumenbahn, Unterlage (evtl. mit Dampfdruckausgleichsschicht)
2. Wärmedämmung
3. Dampfsperre (mit Trenn- und Ausgleichsschicht)
4. Voranstrich
5. Stahlbetondecke
6. Innenputz

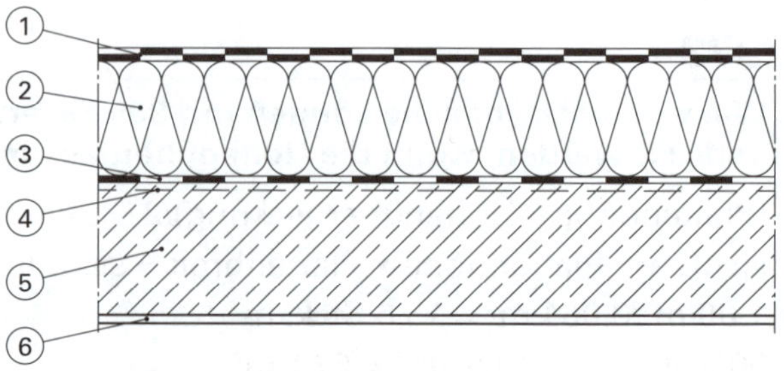

2409

Welchen Beanspruchungen muss eine Abdichtung standhalten? Drei Beanspruchungen sind zu nennen.

1. Feuchtigkeit 2. Mechanische Beanspruchung 3. Thermische Beanspruchung
4. Chemische Beanspruchung 5. Biologische Beanspruchung

2410

Welche zusätzliche Schicht muss bei einer Bitumenunverträglichkeit des Dämmstoffes angeordnet werden?

Trennschicht/Trennlage

2411

Handelt es sich bei einem Dach mit Abdichtungen um eine harte oder weiche Bedachung?

Es handelt sich um eine harte Bedachung, denn Abdichtungen müssen vor Flugfeuer und strahlender Wärme schützen.

2412

Welche Bedeutung hat die Kennzeichnung DO/E1?

DO: Dachdichtungsbahn für die Oberlage einer mehrlagigen Dachabdichtung.

E1: Eigenschaftsklasse 1 (Die Abdichtung bietet Widerstand gegen hohe mechanische sowie thermische Beanspruchung.)

2413

Welche konstruktiven Maßnahmen sind bei der Planung und Herstellung von Flüssigabdichtungen zu berücksichtigen?

② Die Überdeckung der Einlage muss mindestens 50 mm betragen.
③ Als Einlage kann Kunststofffaservlies verwendet werden.
④ Der Untergrund muss sauber sein.
⑤ Eine optimale Verarbeitungstemperatur muss gewählt werden.

2414

Welche Abdichtung ist eine Flüssigabdichtung?

⑤ PMMA

2415

Welche Abdichtung ist gemeint? Was bedeuten die Kurzzeichen.

FPO = Flexibles Polyolefin
PE-C = Chloriertes Polyethylen
PIB = Polyisobuten (Polyisobutylen)
EPDM = Ethylen-Propylen-Dien-Terpolymer
PYE = Elastomerbitumen
PYP = Plastomerbitumen

2416

Welche Abdichtung versteckt sich hinter der Kennzeichnung „PYE-G 200 S4"?

Polymerbitumen, mit Glasgewebe 200 g/m², als Schweißbahn, 4 mm dick

2417

Welche Abdichtung stellt eine Bitumenbahn oder Polymerbitumenbahn dar?

③ PYE

2418

Welches Verfahren eignet sich für die Verarbeitung von Kunststoff- und Elastomerbahnen?

③ Heizkeilschweißverfahren
④ Quellschweißverfahren
⑤ Warmgasschweißen

2419

Welches Verfahren eignet sich für die Verarbeitung von Bitumenbahnen?

① Gießverfahren
② Kaltselbstklebeverfahren
③ Bürstenstreichverfahren
⑤ Schmelzverfahren (Schweißverfahren)

2420

Welcher Wärmedämmstoff eignet sich für ein begrüntes Flachdach?

① Schaumglas

2421

Welcher Wärmedämmstoff versteckt sich hinter der Kennzeichnung CG?

⑤ Schaumglas

2422

Welche Aussagen treffen auf den Oberflächenschutz (z. B. Kiesschüttung, d = 50 mm) einer Dachabdichtung zu?

① Er schützt die Abdichtung vor Temperatureinflüssen.
② Er erhöht den Brandschutz.
⑤ Er verlängert die Lebensdauer einer Abdichtung.

2423

Wie dick muss die Schalung aus Holzwerkstoffplatten sein?

⑤ 22 mm

2424

Welcher Baustoff oder welche konstruktive Maßnahme stellt einen schweren Oberflächenschutz dar?

② Kiesschüttung
③ Gehwegplatten (z. B. aus Beton)
④ Intensive Dachbegrünung
⑤ Extensive Dachbegrünung

2425

Wie dick muss die Kiesschüttung eines Flachdaches mindestens sein?

③ 50 mm

2426

Welcher Baustoff eignet sich besonders gut als schwerer Oberflächenschutz?

④ Kies 16/32 mm

2427

Welcher Baustoff eignet sich als Dampfsperrschicht?

② Bitumenbahn mit Metalleinlage
③ Schaumglas (Stöße dampfdiffusionsdicht geschlossen)
⑤ Verbundfolien

2428

Was könnte mit der Wärmedämmung passieren, wenn die Dampfsperrschicht nicht fachgerecht ausgeführt ist?

Wasserdampf/Tauwasser könnte in die Wärmedämmschicht gelangen und zu Bauschäden führen.
Die Wärmedämmung verliert ihre Wärmedämmwirkung und könnte schimmeln.

2429

Wie sollte eine Dampfsperrschicht nicht hergestellt werden?

③ Die Überdeckung muss mindestens alle 2 m dampfdiffusionsdicht verklebt werden.

2430

Welcher Dämmstoff eignet sich für ein Umkehrdach?

① Polystyrol-Extruderschaum

2431

Was versteht man unter dem Dämmstoff „EPS 035 DAA dh"?

EPS = Polystyrol-Extruderschaum
035 = Wärmeleitgruppe/Wärmeleitfähigkeit
DAA = Außendämmung von Dach oder Decke, vor Bewitterung geschützt, Dämmung unter Abdichtung
dh = hohe Druckbelastbarkeit

2432

Welche konstruktiven Maßnahmen sind bei einem Umkehrdach zu berücksichtigen?

① Es darf kein wasseraufnahmefähiger Dämmstoff gewählt werden
② Die Dämmstoffdicke muss, anders als bei einem unbelüfteten Flachdach, dicker gewählt werden
④ Oberhalb der Dämmschicht sollte eine Filterschicht verlegt werden

2433

Wie stellt man bei einem Flachdach ein Gefälle her. Zwei Möglichkeiten sind zu nennen.

1. Gefälleestrich
2. Gefälle durch die Unterkonstruktion
3. Gefälledämmung

2434

Welchen Wärmedurchgangskoeffizienten (*U*-Wert) hat folgender Schichtaufbau? Berechne den *U*-Wert der Flachdachkonstruktion. Der Voranstrich sowie die Dampfsperre können bei der Berechnung unberücksichtigt bleiben. Das Flachdach wurde mit einer 2-lagigen Bitumenbahn verlegt.

$R = d_1/\lambda_1 + d_2/\lambda_2 + d_3/\lambda_3 + d_4/\lambda_4 + d_5/\lambda_5$

$R = 0{,}004\ \text{m}/\ 0{,}17\ \text{W}/(\text{m}\cdot\text{K}) + 0{,}004\ \text{m}\ /0{,}17\ \text{W}/(\text{m}\cdot\text{K}) + 0{,}20\ \text{m}/0{,}028\ \text{W}/(\text{m}\cdot\text{K}) + 0{,}20\ \text{m}/2{,}30\ \text{W}/(\text{m}\cdot\text{K}) + 0{,}015\ \text{m}/1{,}00\ \text{W}/(\text{m}\cdot\text{K})$

$R = 0{,}024\ \text{m}^2\cdot\text{K/W} + 0{,}024\ \text{m}^2\cdot\text{K/W} + 7{,}143\ \text{m}^2\cdot\text{K/W} + 0{,}087\ \text{m}^2\cdot\text{K/W} + 0{,}015\ \text{m}^2\cdot\text{K/W}$

$R = 7{,}293\ \text{m}^2\cdot\text{K/W}$

$R_T = R_{si} + R + R_{se}$

$R_T = 0{,}100\ \text{m}^2\cdot\text{K/W} + 7{,}293\ \text{m}^2\cdot\text{K/W} + 0{,}043\ \text{m}^2\cdot\text{K/W}$

$R_T = 7{,}436\ \text{m}^2\cdot\text{K/W}$

$U = 1/R_T$

$U = 1/7{,}436\ \text{m}^2\cdot\text{K/W}$

$\mathbf{U = 0{,}134\ W/(m^2\cdot K)}$

2435

Was versteht man unter GEG?

Gebäudeenergiegesetz (wird im BGBl veröffentlicht). Im Gebäudeenergiegesetz ist festgelegt, welche energetischen Anforderungen beheizte Gebäude erfüllen müssen. Bei Neubauten gibt das Gesetz rechnerische Anteile an regenerativen Energien vor, die zum Heizen des Gebäudes verwendet werden müssen.

2436

Welchen *U-Wert* schreibt das GEG (Gebäudeenergiegesetz) für neue Wohnbauten mit Flachdächern vor?

U-Wert $\leq 0{,}20\ \text{W}/(\text{m}^2\cdot\text{K})$

2437

Erfüllt der geplante Schichtaufbau in Aufgabe 2434 die Referenzwerte gemäß dem GEG?

Der *U*-Wert des Schichtaufbau erfüllt die Wärmeschutzbestimmungen gemäß dem GEG, denn $0{,}134\ \text{W}/(\text{m}^2\cdot\text{K}) \leq 0{,}20\ \text{W}/(\text{m}^2\cdot\text{K})$ (Referenzwert).

2438

Welche Aussagen treffen auf die Dachbegrünung zu?

① Die Dachbegrünung wirkt sich positiv auf den Wärmeschutz aus.
② Die Statik muss dafür ausgelegt sein.
④ Man unterscheidet zwischen extensiver und intensiver Dachbegrünung.
⑤ Der Schichtaufbau ist wesentlich schwerer als bei einem unbelüfteten Schichtaufbau.

2439

Wovon unterscheidet sich die extensive Dachbegrünung von der intensiven Dachbegrünung?

① Der extensive Schichtaufbau ist kleiner.
③ Die Vegetationsschicht ist bei der extensiven Dachbegrünung kleiner.
④ Bei der intensiven Dachbegrünung können größere Pflanzenarten bepflanzt werden.
⑤ Der Schichtaufbau einer intensiven Dachbegrünung ist höher.

2440

Welchen Schichtaufbau (von oben nach unten) hat eine extensive Dachbegrünung?

1. Bepflanzung,
2. Vegetationsschicht,
3. Filterschicht,
4. Dränschicht,
5. Schutzschicht,
6. Abdichtung mit Durchwurzelungsschutz,
7. Dämmschicht,
8. Dampfsperrschicht,
9. Trenn- und Ausgleichsschicht (z. B. Stahlbetondecke),
10. Tragkonstruktion,
11. Innenputz.

2441 ... 2500 keine Aufgaben

2501

Aus welchen Bauteilen besteht die dargestellte Außenwand?

1. Außenwandbekleidung (klein- oder großformatige Platten
2. Traglattung
3. Konterlattung/Grundhölzer
4. Wärmedämmung
5. Mauerwerk
6. Innenputz

2502

Welche wesentlichen Aufgaben haben die Bauteile aus der Abbildung 2501?

1. Schützt die Außenwandkonstruktion.
2. Nimmt die unterschiedlichen Lasten auf (z.B. Eigenlast, Windlast, usw.).
3. Sorgt für die Hinterlüftung und nimmt die Lasten der Außenwandkonstruktion auf.
4. Schützt vor Wärmeverlusten und verringert die Energiekosten.
5. Tragender Grund der Außenwandkonstruktion und tragende Wand des Gebäudes.
6. Sorgt für die Optik und Luftdichtheit.

2503

Welche Materialien kommen als Außenwandbekleidung infrage? Drei Materialien sind zu nennen.

Dachziegel, Dachsteine, Schiefer, Faserzement, Holzschindeln, Metall

2504

Welche zwei Formate kommen als Außenwandbekleidung infrage?

Klein- und großformatige Platten

2505

Wann spricht man von einer kleinformatigen Platte als Außenwandbekleidung?

② Eine kleinformatige Platte hat eine Fläche von max. 0,4 m^2.
④ Eine kleinformatige Platte hat ein Gewicht von max. 5 kg.

2506

Wann spricht man von einer großformatigen Platte als Außenwandbekleidung?

② Eine großformatige Platte hat eine Fläche von über 0,4 m^2.
④ Eine großformatige Platte hat ein Gewicht von mindestens 5 kg.

2507

Warum sollten Außenwandbekleidungen hinterlüftet werden?

① Eine fachgerechte Planung und Herstellung einer Außenwandbekleidung mit Hinterlüftung verringert das Risiko an Bauschäden.
② Eine Außenwandbekleidung mit Hinterlüftung hat bessere bauphysikalische Eigenschaften, als eine Außenwandbekleidung ohne Hinterlüftung.
④ Die Hinterlüftung transportiert anfallende Feuchtigkeit aus der Konstruktion

2508

Welche Materialien kommen für die Unterkonstruktion infrage? Zwei Materialien sind zu nennen.

Holzunterkonstruktion, Metallunterkonstruktion, Unterkonstruktion aus einer Kombination von Metall und Holz

2509

Wie dick soll die Schicht einer Hinterlüftung mindestens sein?

⑤ 2 cm

2510

Welche Sortierklasse müssen Grundhölzer/Konterlatten einer Außenwandbekleidung mindestens aufweisen?

① S10

2511

Welche Anforderung wird an die Unterkonstruktion aus Metall gestellt?

② Die verwendete Metallart muss einen Korrosionsschutz aufweisen.

2512

Welchen Nennquerschnitt in mm müssen Grundhölzer/Konterlatten einer Außenwandbekleidung mit kleinformatigen Platten mindestens aufweisen?

③ 30/50

2513

Welche Sortierklasse müssen Traglatten einer Außenwandbekleidung mit kleinformatigen Platten mindestens aufweisen?

① S10

2514

Welchen Nennquerschnitt in mm müssen Traglatten einer Außenwandbekleidung mit kleinformatigen Platten mindestens aufweisen?

③ 30/50

2515

Wie sind Traglatten der Sortierklasse S10 gekennzeichnet?

④ Sie sind rot gekennzeichnet.

2516

Was ist bei der Planung und Herstellung der Verankerung zu beachten?

① Die Dübelart muss auf die Außenwandkonstruktion abgestimmt werden.
③ Die Verankerungstiefe ist abhängig von der Außenwandkonstruktion.
④ Die Verankerungstiefe ist abhängig vom Dübeldurchmesser.
⑤ Die Verankerungsart muss für diesen Zweck zugelassen sein.

2517

Welcher Dämmstoff ist für eine hinterlüftete Außenwandbekleidung geeignet?

② Mineralwolle
⑤ Weiche Holzfaserdämmstoffe

2518

Wie kann der Dämmstoff einer hinterlüfteten Außenwandbekleidung befestigt werden?

① Der Dämmstoff kann geklebt werden.
③ Der Dämmstoff kann mit Dämmstoffhaltern befestigt werden.

2519

Wie viele Dämmstoffhalter müssen für die Befestigung des Dämmstoffes gewählt werden?

① mind. 5/m²

2520

Warum sollte eine Außenwand gedämmt werden?

- Um Energie einzusparen
- Um Heizkosten zu minimieren
- Um die natürlichen Ressourcen zu schonen
- Um den winterlichen und sommerlichen Wärmeschutz zu verbessern

2521

Welchen Verwendungszweck haben folgende Bauteile einer hinterlüfteten Außenwandbekleidung:

Verankerungselemente:

Verankerungselemente werden für die Befestigung der Grundhölzer/Konterlatten an die tragende Außenwand (z. B. Mauerwerk) verwendet.

Verbindungselemente:

Verbindungselemente werden für die Befestigung der Kreuzungspunkten von Traglattung und Grundhölzer/Konterlattung verwendet.

Befestigungselemente:

Befestigungselemente dienen für die Befestigung von klein- und großformatigen Platten.

2522

Welche zwei Haken werden zur Befestigung von kleinformatigen Platten verwendet?

Klammerhaken und Einschlaghaken

2523 3 **2524** 2

2525

In der Abbildung sind vier Deckungen mit Faserzement bzw. mit Schiefer dargestellt, um welche Deckarten handelt es sich?

a) Deutsche Deckung
b) Rechteck-Doppeldeckung
c) Waagerechte Deckung
d) Spitzwinkeldeckung

2526

Für welche Deckrichtung eignen sich Bogenschnittplatten mit dem Bogenschnitt auf der linken Seite der Platte?

Rechtsdeckung

2527

Wie groß ist der waagerechte Schnürabstand einer Bogenschnittschablone 20 cm/20 cm für die Fassade?

16 cm

2528

Wie groß ist die Deckbreite einer Bogenschnittschablone 20 cm/20 cm?

0,0256 m^2 = 256 cm^2

2529

Welche Befestigungsmittel eignen sich für die Befestigung der Platten der Deutschen Deckung?

Korrosionsgeschützte Schieferstifte, Schraub- oder Rillennägel, bei Platten größer als 30 cm/30 cm zusätzlich Plattenhaken verwenden.

2530

Mit wie vielen Befestigungsmitteln müssen Platten, die größer als 20 cm/20 cm sind, befestigt werden?

≥ 2 Befestigungsmittel

2531

Mit welchen Platten wird die waagerechte Deckung ausgeführt?

Rechteckplatten (Format: 60 cm/30 cm, 40 cm/20 cm, 30 cm/20 cm) oder quadratische Platten mit gestutzter Ecke (Format: 20 cm/20 cm, 30 cm/30 cm).

2532

Wie groß ist die Höhen- und Seitenüberdeckung der Platten in der waagerechten Deckung?

4 cm

2533

Nach welchen Kriterien erfolgt die Flächeneinteilung in der Breite?

- Seitenüberdeckung
- Fugenbreite
- Art der Eckausbildung/Randausbildung
- Plattenzuschnitt

2534

Nach welchen Kriterien erfolgt die Flächeneinteilung in der Höhe?

- Hohenüberdeckung
- Traufabschluss
- Plattenzuschnitt

2535

Worauf ist am Rand der Deckung zu achten?

Zusätzliche mechanische Befestigung aller Randplatten, sturmsichere Ausführung der Randdeckung, wasserabweisende Schnitte, um Wasser auf die Dachfläche zurückzuleiten.

2536

Wie viel cm Höhenüberdeckung müssen Ortgangplatten haben?

Mindestens Höhenüberdeckung der Fläche.

2537

Wie viel cm sollten Ortgangplatten auf der Deckfläche aufliegen?

Mindestens 5 cm.

2538

Mit wie vielen Befestigungsmitteln sind Faserzementplatten am Rand der Deckung zu befestigen?

Mindestens 3 Befestigungsmittel.

2539

Wie können Eckausbildungen mit Faserzementplatten ausgeführt werden?

- Überstand
- Untergelegte Formstücke
- Eckprofile u.Ä.

2540

Welche Maßnahmen sollten ergriffen werden, um Außenwandbekleidungen zu pflegen und zu warten?

Kontrolle der Befestigungen im Ortgangbereich und an Dachdurchdringungen, Auswechseln gerissener oder brüchiger Platten.

2541

Gegeben ist die Ansichtsdarstellung einer Fassade.

a) $0{,}16\ \text{m} \cdot 0{,}16\ \text{m} = 0{,}0256\ \text{m}^2$/Platte (Überdeckung 4 cm)
   $1\ \text{m}^2 : 0{,}0256\ \text{m}^2 =$ **39,06 Platten/m²**

b) Vorhandene Fläche $A = 6{,}20\ \text{m} \cdot 9{,}80\ \text{m} = 60{,}76\ \text{m}^2$
   $60{,}76\ \text{m}^2 \cdot 39{,}06$ Platten/m²
   $n = 2\,374$ Platten

c) $D = \sqrt{(20\ \text{cm})^2 + 20\ \text{cm})^2}$
   $D = 28{,}28\ \text{cm}$

d) $s = 28{,}28\ \text{cm}/2 - (1{,}414 \cdot 4\ \text{cm}) = 8{,}5\ \text{cm}$

e) Aufgelegter Ort (Strackort)

2542 ... 2600 keine Aufgaben

2601

Skizzieren und beschriften Sie den Schichtaufbau einer hinterlüfteten Außenwandkonstruktion? Sechs Bauteile sind zu benennen.

1. Außenwandbekleidung (klein- oder großformatige Platten)
2. Traglattung
3. Konterlattung/Grundhölzer
4. Wärmedämmung
5. Mauerwerk
6. Innenputz

2602

Nennen Sie die wesentlichen Aufgaben der Bauteile gemäß Aufgabe 2601?

1. Schützt die Außenwandkonstruktion.
2. Nimmt die unterschiedlichen Lasten auf (z. B. Eigenlast, Windlast, usw.)
3. Sorgt für die Hinterlüftung und nimmt die Lasten der Außenwandkonstruktion auf
4. Schützt vor Wärmeverlusten und verringert die Energiekosten
5. Tragender Grund der Außenwandkonstruktion, tragende Wand des Hauses
6. Sorgt für Optik und Luftdichtheit

2603

Nennen Sie die Mindestschichtdicke der Hinterlüftung?

⑤ 2 cm

2604

Warum sollten Außenwandbekleidungen hinterlüftet werden?

① Eine fachgerechte Planung und Herstellung einer Außenwandbekleidung mit Hinterlüftung verringert das Risiko an Bauschäden.
② Eine Außenwandbekleidung mit Hinterlüftung weist bessere bauphysikalische Eigenschaften auf, als eine Außenwandwandbekleidung ohne Hinterlüftung.
④ Die Hinterlüftung transportiert anfallende Feuchtigkeit aus der Konstruktion.

2605

Berechnen Sie die Fassadenfläche *(A)*. Der Sockel wird nicht bekleidet.

$A = A_1 + A_2 + A_3 - A_{Fenster}$

$A_1 = 2{,}50\ m \cdot 5{,}00\ m = 12{,}50\ m^2$

$A_2 = 5{,}00\ m \cdot 1{,}30\ m/2 = 3{,}25\ m^2$

$A_3 = 2{,}00\ m \cdot 4{,}30\ m = 8{,}60\ m^2$

$A_{Fenster} = 1{,}00\ m \cdot 1{,}00\ m = 1{,}00\ m^2$

$A = 12{,}50\ m^2 + 3{,}24\ m^2 + 8{,}60\ m^2 - 1{,}00\ m^2$

$A = \mathbf{23{,}35\ m^2}$

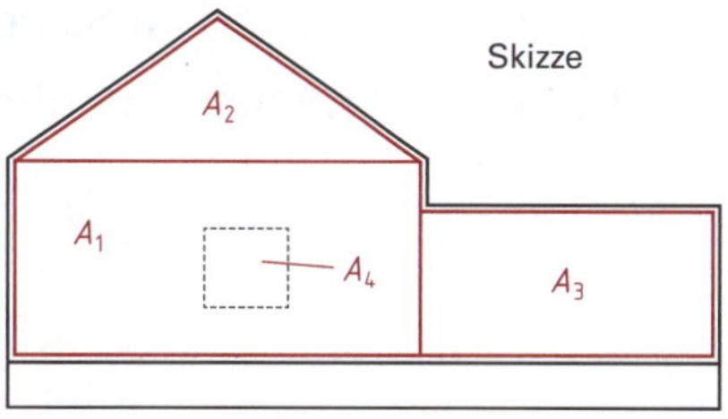

2606

Der Bauherr entscheidet sich für die waagerechte Deckung aus Faserzement. Nennen Sie die Formel für die Berechnung des Schnürabstandes *(S)*.

S = H – Ü

S = Schnürabstand;
H = Plattenhöhe;
Ü = Höhenüberdeckung

2607

Nennen Sie die Höhenüberdeckung sowie Seitenüberdeckung für das Format 40 cm/20 cm.

Höhenüberdeckung mind. = 40 mm
Seitenüberdeckung mind. = 40 mm

2608

Berechnen Sie den Schürabstand *(S)* für das Format 40 cm/20 cm.

S = 20 cm – 4 cm
S = 16 cm

2609

Berechnen Sie die Plattenanzahl *(n)* pro 1 m², wenn die Mindesthöhenüberdeckung sowie Mindestseitenüberdeckung gewählt wird.

A_{Deck} = (0,20 m – 0,04 m) · (0,40 m – 0,04 m)

A_{Deck} = 0,0576 m²

n = 1 m²/0,0576 m² = **17,36 Platten**

2610

Berechnen Sie die Plattenanzahl *(n_{gesamt})* für die gesamte Fassadenfläche.

n_{gesamt} = 17,36 Platten/m² · 23,34 m² = 405,18 ≈ **406 Platten**

2611

Berechnen Sie die Gesamtanzahl der Platten, wenn ein Verschnitt von 8 % hinzugerechnet wird.

100 % = 406 Platten
1 % = 4,06 Platten
8 % = 32,48 Platten ≈ 33 Platten

n_{gesamt} = 406 Platten + 33 Platten

n_{gesamt} = **439 Platten**

2612

Berechnen Sie den Materialbedarf an Schieferstiften (35 Stück/m²).

35 Stück/m² · 23,34 m² = 816,9 Schieferstifte ≈ **817 Schieferstifte**

2613

Zeichnen Sie eine Drei-Tafel-Projektion des Gebäudes im Maßstab 1:200. Darstellung ohne Maßstab.

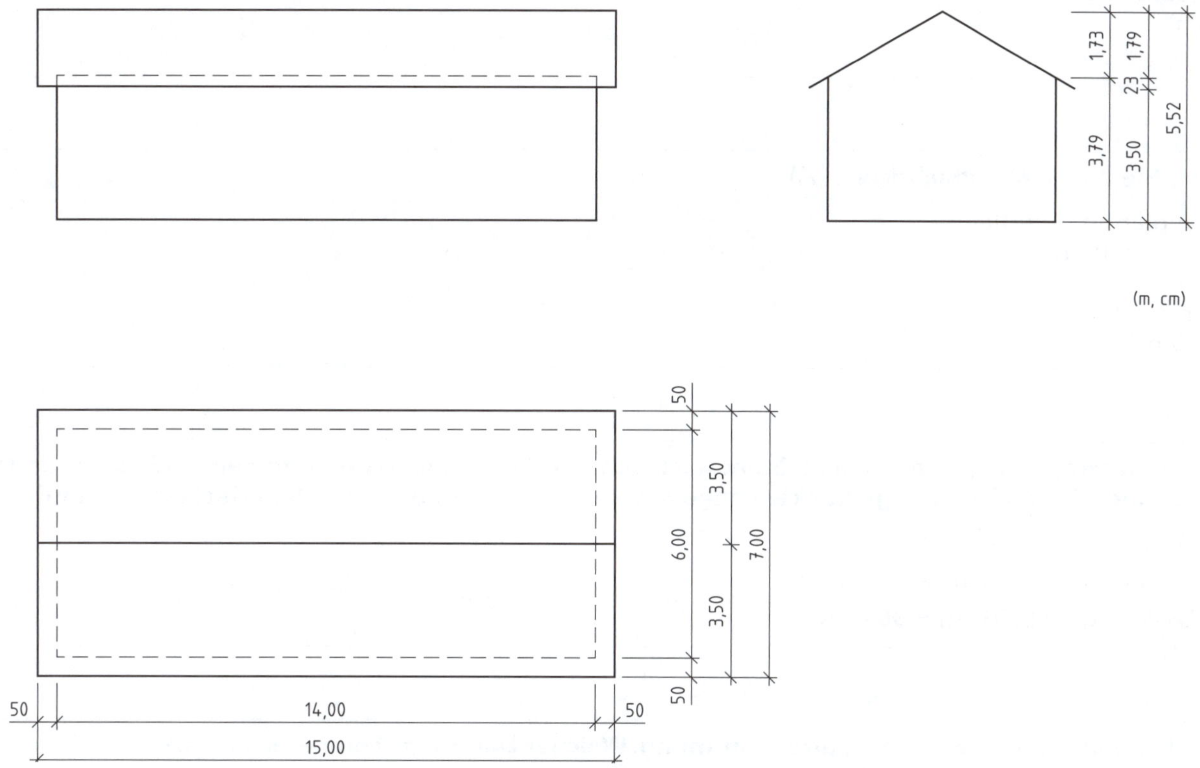

2614

Nennen Sie die dargestellte Dachform.

Satteldach

2615

Nennen Sie eine geeignete Dachtragkonstruktion.

Sparrendach, Pfettendach oder Kehlbalkendach

2616

Ermitteln Sie die Trauflänge *(l_T)*.

$l_T = 15$ m

2617

Berechnen Sie die Sparrenlänge *(s)*.

$s^2 = a^2 + b^2$

$s = \sqrt{a^2 + b^2}$

$s = \sqrt{(2{,}02\text{ m})^2 + (3{,}50\text{ m})^2}$

$s = \sqrt{16{,}3304\text{ m}^2}$

$s = \mathbf{4{,}04\text{ m}}$

2618

Berechnen Sie die Dachneigung (α). Geben Sie die Dachneigung in Grad an.

sin α = GK/HYP
sin α = 2,02 m/4,04 m
sin α = 0,5°
α = **30°**

2619

Berechnen Sie die Gesamtdachfläche (A).

A = Sparrenlänge · Trauflänge
A = 4,04 m · 15,00 m
A = 60,6 m²
A = 60,6 m² x 2
A = **121,20 m²**

2620

Das Dach wird mit Dachziegeln bedeckt. Beim Auslegen der Dachziegel wurden folgende Maße notiert: Gezogene Länge l_1 = 3,72 m und gedrückte Länge l_2 = 3,56 m. Berechne die mittlere Decklänge (in m).

Mittlere Decklänge = $(l_1 + l_2)/20$
Mittlere Decklänge = (3,56 m + 3,72 m)/20
Mittlere Decklänge = 0,364 m = **36,4 cm**

2621

Das Dach bekommt eine Zwischensparrendämmung. Welcher Dämmstoff eignet sich hierfür?

Weiche Dämmstoffe z. B. aus Mineralwolle, Cellulose oder Holzfaser

2622

Erläutern Sie den Dämmstoff mit der Kennzeichnung WLG 030.

Der Dämmstoff gehört der Wärmeleitgruppe 030 an und weist eine Wärmeleitzahl von 0,030 W/(m · K) auf.

2623

Welcher Dämmstoff hat, aus wärmeschutztechnischer Sicht, die besten Eigenschaften?

③ WLG 025

2624

Berechnen Sie die Flachdachflächen *(A)*.

$A_1 = (2{,}50\ m^2 \cdot \pi)/2$
$A_1 = 9{,}82\ m^2$
$A_2 = 2{,}00\ m \cdot 9{,}00\ m$
$A_2 = 18{,}00\ m^2$
$A_3 = 2{,}00\ m \cdot 2{,}00\ m/2$
$A_3 = 2{,}00\ m^2$
$A_4 = 2{,}00\ m \cdot 2{,}00\ m/2$
$A_4 = 2{,}00\ m^2$
$A_5 = 20{,}00\ m \cdot 13{,}00\ m$
$A_5 = 260{,}00\ m^2$
$A_6 = 6{,}50\ m \cdot 3{,}00\ m/2$
$A_6 = 9{,}75\ m^2$
$A_7 = 6{,}50\ m \cdot 3{,}00\ m$
$A_7 = 19{,}50\ m^2$
$A = A_1 + A_2 + A_3 + A_4 + A_5 + A_6 + A_7$
$A =$ **321,07 m²**

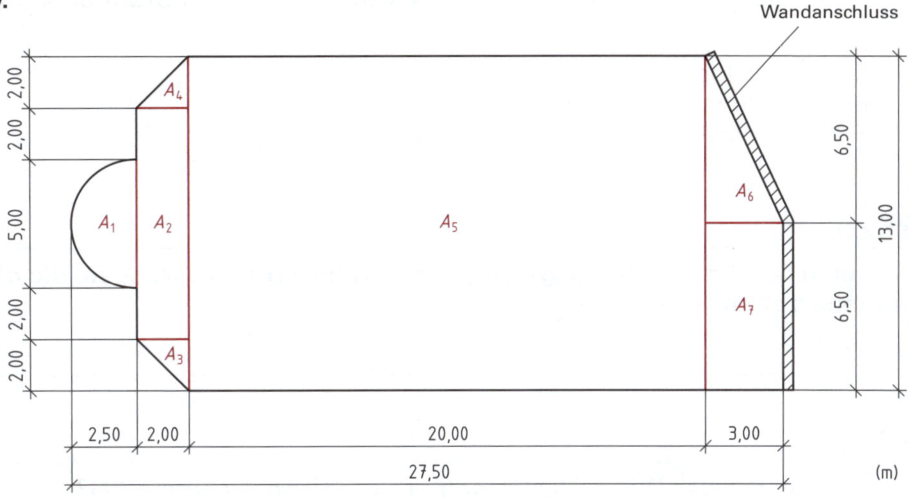

Skizze

2625

Berechnen Sie die Anzahl *(n_{Rollen})* an Rollen, wenn die Fläche mit einer Bitumenbahn abgedichtet wird. Die Verlegung erfolgt 2-lagig, die Überdeckung bei Stoß und Naht beträgt jeweils 10 cm. Es werden 5 m x 1 m Rollen verwendet.

$A = 321{,}07\ m^2$
$A_{Bitumen} = 4{,}90\ m \times 0{,}90\ m$
$A_{Bitumen} = 4{,}41\ m^2$
$n_{Rollen} = A_{Gesamt} / A_{Bitumen}$
$n_{Rollen} = 321{,}07\ m^2/4{,}41\ m^2$
$n_{Rollen} = 72{,}80 \approx 73$
$n_{Rollen} =$ **73 Rollen · 2 = 146 Rollen**

2626

Berechnen Sie die Gesamtanzahl *(n_{gesamt})* an Abdichtungsrollen, wenn insgesamt 10 % Verschnitt zugerechnet wird.

100 % = 146 Rollen
1 % = 1,46 Rollen
10 % = 14,6 Rollen ≈ 15 Rollen
n_{gesamt} = 146 Rollen + 15 Rollen
n_{gesamt} = **161 Rollen**

2627

Nennen Sie die zwei Konstruktionsarten von Flachdächer?

1. Konstruktionsart: Nicht belüftete Flachdachkonstruktionen
2. Konstruktionsart: Belüftete Flachdachkonstruktionen

2628

Nennen Sie geeignete Verfahren für die Verarbeitung von Bitumenbahnen?

① Gießverfahren
② Kaltselbstklebeverfahren
③ Bürstenstreichverfahren
⑤ Schmelzverfahren

2629

Nennen Sie die Verarbeitungstemperatur von Dachabdichtungen, die ohne zusätzliche Maßnahmen nicht unterschritten werden darf.

⑤ +5°C

2630

Benennen Sie den Wärmedämmstoff mit der Kennzeichnung CG?

⑤ Schaumglas

2631

Nennen Sie eine Abdichtung aus Bitumen- oder Polymerbitumen.

③ PYE

2632

Nennen Sie Baustoffe die sich als Dampfsperrschicht eignen?

② Bitumenbahn mit Metalleinlage
③ Schaumglas (Stöße dampfdiffusionsdicht geschlossen)
⑤ Verbundfolien

2633 ... 3100 keine Aufgaben

LF 12 Geneigte Dächer mit Metallen decken — Lösungen

3101	1	3102	4	3103	2	3104	4	3105	3	3106	2
3107	3	3108	2	3109	1	3110	2	3111	3	3112	3
3113	2	3114	1	3115	3	3116	1	3117	1		

3118

Durch welche Deckarten können Metallscharen miteinander verbunden werden?

Stehfalzdeckungen, Liegefalzdeckungen oder Leistenfalzdeckungen

3119

Zu skizzieren ist der Schnitt durch

a) die deutsche Leistendeckung und

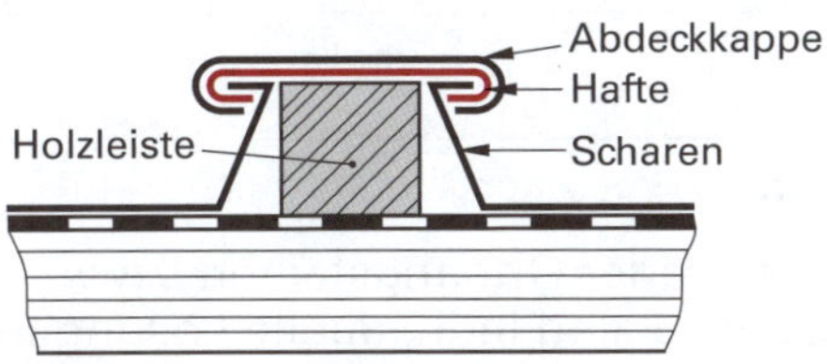

b) die belgische Leistendeckung.

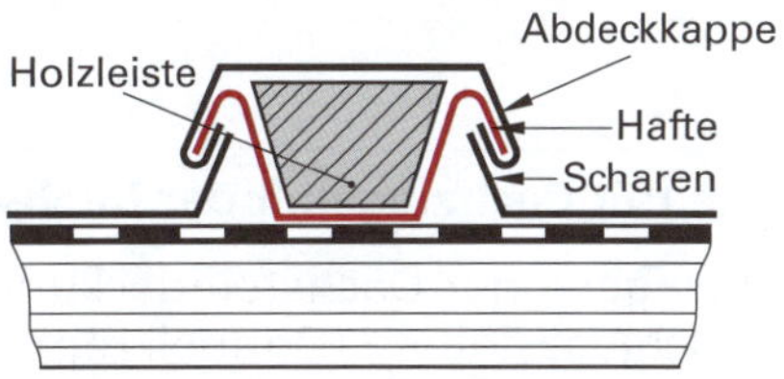

3120

Wovon ist die Anzahl der Hafte bei einer Stehfalzdeckung abhängig?

Dachneigung, Gebäudehöhe, Scharenbreite, Befestigungsbereich, Gebäudestandort, geografische Lage des Gebäudes

3121

Wie können die Quernähte bei einer Doppelstehfalzdeckung ausgeführt werden?

Bei Dachneigungen von mehr als 30° mit einfacher Überlappung von mind. 10 cm, als einfacher Querfalz bei Dachneigungen ≥ 25°, als einfacher Querfalz mit Zusatzfalz bei Dachneigungen ≥ 10°, als doppelter Querfalz bei Dachneigungen ≥ 7 °und als wasserdichte Ausführung bei Dachneigungen < 7°.

3122

Worauf ist bei der Herstellung von Querfalzen insbesondere zu achten?

Nicht zwei Querfalze in einen Längsfalz einmünden lassen, bei Dachneigungen von < 7° müssen sie wasserdicht sein, immer in Gefällerichtung.

3123

Was wird unter dem Begriff „Schiebenaht" verstanden?

Die Schiebenaht dient zur Aufnahme thermisch bedingter Längenänderung und ist eine obere Metallabdeckung. Sie wird zusätzlich um einen Haftstreifen gefalzt, so dass sie sich ohne Verbindung zur unteren Metallabdeckung ausdehnen kann.

3124

Was muss bei der Montage von Mauerabdeckungen und Dachrandabschlüssen beachtet werden?

Die thermische Längenänderung der Abdeckbleche, die Tropfkante muss mind. einen Abstand von 20 mm zum Bauwerk haben, ggf. ein ausreichendes Gefälle zur Dachseite und eine Aufkantung um Niederschlagswasser gezielt abzuleiten.

3125

Wie können Mauerabdeckungen und Dachrandabschlüsse befestigt werden?

Mit korrosionsgeschützten Befestigungselementen (Haltebügeln), korrosionsgeschützten Haften, Vorstoßblechen, Flachprofilen und Haftstreifen die indirekt mit geeigneten Schrauben oder Nägeln befestigt werden.

3126 ... 3200 keine Aufgaben

LF 13 Details am geneigten Dach herstellen — Lösungen

3201	3	**3202**	3	**3203**	2	**3204**	4	**3205**	1	**3206**	3
3207	2	**3208**	2	**3209**	3	**3210**	3	**3211**	3	**3212**	2
3213	3	**3214**	2	**3215**	4	**3216**	3	**3217**	1	**3218**	1
3219	3	**3220**	4	**3221**	1	**3222**	4				

3223

Wie kann erreicht werden, dass die Deckreihe der Dachziegel oder -steine an der Traufe die gleiche Neigung hat wie alle anderen Deckreihen der Dachfläche?

An der Traufe wird die Deckung mit einer Keilbohle oder Doppellattung begonnen.

3224

Wie können Ortgänge mit Dachziegeln oder Dachsteinen ausgeführt werden?

Ortgänge einer Dachziegel- oder Dachsteindeckung können mit Ortgangziegeln oder Ortgangsteinen bzw. Schlussziegeln oder Schlusssteinen (Doppelkremper) hergestellt werden. Ebenso sind individuelle Lösungen mit Metallen, Holz, Schiefer oder Faserzement zulässig.

3225

Wie sind Ortgangziegel oder Ortgangsteine zu befestigen?

Jeder Dachziegel oder Dachstein ist am Dachrand mit mindestens einer korrosionsgeschützten Holzschraube (Durchmesser 4,5 mm, Einschraubtiefe 24 mm in Nadelholz) zu befestigen. Bei anderen Befestigungsmitteln muss nachgewisen werden, dass sie eine Kraft von 0,60 kN/m aufnehmen können.

3226

Welche zwei Arten der Firstdeckung sind grundsätzlich möglich?

Trockenfirst und Mörtelfirst

3227

Wie wird ein Firstziegel in Mörtel aufgesetzt?

Firstziegel sollten vor der Vermörtelung gewässert werde, um ein zu schnelles Abbinden des Mörtels zu verhindern. Die Firstziegel werden mit zwei Längsschlägen und einem Querschlag am vorhergehenden Firstziegel aufgesetzt. Beim Vermörteln ist auf das Ausbilden einer Tropfkante zu achten.

3228

Welche Vorteile hat ein Trockenfirst gegenüber einem Mörtelfirst?

Trockenfirste können durch die trockene Verlegung der Dachsteine für die Entlüftung des Daches im Firstbereich sorgen.
Zudem ist ein Trockenfirst schneller verlegt als ein Mörtelfirst und der Wartungsaufwand ist geringer.

3229

Welche zwei grundsätzlichen Ausführungsarten sind bei der Gratausbildung einer Dachziegel- oder Dachsteindeckung möglich?

Die Deckung des Grates kann als Trockengrat oder als Mörtelgrat erfolgen.

3230

Welche Dachziegel oder Dachsteine werden als Ausspitzer bezeichnet?

Flächenziegel oder Flächensteine, die bis dicht an die Gratlatte ausgespitzt (angeschnitten) werden, bezeichnet man als Ausspitzer.

3231

Welche drei Materialarten eignen sich für überdeckte Kehlen in der Dachziegel- oder Dachsteindeckung?

Metalle, Kunststoffe, Dachdeckungsmaterialien

3232

Wie können Einspitzer bei den verschiedenen Kehlarten befestigt werden?

Innerhalb der Höhenüberdeckung werden Einspitzer durchbohrt und mit mindestens verzinkten Nägeln, Schrauben, Draht oder Klammern befestigt, ggf. sind die Einspitzer zusätzlich auch mit Mörtel zu unterfüttern.

3233

Welche Kehlarten können bei einer Dacheindeckung mit Biberschwanzziegeln ausgeführt werden? Mindestens vier sind zu nennen!

Überdeckte Metallkehle, eingebundene Nockenkehle, eingebundene Biberkehle, überdeckte Biberkehle, überdeckte Dreipfannenkehle, Formziegelkehle, Schwenkziegelkehle.

3234

Wann wird bei Kehlen im Allgemeinen von „gleichhüftig" und „ungleichhüftig" gesprochen?

Gleichhüftige Kehlen: entstehen, wenn die zusammenlaufenden Dachflächen die gleiche Dachneigung haben und sind symmetrisch zur Senkrechten.
Ungleichhüftige Kehlen: entstehen, wenn Dachflächen unterschiedlicher Neigung zusammenlaufen, sie sind symmetrisch zur Winkelhalbierenden des Kehlwinkels.

3235

In welche drei Arten lassen sich Anschlüsse an Durchdringungen und an aufgehenden Bauteile einteilen?

seitliche Anschlüsse, firstseitige Anschlüsse und traufseitige Anschlüsse

3236

Welche drei Möglichkeiten gibt es, um seitliche Anschlüsse bei einer Dachziegel- oder Dachsteindeckung aus Metall herzustellen?

Seitliche Anschlüsse aus Metall können vom Deckmaterial überdeckt oder eingebunden werden, oder das Metall kann auf dem Deckmaterial aufliegend ausgeführt werden.

3237

Welche zwei Varianten gibt es, um einen unterliegenden seitlichen Anschluss aus Metall herzustellen?

Durchgehende unterliegende Metallbleche oder in Schichtstücken (Nocken)

3238

Welche Möglichkeiten gibt es, um Anschlüsse bei Biberschwanzziegeldeckungen auszuführen? Mindestens fünf sind zu nennen!

Überdeckte, eingebundene und aufliegende Metallanschlüsse, sowie eingebundene und durchgedeckte Wangenkehlen, Wandkehlen und eingebundene Nockenanschlüsse.

3239

Drei Beispiele für Dachdurchdringungen sind zu nennen und jeweils eine Möglichkeit, diese in die Dachfläche regensicher einzubinden!

z. B.: Antennen, Entlüftungsrohre und Schornsteine. Diese können mit vorgefertigten Formziegeln/-steinen, Dachsystem- oder Formteilen eingebunden werden. Zudem sind handwerklich erstellte Einfassungen möglich.

3240

Mit welchen Deckwerkstoffen können Fledermausgauben eingedeckt werden? Mindestens vier sind zu nennen!

Hohlpfannen, Dachziegel/-steine in Biberformat, Schieferplatten, Faserzementdachplatten, Bitumenschindeln, Holzschindeln, Metalldeckungen

3241

Worauf ist zu achten, wenn Fledermausgauben mit Dachziegeln/-steinen eingedeckt werden sollen?

Bei einer Eindeckung mit Hohlpfannen ist ein Mindestverhältnis von Gaubenstirnwandbreite zur Gaubenhöhen von $\geq \frac{8\text{ (Breite)}}{1\text{ (Höhe)}}$ einzuhalten. Bei Dachziegel/-steinen in Biberformat beträgt das Mindestverhältnis $\geq \frac{5\text{ (Breite)}}{1\text{ (Höhe)}}$

3242

Welcher wesentliche Punkt ist beim Einteilen eines Daches zu beachten, wenn dieses eine Schleppdachgaube besitzt, die mit denselben Dachziegeln/-steinen eingedeckt werden soll?

Die vertikalen Reihen der Hauptdachfläche sollen auf die Dachfläche der Schleppdachgaube unter Berücksichtigung der Ortgangüberstände abgestimmt werden, damit ein fluchtgerechter Übergang von Hauptdachfläche zur Schleppdachgaubenfläche erfolgen kann.

3243

Zu berechnen ist die Länge der Kehle k (in m) und die Länge des Grates g (in m)!

$k = \sqrt{(s^2 + x^2} = \sqrt{(2{,}69\text{ m})^2 + (1{,}75\text{ m})^2} = \mathbf{3{,}21\text{ m}}$ $\quad$ $g = \sqrt{(s^2 + y^2} = \sqrt{(4{,}24\text{ m})^2 + (2{,}10\text{ m})^2} = \mathbf{4{,}73\text{ m}}$

$h = 3{,}00\text{ m}$ $\quad s(h) = 3{,}00\text{ m} : \sin 45° = 4{,}24\text{ m}$ $\quad s(w) = 3{,}00\text{ m} : \sin 55° = 3{,}66\text{ m}$

3244

Welche Dachneigung (in °) haben die Dachflächen a, b und c?

Dachhöhe = tan 50° · 3,00 m = 3,57 m

a) $\cot \alpha = 3{,}57\text{ m}/3{,}00\text{ m} \rightarrow \alpha = \mathbf{50°}$ $\quad$ b) $\cot \beta = 3{,}57\text{ m}/4{,}00\text{ m} \rightarrow \beta = 41{,}7° \sim \mathbf{42°}$

b) $\cot \gamma = 3{,}57\text{ m}/4{,}00\text{ m} \rightarrow \gamma = 41{,}7° \sim \mathbf{42°}$

3245

Zu berechnen ist die Dachfläche A (in m²) des gleichgeneigten Satteldaches!

$A = 5{,}00\text{ m} \cdot 11{,}00\text{ m} - \left(\frac{5{,}00\text{ m} \cdot 2{,}50\text{ m}}{2}\right) = \mathbf{48{,}78\text{ m}^2}$

3246

Die Dachfläche A des abgebildeten Satteldaches soll berechnet werden. In der Dachfläche ist eine Trapezgaube. Die Trapezgaube ist 1,45 m hoch und die Hauptdachflächen sind mit 38° geneigt. Wie groß ist die Dachfläche A (in m²)?

$A = 12{,}00\text{ m} \cdot 3{,}81\text{ m} - \left(\frac{6{,}00\text{ m} + 4{,}00\text{ m}}{2}\right) \cdot 2{,}36\text{ m} = \mathbf{33{,}92\text{ m}^2}$

3247

Mit wie viel Grad sind die Sparren der Gaubenwangen des Daches aus Aufgabe 3246 geneigt?

$\cot \alpha = 1{,}45\text{ m}/1{,}00\text{ m} \rightarrow \alpha = \mathbf{55{,}4°}$

3248	1	**3249**	3	**3250**	4	**3251**	3	**3252**	1	**3253**	2
3254	2	**3255**	1	**3256**	3	**3257**	4	**3258**	3	**3259**	3
3260	4	**3261**	2	**3262**	1	**3263**	4	**3264**	1	**3265**	3
3266	3	**3267**	1	**3268**	4	**3269**	3				

3270

Welche Steine werden im abgebildeten eingebundenen Fußgebinde verwendet?

a) Anfangsfußstein b) Fußstein c) Gebindestein d) Deckstein

3271

Wie werden die Steine aus der Aufgabe 3270 bei der Deckung mit Faserzementplatten genannt?

a) rechte Stichplatte b) Fußplatte c) Gebindeplatte d) Dachplatte

3272

Welche Unterschiede bestehen zwischen einen eingespitzten und eingebundenen Fuß?

Bei einem eingespitzten Fuß beginnt die Deckung meist auf einem waagerechten Traufgebinde und die Decksteine des mit Gebindesteigung verlegten Deckgebindes werden im Rücken- und Fußbereich der Gebindesteigung angepasst.
Bei einem eingebundenen Fußgebinde beginnt das Deckgebinde auf einem Gebindestein. Die Fußsteine werden in der Kopflinie der Gebindesteigung angepasst.

3273

Wie werden Fuß- und Gebindesteine generell befestigt?

Mit mindestens 3 Schieferstiften/-nägeln.

3274

Wie nennt man die Steine eines eingespitzten Fußes?

Einspitzer

3275

Welche Funktion hat das Traufgebinde unterhalb des eingespitzten Fußes?

Das Traufgebinde wird auch Reparaturgebinde genannt. Es hat die Aufgabe, anfallendes Niederschlagswasser in die Entwässerungsanlage abzuleiten. Beschädigte Decksteine oder Platten können durch den waagerechten Traufabschluss sehr schnell ausgewechselt werden.

3276

Wie wird der abgebildete Stein eines eingebundenen Fußgebindes genannt und wie heißen die gekennzeichneten Teile?

a) Gebindestein, b) Kopf, c) Brust, d) Rücken, e) Ferse, f) Fuß, g) Spitze, h) Brust

3277

Wovon ist die Form des Gebindesteines abhängig?

Die Form des Gebindesteines ist von der Gebindesteigung (die abhängig von der Dachneigung), von der Deckrichtung, von der Decksteinhöhe und dem Hieb der Decksteine abhängig.

3278

Welche Traufausbildungen sind bei Deckungen mit Faserzementdachplatten möglich?

Eingespitztes Fußgebinde und eingebundenes Fußgebinde.

3279

Wie können Schieferdeckungen am Ortgang beendet werden?

Schieferdeckungen können am Ortgang mit einem Stichort, Doppelort, auslaufenden Ort (Rechteckdoppeldeckung) oder einem aufgelegten Ort (Strackort) beendet werden.

3280

Was versteht man unter dem Begriff „gestaffelter Endort"?

Unter dem Begriff „gestaffelter Endort" versteht man das Beenden eines Deckgebindes mit einem Doppelort, wobei die Ortgangplatten des Endortes von Deckgebinde zu Deckgebinde größer werden (in der Regel über drei Gebinde).

3281

Mit wie vielen Befestigungsmitteln sind Ortgangsteine mindestens zu befestigen?

Mit mindestens drei Befestigungsmitteln.

3282

Welche drei Funktionen hat die Deckung am seitlichen Dachrand zu übernehmen?

- Optischer Abschluss am Dachrand
- Sicherung gegenüber Windsogkräften
- Rückführung von Wasser auf die Dachfläche

3283

Welche Möglichkeiten der Endortausführung sind bei der Deutschen Deckung mit Faserzement möglich?

Doppelort (mit zwei Platten), Stichort (zusätzlich Platten mit Plattenhaken), bei Platten im Format 40 cm/40 cm kann er auch auslaufend ausgeführt werden.

3284

Wie können die Grate bei der Deutschen Deckung mit Faserzement eingebunden werden?

- Als Endorte, z. B. als Doppelort (gestaffelt), Stichendort oder aufgelegter Ort (Strackort)
- Als Anfangsort, z. B. Stichort mit mehreren Stichplatten oder als stehend eingebundener Anfangsort (Anfangsortplatten weden senkrecht zum Gebinde gestellt).

3285

Zu skizzieren ist die Ansicht einer Doppeldeckung mit Firstdeckung?

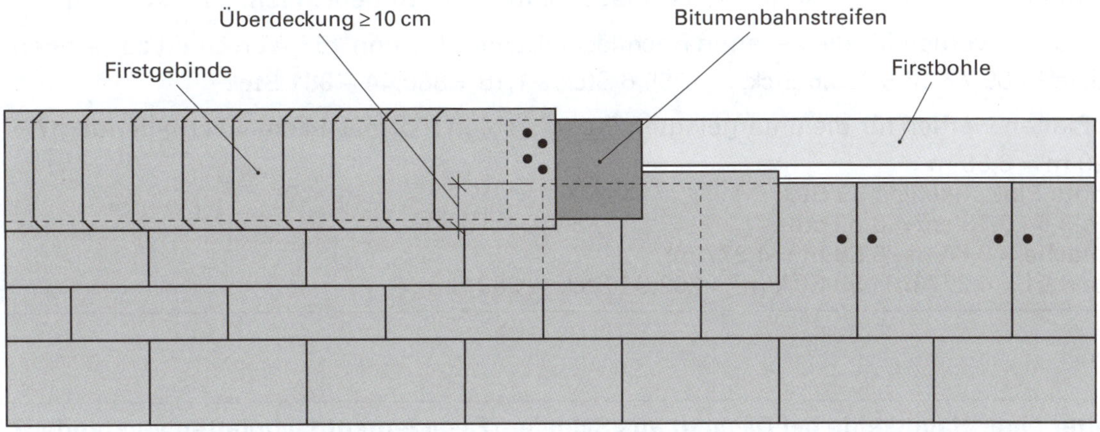

3286

Mit welchen drei Möglichkeiten kann der First bei Schiefer-/Faserzementdachplattendeckungen ausgeführt werden?

Mit einem Firstgebinde aus dem jeweiligen Deckmaterial, mit Firstblechen, bei seitlicher Doppeldeckung mit Nocken (Schichtstücken) ohne Überstand.

3287

Worauf ist zu achten, wenn bei der Rechteckdoppeldeckung (Doppeldeckung) die Grate eingebunden ausgeführt werden?

Die Dachflächen müssen die gleiche Neigung haben und die Mindestdachneigung muss 45° betragen. Die Dachplatten/-steine werden auf der Gratmitte unter Verwendung von Metallschichtstücken (Nocken) stumpf gestoßen gedeckt. Die sichtbaren Ecken der Gratplatten/-steine sind abzurunden oder zu stutzen. Zuschnitt der Gratplatten/-steine sind regelmäßig aufzuteilen, der 1/3 Verband darf nicht unterschritten werden.

3288

Wie wird die Gebindesteigung für die Grateinbindung bei der Deutschen Deckung mit Faserzement angetragen?

Brust der letzten Dachplatte verläuft parallel zur Gratlinie.

3289

Von dem dargestellten Dach in der Draufsicht sollen folgende Punkte berechnet werden:

a) die gesamte Dachfläche A_{ges} (in m²)!

$$A_{ges} = \frac{45{,}75\ \text{m}^2}{\cos 40°} = \mathbf{59{,}72\ m^2}$$

b) die Kehllänge k (in m)!

$$k = \sqrt{\left(\frac{4{,}00\ \text{m}}{2}\right)^2 + (2{,}61\ \text{m})^2}$$

$k = \mathbf{3{,}29\ m}$ ($s_{Anbau} = 2{,}00\ \text{m} : \cos 40° = 2{,}61\ \text{m}$)

c) die Kehlsparrenneigung (in °)!

$\tan \alpha = 1{,}68\ \text{m} : 2{,}83\ \text{m} = 0{,}59 = \cot 0{,}59 \rightarrow \alpha = \mathbf{30{,}7°}$ ($h_{Anbau} = \sqrt{(2{,}61\ \text{m})^2 - (2{,}00\ \text{m})^2} = 1{,}68\ \text{m}$)

($g_{Kehle} = \sqrt{(2{,}00\ \text{m})^2 + (2{,}00\ \text{m})^2} = 2{,}83\ \text{m}$)

3290

Von dem in Aufgabe 3289 dargestellten Satteldach mit Anbau ist der Materialbedarf für eine Faserzement-dachplatten-Doppeldeckung mit Platten im Format 30 cm/60 cm zu berechnen. (*HÜ* = 80 mm)

a) Wie viele Platten werden für die gesamte Dachfläche benötigt, wenn 15 % Verschnitt zu rechnen sind?

12,82 Stck./m² · 59,72 m² = 765,6 Stck. 765,6 Stck. · 1,15 = 880,44 ~ **881 Stck.**

b) Wie viele Platten werden für die untergelegten Plattenkehlen (Format 14 cm/40 cm) benötigt?

k = 2 · 3,29 m = 6,58 m
untergelegte Plattenkehle : 59 Stck/m²
Kehlbreite = 5 · 0,13 cm = 0,65 cm
Kehldeckfläche = 0,65 m · 6,58 m = 4,277 m²
Materialbedarf = 4,277 m² · 59 Stck/m² = 252,34 Stck. ~ 253 Stück

3291

Was wird unter einer Hauptkehle bei Dächern aus Schiefer-/Faserzementdachplatten verstanden?

Eine Hauptkehle verbindet zwei Hauptdachflächen gleicher oder ungleicher Dachneigung miteinander.

3292

Was wird unter einer Anschlusskehle bei Dächern aus Schiefer-/Faserzementdachplatten verstanden?

Eine Anschlusskehle verbindet eine Dachfläche mit einer Gaubenwange oder Wand.

3293

Wie werden die abgebildeten Kehlsteine bezeichnet?

a) Herzkehlwasserstein,
b) rechter Kehlstein (mit geradem Rücken und kurzem Bruch),
c) linker Kehlstein (mit geradem Rücken und kurzem Bruch),
d) (rechter) Wasserstein,
e) (rechter) Einfäller,
f) (rechter) Schwärmer

3294

Worauf muss ein/e Dachdecker/-in achten, damit die Regensicherheit einer Kehldeckung gewährleistet werden kann?

Es ist auf die erhöhte Seitenüberdeckung/Höhenüberdeckung in der Kehle zu achten.

3295

Worauf ist beim Einbau eines Dachhakens oder Schneefanggitters in die Deckung mit Faserzementdachplatten zu achten?

Befestigt an Dachsparren, mit Metallunterlage, Vermeidung von Druck auf Dachplatten, Dachdeckung bis an Dachleiterhaken heranführen, ebenso bei Schneefangstützen verfahren, auf wasserabweisende Schnitte achten.

3296

Welche Einbauteile sind in Schieferdeckungen möglich?

z. B.: Leiterhaken, Schneefangstützen, Dachfenster, Laufstege ...

3297 ... 3300 keine Aufgaben

LF 14 Details an Dächern mit Abdichtungen herstellen und Bauwerke abdichten

3301	3	**3302**	4	**3303**	1	**3304**	3	**3305**	2	**3306**	3
3307	4	**3308**	2	**3309**	3	**3310**	4	**3311**	2	**3312**	1
3313	1	**3314**	4	**3315**	3	**3316**	2	**3317**	1	**3318**	2
3319	1	**3320**	2								

3321

Die einzelnen Teile des Wandanschlusses sind zu benennen. Um welches Abdichtungsmaterial handelt es sich dabei?

① Überhangprofil/-blech

② Wandanschlussschiene/-profil mit Versiegelung

③ Anschlussstreifen/Anschlussbahn

④ mechanische Befestigung

⑤ Abdichtung, Kunststoffdachbahn

⑥ bis 5° Dachneigung mind. 15 cm, über 5° Dachneigung mind. 10 cm

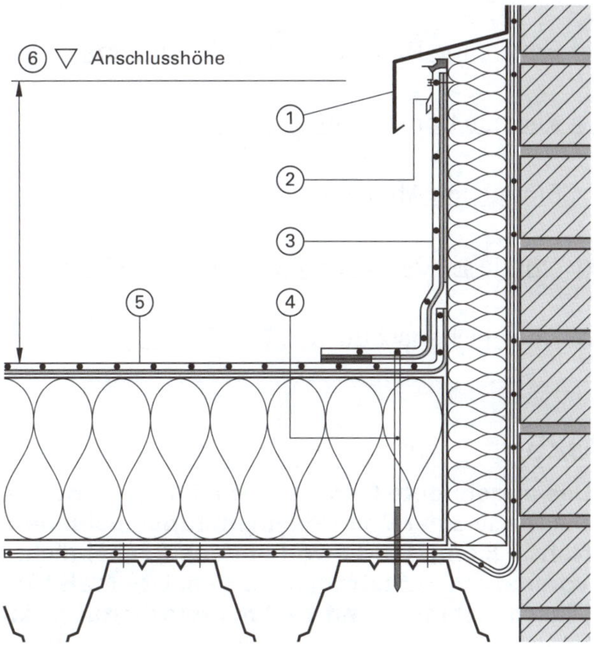

3322

Ist die Gestaltung der Attika wärmeschutztechnisch fehlerfrei gestaltet? Die Antwort ist zu begründen.

Die Gestaltung der Attika ist nicht wärmeschutztechnisch fehlerfrei, da durch das Fehlen von Wärmedämmung auf der Innenseite der Attika eine Wärmebrücke entstanden ist. Unter Metallabdeckungen sollte man zur Vermeidung von Wärmeverlusten ebenfalls Wärmedämmstoffe einsetzen.

3323

Auf einer Rolle Kunststoffdachbahn mit der Bahnbreite von 1,55 m befinden sich 25,00 m Bahnenlänge. Die Nahtüberdeckung beträgt an der Längs- und Quernaht (Stoß) 30 mm.

a) Wie groß ist die Materialmenge einer Rolle Kunststoffdachbahn?

a) $1{,}55\ m \cdot 25{,}00\ m = 38{,}75\ m^2$

b) Wie groß ist die sichtbare Fläche der Rolle Kunststoffdachbahn?

b) $(1{,}55\ m - 0{,}03\ m) \cdot (25{,}00\ m - 0{,}03\ m) = 37{,}95\ m^2$

LF 14 Details an Dächern mit Abdichtungen herstellen und Bauwerke abdichten

3324

Die einzelnen Teile des Wandanschlusses sind zu benennen. Um welches Abdichtungsmaterial handelt es sich dabei?

① bis 5° Dachneigung mind. 15 cm, ab 5° Dachneigung mind. 10 cm, ab Oberfläche Belag

② Überhangprofil/-blech mit Einschlaghaken

③ Wandanschlussprofil/-schiene mit Versiegelung

④ Oberlage Detailanschluss, Bitumenbahn

⑤ Erste Lage Detailanschluss, Bitumenbahn

⑥ Keil aus Dämmstoff

⑦ Erste Lage Abdichtung, Bitumenbahn

⑧ Oberlage Abdichtung, Bitumenbahn

⑨ Oberflächenschutz

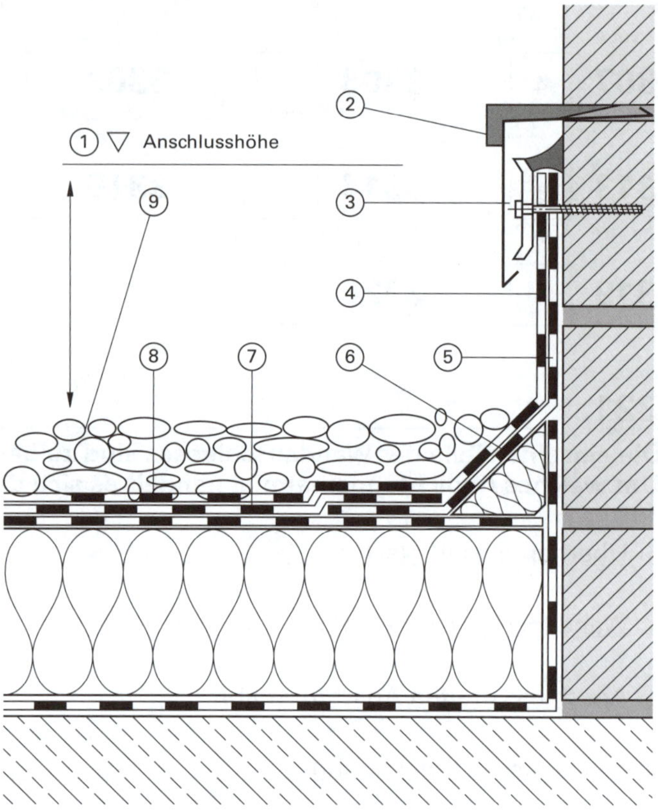

3325

Das abgebildete Garagendach soll mit einer Lage Polymerbitumenbahn instandgesetzt werden. Die Maße einer Rolle Polymerbitumenbahn betragen 1,00 m x 5,00 m (Überdeckung Stoß = 10 cm, Überdeckung Naht = 8 cm). Da die vorhandene Dachabdichtung der Garage beschiefert ist, muss als Haftbrücke 0,3 kg/m² Voranstrich aufgetragen werden. Das Maß für die Anschlussbahn beim Wandanschluss beträgt 0,25 m (Zuschnittbreite) und 1,00 m (Verarbeitungslänge). Die Dachränder und der Gully sind zu vernachlässigen.

Zu berechnen sind:

a) der Bedarf an Voranstrich in kg
b) der Bahnenbedarf für die Fläche in m²/m²
c) der Bahnenbedarf für den Wandanschluss in m²/m
d) der gesamt Bahnenbedarf inkl. 3% Verschnitt.
e) Wieviel Rollen Polymerbitumenbahnen müssen bestellt werden?

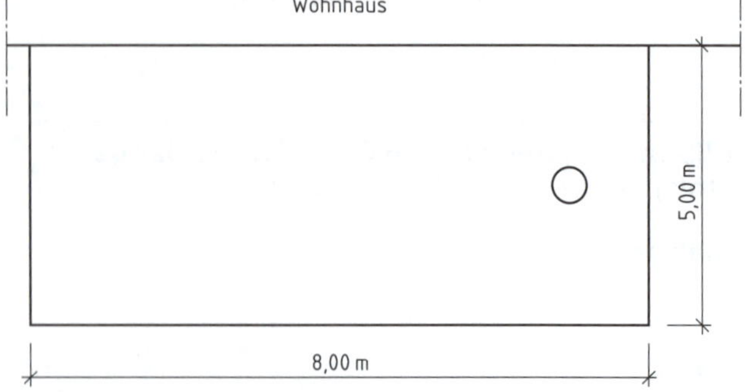

a)
$$0{,}15\ m \cdot 8{,}00\ m = 1{,}20\ m^2$$
$$5{,}00\ m \cdot 8{,}00\ m = 40{,}00\ m^2$$
$$1{,}20\ m^2 + 40{,}00\ m^2 = 41{,}20\ m^2$$
$$41{,}20\ m^2 \cdot 0{,}3\ kg/m^2 = \mathbf{12{,}36\ kg/m^2}$$

b)
$$\frac{5{,}00\ m \cdot 1{,}00\ m}{(5{,}00\ m - 0{,}10\ m) \cdot (1{,}00\ m - 0{,}08\ m)} = \mathbf{1{,}109\ m^2/m^2}$$

c)
$$\frac{1{,}00\ m}{(1{,}00\ m - 0{,}08\ m)} = 1{,}09\ m/m$$
$$1{,}09\ m/m \cdot 0{,}25\ m = \mathbf{0{,}27\ m^2/m}$$

d)
$$1{,}109\ m^2/m^2 \cdot 40\ m^2 = 44{,}36\ m^2$$
$$0{,}27\ m^2/m \cdot 8{,}00\ m = 2{,}16\ m^2$$
$$44{,}36\ m^2 + 2{,}16\ m^2 = 46{,}52\ m^2$$
$$46{,}52\ m^2 \cdot 1{,}03 = \mathbf{47{,}92\ m^2}$$

e)
$$47{,}92\ m^2 : (1{,}00\ m \cdot 5{,}00\ m) = 9{,}58$$
$$= \mathbf{10\ Rollen}$$

3326 ... 3400 keine Aufgaben

3401

Ein Schichtaufbau einer Außenwandkonstruktion (mit hinterlüfteter Außenwandbekleidung) ist zu skizzieren und zu beschriften. Der Schichtaufbau (mit waagerechter Traglattung), soll für höhere Dämmstoffdicken geeignet sein und ein geringes Eigengewicht aufweisen.

1. Bekleidung
2. Traglattung (waagerecht)
3. Traghölzer/Konterlattung
4. Tragprofil
5. Wärmedämmung
6. Mauerwerk
7. Innenputz

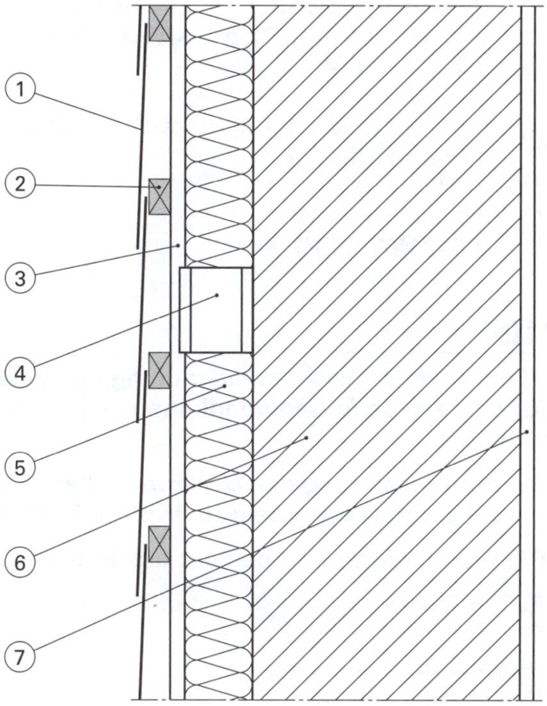

3402

Es ist eine Bogenschnittplatte für die Rechtsdeckung im Format 30 cm/30 cm im Maßstab 1 : 5 zu konstruieren. Dabei sind Höhen- und Seitenüberdeckung für die Fassade zu beachten!

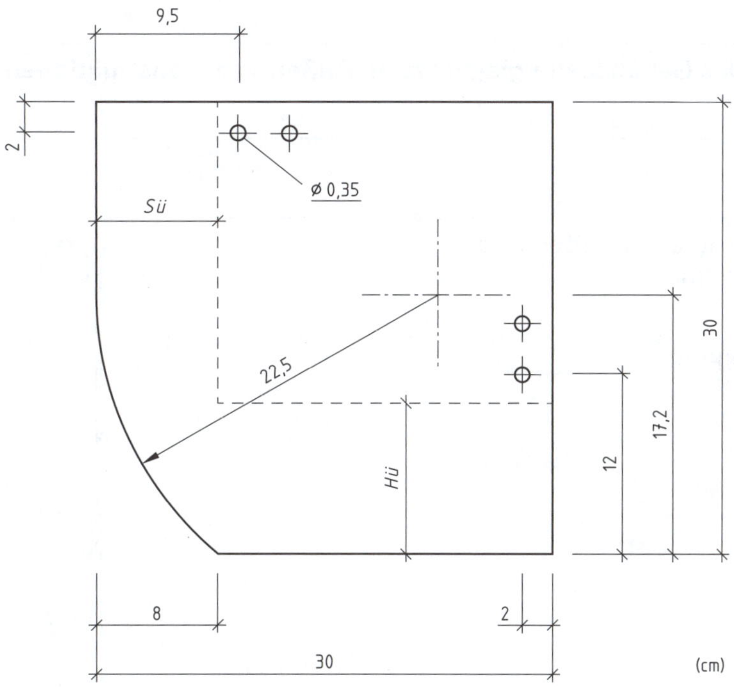

Rechtsdeckung (Bogenschnitt links)

3403

Welchen Wärmedurchgangskoeffizienten (*U*-Wert) hat die vorhandene Außenwand?

$R_T = R_{si} + R + R_{se}$
$R = d_1/\lambda_1 + d_2/\lambda_2 + d_3/\lambda_3$
$R = 0{,}02\ m/1{,}00\ W/(m \cdot K) + 0{,}02\ m/1{,}00\ W/(m \cdot K) + 0{,}365\ m/0{,}21 W/(m \cdot K)$
$R = 0{,}02\ m^2 \cdot K/W + 0{,}02\ m^2 \cdot K/W + 1{,}738\ m^2 \cdot K/W$
$R = 1{,}778\ m^2 \cdot K/W$
$R_T = R_{si} + R + R_{se}$
$R_T = 0{,}13\ m^2 \cdot K/W + 1{,}778\ m^2 \cdot K/W + 0{,}04\ m^2 \cdot K/W$
$R_T = 1{,}948\ m^2 \cdot K/W$
$U = 1/RT$
$U = 1/1{,}948\ m^2 \cdot K/W$
$\mathbf{U = 0{,}513\ W/(m^2 \cdot K)}$

3404

Wie dick muss die Wärmedämmung der Außenwand sein, wenn der Bauherr sich einen *U-Wert* von 0,20 W/(m² · K) für seine neue Außenwandkonstruktion (hinterlüftete Außenwandkonstruktion mit kleinformatigen Platten) wünscht.

Bei der Berechnung des *U*-Wertes sollen die einzelnen Bauteile oder Schichten, wie z. B. Unterkonstruktion, Verankerungselemente oder Hinterlüftung unberücksichtigt bleiben.

Die Wärmedämmung besteht aus Mineralwolle ($\lambda = 0{,}032\ W/(m \cdot K)$).

$R_{Tsoll} = 1/U_{soll}$
$R_{Tsoll} = 1/0{,}20\ W/(m^2 \cdot K)$
$R_{Tsoll} = 5\ m^2 \cdot K/W$
$R_{Däm.} = R_{Tsoll} - R_{Tvorh.}$
$R_{Däm.} = 5\ m^2 \cdot K/W - 1{,}778\ m^2 \cdot K/W$
$R_{Däm.} = 3{,}222\ m^2 \cdot K/W$
$d_{Dämmung} = R_{Dämmung} \cdot \lambda_{Dämmung}$
$d_{Dämmung} = 3{,}222\ m^2 \cdot K/W \cdot 0{,}032\ W/(m \cdot K)$
$d_{Dämmung} = \mathbf{0{,}103\ m \approx 0{,}11\ m}$

3405

Welchen *U*-Wert schreibt das Gebäudeenergiegesetz für Außenwandkonstruktionen vor?

U-Wert $\leq 0{,}24\ W/(m^2 \cdot K)$

3406

Eine fachgerechte Ausführung einer Außenecke (mit Eckprofil) ist zu skizzieren.

1. Eckprofil
2. Hinterfütterung/Hinterlegung

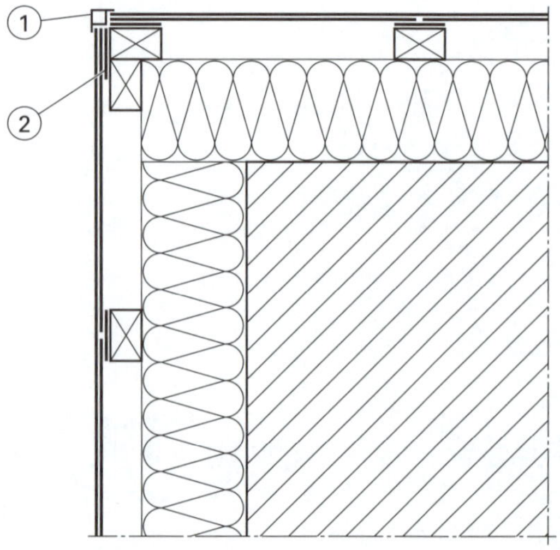

3407

Eine fachgerechte Ausführung der Sockelausbildung ist zu skizzieren. Vervollständigen Sie die Detailzeichnung des Sockels.

1. Unterlegstreifen
2. Lüftungsgitter

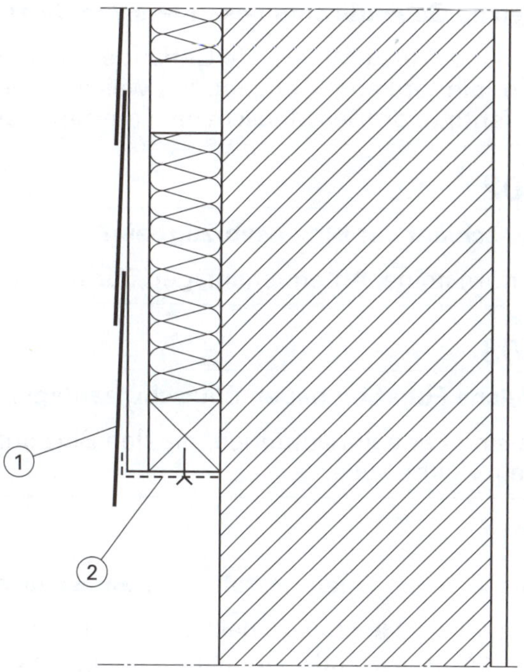

3408

Eine fachgerechte Ausführung eines Kreuzungspunktes von Traglattung und Grundhölzer/Konterlattung ist zu skizzieren.

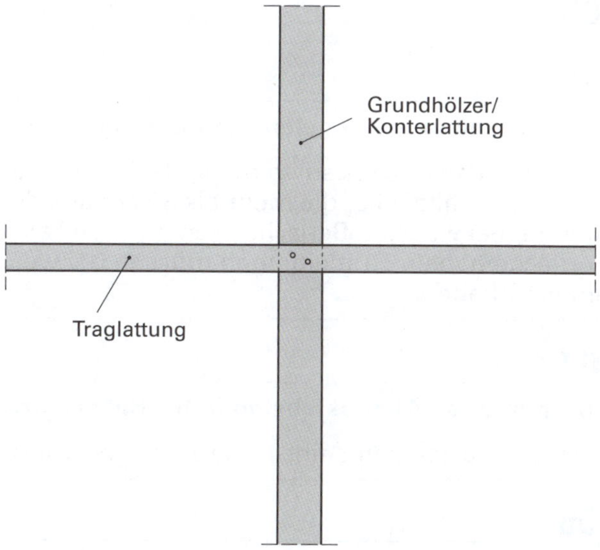

3409

Welche statische Aufgabe haben die Kreuzungspunkte von Traglattung und Grundhölzer/Konterlattung?

Kreuzungspunkte leiten die unterschiedlichen Lasteinwirkungen von der Außenwandbekleidung, über die Traglattung und Grundhölzer (Konterlattung) in die tragende Außenwandkonstruktion (z. B. Mauerwerk). Je höher die Anzahl der Kreuzungspunkte, desto besser ist die Lastverteilung.

3410

Wie groß sollen die Öffnungen einer Außenwandkonstruktion mindestens sein, um die Funktion einer Hinterlüftung zu gewährleisten?

② 5000 mm²/m

3411 ... 3500 keine Aufgaben

3501

Welche Gebäude sind besonders von Blitzschlägen gefährdet?

Gebäude, die umliegende Gebäude überragen; Gebäude mit besonders großer Grundfläche, Gebäude in exponierter Lage, Gebäude mit weicher Bedachung, Lagergebäude für explosive Stoffe, Gebäude, die dem Aufenthalt großer Menschenansammlungen dienen.

3502

Wo schlägt der Blitz bevorzugt ein?

Schornsteine, Antennenanlagen, Turm- und Giebelspitzen, Firste und Grate.

3503

Welche Funktion haben Blitzschutzanlagen zu übernehmen?

Es sind Fangeinrichtungen, die den Blitz auf dem Dach aufnehmen sollen und gefahrlos in das Erdreich weiterleiten sollen.

3504

Aus welchen Teilen besteht eine Blitzschutzanlage?

Eine Blitzschutzanlage besteht aus dem äußeren und dem inneren Blitzschutz.
Äußerer Blitzschutz: Fangeinrichtung, Ableitung, Erdungsanlage.
Innerer Blitzschutz: Verbindung aller Elektro- und Metallinstallationen und Anschluss an die Erdungsanlage.

3505 4

3506

Welche Montagemaße gelten für die Fangeinrichtung einer Blitzschutzanlage?

Kein Punkt des Daches sollte mehr als 5 m von der Fangeinrichtung entfernt sein, Maschengröße max. 10 m x 20 m, alle Teile, die mehr als 30 cm aus der Dachfläche herausragen, müssen eine Fangeinrichtung erhalten, bei weichen Bedachungen müssen Fangleitungen einen Mindestabstand von 40 cm zur Dachoberfläche haben, Firstleitungen müssen bei weicher Bedachung einen Abstand von mind. 60 cm über dem First haben.

3507

Warum müssen Mindestabstände bei Blitzschutzanlagen eingehalten werden?

Durch Blitzschlag kann eine hohe Wärmeentwicklung (Brandgefahr) entstehen.

3508

Können Fallrohre aus Metall als Ableitung verwendet werden?

Ja, aber Stoßstellen müssen gelötet sein oder mit gelöteten oder genieteten Laschen verbunden sein.

3509

Was versteht man unter dem Begriff „Photovoltaik"?

Unter Photovoltaik versteht man die Technik, bei der Licht mithilfe von Solarzellen in elektrische Energie umgewandelt wird.

3510

In welche Energieformen kann Sonnenenergie umgewandelt werden?

Strom und Wärme.

LF 16 Energiesammler, Blitzschutzanlagen und Einbauteile montieren — Lösungen

3511

Das Funktionsprinzip eines Sonnenkollektors ist zu erklären!

Benötigt wird ein flacher Kasten mit Glasscheibe, darunter ist ein schwarzes Rohr (schlangenförmig) verlegt. Die schwarze Farbe kann Sonnenlicht aufnehmen, das Rohr erwärmt sich, durch die Scheibe kann keine Wärme entweichen. Wenn das Wasser durch das Rohr geleitet wird, erwärmt es sich und kann z. B. für Heizung oder Brauchwasser genutzt werden.

3512

Nach welchem Prinzip funktionieren Solarzellen?

Sonnenlicht kann in bestimmten Stoffen Stromfluss auslösen. Durch Sonnenlichtenergie werden Elektronen aus Atomhüllen freigesetzt. Verstärkt wird dieser Effekt durch den Einsatz von Halbleitern (z. B. Siliziumschichten). Dringt Licht durch diese dünne Schicht hindurch, so werden die Elektronen in Bewegung gesetzt, so dass ein Stromfluss entsteht.

3513 2 **3515** 1 **3519** Süden **3520** 1

3514

Worauf ist beim Einbau von Aufdach-Montagesystemen zu achten?

Erhöhte Dachlast, erhöhte Windanfälligkeit, Wasserabfluss darf nicht behindert werden, regensicherer Anschluss der Einbauteile, ausreichender Abstand der Module zur Dachoberfläche.

3516

Was versteht man unter dem Begriff „Aufdach-Montagesystem"?

Aufdach-Montagesysteme sind Metallkonstruktionen, die aus Dachhaken und entsprechenden Modultrageschienen bestehen. Die Module werden oberhalb der Dachdeckung montiert. Aufdach-Systeme eignen sich auch für nachträgliche Einbauten.

3517

Worauf ist insbesondere beim Einbau von Photovoltaikanlagen zu achten?

Auf ausreichende Hinterlüftung, da die Modulplatten sonst zu stark aufheizen können und es somit zu Leistungsabfällen kommen kann.

3518

Welche Vorteile haben in die Dachfläche integrierte Solar- oder Photovoltaikanlagen?

In einer Ebene mit der angeschlossenen Dachfläche, Anschlusskabel müssen nicht durch die Dachdeckung geführt werden, denn sie liegen bereits im Innenraum, Einsparung von Dachdeckungsmaterial, Windanfälligkeit wird gegenüber aufgeständerten Anlagen verringert, keine zusätzlichen Dachlasten.

3521 ... 3600 keine Aufgaben

3601

Welche Ursachen können bei einer Blasenbildung in der Dachabdichtung vorliegen?

Fehlende Dampfdruckausgleichsschicht unter der Bitumenabdichtung oder mangelnde Ausführung der Dampfdruckausgleichsschicht.

3602

Ein unbelüftetes Flachdach mit intakter Abdichtungslage soll nachträglich gedämmt werden. Welche Möglichkeiten gibt es, das Dach kostengünstig zu dämmen?

Ausführung des Daches als Duo-Dach (Plusdach), das heißt, auf die intakte Abdichtungslage wird eine zusätzliche Wärmedämmschicht mit Auflast aufgelegt.

3603

In einer Dachabdichtung aus Bitumen entstehen immer mehr Risse. Welche Ursachen können vorliegen und wie können sie beseitigt werden?

Ursachen können Bewegungen in der Unterkonstruktion sein, falsch ausgeführte Fugenabsicherungen oder thermische Beanspruchungen. Fugenausführungen sind zu kontrollieren und evtl. nachzubessern durch elastische Verbindugen. Bei starker thermischer Beanspruchung empfiehlt sich ein zusätzlicher Oberflächenschutz, wie z. B. eine Bekiesung.

3604

Worauf ist zu achten, wenn ein Dach mit Faserzementwellplattendeckung zur Kontrolle betreten werden soll?

Auslegen von Laufstegen, um ein Durchbrechen des Dachdeckungsmaterials bei Betreten zu verhindern.

3605

In eine Dachdeckung mit einer Dachentwässerung aus Zink sollen nachträglich Dachflächenfenster eingebaut werden. Welche Schäden können entstehen, wenn die Dachfenster mit Kupfereindeckrahmen eingebaut werden?

Da Kupfer in der elektrochemischen Spannungsreihe das edlere Metall gegenüber Zink ist, kann durch die elektrochemische Korrosion das unedlere Metall Zink vom edleren Metall Kupfer zerstört werden. Als Elektrolyt wirkt Niederschlagswasser oder Luftfeuchtigkeit.

3606

Worauf ist beim nachträglichen Einbau von Dachflächenfenstern in eine Dachziegeldeckung zu achten?

Fachgerechtes Anschließen aller Schichten des Dachaufbaus, insbesondere der Dampfsperre und der Unterspannbahn, Einziehen von Stütz- und Strecklatten, Einhaltung der Höhen- und Seitenüberdeckung an allen Stellen der Deckung.

3607

Ein Schiefer hat sich in der Deckfläche gelöst. Wie kann der Schieferstein ausgewechselt werden?

Entfernen des alten Decksteins, Befestigen des Reparaturhakens, Einpassen eines neuen Decksteines und Umbiegen des Reparaturhakens um den Deckstein.

3608

Worauf hat der Dachdecker bei Wartungsarbeiten einer Dachdeckung zu achten?

Befestigung aller Einbauteile, Sicherung der Dachränder, Verschleiß des Dachdeckungsmaterials infolge von Witterung und UV-Strahlung, Regensicherheit bzw. Wasserdichtigkeit der Deckung an allen Stellen, insbesondere an Dachdurchdringungen.

3609

Worauf ist bei der Kontrollle der Ortgänge aller Deckungen immer zu achten?

Intakte mechanische Befestigung aller Ortgangsteine bzw. Platten. Regensicherheit am Dachrand.

3610

Worauf ist bei der Kontrolle der Dachentwässerungsanlage zu achten?

Intaktes Gefälle, Abflussfreiheit in der Dachrinne, Fallrohr oder Dachablauf, Befestigung.

3611

Welche Ursachen können vorliegen, wenn die Wärmedämmung einer belüfteten Außenwandbekleidung ständig feucht ist?

Mangelnde Luftbewegung durch verstopfte Zu- und Abluftöffnungen, kein durchgängiger Lüftungsquerschnitt, durch das Einbauen nachträglicher Einbauteile oder durch das nachträgliche Aufquellen von Wärmedämmstoffen.

3612

Welche Folgeschäden können durch feuchte Wärmedämmungen auftreten?

Durchfeuchtung des Bauteils, Verminderung des Wärmeschutzes, Schimmelpilzbildung.

3613

Welche Folgen kann der nicht fachgerechte Einbau von Dampfsperren haben?

Durchfeuchtung der Wärmedämmung und damit verminderter Wärmeschutz, Schimmelpilzbildung.

3614 ... 3700 keine Aufgaben

3701

Berechnen Sie die Fassadenfläche (A_{gesamt}). Der Sockel wird nicht bekleidet. Berücksichtige alle Öffnungen ($A_{Öffnung}$).

$A_{gesamt} = A_1 + A_2 + A_3 - A_{Öffnung}$

$A_1 = 2{,}70\ m \cdot 5{,}33\ m = 14{,}39\ m^2$

$A_2 = (1{,}165\ m \cdot 2{,}50\ m/2) + (3{,}00\ m \cdot 2{,}50\ m) + (1{,}165\ m \cdot 2{,}50\ m/2)$

$A_2 = 1{,}46\ m^2 + 7{,}50\ m^2 + 1{,}46\ m^2$

$A_2 = 10{,}42\ m^2$

$A_3 = 3{,}00\ m \cdot 1{,}50\ m/2$

$A_3 = 2{,}25\ m^2$

$A_{Öffnung} = (0{,}90\ m \cdot 1{,}20\ m \cdot 3) + (1{,}60\ m \cdot 0{,}80\ m/2)$

$A_{Öffnung} = 3{,}24\ m^2 + 0{,}64\ m^2$

$A_{Öffnung} = 3{,}88\ m^2$

$A_{gesamt} = A_1 + A_2 + A_3 - A_{Öffnung}$

$A_{gesamt} = 14{,}39\ m^2 + 10{,}42\ m^2 + 2{,}25\ m^2 - 3{,}88\ m^2$

$\mathbf{A_{gesamt} = 23{,}18\ m^2}$

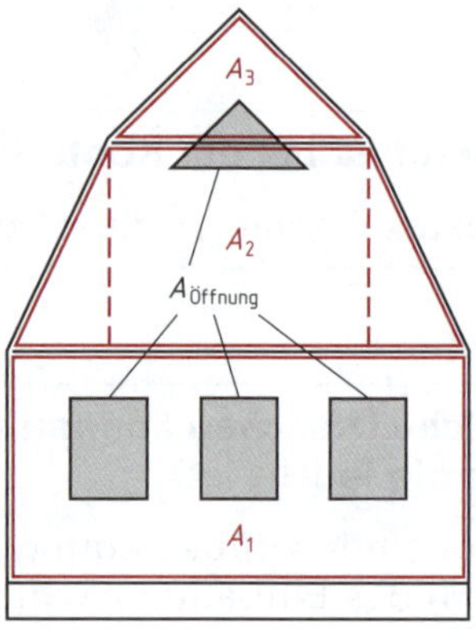

3702

**Der Bauherr entscheidet sich für die Stülpdeckung aus Faserzement.
Nennen Sie die Formel für die Berechnung des Schnürabstandes.**

$S = H - Ü$
S = Schnürabstand
H = Plattenhöhe
$Ü$ = Höhenüberdeckung

3703

Nennen Sie die Mindesthöhenüberdeckung sowie Mindestseitenüberdeckung für das Format 60 cm/30cm.

Höhenüberdeckung mind. = 35 mm
Seitenüberdeckung mind. = keine

3704

Berechnen Sie den Schnürabstand *(S)* für das Format 60 cm/30 cm.

$S = 30{,}0\ cm - 3{,}5\ cm$
$\mathbf{S = 26{,}5\ cm}$

3705

Berechnen Sie die Plattenanzahl *(n)* für die Fassadenfläche, wenn 7 Platten/m² benötigt werden.

$n = 7\ Platten/m^2 \cdot 23{,}18\ m^2$
$n = 162{,}26 \approx$ **163 Platten**

3706

Berechnen Sie die Gesamtanzahl (n_{Gesamt}) der Platten, wenn ein Verschnitt von 10 % hinzugerechnet wird.

100 % = 163 Platten
1 % = 1,63 Platten
10 % = 16,30 Platten ≈ 17 Platten
n_{Gesamt} = 163 Platten + 17 Platten
n_{Gesamt} = **180 Platten**

3707

Nennen Sie mögliche Dämmstoffe die sich für eine hinterlüftete Außenwandkonstruktion eignet?

② Mineralwolle
⑤ Weiche Holzfaserdämmstoffe

3708

Nennen Sie mögliche Befestigungen des Dämmstoffes.

① Der Dämmstoff kann geklebt werden.
③ Der Dämmstoff kann mit Dämmstoffhaltern befestigt werden.

3709

Berechnen Sie den Wärmedurchgangskoeffizienten (U-Wert) von der vorhandenen Außenwand!

$R_T = R_{si} + R + R_{se}$
$R = 0{,}015\ m/1{,}00\ W/mK + 0{,}365\ m/0{,}99\ W/mK + 0{,}02\ m/1{,}00\ W/mK$
$R = 0{,}015\ m^2\ K/W + 0{,}369\ m^2\ K/W + 0{,}02\ m^2\ K/W$
$\mathbf{R = 0{,}404\ m^2\ K/W}$

$R_T = R_{si} + R + R_{se}$
$R_T = 0{,}13\ m^2\ K/W + 0{,}404\ m^2\ K/W + 0{,}04\ m^2\ K/W$
$\mathbf{R_T = 0{,}574\ m^2\ K/W}$

$U = 1/(R_{si} + R + R_{se})$
$U = 1/(0{,}13\ m^2\ K/W + 0{,}404\ m^2\ K/W + 0{,}04\ m^2\ K/W)$
$\mathbf{U = 1{,}754\ W/m^2\ K \approx 1{,}75\ W/m^2\ K}$

3710

Berechnen Sie die Sparrenlänge (s_1) des Hauptdaches, wenn die Firsthöhe 3,18 m über der Traufhöhe liegt.

$s_1^2 = a^2 + b^2$
$s_1 = \sqrt{a^2 + b^2}$
$s_1 = \sqrt{(3{,}18\ \text{m})^2 + (3{,}18\ \text{m})^2}$
$s_1 = \sqrt{20{,}2248\ \text{m}^2}$
$s_1 = 4{,}497\ \text{m} \approx 4{,}50\ \text{m}$

3711

Berechnen Sie die Dachneigung (α) in Grad, wenn die Firsthöhe 3,18 m über der Traufhöhe liegt.

$\sin \alpha = \text{GK/HYP}$
$\sin \alpha = 3{,}18\ \text{m}/4{,}50\ \text{m}$
$\sin \alpha = 0{,}706$
$\alpha = 45°$

3712

Berechnen Sie die Sparrenlänge (s_2) des Walmdaches, wenn die Firsthöhe 3,18 m über der Traufhöhe liegt.

$\sin \alpha = \text{GK}/S_2$
$s_2 = 3{,}18\ \text{m}/\sin 45°$
$s_2 = 4{,}497\ \text{m} \approx 4{,}50\ \text{m}$

3713

Zeichnen Sie die Dachdraufsicht ein und benennen Sie alle möglichen Dachteile.

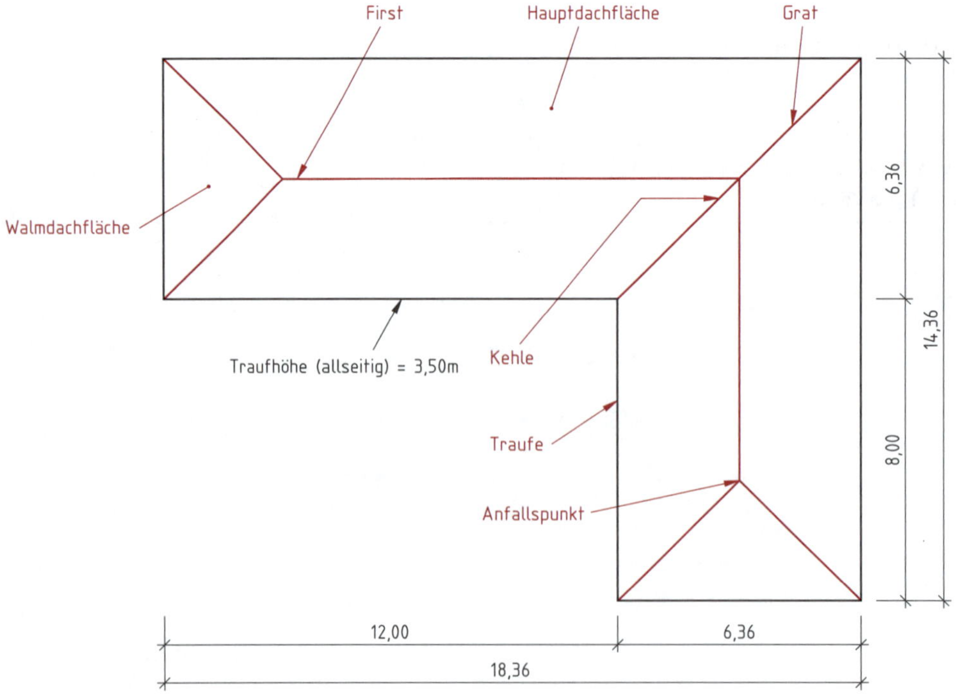

3714

**Das Dach soll mit einer Kronendeckung aus Biberschwanzziegel bedeckt werden.
Nennen Sie zwei weitere Deckungsarten die mit Biberschwanzziegel ausgeführt werden können.**

1. Einfachdeckung mit Spließen
2. Doppeldeckung

3715

Benennen Sie folgende Biberschwanzziegel:

Sechseckbiber | Rundbiber | Segmentbiber | Gradschnittbiber | Gotischer Biber

3716

Der Kunde wünscht sich einen Segmentbiberschwanzziegel (Format 18 cm x 38 cm). Der Hersteller gibt die Regeldachneigung (α) des Dachziegels mit ≥ 30° an. Gilt das Dach als regensicher oder sind zusätzliche Maßnahmen nötig? Begründen Sie Ihre Antwort.

Das Dach gilt als regensicher, denn die Regeldachneigung wird nicht unterschritten. Es sind keine zusätzlichen Maßnahmen nötig.

3717

Skizzieren und beschriften Sie einen unbelüfteten Dachaufbau (im Horizontalschnitt) mit Segmentbiberschwanzziegel.

1. Innenwandbekleidung
2. Lattung
3. Dampfsperre
4. Sparren
5. Wärmedämmung
6. Unterspannbahn
7. Konterlattung
8. Traglattung
9. Dachbedeckung (Biberschwanzziegel)

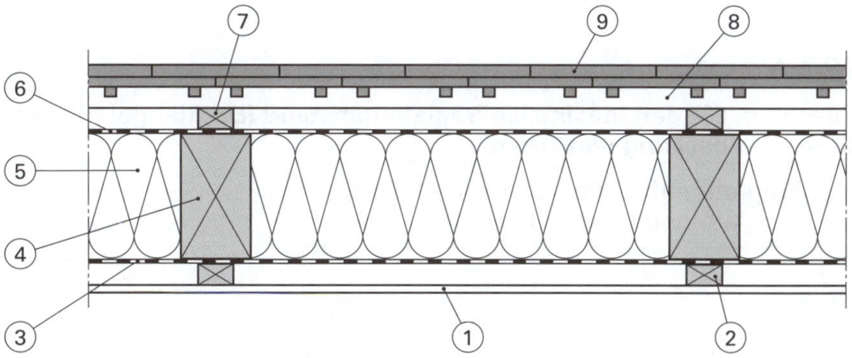

3718

Nennen Sie die Sortierklasse der Traglatten?

① S10

3719

Nennen Sie den Nennquerschnitt der Traglatten, den sie mindestens aufweisen müssen?

③ 30 mm/50 mm

3720

Berechnen Sie die Gesamtdachfläche *(A)* gemäß Abbildung Projekt 2.

$A = A_{Walm} + A_{Haupt}$

$A_{Walm} = 4{,}50\ m \cdot 6{,}36\ m/2$

$A_{Walm} = (4{,}50\ m \cdot 6{,}36\ m/2) \cdot 2$

$A_{Walm} = 28{,}62\ m^2$

$A_{Haupt1} = -\ 12{,}00\ m \cdot 4{,}50\ m$

$A_{Haupt1} = 54{,}00\ m^2$

$A_{Haupt2} = (18{,}36\ m + 12{,}00\ m/2) \cdot 4{,}50\ m$

$A_{Haupt2} = 68{,}31\ m^2$

$A_{Haupt3} = (8{,}00\ m + 14{,}36\ m/2) \cdot 4{,}50\ m$

$A_{Haupt3} = 50{,}31\ m^2$

$A_{Haupt4} = 8{,}00\ m \cdot 4{,}50\ m$

$A_{Haupt4} = 36{,}00\ m^2$

$A = A_{Walm} + A_{Haupt1} + A_{Haupt2} + A_{Haupt3} + A_{Haupt4}$

$\mathbf{A = 237{,}24\ m^2}$

3721

Berechnen Sie die Anzahl *(n)* der Biberschwanzziegel, wenn 35 Biberschwanzziegel/m² benötigt werden.

n = 35 Biberschwanzziegel/m² · 237,24 m²

n = 8303,4 ≈ **8304 Biberschwanzziegel**

3722

Berechnen Sie die Gesamtanzahl *(n_{gesamt})* der benötigten Biberschwanzziegel, wenn ein Verschnitt und Bruch von 10 % hinzugerechnet wird.

100 % = 8304 Ziegel

1 % = 83,04 Ziegel

10 % = 830,4 Ziegel ≈ 831 Ziegel

n_{gesamt} = 831 Ziegel + 8304 Ziegel

n_{gesamt} = **9135**

3723

Berechnen Sie den maximalen Traglattenabstand (Decklänge) für das Format 18 cm x 38 cm und einer Höhenüberdeckung von 70 mm.

max. Traglattenabstand = 38,0 cm – 7,0 cm

max. Traglattenabstand = 31 cm

3724

Welche Aussagen treffen auf Flachdächer zu? Kreuzen Sie an.

① Flachdächer können begrünt werden.
② Flachdächer können befahren werden.
③ Flachdächer können begangen werden
④ Flachdächer können über größere Spannweiten geplant und hergestellt werden, als geneigte Dächer.

3725

Handelt es sich bei Dächern mit Abdichtungen um eine harte oder weiche Bedachung? Begründen Sie ihre Antwort.

Es handelt sich um eine harte Bedachung, denn Abdichtungen müssen vor Flugfeuer und strahlender Wärme schützen.

3726

Wie stellt man bei einem Flachdach ein Gefälle her. Nennen Sie drei Möglichkeiten?

1. Gefälleestrich
2. Gefälle durch die Unterkonstruktion
3. Gefälledämmung

3727

Welche Aussagen treffen auf den Oberflächenschutz (z.B. Kiesschüttung, *d* = 50 mm) einer Dachabdichtung zu? Kreuzen Sie an.

① Er schützt vor Wärme und Kälte (Temperatureinflüssen)
② Er erhöht den Brandschutz.
⑤ Er verlängert die Lebensdauer einer Abdichtung.

3728

Welcher Baustoff oder welche konstruktive Maßnahme stellt einen schweren Oberflächenschutz dar? Kreuzen Sie an.

② Kiesschüttung
③ Gehwegplatten aus Beton
④ Intensive Dachbegrünung
⑤ Extensive Dachbegrünung

3729

Welche Abdichtung stellt eine Kunststoff- und Elastomerbahn dar? Kreuzen Sie an.

② FPO
④ EPDM
⑤ TPE

3730

Welche Bedeutung hat die Kennzeichnung DO/E1? Erläutern Sie die Kennzeichnung

DO = Dachdichtungsbahn für die Oberlage einer mehrlagigen Dachabdichtung.

E1 = Eigenschaftsklasse 1 (Die Abdichtung bietet Widerstand gegen hohe mechanische- sowie thermische Beanspruchung)

3731

Berechnen Sie die Flachdachfläche *(A)* gemäß Abbildung Projekt 3.

$A = A_1 + A_2 + A_3 + A_4 + A_5 + A_6 + A_7 + A_8 + A_9 + A_{10} + A_{11} - A_{\text{Lichtkuppel}}$
$A_1 = (2{,}50\ \text{m}^2 \cdot \pi)/2$
$A_1 = 9{,}82\ \text{m}^2$
$A_2 = 2{,}00\ \text{m} \cdot 9{,}00\ \text{m}$
$A_2 = 18{,}00\ \text{m}^2$
$A_3 = 2{,}00\ \text{m} \cdot 2{,}00\ \text{m}/2$
$A_3 = 2{,}00\ \text{m}^2$
$A_4 = 2{,}00\ \text{m} \cdot 2{,}00\ \text{m}/2$
$A_4 = 2{,}00\ \text{m}^2$
$A_5 = 7{,}50\ \text{m} \cdot 13{,}00\ \text{m}$
$A_5 = 97{,}50\ \text{m}^2$
$A_6 = 1{,}50\ \text{m} \cdot 1{,}50\ \text{m}/2$
$A_6 = 1{,}13\ \text{m}^2$
$A_7 = 1{,}50\ \text{m} \cdot 1{,}50\ \text{m}/2$
$A_7 = 1{,}13\ \text{m}^2$
$A_8 = 11{,}50\ \text{m} \cdot 8{,}00\ \text{m}$
$A_8 = 92{,}00\ \text{m}^2$
$A_9 = 4{,}50\ \text{m} \cdot 13{,}00\ \text{m}$
$A_9 = 58{,}50\ \text{m}^2$
$A_{10} = 6{,}50\ \text{m} \cdot 3{,}00\ \text{m}$
$A_{10} = 19{,}50\ \text{m}^2$
$A_{11} = 6{,}50\ \text{m} \cdot 3{,}00\ \text{m}/2$
$A_{11} = 9{,}75\ \text{m}^2$
$A_{\text{Lichtkuppel}} = 4 \cdot (1{,}00\ \text{m} \cdot 2{,}00\ \text{m}) + 2 \cdot (1{,}00\ \text{m} \cdot 1{,}00\ \text{m})$
$A = A_1 + A_2 + A_3 + A_4 + A_5 + A_6 + A_7 + A_8 + A_9 + A_{10} + A_{11} - A_{\text{Lichtkuppel}}$
$\mathbf{A = 311{,}33\ m^2}$

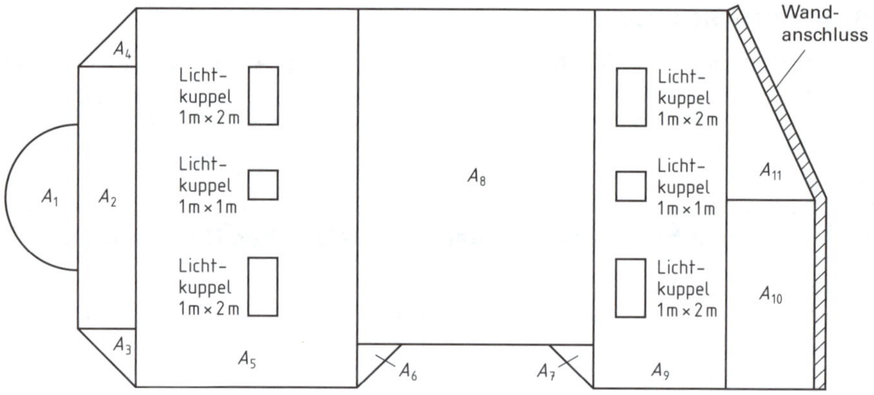

3732

Berechnen Sie die Länge des Dachrandabschlussprofils/Attikaabdeckung *(l)* gemäß Abbildung Projekt 3.

$l = l_1 + l_2 + l_3 + l_4 + l_5 + l_6 + l_7 + l_8 + l_9 + l_{10} + l_{11}$
$l_1 = \sqrt{a^2 + b^2}$
$l_1 = \sqrt{(2{,}00\ \text{m})^2 + (2{,}00\ \text{m})^2}$
$l_1 = \sqrt{8{,}00\ \text{m}^2}$
$l_1 = 2{,}828\ \text{m} \approx 2{,}83\ \text{m}$
$l_2 = 7{,}50\ \text{m}$
$l_3 = \sqrt{a^2 + b^2}$
$l_3 = \sqrt{(1{,}50\ \text{m})^2 + (1{,}50\ \text{m})^2}$
$l_3 = \sqrt{4{,}50\ \text{m}^2}$
$l_3 = 2{,}12\ \text{m}$
$l_4 = 5{,}00\ \text{m}$
$l_5 = \sqrt{a^2 + b^2}$
$l_5 = \sqrt{(1{,}50\ \text{m})^2 + (1{,}50\ \text{m})^2}$
$l_5 = \sqrt{4{,}50\ \text{m}^2}$
$l_5 = 2{,}12\ \text{m}$
$l_6 = 7{,}50\ \text{m}$
$l_7 = 20{,}00\ \text{m}$

(Fortsetzung auf Seite 315)

Fortsetzung Lösung 3732

$l_8 = \sqrt{a^2 + b^2}$

$l_8 = \sqrt{(2{,}00\ m)^2 + (2{,}00\ m)^2}$

$l_8 = \sqrt{8{,}00\ m}$

$l_8 = 2{,}828\ m \approx 2{,}83\ m$

$l_9 = 1{,}50\ m$

$l_{10} = \pi \cdot d/2$

$l_{10} = \pi \cdot 5{,}00\ m/2$

$l_{10} = 7{,}85\ m$

$l_{11} = 1{,}50\ m$

$l = l_1 + l_2 + l_3 + l_4 + l_5 + l_6 + l_7 + l_8 + l_9 + l_{10} + l_{11}$

l = **60,75 m**

3733

Berechnen Sie die Anzahl an Dachrandabschlussprofilen (n_{Profil}), wenn die Lieferlänge 3,00 m beträgt.

$n_{Profil} = l_{Gesamt} / l_{Lieferlänge}$

$n_{Profil} = 60{,}75\ m/3{,}00\ m$

$n_{Profil} = 20{,}25 \approx$ **21 Profile**

3734

Berechnen Sie die Gesamtanzahl an Dachrandabschlussprofilen (n_{Profil}), wenn ein Verschnitt von 8 % dazugerechnet wird.

100 % = 21 Profile

1 % = 0,21

8 % = 1,68 ≈ 2 Profile

n_{Profil} = 21 Profile + 2 Profile

n_{Profil} = **23 Profile**

3735

Berechnen Sie die Länge der Wandanschlussleiste (l_{Wand}) gemäß Abbildung Projekt 6.

$l_{Wand} = l_{Wand\ 1} + l_{Wand\ 2}$

$l_{Wand\ 1} = 6{,}50\ m$

$l_{Wand\ 2} = \sqrt{a^2 + b^2}$

$l_{Wand\ 2} = \sqrt{(3{,}00\ m)^2 + (6{,}50\ m)^2}$

$l_{Wand\ 2} = \sqrt{51{,}25\ m^2}$

$l_{Wand\ 2} = 7{,}158\ m \approx 7{,}16\ m$

$l_{Wand} = 6{,}50\ m + 7{,}16\ m$

l_{Wand} = **13,66 m**

3736

Berechnen Sie die Anzahl an Wandanschlussleisten (n_{Wand}), wenn die Lieferlänge 2,50 m beträgt.

$n_{Wand} = l_{Wand} / l_{Lieferlänge}$

$n_{Wand} = 13{,}66\ m/2{,}5\ m$

$n_{Wand} = 5{,}464 \approx$ 6 Wandanschlussleisten

3737

Welchen Wärmedurchgangskoeffizienten (U-Wert) hat folgender Schichtaufbau?
Berechnen Sie den U-Wert der Flachdachkonstruktion. Der Voranstrich, die Dampfsperre und die Kunststoffbahn sollen bei der Berechnung unberücksichtigt bleiben.

$R_T = R_{si} + R + R_{se}$
$R = d_1/\lambda_1 + d_2/\lambda_2 + d_3/\lambda_3$
$R = 0{,}18\ m/0{,}035\ W/(m \cdot K) + 0{,}20\ m/2{,}30\ W/(m \cdot K) + 0{,}015\ m/1{,}00\ W/(m \cdot K)$
$R = 5{,}142\ m^2 \cdot K/W + 0{,}087\ m^2 \cdot K/W + 0{,}015\ m^2 \cdot K/W$
$R = 5{,}244\ m^2 \cdot K/W$
$R_T = R_{si} + R + R_{se}$
$R_T = 0{,}100\ m^2 \cdot K/W + 5{,}245\ m^2 \cdot K/W + 0{,}043\ m^2 \cdot K/W$
$R_T = 5{,}388\ m^2 \cdot K/W$
$U = 1/R_T$
$U = 1/5{,}388\ m^2 \cdot K/W$
$\mathbf{U = 0{,}186\ W/(m^2 \cdot K)}$

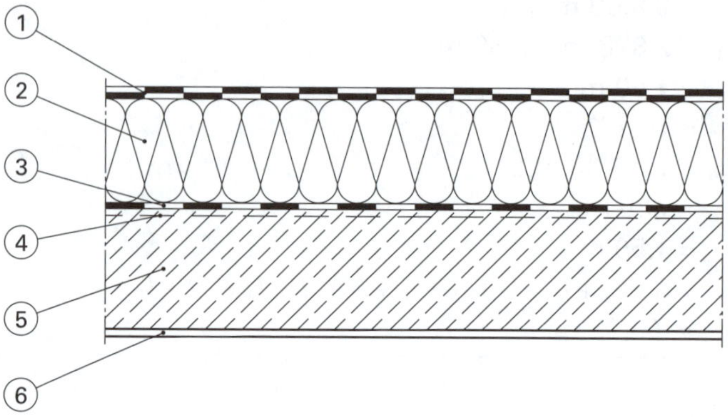

3738

Überprüfen Sie, ob der geplante Schichtaufbau in der Aufgabe 3729 nach den Wärmeschutzbestimmungen im GEG ausreicht.

Der U-Wert des Schichtaufbau entspricht den Wärmeschutzbestimmungen im GEG, denn $0{,}186\ W/(m^2 \cdot K) \leq 0{,}20\ W/(m^2 \cdot K)$ (Referenzwert).

3739 ... 4000 keine Aufgaben

4001	①	4042	③	4083	③	4124	③	4165	④	4203	②
4002	④	4043	③	4084	①	4125	①	4166	① c	4204	④
4003	②	4044	②	4085	③	4126	②		② d	4205	③
4004	②	4045	①	4086	①	4127	④		③ b	4206	①
4005	④	4046	①	4087	②	4128	①		④ a	4207	②
4006	③	4047	③	4088	④	4129	②	4167	②	4208	④
4007	②	4048	③	4089	②	4130	①	4168	②	4209	④
4008	①	4049	②	4090	④	4131	④	4169	①	4210	②
4009	③	4050	①	4091	②	4132	①	4170	①	4211	③
4010	③	4051	②	4092	①	4133	①	4171	③	4212	③
4011	①	4052	③	4093	②	4134	②	4172	①	4213	③
4012	②	4053	③	4094	③	4135	②	4173	①	4214	②
4013	②	4054	②	4095	②	4136	①	4174	②	4215	①
4014	②	4055	④	4096	②	4137	③	4175	④	4216	②
4015	③	4056	③	4097	②	4138	②	4176	③	4217	④
4016	①	4057	②	4098	①	4139	④	4177	②	4218	④
4017	②	4058	①	4099	④	4140	①	4178	②	4300	③
4018	①	4059	①	4100	④	4141	②	4179	③	4301	④
4019	②	4060	②	4101	④	4142	④	4180	①	4302	②
4020	①	4061	②	4102	③	4143	③	4181	③	4303	④
4021	②	4062	①	4103	④	4144	②	4182	④	4304	①
4022	②	4063	②	4104	④	4145	④	4183	②	4305	①
4023	②	4064	③	4105	④	4146	①	4184	①	4306	③
4024	③	4065	④	4106	①	4147	④	4185	④	4307	④
4025	②	4066	③	4107	②	4148	②	4186	②	4308	③
4026	③	4067	④	4108	②	4149	②	4187	②	4309	④
4027	④	4068	①	4109	③	4150	①	4188	③	4310	②
4028	③	4069	③	4110	④	4151	④	4189	③		
4029	②	4070	②	4111	②	4152	③	4190	④		
4030	③	4071	③	4112	②	4153	①	4191	③		
4031	③	4072	②	4113	②	4154	④	4192	②		
4032	①	4073	④	4114	③	4155	④	4193	②		
4033	②	4074	①	4115	④	4156	①	4194	③		
4034	②	4075	④	4116	③	4157	④	4195	①		
4035	②	4076	②	4117	④	4158	①	4196	④		
4036	③	4077	②	4118	①	4159	①	4197	④		
4037	③	4078	④	4119	②	4160	③	4198	②		
4038	③	4079	④	4120	④	4161	④	4199	②		
4039	②	4080	④	4121	①	4162	②	4200	④		
4040	③	4081	④	4122	②	4163	③	4201	②		
4041	②	4082	②	4123	④	4164	①	4202	③		

Klasse:	Name:	Datum:

Leistungskontrolle im Lernfeld:

Nr. 1 ○ 2 ○ 3 ○ 4 ○ 5 ○	Nr. 1 ○ 2 ○ 3 ○ 4 ○ 5 ○	Nr. 1 ○ 2 ○ 3 ○ 4 ○ 5 ○	Nr. 1 ○ 2 ○ 3 ○ 4 ○ 5 ○	Nr. 1 ○ 2 ○ 3 ○ 4 ○ 5 ○	Nr. 1 ○ 2 ○ 3 ○ 4 ○ 5 ○	Nr. 1 ○ 2 ○ 3 ○ 4 ○ 5 ○
Nr. 1 ○ 2 ○ 3 ○ 4 ○ 5 ○	Nr. 1 ○ 2 ○ 3 ○ 4 ○ 5 ○	Nr. 1 ○ 2 ○ 3 ○ 4 ○ 5 ○	Nr. 1 ○ 2 ○ 3 ○ 4 ○ 5 ○	Nr. 1 ○ 2 ○ 3 ○ 4 ○ 5 ○	Nr. 1 ○ 2 ○ 3 ○ 4 ○ 5 ○	Nr. 1 ○ 2 ○ 3 ○ 4 ○ 5 ○
Nr. 1 ○ 2 ○ 3 ○ 4 ○ 5 ○	Nr. 1 ○ 2 ○ 3 ○ 4 ○ 5 ○	Nr. 1 ○ 2 ○ 3 ○ 4 ○ 5 ○	Nr. 1 ○ 2 ○ 3 ○ 4 ○ 5 ○	Nr. 1 ○ 2 ○ 3 ○ 4 ○ 5 ○	Nr. 1 ○ 2 ○ 3 ○ 4 ○ 5 ○	Nr. 1 ○ 2 ○ 3 ○ 4 ○ 5 ○
Nr. 1 ○ 2 ○ 3 ○ 4 ○ 5 ○	Nr. 1 ○ 2 ○ 3 ○ 4 ○ 5 ○	Nr. 1 ○ 2 ○ 3 ○ 4 ○ 5 ○	Nr. 1 ○ 2 ○ 3 ○ 4 ○ 5 ○	Nr. 1 ○ 2 ○ 3 ○ 4 ○ 5 ○	Nr. 1 ○ 2 ○ 3 ○ 4 ○ 5 ○	Nr. 1 ○ 2 ○ 3 ○ 4 ○ 5 ○
Nr. 1 ○ 2 ○ 3 ○ 4 ○ 5 ○	Nr. 1 ○ 2 ○ 3 ○ 4 ○ 5 ○	Nr. 1 ○ 2 ○ 3 ○ 4 ○ 5 ○	Nr. 1 ○ 2 ○ 3 ○ 4 ○ 5 ○	Nr. 1 ○ 2 ○ 3 ○ 4 ○ 5 ○	Nr. 1 ○ 2 ○ 3 ○ 4 ○ 5 ○	Nr. 1 ○ 2 ○ 3 ○ 4 ○ 5 ○
Nr. 1 ○ 2 ○ 3 ○ 4 ○ 5 ○	Nr. 1 ○ 2 ○ 3 ○ 4 ○ 5 ○	Nr. 1 ○ 2 ○ 3 ○ 4 ○ 5 ○	Nr. 1 ○ 2 ○ 3 ○ 4 ○ 5 ○	Nr. 1 ○ 2 ○ 3 ○ 4 ○ 5 ○	Nr. 1 ○ 2 ○ 3 ○ 4 ○ 5 ○	Nr. 1 ○ 2 ○ 3 ○ 4 ○ 5 ○
Nr. 1 ○ 2 ○ 3 ○ 4 ○ 5 ○	Nr. 1 ○ 2 ○ 3 ○ 4 ○ 5 ○	Nr. 1 ○ 2 ○ 3 ○ 4 ○ 5 ○	Nr. 1 ○ 2 ○ 3 ○ 4 ○ 5 ○	Nr. 1 ○ 2 ○ 3 ○ 4 ○ 5 ○	Nr. 1 ○ 2 ○ 3 ○ 4 ○ 5 ○	Nr. 1 ○ 2 ○ 3 ○ 4 ○ 5 ○

Sachwortverzeichnis

Sachwortverzeichnis